数量经济学系列丛书

门限回归模型及其应用

叶阿忠　陈丛波　梁文明
张源野　李田田　编著

清華大学出版社
北京

内 容 简 介

本书内容全面，简明扼要，思路清晰，突出应用。本书分为时间序列门限模型、变参数门限自回归模型、截面数据门限空间模型、面板数据门限模型、面板门限空间模型、门限空间向量自回归模型和半参数门限空间滞后模型七章。本书突出各类模型的适用对象、建模思路和应用中常见问题的诠释。

本书可作为金融学、区域经济学、管理学和计量经济学相关领域的本科生、硕士研究生的基础教材，也可作为博士研究生、青年学者从事实证研究的工具书。

图书在版编目（CIP）数据

门限回归模型及其应用 / 叶阿忠等编著. -- 北京 ：
清华大学出版社，2025. 1. --（数量经济学系列丛书）.
ISBN 978-7-302-68118-2

Ⅰ. O212.1

中国国家版本馆 CIP 数据核字第 202502F6X4 号

责任编辑：张　伟
封面设计：常雪影
责任校对：王荣静
责任印制：宋　林

出版发行：清华大学出版社
网　　址：https://www.tup.com.cn，https://www.wqxuetang.com
地　　址：北京清华大学学研大厦 A 座　　**邮　　编**：100084
社 总 机：010-83470000　　**邮　　购**：010-62786544
投稿与读者服务：010-62776969，c-service@tup.tsinghua.edu.cn
质量反馈：010-62772015，zhiliang@tup.tsinghua.edu.cn
课件下载：https://www.tup.com.cn，010-83470332
印 装 者：三河市科茂嘉荣印务有限公司
经　　销：全国新华书店
开　　本：185mm×260mm　　**印　　张**：18　　**字　　数**：406 千字
版　　次：2025 年 2 月第 1 版　　**印　　次**：2025 年 2 月第 1 次印刷
定　　价：89.00 元

产品编号：106404-01

前　言

本书涉及门限回归模型较多的前沿研究成果。门限回归模型的应用极其广泛，在经济增长、预测、利率、汇率、价格、股票收益等多个领域均有重要的实证研究，很多文献被高度引用。然而，目前国内还较少出版全面介绍门限回归模型理论与应用研究的书籍，特别是较系统梳理前沿的门限回归模型书籍。我们尝试系统梳理门限回归相关模型，在丰富的理论与实证应用成果的基础上，进一步介绍主要门限模型的软件实现，形成本书各个章节。

本书分为7章，第1章是时间序列门限模型，包括门限自回归（threshold autoregression，TAR）模型、平滑转移自回归（STAR）模型、自激励门限自回归（self-exciting threshold autoregression，SETAR）模型、门限自回归移动平均模型和门限自回归条件异方差模型。第2章是变参数门限自回归模型，包括时变参数门限回归模型、移动平均门限异质性自回归模型和门限分位数自回归（threshold quantile autoregressive，TQAR）模型。第3章是截面数据门限空间模型，包括截面门限回归模型、截面空间计量模型和截面门限空间模型。第4章是面板数据门限模型，包括面板门限回归模型、动态面板门限回归模型、面板平滑转换回归模型和面板半参数趋势门限回归模型。第5章是面板门限空间模型，包括面板空间模型、外生变量具有门限效应的面板门限空间模型、外生变量具有门限效应的动态面板门限空间模型、内生变量具有门限效应的面板门限空间模型和内生变量具有门限效应的动态面板门限空间模型。第6章是门限空间向量自回归模型（TSpVAR），包括空间向量自回归（SpVAR）模型、门限向量自回归模型（TVAR）和门限空间向量自回归模型。第7章是半参数门限空间滞后（STSAR）模型，包括内嵌的半参数门限空间杜宾模型（semiparametric threshold sparial Durbin model，STSDM模型）、外嵌的半参数门限空间杜宾模型、外嵌的半参数空间自回归模型、半参数门限动态空间杜宾模型和半参数门限空间向量自回归模型。

本书初稿的第1章由李田田、林壮和徐曼编写，第2章由梁文明和范凯钧编写，第3章由郑航编写，第4章由肖志学和张源野编写，第5章由李莉莉和潘诗瑜编写，第6章由张源野编写，第7章由陈丛波编写。实例的软件操作由陈丛波和梁文明负责检查。全书最终由叶阿忠、陈丛波、梁文明、张源野和李田田统稿完成。

书中涉及的数据和软件实现可扫描下方二维码下载。

感谢国家自然科学基金委管理科学部面上项目“半参数计量经济联立模型单方程估计方法的理论研究”(70371167)、“半参数空间向量自回归模型的理论研究及其应用”(71171057)、“半参数全局向量自回归模型的理论研究及其应用”(71571046)和“半参数门限空间滞后模型理论研究及其应用”(72073030)的资助,使得我们这个团队持续在该领域进行研究并整理出版该书。感谢团队所有编著该书参与者的共同努力!特别感谢清华大学出版社张伟女士对出版这本书的大力支持!由于我们的学术水平有限,加之时间仓促,书中的疏忽在所难免,恳请读者批评指正!

叶阿忠(福州大学经济与管理学院、新疆理工学院经济贸易与管理学院)
陈丛波(安徽财经大学工商管理学院)
梁文明(中国财政科学研究院)
张源野(福州大学经济与管理学院)
李田田(福州大学经济与管理学院)
2024 年 4 月

目　　录

第1章 时间序列门限模型

1.1 引 言

直到20世纪70年代,几乎所有的时间序列模型都是线性的。20世纪70年代后期,人们越来越清楚地看到线性模型存在的诸多局限,而非线性时间序列分析较好地解决了这些问题。Hamilton(1989)运用马尔可夫转换模型(Markov Switching Model)分析美国GDP(国内生产总值)增长率变化的论文发表之后,人们对非线性时间序列模型的兴趣空前高涨(Charles,1994; Obzherin et al.,1994)。大量实证研究发现,许多经济理论或重要经济变量呈现非线性过程(Narayan,2006; Song et al.,2012; Magdalena et al.,2018)。

时间序列模型产生非线性的原因主要有三种:一是模型形式和结构上的非线性。例如,多项选择模型(多项Probit模型和Logistic模型等)、双线性模型和动态优化模型等。此种非线性的出现经常同经济系统的复杂性和混沌性有关,并且也同经济系统动态调整和动态反应的非对称性有关。二是线性模型中残差项的非Gaus-Markov性质,即不满足残差序列不相关和等方差要求,促使自相关模型和自回归条件异方差(ARCH)模型成为研究的重点,进而出现了大量的随机波动性(stochastic volatility,SV)模型等。三是时间序列的非平稳性和非对称性。时间序列非平稳,要么是由于非线性结构,要么是由于含有确定或者随机趋势。此时时间序列的趋势和波动成分分解,便成为时间序列平稳化的重要方法。例如,比较成熟的TS平稳(趋势平稳)、DS平稳(差分平稳)和滤波平稳(H-P滤波、Band-pass滤波和Kalman滤波等)。

另外,时间序列自相关的长记忆性和短记忆性,可以由分整理论和模型处理;时间序列当中出现的机制转换(regime switching),可以由结构性状态空间模型处理;机制转换、随机波动性和非线性之间的结合,可以通过状态转移的马尔可夫过程、ARCH结构和贝叶斯先验分布等多种非线性形式表示,构成了门限回归模型、门限ARCH模型和时变参数选择模型等一系列新的时间序列模型,进一步推广了传统的参数估计、统计推断和假设检验方法,并给出了可以模拟的渐近分布的性质。

Tong(1978)首先提出门限自回归模型,是最早被提出的非线性时间序列模型之一。此后,Hansen(1996)首次提出了TAR模型的估计和检验方法。学术界在Tong(1978)和Hansen(1996)的研究基础上又对TAR模型进行了一系列的发展(Edward,2004; Hamaker,2009)。TAR模型的理论研究进展迅速,带动TAR模型广泛用于分析非平稳时间序列。门限模型作为非线性时间序列模型中重要的分析方法,在经济社会分析中起到了越来越重要的作用。

1.2 门限自回归模型

1.2.1 门限自回归模型概述

Tong(1978)提出 TAR 模型,后又对该方法进行了系统的介绍(Tong,1978,1983;Chan and Tong,1990)。该模型能够刻画传统线性自回归模型(AR)所没有的特点:①有限的周期;②波动的幅值与波动的频率相关;③局部的"剧烈波动"现象,可以很好地描述具有非对称有限周期及发生局部剧烈运动波动的许多重要经济变量。TAR 方法是用多体制"分段式"的局部线性自回归模型对数据进行建模逼近。依据门限变量的取值,把时间序列区分成多个体制,对每个体制各自建立不同的线性自回归模型。这样,TAR 模型就可以用不同体制对经济变量中不同的动态特征进行刻画,实现对经济变量的准确描述。

在 TAR 模型中,要估计的参数包括不同机制中自回归参数、转换变量滞后阶数、门限值(threshold value)等。Chan(1993)对具有不连续的二机制 TAR 模型的参数估计进行了系统研究,证明在给定转换变量滞后阶数和门限值的情况下,处于不同机制中自回归参数的普通最小二乘(ordinary least square,OLS)估计是一致估计量,收敛阶为 $n_i^{-0.5}$(n_i 是第 i 个机制中样本观测个数),且在样本容量趋于无穷大时,自回归参数估计量渐近服从多元联合正态分布。而对滞后阶数和门限值的估计,Chan(1993)认为,通过 TAR 模型的残差平方和最小来搜索滞后阶数与门限值,在样本趋于无穷大时就可以获得两个参数的超一致估计量,且收敛阶是 n^{-1}(n 表示总的样本容量),同时也和自回归参数的 OLS 估计量渐近独立。对连续的二机制 TAR 模型参数的估计,Chan 和 Tsay(1998)做了进一步研究,研究表明,在连续的 TAR 模型中,通过搜索连续 TAR 模型的残差最小而得到的门限估计量是一致估计量,不过此时的收敛阶是 $n^{-1/2}$,而不再是 n^{-1},说明不连续是门限值估计获得超一致估计量的必备条件。同时 Chan 和 Tsay(1998)也证明,在样本趋于无穷大时,连续 TAR 模型的自回归参数估计量仍然服从多元联合正态分布。

虽然 Chan(1993)的参数估计方法目前已成为 TAR 模型参数估计的主要方法,但是对门限估计量抽样分布的研究进展非常缓慢。Chan(1993)首次推导了不连续 TAR 模型的门限估计量渐近分布,认为门限估计量的抽样分布是一个依赖于混合泊松过程(compound Poisson process)的极限分布,且依赖于未知的冗余参数。Hansen(1997,2000)对不连续 TAR 模型的门限估计量极限分布也进行了研究,并指出门限效应(即二机制中自回归参数之差)随着样本容量增大而减小时,门限的极限分布不依赖于未知的冗余参数。Chan 和 Tsay(1998)针对连续 TAR 模型的门限估计量渐近分布进行了推导,认为此时的极限分布是正态分布,但依赖于其他自回归参数,这与 Chan(1993)的结论不同,在不连续的 TAR 模型中,门限估计量的抽样分布独立于其他自回归参数。

TAR 模型出现以来受到国内外学者的普遍关注,早期研究奠定了模型理论研究基础。国外研究中,Tsay(1989)介绍了 TAR 模型的建模步骤及各种参数估计和"门限非线性”检验方法，并应用太阳黑子数据和加拿大山猫数据进行实证研究。Tiao 和 Tsay(1994)应用 Tsay(1989)介绍的建模方法对美国国民生产总值增长率进行实证研究，得到两个延迟变量、四个状态空间的分片线性自回归函数，并对各状态空间的表现给出合理的经济学解释。Pu 和 Yu(1990)基于 1951 年 1 月至 1985 年 12 月 SST 数据，建立了 TAR 模型，结果发现 TAR 模型对 1951 年以来的 9 次厄尔尼诺事件作出了很好的预测。Narayan(2006)通过二机制 TAR 模型研究了美国股票价格的行为，结果发现 TAR 模型适用于 1964 年 6 月至 2003 年 4 月期间美国的月度股价(纽约证券交易所普通股)数据，美国股票价格是一个非线性序列，其特征是单位根过程，与有效市场假说相一致。

国内学者也对 TAR 模型的理论研究工作作出了重要贡献，结合中国发展实际，发表了大量理论和实证应用论文。钟秋海等(1985)在 Tong(1978)的建模方法基础上，提出用黄金分割法优化门限值的备选范围，控制两点间的距离以决定是否继续分割，得到了更好的效果。钟秋海(1989)在对 TAR 模型中的参数进行最小二乘(least square，LS)估计时，发现先对数据的一阶差分求变换后的模型参数，再返回去求原模型参数，可以节省计算机 60%的计算时间。金菊良等(1999)用加速遗传算法优化了门限值和自回归系数的估计，避免了 TAR 建模过程中大量复杂的寻优工作，并应用实证研究证实预报精度有所提高。蒋明皓和张元茂(2001)建立 TAR 大气污染预测模型，对上海市环境空气质量进行预测预报，结果发现 TAR 模型计算较为简便且便于计算机自动建模，预报精度较高，但采用最新的数据建模和分段建立模型的方法可以使预测精度进一步提高。刘维奇和王景乐(2009)基于小波方法构造两种估计量来识别门限区间的个数，给出了这些估计量的收敛情况和分布特征，并说明此门限估计量是具有最佳收敛速度的。曾令华等(2010)根据 Evans 周期性破灭泡沫理论，利用 TAR 模型对股票市场泡沫进行了检验，结果表明上证综合指数月度数据的变化可以划分为存在泡沫和不存在泡沫的时期，且两个时期呈现交替出现的状态，中国股票市场存在周期性破灭的泡沫。姚小剑和扈文秀(2013)从商品便利收益视角，利用 TAR 模型实证了 WTI 原油现货价格泡沫的存在性，结果发现 WTI 原油现货价格在样本两个阶段均存在泡沫，其内在价值会随国际原油市场变化而调整。

1.2.2　门限自回归模型的设定

TAR 模型的原理与方法是基于“分段”线性逼近，即把时间序列分割成几个机制，每个机制上都采用不同的线性自回归模型进行逼近。其中，机制分割由门限变量及其估计值来决定。相对于线性 AR 模型而言，TAR 模型能捕捉到非对称的动态调整特征，具有线性 AR 模型无法比拟的优势，因此，在时间序列分析中具有十分重要的地位。TAR 模型的定义如下：

$$X_t = \sum_{i=1}^{k} (\alpha_{i0} + \alpha_{i1} X_{t-1} + \cdots + \alpha_{ip_i} X_{t-p_i} + \sigma_i \varepsilon_i) I(X_{t-d} \in A_i) \tag{1.1}$$

式中，$\alpha_{i\theta}(\theta=0,1,2,\cdots,p_i)$为待估计的自回归系数；$\varepsilon_t \sim \mathrm{IID}(0,1)$；$X_{t-d}$ 为转换变量；d 为滞后参数；A_i 构成了整个定义域上一个机制分割，其含义是 $A_i \cap A_j = \varnothing$($i$ 和 j 不相等)；$I(\cdot)$为示性函数，满足

$$I=\begin{cases}1, & X_{t-d}\in A_i\\ 0, & X_{t-d}\notin A_i\end{cases} \tag{1.2}$$

式中，每个 A_i 上拟合一个线性 AR 模型，分割的机制由转换变量 X_{t-d} 来确定，通常由下式决定：$A_i=(\gamma_i-1,\gamma_i]$，$-\infty=\gamma_0<\gamma_1<\cdots<\gamma_k=+\infty$，$\gamma_i(i=0,1,\cdots,k)$是门限(此模型中门限是不连续的)。这一过程将空间分成 k 个机制，在每个机制里为一个 AR 模型，当存在至少两个不同的线性模型体制时，X_t 过程就是非线性的。

例 1.1：二机制 TAR 模型。假定时间序列 X_t 具有 n 个观测数据，其初始值 $X_{-p+1},X_{-p+2},\cdots,X_0$ 已知。二机制 TAR 模型定义为

$$X_t=\begin{cases}\alpha_0+\alpha_1X_{t-1}+\cdots+\alpha_pX_{t-p}+\varepsilon_{1t}, & X_{t-d}\leqslant\gamma\\ \beta_0+\beta_1X_{t-1}+\cdots+\beta_pX_{t-p}+\varepsilon_{2t}, & X_{t-d}>\gamma\end{cases} \tag{1.3}$$

式中，α_i、$\beta_i(i=1,2,\cdots,p)$为不同机制中时间序列的自回归系数；α_0、β_0 为截距；X_{t-d} 为转换变量；d 为滞后参数且 $d\leqslant p$；γ 为门限值。该模型有两个设定：①模型中机制数确定；②各机制中自回归滞后阶确定。如果随机干扰项 ε_{1t}、ε_{2t} 是服从期望为 0、方差为 σ^2 的独立同分布随机变量，则式(1.3)可以写成

$$\begin{aligned}X_t=&(\alpha_0+\alpha_1X_{t-1}+\cdots+\alpha_pX_{t-p})I(X_{t-d}\leqslant\gamma)+\\ &(\beta_0+\beta_1X_{t-1}+\cdots+\beta_pX_{t-p})[1-(X_{t-d}\leqslant\gamma)]+\varepsilon_t\end{aligned} \tag{1.4}$$

令 $\boldsymbol{x}_t=(1,X_{t-1},\cdots,X_{t-p})'$，$\boldsymbol{Y}_t(\boldsymbol{\gamma})=[\boldsymbol{x}_t'I(X_{t-d}\leqslant\gamma),\boldsymbol{x}_t'I(X_{t-d}>\gamma)]'$，$\boldsymbol{\theta}=(\boldsymbol{\alpha}',\boldsymbol{\beta}')'$，$\boldsymbol{\alpha}=(\alpha_0,\alpha_1,\cdots,\alpha_p)'$，$\boldsymbol{\beta}=(\beta_0,\beta_1,\cdots,\beta_p)'$，式(1.4)则可以简写成

$$X_t=\boldsymbol{Y}_t(\boldsymbol{\gamma})'\boldsymbol{\theta}+\varepsilon_t \tag{1.5}$$

例 1.2：三机制 TAR 模型。同理，假定时间序列 X_t，具有 n 个观测数据，其初始值 $X_{-p+1},X_{-p+2},\cdots,X_0$ 已知。三机制 TAR 模型定义为

$$X_t=\begin{cases}\alpha_0+\alpha_1X_{t-1}+\cdots+\alpha_pX_{t-p}+\varepsilon_{1t}, & X_{t-d}\leqslant\gamma_1\\ \beta_0+\beta_1X_{t-1}+\cdots+\beta_pX_{t-p}+\varepsilon_{2t}, & \gamma_1<X_{t-d}\leqslant\gamma_2\\ \chi_0+\chi_1X_{t-1}+\cdots+\chi_pX_{t-p}+\varepsilon_{2t}, & X_{t-d}>\gamma_2\end{cases} \tag{1.6}$$

例 1.3：连续的 TAR 模型。连续的 TAR(C-TAR)模型由 Chan 和 Tsay(1998)提出，如果满足以下两个条件：①$\alpha_j=\beta_j$，$1\leqslant j\neq d\leqslant p$，即除转换变量的自回归系数不同之外，其他自回归系数相等；②$\alpha_0+\gamma_{\alpha d}=\beta_0+\gamma_{\beta d}$，$\gamma$ 是门限值，即当转换变量等于门限值时，纵坐标相等，则此时的 TAR 模型就是 C-TAR 模型。因此，基于式(1.3)的 C-TAR 模型可以表示为

$$X_t=u+\sum_{j=1,\neq d}^{p}\theta_jX_{t-j}+\begin{cases}\theta_{d^-}(X_{t-d}-\gamma)+\varepsilon_{1t}, & X_{t-d}\leqslant\gamma\\ \theta_{d^+}(X_{t-d}-\gamma)+\varepsilon_{2t}, & X_{t-d}>\gamma\end{cases} \tag{1.7}$$

式中，$u=\alpha_0+\gamma_{\alpha d}=\beta_0+\gamma_{\beta d}$；$\theta_{d^-}=\alpha_d$；$\theta_{d^+}=\beta_d$；$\theta_j=\alpha_j=\beta_j$，$j\neq d$；$\gamma$ 为门限变量。如果随机干扰项 ε_{1t}、ε_{2t} 是服从期望为 0、方差为 σ^2 的独立同分布随机变量，则式(1.7)可以写为

$$X_t = u + \sum_{j=1,\neq d}^{p} \theta_j X_{t-j} + \theta_{d^-}(X_{t-d} - \gamma) I(X_{t-d} \leqslant \gamma) + \theta_{d^+}(X_{t-d} - \gamma)[1 - I(X_{t-d} \leqslant \gamma)] + \varepsilon_t \tag{1.8}$$

1.2.3 门限自回归模型的估计方法

为了介绍 TAR 模型的参数估计，本书以不连续的二机制 TAR 模型为例，即以模型(1.8)来介绍 Chan(1993)的一致估计方法。令人感兴趣的参数估计量是$\boldsymbol{\theta}$ 和 γ，若已知 γ，OLS 仍然适用于每个机制内的参数估计。在 ε_t 服从独立同分布的假定的辅助下，OLS 估计等价于 ML(最大似然)估计。由于自回归方程是非线性且不连续的，最简单的获得 OLS 估计的方法是使用序贯条件 OLS 估计。首先假设门限值 γ 已知，则自回归系数$\boldsymbol{\theta}$ 的 OLS 估计量可以写成

$$\boldsymbol{\theta}(\gamma) = \left(\sum_{t=1}^{n} Y_t(\gamma) Y_t(\gamma)'\right)^{-1} \left(\sum_{t=1}^{n} Y_t(\gamma) X_t\right) \tag{1.9}$$

$$\varepsilon_t(\gamma) = X_t - Y_t(\gamma)' \boldsymbol{\theta}(\gamma) \tag{1.10}$$

$$\sigma_n^2(\gamma) = \frac{1}{n} \sum_{t=1}^{n} \varepsilon_t(\gamma)^2 \tag{1.11}$$

对式(1.10)取最小值，可得门限值 γ 的 OLS 估计量：

$$\gamma = \arg \min_{\gamma \in \Gamma} \sigma_n^2(\gamma) \Gamma = [\underline{\gamma}, \bar{\gamma}] \tag{1.12}$$

Γ 表示门限值 γ 的潜在取值范围，在实际计算中可以通过在 $\Gamma = [\underline{\gamma}, \bar{\gamma}]$ 范围内搜索 OLS 估计残差平方和的最小值来求得 γ，进而得到自回归参数的 OLS 估计。对门限变量 γ 的潜在取值范围 Γ 的确定，从目前的文献来看，一般都是采用 Andrews(1993)的方法来构造潜在区间，首先对转换变量从小到大进行排序，其次取中间一定百分数转换变量作为潜在门限范围，认为中间 70%的转换变量作为潜在门限是合适的。当 γ 变化时，残差平方和为 σ_n^2，并且这些值与 $\sigma_n^2(X_{t-1})$，$t=1,2,\cdots,n$ 有关。因此，要找到 OLS 估计值，本节使用下面的估计方法。采用 OLS 回归，对每一个 $X_{t-1} \in \Gamma$，令 $\gamma = X_{t-1}$，计算每一次回归结果的残差平方和，选出使残差平方和最小的 γ，可以表述为

$$\gamma = \arg \min_{X_{t-1} \in \Gamma} \sigma_n^2(X_{t-1}) \tag{1.13}$$

$\boldsymbol{\theta}$ 的 OLS 估计量就是$\boldsymbol{\theta} = \boldsymbol{\theta}(\gamma)$，同样地，OLS 残差是 $\varepsilon_t = X_t - Y_t(\gamma)' \boldsymbol{\theta}$，$\sigma_n^2 = \sigma_n^2(\gamma)$。

1.2.4 门限自回归模型的假设检验

TAR 模型的门限效应检验中最重要的问题是和线性 AR(p)相比，TAR 模型是否是统计显著的。对二机制门限自回归模型，有关的零假设是 H_0：$\alpha_i = \beta_i$。采用 Hansen(1996)提出的检验方法。根据 Davies(1977)、Davies 和 Harte(1987)、Andrews(1993)的理论，如果残差服从独立同分布，选择接近最优的势来拒绝零假设的 F 统计量(一个具有较高势的检验意味着它在备择假设成立的情况下，更有可能拒绝零假设，从而避免犯第二类错误。第二类错误指的是原假设实际上是错误的，但我们接受或未能拒绝这个错误的

原假设。)：

$$F_n = n\left(\frac{\tilde{\sigma}_n^2 - \sigma_n^2}{\sigma_n^2}\right) \tag{1.14}$$

$$\tilde{\sigma}_n^2 = \frac{1}{n}\sum_{t=1}^{n}(x_t - y'_t\tilde{\boldsymbol{\alpha}})^2 \tag{1.15}$$

$$\tilde{\boldsymbol{\alpha}} = \left(\sum_{t=1}^{n} y_t y'_t\right)^{-1}\left(\sum_{t=1}^{n} x_t y_t\right) \tag{1.16}$$

式(1.15)是在 $\alpha=\beta$ 的假定下$\tilde{\boldsymbol{\alpha}}$ 的 OLS 估计值，因为 F_n 是 σ_n^2 的单调函数，所以得到：

$$F_n = \operatorname*{Sup}_{\gamma\in\Gamma} F_n(\gamma) \tag{1.17}$$

$$F_n(\gamma) = n\left(\frac{\tilde{\sigma}_n^2 - \sigma_n^2(\gamma)}{\sigma_n^2(\gamma)}\right) \tag{1.18}$$

式(1.18)是当 γ 已知，备择假设 H_1：$\alpha\neq\beta$ 的 F 统计量。

由于 γ 是不确定的，F_n 的渐近分布不是 χ^2 分布，Hansen(1996)提出渐近分布可能逼近自举法。假定 u_t^*，$t=1,2,\cdots,n$ 是服从独立同分布 $N(0,1)$的随机分布，令 $x_t^* = u_t^*$，利用 x_t，$t=1,2,\cdots,n$ 的观测值，将 x_t^* 对 y_t^* 做回归得到残差平方及 $\tilde{\sigma}_n^{*2}$，用 $x_t(\gamma)$ 回归得到残差平方及 $\tilde{\sigma}_n^{*2}(\gamma)$，并得到

$$F_n^*(\gamma) = n\left(\frac{\tilde{\sigma}_n^{*2} - \sigma_n^{*2}(\gamma)}{\sigma_n^{*2}(\gamma)}\right) \quad 和 \quad F_n^* = \operatorname*{Sup}_{\gamma\in\Gamma} F_n^*(\gamma) \tag{1.19}$$

1.3 平滑转移自回归模型

1.3.1 平滑转移自回归模型概述

TAR 模型把时间序列划分成不同的机制，同时暗含了一个假定，在某一特定的时点，时间序列的运动方式由一个机制向另一个机制的转换是急剧的，或者说是突然跳跃的，由此，转换机制是离散的。Granger 和 Teräsvirta(1993)发展了一种新的能够体现机制的连续性变化的模型——STAR 模型。STAR 模型作为非线性时间序列模型中的经典模型，也体现了非线性时间序列模型最基本的特征，能够更有效地捕捉到经济变化的非线性特征。这类模型描述变量在不同机制中的转换时，认为这种变化是平滑的、连续的，并且利用尺度参数来反映转换的速度。与 TAR 模型相比，STAR 模型充分体现了变化的平稳性。

1.3.2 平滑转移模型的设定

1. 平滑转移回归模型的设定

先给出平滑转移回归(smooth transition regression，STR)模型的结构框架，其形式如下：

$$y_t = \alpha_0 + \alpha_1 X_{t-1} + (\beta_0 + \beta_1 X_{t-1}) F(X_{t-1} - u) + \varepsilon_t \tag{1.20}$$

式中,ε_t 为独立同分布的随机变量;y_t 为被解释变量;X_{t-1} 为转换变量;$F(\cdot)$为转换函数,且为连续的奇函数或偶函数,取值范围在 0 到 1 之间。

式(1.20)是最简单的 STR 模型形式,主要根据转换函数在不同机制中进行转换。如果 F 是单调递增函数的奇函数,$|X_{t-1}-u|$较大,且 $\boldsymbol{X}_t<u$,则 $F(X_{t-1}-u)=0$。

$$y_t=\alpha_0+\alpha_1X_{t-1}+\varepsilon_t \tag{1.21}$$

如果$|X_{t-1}-u|$较大,$\boldsymbol{X}_t>u$,则 $F(X_{t-1}-u)=1$。

$$y_t=(\alpha_0+\beta_0)+(\alpha_1+\beta_1)X_{t-1}+\varepsilon_t \tag{1.22}$$

可以看出,该模型主要通过转换变量 X_{t-1} 的中间值给出相应值的组合,由此实现不同机制的相互转换。

STR 模型的一般形式如下。

设由 m 个解释变量构成上述向量 $\boldsymbol{X}_t$,$\boldsymbol{X}_t=(y_{t-1},y_{t-2},\cdots,y_{t-p},X_{1t},X_{2t},\cdots,X_{kt})$,模型变成

$$y_t=\boldsymbol{\beta}'\boldsymbol{X}_t+(\boldsymbol{\theta}'\boldsymbol{X}_t)F(z_t;\gamma,c)+\varepsilon_t \tag{1.23}$$

式中,$\varepsilon_t\sim N(0,\sigma^2)$;$E(X_t\varepsilon_t)=0$;$E(z_t\varepsilon_t)=0$;$\boldsymbol{\beta}'=(\beta_0,\beta_1,\cdots,\beta_m)'$;$\boldsymbol{\theta}'=(\theta_0,\theta_1,\cdots,\theta_m)'$;$\boldsymbol{X}_t=(1,y_{t-1},y_{t-2},\cdots,y_{t-p},X_{1t},X_{2t},\cdots,X_{kt})'$;$F(z_t;\gamma,c)$为转化函数,取值在 0 到 1 之间;$z_t$ 为转化变量;γ 为平滑参数或尺度参数,用来衡量不同制度间的转换速度;c 为门限变量。

根据转移函数形式的不同可以有不同的划分:如果转换函数具有对数函数的形式,则模型称为 LSTR(线性平滑转移回归)模型。如果转换函数具有指数函数的形式,则模型称为 ESTR(指数平滑转移回归)模型。

2. 平滑转移自回归模型的设定

如果令式(1.23)中的解释变量 $\boldsymbol{X}_t=(1,y_{t-1},y_{t-2},\cdots,y_{t-p})'$,则模型称为平滑转移自回归模型,一个二机制的平滑转移自回归模型的一般表达式为

$$\begin{aligned}y_t=&(\theta_{10}+\theta_{11}y_{t-1}+\cdots+\theta_{1p}y_{t-p})[1-F(z_{t-d};\gamma,c)]+\\&(\theta_{20}+\theta_{21}y_{t-1}+\cdots+\theta_{2p}y_{t-p})[1-F(z_{t-d};\gamma,c)]+\varepsilon_t,t=1,2,\cdots,T\end{aligned} \tag{1.24}$$

令 $\boldsymbol{X}_t=(1,y_{t-1},y_{t-2},\cdots,y_{t-d})'$,$\boldsymbol{\theta}_t=(\theta_{i0},\theta_{t1},\cdots,\theta_{tp})'(i=1,2)$,则模型简写为

$$\begin{aligned}y_t&=\boldsymbol{\theta}'_1\boldsymbol{X}_t[1-F(z_{t-d};\gamma,c)]+\boldsymbol{\theta}'_2\boldsymbol{X}_t[1-F(z_{t-d};\gamma,c)]+\varepsilon_t\\&=\boldsymbol{\theta}'_1\boldsymbol{X}_t+(\boldsymbol{\theta}'_2-\boldsymbol{\theta}'_1)\boldsymbol{X}_tF(z_{t-d};\gamma,c)+\varepsilon_t=\boldsymbol{\beta}'\boldsymbol{X}_t+\boldsymbol{\theta}'\boldsymbol{X}_tF(z_{t-d};\gamma,c)+\varepsilon_t\end{aligned} \tag{1.25}$$

变量的定义与 STR 模型类似,其中 z_{t-d} 为转换变量。它既可以是内生变量的滞后值 y_{t-d},也可以是所有内生变量滞后值的函数值 $h(y_1,y_2,\cdots,y_{t-d})$,还可以是其他外生变量 x_t 及其函数值 $h(x_t)$,甚至是一个时间趋势 t。

转换函数 F 反映了不同机制之间的转换过程,值域是[0,1]。因此,平滑转移自回归模型存在两种极端情况。

(1) 当 $F(z_{t-d};\gamma,c)=0$ 时,平滑转移自回归模型退化成一个 p 阶自回归过程,$y_t=\theta_{10}+\theta_{11}y_{t-1}+\cdots+\theta_{1p}y_{t-p}$。

(2) 当 $F(z_{t-d};\gamma,c)=1$ 时,平滑转移自回归模型退化成另一个 p 阶自回归过程,$y_t=\theta_{20}+\theta_{21}y_{t-1}+\cdots+\theta_{2p}y_{t-p}$。

平滑转移自回归模型所反映的正是事物在两种极端机制中的相互转换,而这种转换与TAR 模型最大的区别在于这两种机制的转换是平滑的、连续的,而不是跳跃的、离散的。

同样地,平滑转移自回归模型根据转换函数 $F(z_{t-d};\gamma,c)$形式的不同形成了不同的转换机制,如对数转换、指数转换和三角转换。

对数平滑转移自回归模型中的转换函数 $F(z_{t-d};\gamma,c)$被定义为

$$F(z_{t-d};\gamma,c)=\frac{1}{1+\exp[-\gamma(z_{t-d}-c)]},\quad \gamma>0 \tag{1.26}$$

在该模型中,转换函数 $F(z_{t-d};\gamma,c)$是关于 z_{t-d} 的单调递增函数,当 z_{t-d} 趋于 c 时,$F(z_{t-d};\gamma,c)$趋于 0;当 z_{t-d} 远离 c 时,$F(z_{t-d};\gamma,c)$趋于 1;γ 决定了对数函数值变化的平滑程度。如果 γ 很大,即使 z_{t-d} 相对于 c 有很小的变化,也会使得变量在两种机制之间是瞬间实现的。当 $\gamma\to0$ 或 $\gamma\to\infty$时,$F(z_{t-d};\gamma,c)$会趋于恒定值。

指数平滑转移自回归模型中的转换函数 $F(z_{t-d};\gamma,c)$被定义为

$$F(z_{t-d};\gamma,c)=1-\exp[-\gamma(z_{t-d}-c)^2],\quad \gamma>0 \tag{1.27}$$

在该模型中,当 z_{t-d} 趋于 c 时,$F(z_{t-d};\gamma,c)$趋于 0;当 z_{t-d} 远离 c 时,$F(z_{t-d};\gamma,c)$趋于 1。当 $\gamma\to0$ 或 $\gamma\to\infty$时,$F(z_{t-d};\gamma,c)$会趋于恒定值。

门限平滑转移自回归模型中的转换函数 $F(z_{t-d};\gamma,c)$被定义为

$$F(z_{t-d};\gamma,c)=\frac{1}{2}\{1-\sin[\gamma(z_{t-d}-c)]\},\quad \gamma>0 \tag{1.28}$$

在该模型中,当 z_{t-d} 趋于 c 时,$F(z_{t-d};\gamma,c)$趋于 0;当 z_{t-d} 远离 c 时,$F(z_{t-d};\gamma,c)$趋于 1;γ 决定了对数函数值变化的平滑程度。同样地,当 $\gamma\to0$ 或 $\gamma\to\infty$ 时,$F(z_{t-d};\gamma,c)$会趋于恒定值,即门限平滑转移自回归模型会周期性地在不同机制中相互转换。

对数平滑转移自回归模型描述高制度和低制度有不同的动态性,从一种制度向另一种制度的过渡是平滑的,而指数平滑转移自回归模型则意味着两个外制度有相似的动态性,其过渡区间有着不同的动态性。

平滑转移自回归模型设定的步骤为:①设定线性模型,形成进一步分析的出发点。首先需要设定线性模型 AR(p),y_t 的最大滞后阶数可采用赤池信息量准则(Akaike information criterion,AIC)或贝叶斯信息准则(Bayesian information criterion,BIC)的可行模型选择准则来确定合适的线性模型。②对所设定的线性模型进行检验。利用①设定的线性模型为原假设,实施非线性检验,备择假设的模型是平滑转移自回归模型。当拒绝原假设时,从数据确定转换变量或转换变量的线性组合。③选择最终模型,在非线性检验的基础上,根据检验结果从平对数滑转移自回归模型、指数平滑转移自回归模型、门限平滑转移自回归模型中选择模型。

1.3.3 平滑转移模型的估计方法

当转换函数的形式确定之后,可以采用 OLS 对平滑转移自回归模型参数进行估计,

而运用 OLS 需要合适的优化算法。

$$\Theta = \arg\min_{\theta,\gamma,c} \sum_t \varepsilon_t^2 \tag{1.29}$$

式中，$\varepsilon_t = y_t - f(\widetilde{X}_t,\theta)$；$\widetilde{\boldsymbol{X}}_t = \begin{bmatrix} X_t[1-F(z_{t-d};\gamma,c)] \\ X_t F(z_{t-d};\gamma,c) \end{bmatrix}$。其中，$f(\widetilde{\boldsymbol{X}}_t,\theta)$ 是非线性的，所以不能像 OLS 那样用求多元函数极值的方法来求得参数的估计值，而是采用复杂的优化算法来求解。常用的算法有两种：搜索算法和迭代算法。搜索算法一般是按一定的规则选择若干组参数值，分别计算其目标函数值并做比较，选出使目标函数值最小的参数值，同时舍弃其他参数值，然后按规则补充新的参数值，再与原来的做比较，选出使目标函数值最小的参数值，如此进行下去，直到找不到更好的参数值。根据所选的规则不同，构成不同的搜索算法。常见的方法有单纯形算法、复合形算法、随机搜索法等。迭代算法是从参数的某一初始猜测值出发，通过迭代方法，产生一系列的参数点，构成参数序列，如果这个参数序列中某个参数值使得目标函数最小，则该参数为所求参数。常见的迭代算法有牛顿-拉弗森(Newton-Raphson)算法、Marquardt 算法、高斯迭代法、变尺度法等。

在 LSTAR 模型估计时，为了更快地得到 γ 的初始值，一般使用转换变量的标准差对转换函数进行调整。

$$F(z_{t-d};\gamma,c) = \frac{1}{1+\exp[-\gamma(z_{t-d}-c)]/\sigma(z_{t-d})} \tag{1.30}$$

在 ESTAR 模型估计时，为了使估计尽快收敛，同样地对转换函数进行调整。

$$F(z_{t-d};\gamma,c) = 1-\exp[-\gamma(z_{t-d}-c)^2/\sigma(z_{t-d})] \tag{1.31}$$

如果采用式(1.31)的形式进行估计，OLS 的迭代估计的最合理初始值是 $\gamma=1$，而门限值以样本平均值作为初始值。

1.3.4 平滑转移模型的假设检验

在对平滑转移自回归模型进行非线性检验时，非线性模型的参数(门限变量 c、平滑参数 γ 和转换变量 z_{t-d})并不存在于线性模型中，因此，不能直接对非线性与线性假设进行检验。Luukkonen 等(1988)为避免上述问题，提出了利用转换函数 $F(z_{t-d};\gamma,c)$ 在 $\gamma=0$ 处的三阶泰勒展开式进行替代，构造辅助回归模型进行检验，这样就避免了不能直接对线性和非线性假设进行检验的问题。

转换函数 $F(z_{t-d};\gamma,c)$ 的泰勒展开式为

$$F(z_{t-d};\gamma,c) = \xi_0 + \xi_1 z_{t-d} + \xi_2 z_{t-d}^2 + \xi_3 z_{t-d}^3 + R_3 \tag{1.32}$$

式中，R_3 为三阶泰勒展开余项。

将式(1.29)代入式(1.25)，可以得到辅助回归方程：

$$y_t = \beta'_0 X_t + \lambda'_1 X_t z_{t-d} + \lambda'_2 X_t z_{t-d}^2 + \lambda'_3 X_t z_{t-d}^3 + \varepsilon_t \tag{1.33}$$

用式(1.30)代替式(1.25)对时间序列 y_t 进行非线性假设检验：

H_0：$\lambda_i = 0$

H_1：λ_i 中至少有一个不为 0($i=1,2,3$)

这一模型的检验统计量一般有 F 统计量、似然比(likelihood ratio,LR)统计量和 LM(拉格朗日乘数)统计量。这三个统计量都是针对被估参数的约束检验,是渐近等价的。在 H_0 成立的条件下,构造 F 统计量:

(1) 做回归 $y_t=\beta_0' X_t+\varepsilon_t$,计算残差平方和 $\mathrm{SSR}_0=\sum_{t=1}^{T}\hat{\varepsilon}_t$;

(2) 对辅助回归模型进行回归,计算残差平方和 $\mathrm{SSR}_1=\sum_{t=1}^{T}\hat{\varepsilon}_t$;

(3) 计算 F 统计量:

$$F=\frac{(\mathrm{SSR}_0-\mathrm{SSR}_1)/3p}{\mathrm{SSR}_1/(T-4p-1)}\sim F(3p,T-4p-1) \tag{1.34}$$

在 H_0 成立的条件下,计算 LM 统计量:

$$\mathrm{LM}=\frac{T(\mathrm{SSR}_0-\mathrm{SSR}_1)}{\mathrm{SSR}_0}=\frac{(\mathrm{SSR}_0-\mathrm{SSR}_1)/3(p+1)}{\mathrm{SSR}_1/[T-4(p+1)]} \tag{1.35}$$

式中,T 为时间序列时间长度;$3(p+1)$ 为受约束参数的个数;$T-4(p+1)$ 为分母所对应的自由度。

1.3.5 案例一:西班牙失业的多重均衡①

1. 研究背景

在 30 年中,西班牙的失业率发生了巨大变化:从 20 世纪 70 年代初的 2%~3%,到 80 年代中期的 21%,在 80 年代后半期出现短暂下降后,1994 年第一季度达到了 24.5% 的峰值。从 1994 年起,西班牙的失业率迅速下降到 2007 年的 8%,又突然上升到 2008 年第三季度的 11.3%。总体来说,西班牙的失业率从低到高,后来又从高到低,现在又从低到高快速过渡。这些剧烈波动是许多理论和实证文献的研究重点(Dolado et al.,2002;Romero-Ávila and Usabiaga,2008;Juselius and Ordonez,2009)。尽管这些文献的研究结论在一定程度上存在差异,但都强调了以下两点:第一,西班牙的失业率可以用各种冲击来解释;第二,持续性似乎是高失业保护和工资谈判利益相关的制度因素造成的。后一个结论的依据是关于"滞后"的文献(Layard et al.,1991),该文献强调了失业率对临时性需求和供给冲击作出高持续性反应的趋势。

从方法论的角度来看,这些文献的共同点是使用线性模型。然而,失业的主要特征之一是其非对称行为,即经济衰退时失业率的增长速度快于经济扩张时失业率的下降速度,而线性模型无法捕捉到这一特征。此外,西班牙失业率在过去几十年中的表现也让人怀疑是存在唯一的(自然)失业均衡率,还是更多地表明了一种失业率在低失业均衡和高失业均衡之间波动的情况。失业的非对称性在理论文献中也有详细记载:Lindbeck 和 Snower(1988)的内部人-外部人模型表明,在某些条件下,内部人能够在经济扩张期间阻

---

① FRANCHI M,ORDÓEZ J. Multiple equilibria in Spanish unemployment[J]. Structural change and economic dynamics,2011,22(1):71-80.

止就业率上升。Bentolila 和 Bertola(1990)认为,非对称劳动力成本调整函数在很大程度上解释了 1973 年第一次石油冲击后欧洲失业率的发展。Peel 和 Speight(1998)提供的证据表明,就业岗位的破坏在商业周期中是高度不对称的。Burgess(1992)指出,非对称就业周期可能出现在 Diamond(1982)的劳动力搜寻和匹配模型的非线性变体中,而许多文献也充分记录了失业的非线性动态(Acemoglu and Scott,1994; Skalin and Teräsvirta,2002)。在 Meltzer 和 Scott(1981)的研究的基础上,学者们发展了一个均衡失业模型。该模型被扩展为内生自然失业率理论,通过政治进程存在的反馈,再结合从失业到社会保护再到自然失业率的有限信息。这种反馈导致失业率对其自身过去的非线性反应,从而产生了两个稳定的均衡点。研究目的是证明西班牙失业率的动态可以用一个具有两个均衡点和两个均衡点之间快速转换的非线性模型来很好地描述; 此外,还提供了支持失业对冲击的非对称行为和滞后假说的证据。

2. 模型构建

在单变量情况下,可以通过平滑转移自回归模型来捕捉失业的多重均衡点,该模型可表述如下:

$$U_t = \alpha + \left(\sum_{i=1}^{p} \phi_i U_{t-i}\right)(1 - G(\gamma, U_{t-d} - c)) + \left(\sum_{i=1}^{p} \tilde{\boldsymbol{\phi}}_i U_{t-i}\right) G(\gamma, U_{t-d} - c) + \varepsilon_t \tag{1.36}$$

式中,α、ϕ_i、$\tilde{\boldsymbol{\phi}}_i$、$\gamma$ 和 c 是待估算的参数; ε_t 是均值为零且方差恒定的误差项; 转移函数 $G(\gamma, U_{t-d}-c)$是连续的、非递减的,且介于 0 和 1 之间。

STAR 模型可以解释为一种机制转换模型,其允许两个机制,分别与极端值 $G(\gamma, U_{t-d}-c)=0$ 和 $G(\gamma, U_{t-d}-c)=1$ 相关联,每个机制都对应于特定的经济状态。当 U_{t-d} 偏离恒定的门限值 c 时,就会发生机制之间的转换,其转换速度由参数 γ 决定。

两种常用的转移函数是对数平滑转移自回归模型:

$$G(\gamma, U_{t-d} - c) = (1 + \exp\{-\gamma(U_{t-d} - c)\})^{-1}, \quad \gamma > 0 \tag{1.37}$$

和指数函数平滑转移自回归模型:

$$G(\gamma, U_{t-d} - c) = 1 - \exp\{-\gamma(U_{t-d} - c)^2\}, \quad \gamma > 0 \tag{1.38}$$

式(1.37)是对数平滑转移自回归模型。当 $\gamma \to \infty$ 时,对数函数接近 1,对数平滑转移自回归模型成为二机制门限自回归模型,而当 $\gamma = 0$ 时,对数平滑转移自回归模型简化为线性自回归模型。由于对 U_{t-d} 偏离 c 的正负偏差的反应不同,对数平滑转移自回归模型可以方便地模拟存在非对称行为的失业情况。而式(1.38)的指数平滑转移自回归模型的情况则不同,在该模型中,偏离临界值的正值和负值具有相同的效果,故该模型只能捕捉非线性对称调整。

针对平滑转移自回归模型的线性检验比较复杂,因为在线性的零假设下,定义平滑转移自回归模型的参数无法确定。Teräsvirta(1994)提出了一系列测试方法,用于评估 AR 模型的零假设与平滑转移自回归模型的替代假设。这些检验是通过对一组选定的延迟参数 d 值($1 \leqslant d \leqslant p$)进行以下辅助回归估计:

$$U_t = \beta_0 + \sum_{i=1}^{p} \beta_{1i} U_{t-i} + \sum_{i=1}^{p} \beta_{2i} U_{t-i} U_{t-d} + \sum_{i=1}^{p} \beta_{3i} U_{t-i} U_{t-d}^2 + \sum_{i=1}^{p} \beta_{4i} U_{t-i} U_{t-d}^3 + \varepsilon_t \tag{1.39}$$

式(1.39)是通过对平滑转移自回归模型中的式(1.37)和式(1.38)进行泰勒展开得出的。与平滑转移自回归模型相对应的线性零假设为 $H_0: \beta_{2i} = \beta_{3i} = \beta_{4i} = 0, i = 1, 2, \cdots, p$；相应 LM 检验在线性零假设下具有 $3(p+1)$ 自由度的渐近 χ^2 分布。如果拒绝一个超过 d 值的线性关系，则选择联合检验最低 p 值对应的 d 值。

3. 数据和线性估计

在本节，将提供一些非正式的证据，支持多重均衡作为对西班牙失业行为的良好描述。为此，首先描述了失业数据，并绘制了其密度图，以检验其形状是否符合多重均衡。接下来，估计西班牙失业率的线性自回归模型，并探讨其特性。如图 1.1 所示，参数恒定性检验揭示了线性模型系数的明显不稳定性。这种不稳定性可能是由于线性模型的设定错误造成的，是多重均衡之间可能发生转换的结果。

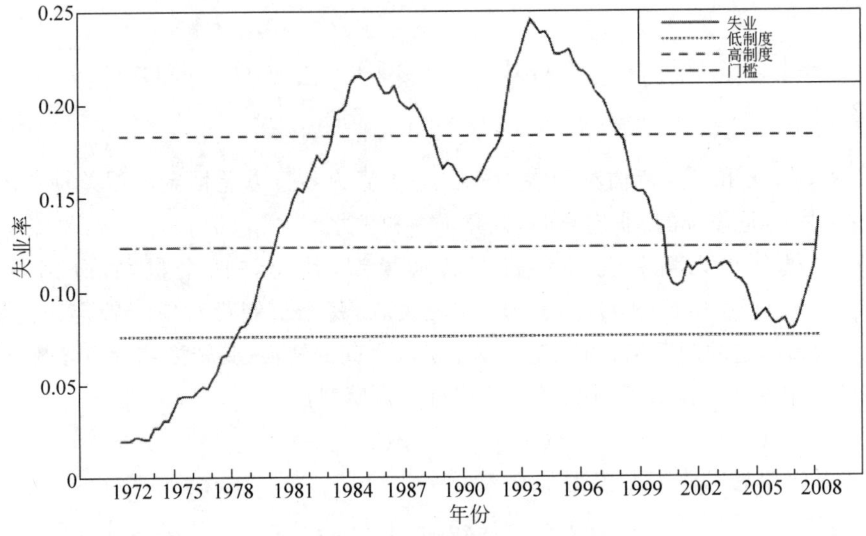

图 1.1　西班牙失业率季度序列

图 1.1 是西班牙失业率季度序列。时间跨度为 1972 年第四季度至 2008 年第三季度。西班牙历来是经济合作与发展组织国家中失业率最高的国家，但 1997—2007 年其失业率大幅下降，这种情况已经得到部分扭转。样本期始于 1972—1985 年的长期衰退期，其经济衰退可以追溯到 20 世纪 70 年代的石油危机，这场危机对西班牙经济造成了严重冲击。这些冲击抬高了产品价格，减少了劳动力需求，工资下行的刚性阻碍了必要的实际工资调整，而实际工资调整本可以恢复对劳动力的需求。工会强大的讨价还价能力导致工资要求大大超过生产率的增长。结果造成了滞胀：在此期间，通货膨胀和失业率都有所上升。因此在 20 世纪 70 年代初，西班牙的平均失业率为 2%，而从 1975 年到 1985 年，西班牙的就业人数大幅减少(约 200 万人)，失业率上升到 21.6%。在接下来的 1986—

1991 年,西班牙经历了一个创造就业机会的短暂时期,失业率回落到 16.3%。这一下降的原因有两个：首先,西班牙于 1986 年加入欧洲共同体(欧共体),利用了贸易壁垒较低的经济优势；其次,西班牙于 1989 年加入欧洲货币体系。从 1991 年到 1994 年,失业率再次飙升,1994 年第一季度达到 24.5%的峰值。尽管生产率继续提高,但在这一时期末出现了放缓的迹象。由于实际利率较高,外资大量流入西班牙,西班牙比塞塔随之升值,削弱了出口部门的竞争力。同时,实际工资的持续增长超过了生产率,导致竞争力严重下降。由于加入了欧洲货币联盟(EMU),西班牙经济无法进行竞争性贬值,因此陷入了内外失衡的困境,并逐渐变得不可持续。金融市场发现了这一点,于 1992 年 9 月对西班牙比塞塔发动了投机性攻击,迫使西班牙退出了欧洲货币联盟 6%的汇率区间,并使其货币贬值。从 1995 年起,西班牙经历了一个长期的创造就业机会的时期,这是 20 世纪 90 年代末劳动力市场改革和西班牙政府决心满足《马斯特里赫特条约》条件的结果。

因此,1982—2008 年,西班牙的失业动态具有以下特点：持续高失业率时期(1982 年至 1999 年),平均失业率为 19.5%；两个过渡期,一个是大规模破坏就业时期(1972 年至 1982 年),另一个是大规模创造就业时期(1999 年至 2007 年),分别位于持续高失业率时期之前和之后。从 2008 年起,其又回到了衰退水平。

如图 1.2 所示,西班牙失业率的双峰分布支持了这一关于多重平衡的非正式印象,其中的模式集中在 10%和 20%。

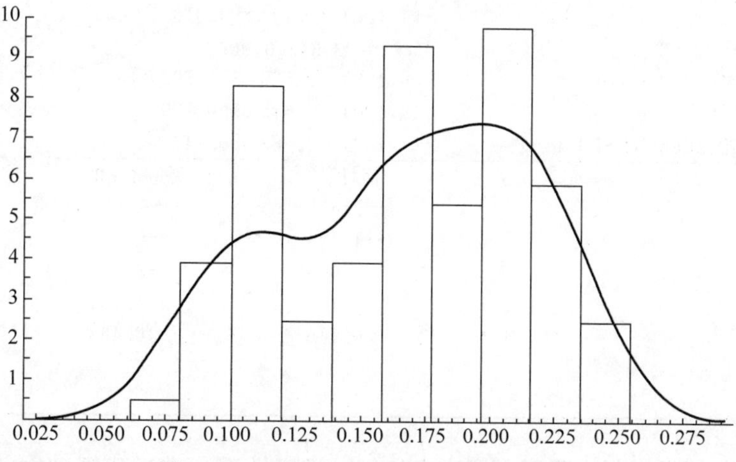

图 1.2　西班牙失业率的非参数密度估计

接下来,检验线性自回归模型能否充分反映西班牙的失业行为。表 1.1 列出了 AR(5)模型的估计值,其中只报告了显著系数。滞后阶数是通过剔除统计意义上不显著的高阶滞后值来确定的,从滞后 8 阶开始。AR 模型似乎不存在设定错误的问题,但由于偏度和过度峰度的存在,正态性被拒绝。需要注意的是,线性设定与冲击的持续性有关：自回归系数的估计值总和为 0.98。表 1.1 列出了单位根和平稳性检验。PP 是 Phillips 和 Perron(1988)的单位根检验。根据这些检验,在通常的显著性水平下,单位根零值不能被拒绝(KPSS 检验的零值是平稳性,但被拒绝),这意味着单位根意义上的失业滞后。

然而，存在断裂的确定性线性趋势的情况下，标准单位根检验无法拒绝假设，且存在多重结构断裂的情况下，单位根检验允许在零值条件下存在结构断裂。考虑到这一点，我们采用 Lee 和 Strazicich(2003)的单位根检验法，同时考虑两个结构性中断。LS(CM)和 LS(TBM)分别报告了崩溃和中断趋势的单位根检验。为了检验非线性静态行为的单位根，使用 Sollis(2009)的单位根检验法来检验非线性静态行为。表 1.1 中的 SL(D)和 SL(T)分别代表带有漂移的 Sollis 检验和带有漂移和趋势的 Sollis 检验。根据检验结果，与平滑转移自回归非线性平稳性的替代值相比，单位根的零值可以被拒绝。一旦拒绝了单位根，就可以检验对称与非对称非线性平稳性的零值。SLA(D)和 SLA(T)显示了对称非线性平稳性与非对称非线性平稳性的检验统计量。因此，对称非线性平稳性被拒绝。从表 1.1 结果中可以得出两个结论：失业在总体上是非线性平稳的，非对称性是该序列的一个重要特征。

表 1.1　西班牙失业率的 AR 模型

估计模型			
$U_t = \underset{(0.001)}{0.002} + \underset{(0.091)}{1.482} - \underset{(0.117)}{0.379}U_{t-2} - \underset{(0.033)}{0.122}U_{t-5} + \varepsilon_t$			
$\sum \alpha_i = 0.98$			
诊断检验			
Autocorrelation 1-5：	$F(5,105)=0.111\,05[0.989\,7]$		
ARCH 1-4：	$F(4,102)=1.193\,8[0.318\,1]$		
Normality：	$\chi^2(2)=22.348[0.000\,0]$		
Heteroskedasticity, $F_{X_iX_j}$：	$F(6,103)=0.520\,03[0.792\,0]$		
Heteroskedasticity, $F_{X_i^2}$：	$F(9,100)=0.618\,05[0.779\,2]$		
Modelo speciffcation, RESET test：	$F(1,109)=2.587\,4[0.110\,6]$		
单位根检验	估计值	5%临界值	10%临界值
PP	−1.636	−2.88	−2.58
LS(TBM)	−4.724	−5.59	−5.27
LS(CM)	−3.006	−3.84	−3.5
SL(D)	6.153	4.954	4.157
SL(T)	6.116	6.463	5.46
SLA(D)	5.55		
SLA(T)	4.33		

单位根的证据在很大程度上取决于如何对确定性部分进行建模，但总体证据支持对西班牙失业率进行非线性建模。对图 1.1 的直观观察表明，西班牙的失业率可以用多重中断模型(1985 年、1991 年、1994 年和 2008 年为中断期)进行适当描述，并假定每个中断期都是线性的。为了探索平滑转移自回归模型的替代方法，考虑了 Bai 和 Perron(2003)的方法。表 1.2 显示了结果。Sup$F_T(k)$统计测试了无结构间断与 k 个间断的零值。这些测试对于 1～5 之间的 k 都是有效的。因此至少存在一个间断。Sup$F_T(l+1|l)$统计量序列测试了 l 个结构间断与 $l+1$ 个结构断点。由于它们都不显著，因此序列程序选择了一个断点。相比之下，BIC 和 LWZ 分别选择了 3 个和 2 个断点。表 1.2 列出了 1 个和两个断点的估计模型。断点分别位于 1987 年第三季度和 1998 年第二季度，与图 1.1 中

观察到的趋势变化不太一致。此外，由于置信区间很宽，断点日期不好确定。根据上述结果和先前的证据，继续估计平滑转移自回归模型。

表 1.2　断点个数选择

$z_t=1$	$p=1$	$p=0$	$h=21$	$M=5$		
$\mathrm{Sup}F_T(1)$	$\mathrm{Sup}F_T(2)$	$\mathrm{Sup}F_T(3)$	$\mathrm{Sup}F_T(4)$	$\mathrm{Sup}F_T(5)$	$UD\max$	$WD\max$
14.88*	17.85*	12.76*	25.79*	26.42*	26.42*	53.60*
$\mathrm{Sup}F_T(2\mid 1)$	$\mathrm{Sup}F_T(3\mid 2)$	$\mathrm{Sup}F_T(4\mid 3)$				
3.22	1.12	1.12				
Sequential	1		选择间断次数			
LWZ	2					
BIC	3		有两次间断的估计			
$\hat{\delta}_1$	$\hat{\delta}_2$	$\hat{\delta}_3$	$\hat{T}_1$	$\hat{T}_2$		
0.58	0.7	0.36	1987：3	1998：2		
(44.15)	(52.83)	(27.39)	(82：2—93：3)	(97：4—05：3)		
	有一次间断的估计					
$\hat{\delta}_1$	$\hat{\delta}_2$	$\hat{T}_1$				
0.88	0.39	1998：2				
(42.4)	(18.84)	(97：4—04：3)				

4. 对数平滑转移自回归模型

表 1.3 列出了线性假设与平滑转移自回归非线性假设的检验统计量。根据这些结果，当转移变量为 U_{t-4} 时，拒绝线性假设。使用异常值稳健性检验时，拒绝程度更高。表 1.4 显示，对于 U_{t-4}，数据的对数平滑转移自回归模型优于指数平滑转移自回归模型：H_{04} 和 H_{03} 均被拒绝，而 H_{02} 不能被拒绝。H_{0L} 的 p 值低于 H_{0E}。这些结果表明，对数平滑转移自回归模型比线性模型或指数平滑转移自回归模型更适合描述失业过程。失业率不仅呈现非线性行为，而且这种行为是不对称的。

表 1.3　平滑转移自回归模型非线性的 LM 型检验

转移变量	LM_1	LM_3	LM_3^e	LM_4
标准检验				
趋势项	0.747	0.738	0.368	0.512
U_{t-1}	0.165	0.392	0.291	0.515
U_{t-2}	0.739	0.852	0.849	0.502
U_{t-3}	0.356	0.431	0.349	0.202
U_{t-4}	0.054	0.010	0.016	0.025
U_{t-5}	0.239	0.461	0.184	0.573
U_{t-6}	0.979	0.589	0.633	0.720
异方差稳健性检验				

续表

转移变量	LM_1	LM_3	LM_3^e	LM_4
趋势项	0.766	0.681	0.201	0.520
U_{t-1}	0.236	0.524	0.414	0.615
U_{t-2}	0.590	0.589	0.451	0.470
U_{t-3}	0.385	0.509	0.562	0.632
U_{t-4}	0.053	0.095	0.156	0.158
U_{t-5}	0.302	0.541	0.259	0.626
U_{t-6}	0.962	0.176	0.385	0.293
异常值稳健性检验				
趋势项	0.666	0.538	0.134	0.359
U_{t-1}	0.189	0.459	0.299	0.560
U_{t-2}	0.769	0.806	0.887	0.500
U_{t-3}	0.133	0.286	0.112	0.365
U_{t-4}	0.023	0.004	0.009	0.008
U_{t-5}	0.190	0.385	0.096	0.496
U_{t-6}	0.962	0.507	0.529	0.681

表 1.4 平滑转移自回归模型选择

转移变量	Teräsvirta			Escribano 和 Jordà	
	H_{04}	H_{03}	H_{02}	H_{0L}	H_{0E}
标准检验					
趋势项	0.909	0.249	0.747	0.741	0.201
U_{t-1}	0.464	0.460	0.165	0.435	0.510
U_{t-2}	0.969	0.369	0.739	0.248	0.244
U_{t-3}	0.751	0.190	0.356	0.474	0.173
U_{t-4}	0.021	0.379	0.054	0.009	0.158
U_{t-5}	0.391	0.622	0.239	0.353	0.863
U_{t-6}	0.635	0.159	0.979	0.966	0.290
异方差稳健性检验					
趋势项	0.911	0.300	0.766	0.729	0.142
U_{t-1}	0.506	0.417	0.236	0.335	0.522
U_{t-2}	0.946	0.241	0.590	0.177	0.203
U_{t-3}	0.846	0.082	0.385	0.674	0.409
U_{t-4}	0.055	0.432	0.053	0.344	0.056
U_{t-5}	0.230	0.357	0.302	0.698	0.717
U_{t-6}	0.189	0.104	0.962	0.525	0.063
异常值稳健性检验					
趋势项	0.745	0.112	0.666	0.654	0.143
U_{t-1}	0.691	0.432	0.189	0.534	0.609
U_{t-2}	0.938	0.307	0.769	0.268	0.240
U_{t-3}	0.765	0.170	0.133	0.547	0.735
U_{t-4}	0.008	0.432	0.023	0.009	0.086

续表

转移变量	Teräsvirta			Escribano 和 Jordà	
	H_{04}	H_{03}	H_{02}	H_{0L}	H_{0E}
U_{t-5}	0.366	0.596	0.190	0.389	0.847
U_{t-6}	0.504	0.133	0.962	0.906	0.248

表 1.5 列出了估计的对数平滑转移自回归模型，估计方法采用最大似然法。结果表明存在两种失业机制：一种是均衡值为 18.3%的高失业机制，另一种是均衡值为 7.6%的低失业机制。值得注意的是，只要转移函数没有取极值，任何观测到的失业率都是高失业率和低失业率的加权平均值，其中权重由转移函数的值给出。临界值为 $\hat{c}=12.36\%$ 的失业率。因此，在经济扩张期（$U_{t-4}<12.36\%$）和经济收缩期（$U_{t-4}>12.36\%$），失业率的变化是不同的，动态也不同。

表 1.5　西班牙失业的对数平滑转移自回归模型

估计模型：

$$U_t=\underset{(0.16)}{0.95}+(0.83U_{t-1}-\underset{(0.16)}{0.29}U_{t-6}+\underset{(0.17)}{0.33}U_{t-7})\times(1-G(U_{t-4};\ \underset{(3.02)}{-4.83},\underset{(1.11)}{12.36}))+$$

$$(\underset{(0.09)}{1.24}U_{t-1}-\underset{(0.11)}{0.22}U_{t-2}+\underset{(0.13)}{0.49}U_{t-4}-\underset{(0.10)}{0.56}U_{t-5})\times G(U_{t-4};\ \underset{(3.02)}{-4.83},\underset{(1.11)}{12.36})+\varepsilon_t$$

式中，$(GU_{t-4};\ \underset{(3.02)}{-4.83},\underset{(1.11)}{12.36})=[1+\exp(\underset{(3.02)}{-4.83}(U_{t-4}-\underset{(1.02)}{12.36}))]^{-1}$

样本：1972 年第四季度至 2008 年第三季度

诊断检验：

Autocorrelation 1-5：1.323[0.262]

ARCH 1-4：4.177[0.382]

参数恒定性检验

LMc1=1.163[0.330]

LMc2=1.427[0.151]

LMc3=1.163[0.300]

非剩余非线性检验：

二次项：1.400[0.215]

三次项：1.449[0.131]

四次项：1.434[0.131]

方差恒定性检验：

LMc1=0.631[0.428]

LMc2=0.573[0.565]

LMc3=0.465[0.707]

方差非剩余非线性检验：

二次项：0.595[0.442]

三次项：0.427[0.653]

四次项：0.313[0.815]

长期性能：

$G(U_{t-4};\ \gamma,c)=0$：$\sum\phi_i=0.875,\hat{\mu}_1=7.6$

$G(U_{t-4};\ \gamma,c)=1$：$\sum\tilde{\boldsymbol{\phi}}_i=0.948,\hat{\mu}_2=18.3$

每个机制的系数之和，低机制为$\sum \phi_i = 0.87$，高机制为$\sum \hat{\phi}_i = 0.95$，分别衡量两个机制的持续程度。在高失业率机制下，失业率的持续性很高；而在低失业率机制下，失业率的持续性较低。也就是说，当经济受到负面冲击时，失业率上升得更快；而当经济受到正面冲击时，失业率下降得更慢。转移参数γ的估计值相当大(4.83)，因此失业率的微小变化就足以使估计的转移函数接近0或1。在不同欧洲国家的实证文献中也发现了类似的γ值。Skalin和Teräsvirta(2002)计算了奥地利、丹麦、芬兰、德国、意大利、挪威和瑞典失业率的对数平滑转移自回归模型，这些国家的估计γ分别为2.23、13.37、2.87、4.29、11.56、93.98和1.95。

图1.1显示了失业率的时间路径行为以及均衡点和临界点。如γ的估计值所显示，平衡点之间的移动速度很快：从1995年开始，在不到5年的时间里，西班牙的失业率就脱离了高失业率机制，跌破了12.36%的临界值，并接近较低的平衡点。20世纪70年代初的情况正好相反，当时的失业率从很低的水平跃升到很高的水平。因此，创造就业机会的成功时期很容易被逆转，随之而来的是失业率的急剧上升。

表1.5中的检验结果没有显示出设定错误的迹象：没有异方差、自相关和偏离正态的迹象。此外，该模型捕捉到了数据的所有非线性特征：对数平滑转移自回归模型的非剩余非线性检验并未表明模型中存在任何剩余非线性。检验参数恒定性，在线性模型中，参数恒定性零值的备择假设是单一结构断裂，而表1.5检验中的备择假设明确允许参数平滑变化。LMc1允许参数单调变化，LMc2考虑非单调变化，LMc3允许参数单调和非单调变化。这些检验表明参数的非恒定性，无论是平滑的还是突变。此外，不拒绝零假设意味着两个均衡点没有随时间发生显著变化。检验方差中的非线性和非恒定性，结果表明方差没有表现出任何错误设定。

除了对数平滑转移自回归模型在样本外预测方面是否优于线性模型，预测性能也可作为模型选择标准，从而作为评估模型的一种方法。线性模型和非线性模型均使用截至2006年第一季度的数据进行估计，因此样本外预测需要10个观测值。获得预测结果后，使用Diebold-Mariano统计量对比线性模型和非线性模型的预测效果。估计结果拒绝了预测准确性相同的零值，而非线性模型提供了更好的预测，P值为0.03。因此，在估计西班牙失业率时，对数平滑转移自回归模型优于线性模型。

通过广义脉冲响应函数研究了模型的动态特性，非线性模型中脉冲响应考察正负冲击效应的不对称性，并捕捉响应过程的持续性(滞后性)。图1.3中报告了失业对不同规模(估计误差的0.5、3和5个标准差)和不同数量级(50%、75%和90%)冲击的非对称脉冲响应。图表的绘制过程如下：对于给定的冲击大小，我们生成10 000个冲击并计算相应的响应；然后根据冲击响应的符号将响应分为正响应和负响应，计算相应的量化值并绘制它们的差值。由于内生变量是失业率，正响应意味着冲击后失业率上升，即负面冲击对经济的影响。因此，图1.3中的正值意味着一定规模的负向冲击的影响大于同等规模的正向冲击的影响，即当经济受到负向冲击时，失业率上升得更快，而不是当发生正向冲击时失业率下降得更快，这一结果在不同程度的冲击下是一致的。从图1.3中可以发现，5个标准差的冲击比0.5个标准差的冲击表现出更持久的影响，因此，较小的冲击(无论

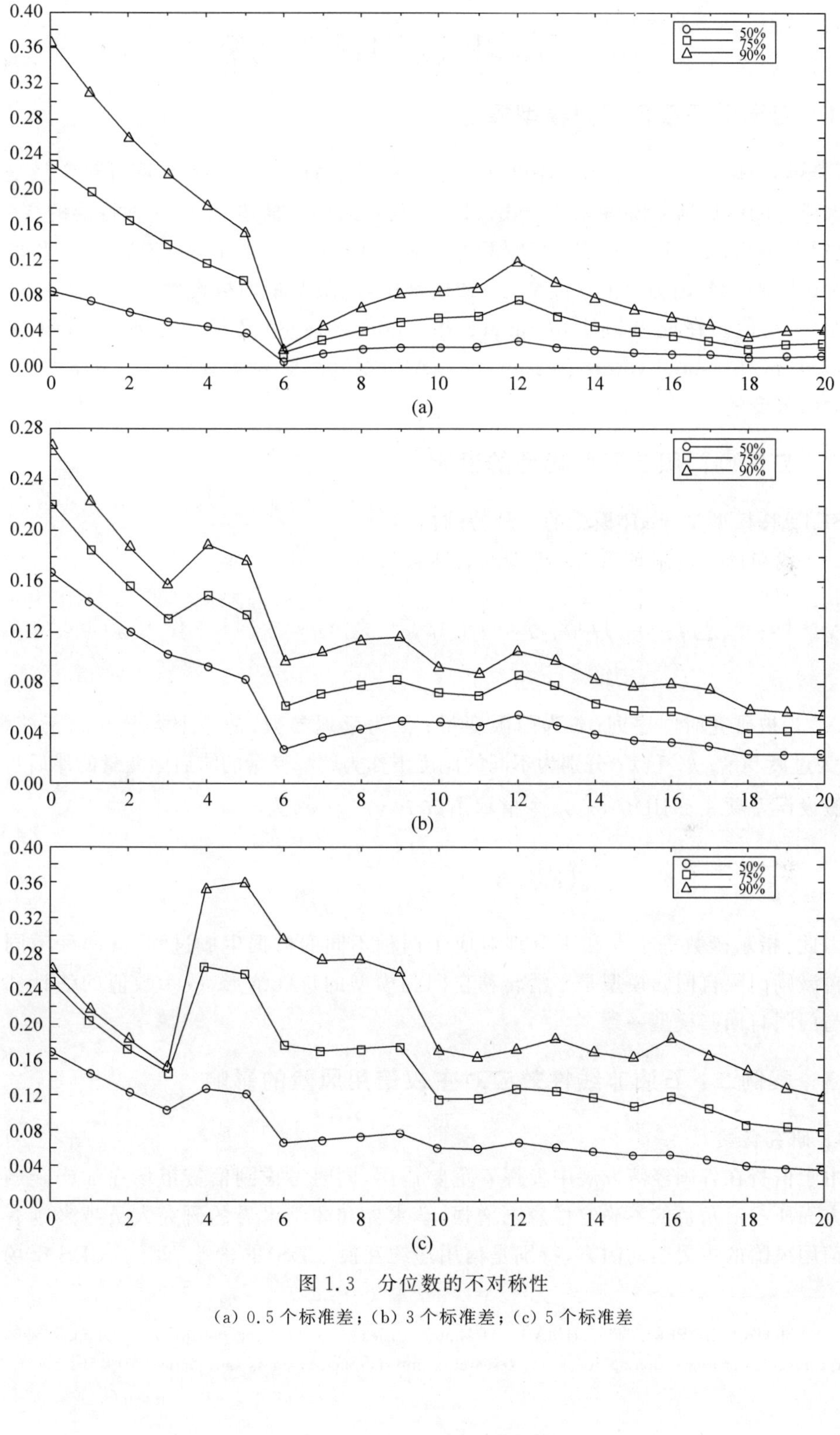

图 1.3　分位数的不对称性

(a) 0.5 个标准差；(b) 3 个标准差；(c) 5 个标准差

是正冲击还是负冲击)比较大的冲击吸收得更快。

1.4 自激励门限自回归模型

1.4.1 自激励门限自回归模型概述

Tsay(1989)定义了自激励门限自回归模型,SETAR 模型的特点是门限变量是因变量本身或它的滞后项。Bake 和 Fomby(1997)列举的用于描述 z_t 的几种特定的 TAR 模型,包括 EQ-TAR 模型、Band-TAR 模型、趋回漂移门限自回归(RD-TAR)模型,均属于 SETAR 模型范畴,因为以上这 3 个 TAR 模型中,门限变量均被设为 z_{t-1},即 z_t 序列中的滞后一期值。在此基础上,Granger 和 Enders(1998)又提出了冲量门限自回归(momentum threshold autoregression,M-TAR)模型。这类模型采用 z_t 的滞后一期差分作为门限变量。

1.4.2 自激励门限自回归模型的设定

SETAR 模型是 TAR 模型的一种特殊情形。

一个简单的二机制 SETAR 模型的表达式为

$$y_t = (\mu_1 + \sum_{i=1}^{k_1} \alpha_{1i} y_{t-i}) I(y_{t-d};c) + (\mu_2 + \sum_{i=1}^{k_2} \alpha_{2i} y_{t-j}) [1 - I(y_{t-d};c)] + \xi_t \tag{1.40}$$

式中,y_t 为被研究时间序列;c 为门限变量;d 为延迟参数,是一个大于 0 的正整数值;y_{t-d} 为过渡变量;k_1 和 k_2 分别为不同的制度下作为解释变量的滞后因变量的滞后步长。

假设误差项 $\xi_t \sim \text{IID}(0,\sigma^2)$,令指示函数 $I(y_{t-d};c)$ 为

$$I(y_{t-d};c) = \begin{cases} 1, & y_{t-d} < c \\ 0, & y_{t-d} \geqslant c \end{cases} \tag{1.41}$$

因此,指示函数等于 0 和 1 分别对应于两种不同的数据生成过程,或两种不同的制度。自激励门限自回归模型是平滑转移自回归模型的特殊情形,故参数值的估计和假设检验与门限自回归模型一致。

1.4.3 案例二:石油非线性效应对主权信用风险的影响[①]

1. 研究背景

由于信贷在各国经济发展中发挥着重要作用,同时考虑到信贷市场在加剧金融不稳定性方面所扮演角色的不确定性急剧增强,学术界和非学术界的研究人员越来越有兴趣了解信用风险的主要驱动因素,特别是信用违约互换(CDS)的价差。由于 CDS 市场不仅

---

① SABKHA S,DE PERETTI C,HMAIED D. Nonlinearities in the oil effects on the sovereign credit risk: a self-exciting threshold autoregression approach[J]. Research in international business and finance,2019,50: 106-133.

反映了信用状况，而且量化了投资者的风险厌恶程度，并能洞察系统性风险的转移，因此，研究信用风险的决定因素对全球监管机构和市场参与者在极端情况下发现风险源并适当调整政策决策具有重要意义，旨在研究控制当地和全球经济整体因素后，石油价格和石油市场波动是否有助于解释主权 CDS 的条件波动。

2. 模型构建

由于石油价格、石油市场波动性以及其他控制变量可能随着时间的推移发挥作用的非恒定，会发生结构性变化，因此，构建出二机制 SETAR 模型，具体公式如下：

$$y_t=(\omega_1+\sum_{i=1}^{k}\theta_{1,i}y_{t-i}+\sum_{j=1}^{n}\Phi_{1,j}z_{j,t}+\xi_{1,t})\zeta(y_{t-h}\leqslant \chi)+$$
$$(\omega_2+\sum_{i=1}^{k}\theta_{2,i}y_{t-i}+\sum_{j=1}^{n}\Phi_{2,j}z_{j,t}+\xi_{2,t})\zeta(y_{t-h}> \chi) \tag{1.42}$$

式中，y_t 为信用违约互换波动率；k 和 n 分别为模型中自回归过程的滞后阶数和外生变量个数；$z_{j,t}$ 为石油价格、石油波动率等控制变量；$\xi_{1,t}$ 和 $\xi_{2,t}$ 为残差；$\zeta(\cdot)$为示性函数，如果括号中的条件得到满足，则其值为 1，否则为 0；h 为延迟参数；χ 为根据 Broyden-Fletcher-Goldfarb-Shanno（BFGS）方法进行数值优化后自动选择的门限值。

信用违约互换波动率指标说明：在深入研究石油波动与主权信用风险之间关系的研究中，没有使用 CDS 利差作为信用度指标，而是使用 CDS 波动率。事实上，用 CDS 波动率来衡量信用风险似乎比其一阶差分更合适，原因有以下两方面：一方面，CDS 利差最初是为对冲政府债务而开发的，与参考实体的违约概率密切相关，因此其数值似乎适合衡量一个国家的风险程度。然而，随着时间的推移，赤裸的 CDS 越来越多地被用于投机，这使得其价差水平与内在的信用风险程度相脱离。以获利为目的使用主权 CDS 可能会产生不正常的影响。特别是在希腊的情况下，投资者大量购买希腊 CDS（即使这种预期并不合理）来押注该国违约概率的增加，从而导致利差水平的上升。这样一来，由于市场需求增加，希腊债务保护的价格实际上也提高了。因此，希腊利率上升的原因是这种投机机制，而不是其公共财政恶化。CDS 利差对投资者来说似乎是一个有争议的风险衡量标准，因为高利差并不一定意味着发生信贷事件的可能性大，而是意味着投机量大。另一方面，偿付能力风险不应局限于政府违约的可能性，还应考虑到市场的不稳定性和投资者风险认知的不确定性。因此，衡量这种"补充性"市场风险，以正确评估各国的信用度。在 2011 年上半年，法国 CDS 的演变出现了某种悖论。在此期间，法国的信用状况有所改善，其债券利率也有所下降，但其 CDS 利差（达到 190 个基点）超过了巴西或菲律宾等一些风险更高的国家。尽管法国的基本面良好，法国的债务仍然受到投资者的追捧，但法国利差的上升似乎与法国主权评级恶化的传言导致的高流动性有关。因此，这种情况反映了 CDS 利差作为信用风险衡量标准的局限性，尤其是在高风险规避和长期谣言的时期。简而言之，CDS 利差代表了投资者对违约概率的看法；而 CDS 波动率则代表了投资者对这一概率的不确定性的看法，因此是一种补充性——而非替代性——风险度量。

由于被解释变量和解释变量经过 ADF（augmented Dickey-Fuller，增广迪基-富勒）检验以后均为非平稳序列，采用数学方法进行平稳化处理，具体做法为

$$z_t = \ln\left(\frac{p_t}{p_{t-1}}\right) \tag{1.43}$$

式中，p_t 表示 t 时刻的变量值。

3. 模型检验

根据 Bai 和 Perron(2003)提出的结构突变检验，只考虑二机制门限模型：第一，稳定机制对应低条件波动率；第二，风险机制对应高条件波动率。由表 1.6 可知，在 5%的显著性水平上所有国家均拒绝了零门限值的假设。因此，所研究的 38 个国家的 CDS 波动率序列随着时间的推移具有显著的非线性特征，这证明使用 SETAR 模型是合理的。

表 1.6 门限值 *F*-statistics(0 或 1 检验)

国家	*F*-statistic	Scaled *F*-statistic	国家	*F*-statistic	Scaled *F*-statistic
石油生产国					
挪威	38.60	463.17**	日本	37.61	488.97**
英国	17.86	232.23**	拉脱维亚	8.63	112.13**
美国	34.78	452.16**	立陶宛	7.12	92.59**
巴西	13.97	181.60**	荷兰	34.47	448.08**
中国	7.66	99.62**	葡萄牙	21.49	279.41**
墨西哥	16.50	214.53**	斯洛伐克	10.16	132.12**
卡塔尔	13.03	143.28**	斯洛文尼亚	10.65	138.51**
泰国	11.70	152.13**	西班牙	30.35	394.6**
印度尼西亚	3.83	49.79**	瑞典	20.34	264.47**
俄罗斯	11.44	148.67**	菲律宾	21.81	283.55**
委内瑞拉	24.13	265.47**	土耳其	32.52	422.71**
石油消费国			保加利亚	8.71	113.26**
澳大利亚	21.74	282.6**	克罗地亚	16.05	208.65**
比利时	14.84	192.92**	捷克	14.58	189.56**
丹麦	26.37	342.81**	匈牙利	10.60	137.79**
芬兰	16.33	212.30**	希腊	174.22	2 264.9**
法国	42.33	550.27**	波兰	8.66	112.6**
德国	43.00	558.94**	罗马尼亚	9.10	118.35**
爱尔兰	24.69	320.95**	乌克兰	12.46	161.98**
意大利	17.68	229.82**			

注：** 表示在 5%的水平上显著。

由于模型回归系数不是随时间变化，所以最小化残差平方和与最小信息准则的结果相同。根据残差平方和最小原则来确定门限值与最优滞后阶数。由表 1.7 可知，最优滞后阶数在不同国家是不同的，但所有研究国家的门限值均为正。法国的门限值最高，为 0.016 8，这意味着 CDS 市场需要比其他市场产生更大的波动才能跨越到第二机制。而比利时(0.000 1)、荷兰(0.000 2)、希腊(0.000 3)和罗马尼亚(0.000 2)门限值很低使这些国家易转变为第二机制。

表 1.7　最优门限值选择

残差平方和						
	VOL_{t-1}	VOL_{t-2}	VOL_{t-3}	VOL_{t-4}	VOL_{t-5}	VOL_{t-6}
石油生产国						
挪威	0.003 0	0.003 1	0.003 1	0.003 1	0.003 1	0.003 1
英国	0.006 4	0.006 5	0.006 5	0.006 5	0.006 6	0.006 4
美国	0.109 6	0.112 6	0.112 6	0.116 2	0.115 1	0.116 8
巴西	0.000 3	0.000 3	0.000 3	0.000 3	0.000 3	0.000 3
中国	0.000 3	0.000 3	0.000 3	0.000 3	0.000 3	0.000 3
墨西哥	0.003 1	0.003 1	0.003 1	0.003 1	0.003 1	0.003 2
卡塔尔	0.000 9	0.000 9	0.000 9	0.000 9	0.000 9	0.000 9
泰国	0.002 6	0.002 5	0.002 6	0.002 6	0.002 6	0.002 6
印度尼西亚	0.000 3	0.000 3	0.000 3	0.000 3	0.000 3	0.000 3
俄罗斯	0.012 7	0.012 8	0.012 9	0.012 9	0.012 7	0.012 8
委内瑞拉	0.008 2	0.008 3	0.008 3	0.008 3	0.008 4	0.008 5
石油消费国						
澳大利亚	0.007 6	0.007 4	0.007 2	0.007 4	0.007 2	0.007 4
比利时	0.000 1	0.000 1	0.000 1	0.000 1	0.000 1	0.000 1
丹麦	0.004 9	0.004 9	0.004 9	0.005 0	0.005 0	0.005 0
芬兰	0.012 6	0.012 2	0.012 6	0.012 6	0.012 6	0.012 6
法国	0.593 5	0.573 3	0.587 3	0.592 0	0.586 4	0.584 9
德国	1.790 2	1.610 9	1.689 7	1.811 4	1.759 9	1.775 6
爱尔兰	2.155 1	1.923 2	2.098 0	2.081 1	2.150 5	2.156 6
意大利	0.025 7	0.024 7	0.025 8	0.025 1	0.025 9	0.025 7
日本	0.008 6	0.008 5	0.008 6	0.008 6	0.008 7	0.008 7
拉脱维亚	0.075 2	0.075 5	0.074 9	0.074 8	0.075 8	0.075 2
立陶宛	0.043 2	0.043 1	0.043 4	0.043 4	0.043 4	0.043 5
荷兰	0.004 2	0.004 2	0.004 3	0.003 8	0.003 9	0.004 1
葡萄牙	0.149 5	0.146 8	0.147 2	0.147 9	0.146 2	0.148 4
斯洛伐克	0.088 2	0.089 1	0.089 0	0.090 2	0.090 4	0.090 0
斯洛文尼亚	0.020 4	0.020 4	0.020 7	0.020 7	0.020 9	0.020 9
西班牙	0.067 9	0.061 2	0.067 1	0.067 4	0.067 5	0.065 5
瑞典	0.001 9	0.001 9	0.002 0	0.001 9	0.002 0	0.002 0
菲律宾	0.066 1	0.067 5	0.068 2	0.069 0	0.070 1	0.069 8
土耳其	0.002 1	0.002 0	0.002 1	0.002 0	0.002 1	0.002 2
保加利亚	0.121 0	0.121 5	0.119 7	0.120 9	0.121 1	0.121 4
克罗地亚	0.016 0	0.015 6	0.016 1	0.016 3	0.016 3	0.016 1
捷克	0.013 9	0.013 9	0.013 9	0.014 0	0.014 0	0.014 2

续表

石油消费国						
匈牙利	0.082 9	0.081 8	0.081 7	0.082 0	0.082 7	0.082 5
希腊	0.004 9	0.002 8	0.002 8	0.004 7	0.004 9	0.004 9
波兰	0.025 8	0.025 6	0.026 0	0.025 9	0.025 8	0.025 8
罗马尼亚	0.000 1	0.000 1	0.000 1	0.000 1	0.000 1	0.000 1
乌克兰	0.034 6	0.033 9	0.033 9	0.033 9	0.033 9	0.034 0

4. 模型估计结果

模型估计结果见表 1.8。在稳定期(机制 1),石油价格和石油波动性对信用风险水平的影响十分微弱,在研究的 38 个国家中,只有保加利亚和其他 7 个国家受到了显著影响,且这 8 个国家均不是石油生产国。石油价格的影响作用在机制 2 更为重要,在风险期(机制 2),石油价格对 25 个国家的 CDS 波动率具有显著影响,约占样本总数的 66%。尤其是石油生产国的 CDS 波动率对石油价格的波动更为敏感,其中有 10 个国家的回归系数显著。同样,在风险期,CDS 波动率对石油市场波动性的敏感程度也有所增加。因此,相比于稳定期,在 CDS 市场风险期内石油市场波动性对信用风险水平的影响更大。

表 1.8 石油生产国 SETAR(1)估算结果

国家	挪威		英国	
滞后阶数	VOL_{t-1}		VOL_{t-6}	
门限值	0.001 4		0.001 0	
	机制 1	机制 2	机制 1	机制 2
石油价格	−0.001 2*	−0.001 2*	−0.000 5	−0.006 7**
	(−0.001 1)	(−0.002 1)	(−0.001 5)	(−0.003 2)
石油波动指数	—	—	−3.2E-06	−1E-05
	—	—	(−0.000 003 75)	(−0.000 008 19)
国家	美国		巴西	
滞后阶数	VOL_{t-1}		VOL_{t-2}	
门限值	0.009 0		0.001 3	
	机制 1	机制 2	机制 1	机制 2
石油价格	0.006	0.035 6**	0.000 5	0.003 8***
	−0.006	−0.016 5**	(−0.000 3)	(−0.000 6)
石油波动指数	6.1E-06	−0.000 1	−8.4E-07	−0.000 003 77*
	(−0.000 015 1)	(−0.000 038 9)	(−0.000 000 889)	(−0.000 001 98)
国家	中国		墨西哥	
滞后阶数	VOL_{t-4}		VOL_{t-2}	
门限值	0.001 2		0.001 8	
	机制 1	机制 2	机制 1	机制 2
石油价格	0.000 1	−0.001 7***	−0.001 1	−0.012 8***
	(−0.000 3)	(−0.000 5)	(−0.001 1)	(−0.001 8)

续表

国家	中国		墨西哥	
石油波动指数	4.8E-07	−9.9E-07	4.7E-08	−0.000 028 9***
	(−0.000 000 8)	(−0.000 001 98)	(−0.000 002 82)	(−0.000 005 39)
国家	卡塔尔		泰国	
滞后阶数	VOL_{t-5}		VOL_{t-2}	
门限值	0.000 7		0.001 8	
	机制 1	机制 2	机制 1	机制 2
石油价格	−0.000 4	−0.004 2***	−0.000 1	0.827 2***
	(−0.000 6)	(−0.000 9)	(−0.001)	(−0.001 5)
石油波动指数	−1.2E-06	−0.000 025 1***	−1E-06	0.000 6
	(−0.000 001 38)	(−0.000 003 68)	(−0.000 002 27)	(−0.000 006 51)
国家	印度尼西亚		俄罗斯	
滞后阶数	VOL_{t-2}		VOL_{t-5}	
门限值	0.001 1		0.002 5	
	机制 1	机制 2	机制 1	机制 2
石油价格	0.000 1	−3.9E-05	−0.000 6	−0.025***
	(−0.000 3)	(−0.000 6)	(−0.002 3)	(−0.003 7)
石油波动指数	−1.8E-07	0.000 006 41***	−5.3E-06	−1E-05
	(−0.000 000 818)	(−0.000 002 43)	(−0.000 005 63)	(−0.000 011)
国家	委内瑞拉			
滞后阶数	VOL_{t-1}			
门限值	0.001 8			
	机制 1	机制 2		
石油价格	−0.001 3	−0.023 3***		
	(−0.001 7)	(−0.002 8)		
石油波动指数	−4.7E-10	1.2E-08		
	(1.86E-09)	(7.67E-09)		

注：由于篇幅限制，书中仅展示石油生产国的 SETAR(1) 估算结果。括号内是标准误，***、** 和 * 分别表示在 1%、5% 和 10% 的水平显著。

以机制 2 的石油生产国为例。尽管影响程度存在差异，但石油价格在大多数情况下都对信用风险水平产生了负面影响（只有美国、巴西和泰国表现为正向）。其中，泰国石油价格对 CDS 波动率的影响最大，石油价格每上涨 1%，CDS 波动率就会增加 82.72%，但这种正向影响与理论预期不符。这可能是因为近年来泰国的石油产量不断增加，但仍不能满足其消费需求。为了满足消费需求，泰国不得不进口石油，这削弱了其公共财政，从而削弱了其偿还债务的能力。值得注意的是，在机制 2 中，石油市场波动性对 CDS 波动率的影响大多是负面的。理论上，石油市场波动性的增强应该会提高主权信用风险，但实证研究却出现了相反的结果。这可能是因为 CDS 市场和石油市场频繁出现危机期后投资者的非理性行为造成的虚假影响。

1.4.4　软件实操步骤

由于上述案例数据难以获得，因此，采用常规数据来演示 SETAR 模型的具体操作步骤。

选取 2001 年 1 月到 2021 年 12 月中国居民消费价格指数(上个月＝100)作为样本数据(数据来源于国家统计局)，构建 SETAR 模型，具体公式如下(以二机制 SETAR 模型公式为例)：

$$y_t = I_t\left(\alpha_{10} + \sum_{k=1}^{p} \alpha_{1k} y_{t-k}\right) + (1 - I_t)\left(\alpha_{20} + \sum_{n=1}^{r} \alpha_{2n} y_{t-n}\right) + u_t \tag{1.44}$$

接下来演示 EViews 的具体操作步骤。

第一步，进行单位根检验。导入数据后，先单击 View 按钮，然后单击 Unit Root Tests 中的 Standard Unit Root Tests 选项(图 1.4)。

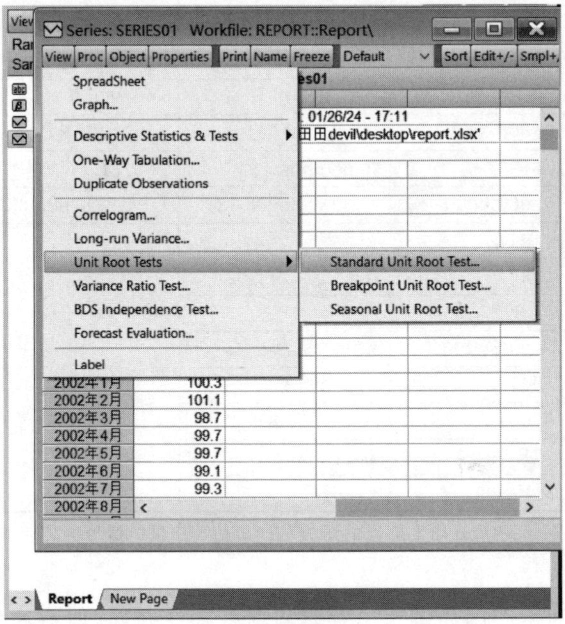

图 1.4　View 窗口 1

单击 Standard Unit Root Tests 选项后，将会出现图 1.5 所示窗口。

选择 Testtype 中的 Augmented Dickey-Fuller，其余选项全部默认。单击 OK 按钮即可得到单位根检验结果(图 1.6)。

由检验结果可知，时间序列在 5%的显著性水平上拒绝了原假设，即时间序列平稳。

第二步，在数据导入的界面，将时间序列数据重命名。右击 series01 后，单击 Rename 选项，将 series01 命名为 y(图 1.7)。

第三步，双击打开命名好的时间序列 y，单击 Quick 按钮中的 Estimate Equation 选项(图 1.8)。

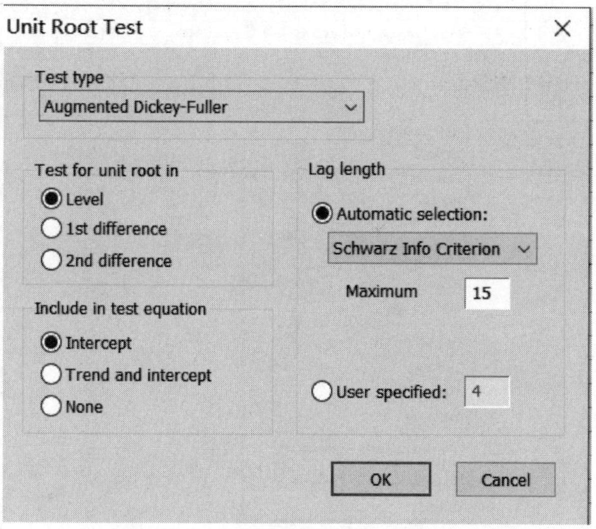

图 1.5　Standard Unit Root Tests 窗口

Null Hypothesis: SERIES01 has a unit root
Exogenous: Constant
Lag Length: 11 (Automatic - based on SIC, maxlag=15)

		t-Statistic	Prob.*
Augmented Dickey-Fuller test statistic		-3.092211	0.0285
Test critical values:	1% level	-3.457515	
	5% level	-2.873390	
	10% level	-2.573160	

*MacKinnon (1996) one-sided p-values.

Augmented Dickey-Fuller Test Equation
Dependent Variable: D(SERIES01)
Method: Least Squares
Date: 01/26/24　Time: 17:27
Sample (adjusted): 13 252
Included observations: 240 after adjustments

Variable	Coefficient	Std. Error	t-Statistic	Prob.
SERIES01(-1)	-0.630523	0.203907	-3.092211	0.0022
D(SERIES01(-1))	-0.215273	0.194959	-1.104192	0.2707
D(SERIES01(-2))	-0.230303	0.179802	-1.280869	0.2015
D(SERIES01(-3))	-0.275958	0.166670	-1.655715	0.0992
D(SERIES01(-4))	-0.309113	0.154371	-2.002409	0.0464
D(SERIES01(-5))	-0.285963	0.141905	-2.015182	0.0451
D(SERIES01(-6))	-0.348808	0.127941	-2.726318	0.0069
D(SERIES01(-7))	-0.351223	0.116326	-3.019299	0.0028
D(SERIES01(-8))	-0.376046	0.102353	-3.673998	0.0003
D(SERIES01(-9))	-0.433042	0.087317	-4.959447	0.0000
D(SERIES01(-10))	-0.548225	0.073578	-7.450971	0.0000
D(SERIES01(-11))	-0.366549	0.061286	-5.980965	0.0000
C	63.17885	20.43020	3.092425	0.0022

R-squared	0.531410	Mean dependent var	-0.001667
Adjusted R-squared	0.506639	S.D. dependent var	0.725101
S.E. of regression	0.509308	Akaike info criterion	1.541118
Sum squared resid	58.88265	Schwarz criterion	1.729653
Log likelihood	-171.9342	Hannan-Quinn criter.	1.617084
F-statistic	21.45271	Durbin-Watson stat	1.990359
Prob(F-statistic)	0.000000		

图 1.6　单位根检验结果 1

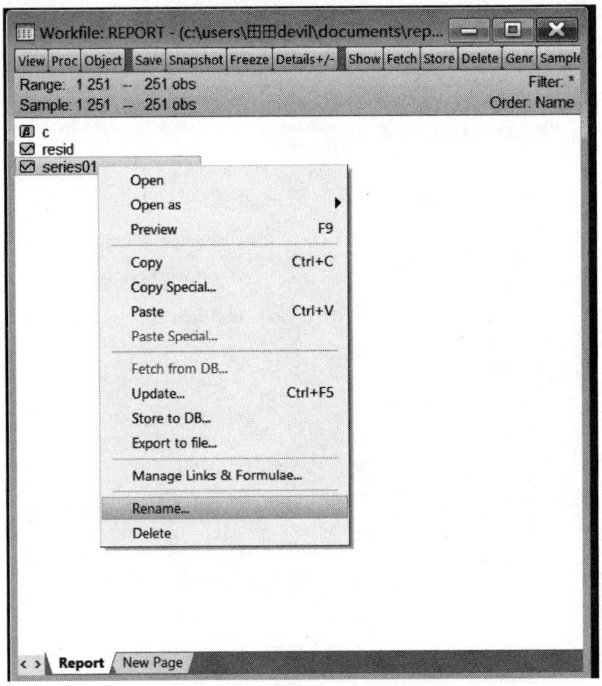

图 1.7 时间序列数据重命名

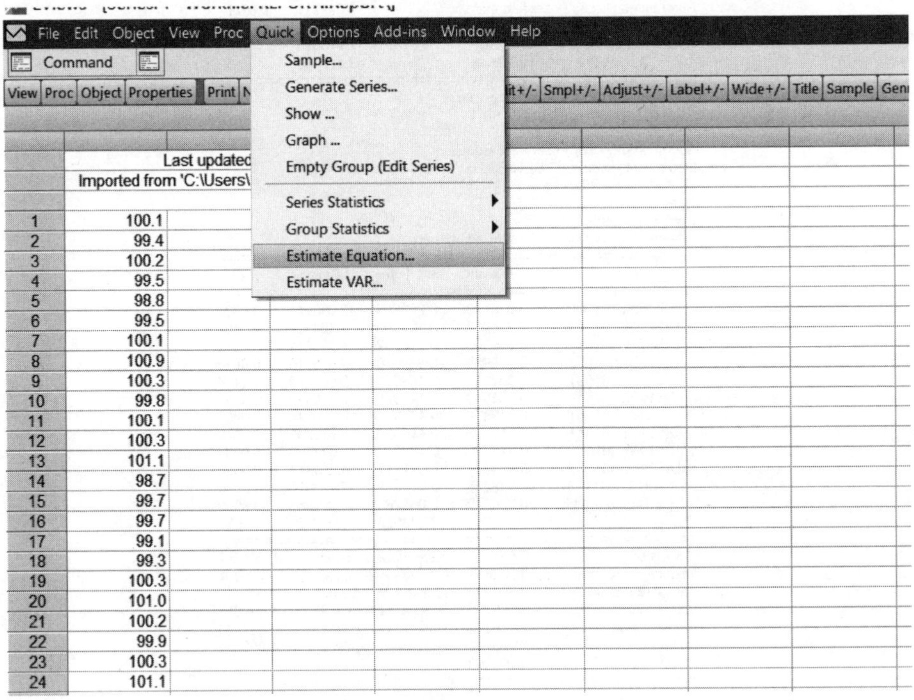

图 1.8 Quick 窗口 1

完成上述操作后就会出现公式输入界面，选择 Method 中 THRESHOLD-Threshold Regression 模型（图 1.9）。

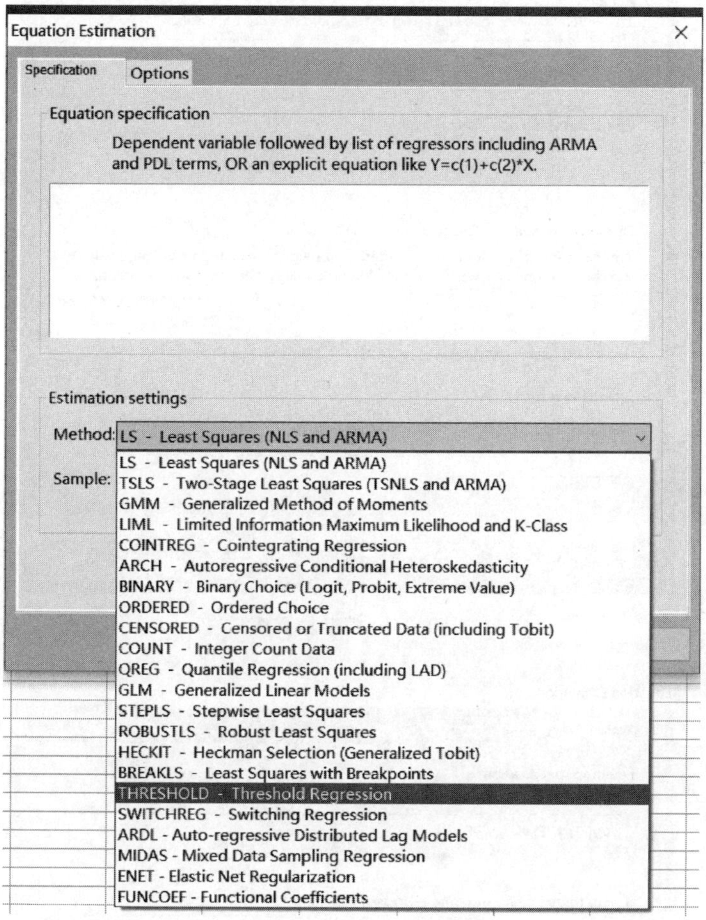

图 1.9　Method 窗口

第四步，在 Dependent variable followed by list of threshold varying regressors 中输入模型所需的变量（根据 AIC 确定滞后阶数为 4 期）（图 1.10）。

依次输入 y c y(-1) y(-2) y(-3) y(-4)。由于 EViews 可自主寻找最优门限值和门限数，因此 Multiple values indicate model selection 中只需要输入 1 即可。然后单击确定按钮即可得到 SETAR 模型结果（图 1.11）。

第五步，由结果可知，建立的模型通过了双门限检验，第一个门限值为 100.299 99，第二个门限值为 100.5，门限值上下的回归系数变化巨大，这也进一步验证了采取 SETAR 模型的必要性，如图 1.12 所示。

门限机制检验结果，需要单击 View 的 Threshold Specification 选项查看（图 1.13）。

由门限检验结果可知，双门限值在 5%的水平上拒绝了原假设，故最终模型确定为三机制 SETAR 模型（图 1.14）。

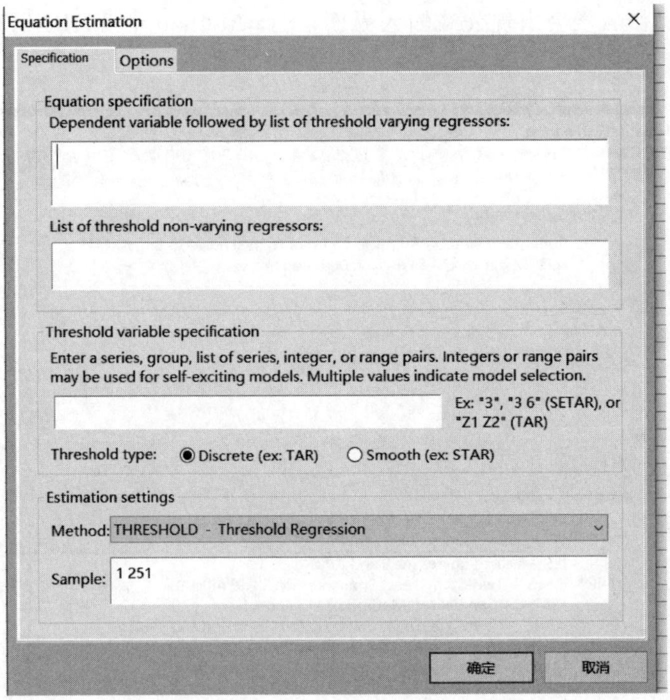

图 1.10 模型输入窗口

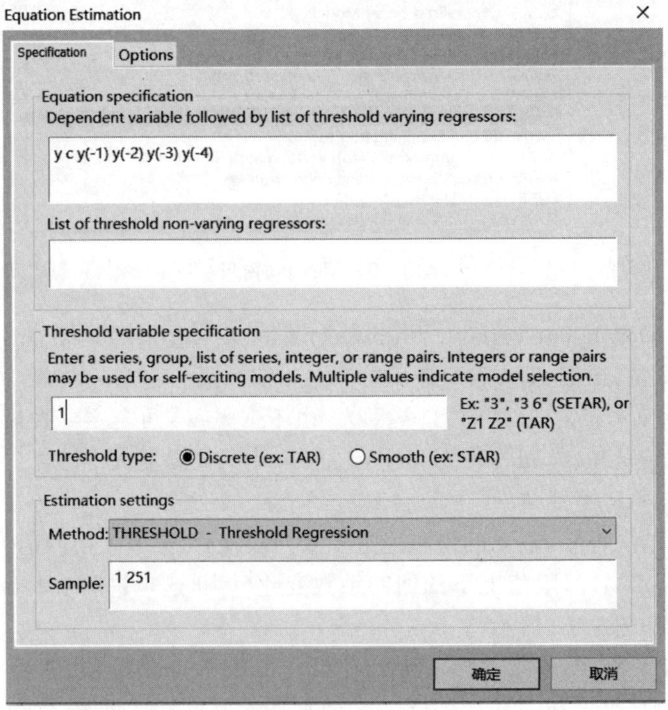

图 1.11 模型输入示例

Dependent Variable: Y
Method: Discrete Threshold Regression
Date: 01/28/24 Time: 17:06
Sample (adjusted): 5 251
Included observations: 247 after adjustments
Selection: Trimming 0.15, Max. thresholds 5, Sig. level 0.05
Threshold variable: Y(-1)

Variable	Coefficient	Std. Error	t-Statistic	Prob.
Y(-1) < 100.29999 -- 138 obs				
C	72.65590	17.42643	4.169293	0.0000
Y(-1)	0.421321	0.130681	3.224034	0.0014
Y(-2)	-0.008853	0.070719	-0.125193	0.9005
Y(-3)	-0.024739	0.068692	-0.360139	0.7191
Y(-4)	-0.112951	0.069361	-1.628453	0.1048
100.29999 <= Y(-1) < 100.5 -- 32 obs				
C	268.1828	209.5405	1.279861	0.2019
Y(-1)	-1.443495	2.068134	-0.697970	0.4859
Y(-2)	-0.525828	0.271517	-1.936630	0.0540
Y(-3)	0.022057	0.307584	0.071712	0.9429
Y(-4)	0.276134	0.263070	1.049656	0.2950
100.5 <= Y(-1) -- 77 obs				
C	162.3800	21.30130	7.623008	0.0000
Y(-1)	-0.537299	0.173324	-3.099977	0.0022
Y(-2)	-0.206590	0.188190	-1.097771	0.2734
Y(-3)	-0.163780	0.179768	-0.911065	0.3632
Y(-4)	0.293440	0.141971	2.066897	0.0399

R-squared	0.277378	Mean dependent var	100.1891
Adjusted R-squared	0.233771	S.D. dependent var	0.595650
S.E. of regression	0.521399	Akaike info criterion	1.594204
Sum squared resid	63.07082	Schwarz criterion	1.807325
Log likelihood	-181.8842	Hannan-Quinn criter.	1.680009
F-statistic	6.360925	Durbin-Watson stat	1.951440
Prob(F-statistic)	0.000000		

图 1.12　SETAR 模型估计结果

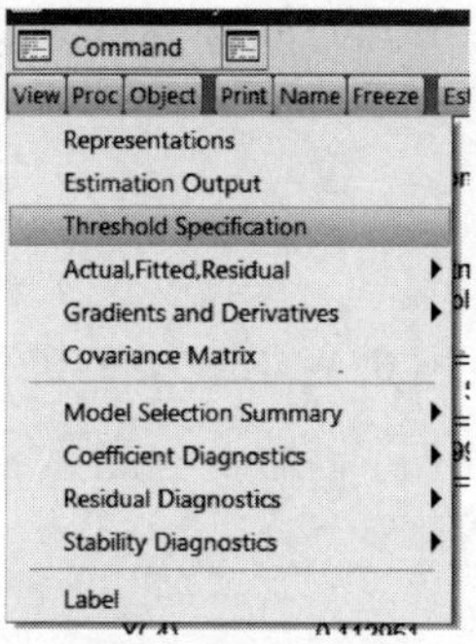

图 1.13　View 窗口 2

Discrete Threshold Specification
Description of the threshold specification used in estimation
Equation: UNTITLED
Date: 01/28/24 Time: 17:11

Summary

Threshold variable: Y(-1)
Estimated number of thresholds: 2
Method: Bai-Perron tests of L+1 vs. L sequentially determined thresholds
Maximum number of thresholds: 5
Threshold data values: 100.3, 100.5
Adjacent data values: 100.2, 100.4
Thresholds values used: 100.29999, 100.5

Current threshold calculations:

Multiple threshold tests
Bai-Perron tests of L+1 vs. L sequentially determined thresholds
Date: 01/28/24 Time: 17:11
Sample: 5 251
Included observations: 247
Threshold variable: Y(-1)
Threshold varying variables: C Y(-1) Y(-2) Y(-3) Y(-4)
Threshold test options: Trimming 0.15, Max. thresholds 5, Sig. level 0.05

Sequential F-statistic determined thresholds: 2

Threshold Test	F-statistic	Scaled F-statistic	Critical Value**
0 vs. 1 *	11.30640	56.53200	18.23
1 vs. 2 *	4.916663	24.58331	19.91
2 vs. 3	1.826135	9.130677	20.99

* Significant at the 0.05 level.
** Bai-Perron (Econometric Journal, 2003) critical values.

Threshold values:

	Sequential	Repartition
1	100.2999999...	100.29999999999996
2	100.5	100.5

图 1.14　门限检验结果

1.5 门限自回归移动平均模型

近年来,时间序列的理论及应用得到了很大的发展,各种模型也应运而生。人们在实际应用中越来越感到现有的线性模型,如 AR、ARMA 模型等,难以很好地刻画复杂的物理现象。因此,对非线性模型的讨论越来越活跃,已经提出了一些非线性模型。但这些模型一般都较复杂,局限性强,建立模型很麻烦,致使难以推广。Tong(1978)提出的 TAR 模型,较好地克服了这些缺点,它的计算复杂性与一般的 AR 模型相当,且能刻画线性模型难以刻画的物理现象。基于这一思想,进一步发展了这一模型,提出了一种新的非线性模型——门限自回归移动平均(TARMA)模型。

1.5.1 门限自回归移动平均模型设定

记时间序列$\{x_t, t\geqslant 1\}$,若该时间序列满足式(1.45),称其为门限自回归移动平均模型:

$$x_t = \mu^{(J_t)} + \sum_{i=1}^{p(J_t)} \varphi_i^{(J_t)} x_{t-i} + \varepsilon_i^{(J_t)} + \sum_{i=1}^{q(J_t)} \theta_i^{(J_t)} \varepsilon_{t-i}^{(J_t)}, \quad \gamma_{(J_{t-1})} \leqslant x_{t-d} \leqslant \gamma_{(J_t)} \tag{1.45}$$

式中,$\{J_t, t\geqslant 1\}$为时间序列,J_t 取整值 $1,2,\cdots,L$,L 取正整数,为门限个数。$R=\{\gamma_0,\cdots,\gamma_L\}$为一实数集,且$-\infty=\gamma_0<\gamma_1<\cdots<\gamma_{L-1}<\gamma_L=\infty$,为门限值,$P$ 和 Q 均为整数集,$P=\{p_1,p_2,\cdots,p_L\}$,$Q=\{q_1,q_2,\cdots,q_L\}$;Φ,Θ 为实数集,$\Phi=\{\mu^{(i)},\varphi_1^{(i)},\cdots,\varphi_{p_i}^{(i)},\sigma_\varepsilon^{2(i)},i=1,2,\cdots,L\}$,$\Theta=\{\theta_1^{(i)},\theta_2^{(i)},\cdots,\theta_{q_i}^{(i)},i=1,2,\cdots,L\}$是第 J_t 个门限区间模型的自回归系数与第 J_t 个门限区间模型的移动平均系数。$\{\varepsilon_t\}$为独立同分布的白噪声序列。

可见,若 $L=1$,则它就是一般的 ARMA 模型。若 $Q=\{0,0,\cdots,0\}$,则它是一般的 TAR 模型。若 $L=1$,$Q=\{0,0,\cdots,0\}$,则它是 AR 模型。因此,可以说 TARMA 模型是这几种模型的推广。

TARMA 模型也可以看成分段的 ARMA 模型,它指定每个状态中的 ARMA 子模型。此外,假设自回归多项式和移动平均多项式没有公共根。时间序列除了受到前期值影响外还受到当期和前期的误差的影响。

1.5.2 门限自回归移动平均模型的估计

设 $x_1,\cdots,x_N$ 为 N 个预测值,记 $\boldsymbol{x}=(x_1,\cdots,x_N)^{\mathrm{T}}$,$\boldsymbol{\beta}_j=(\beta_1^{(j)},\cdots,\beta_{p_j+q_j+1}^{(j)})^{\mathrm{T}}=(\varphi_1^{(j)},\cdots,\varphi_{p_j}^{(j)},\theta_1^{(j)},\cdots,\theta_{q_j}^{(j)},\mu^{(j)})^{\mathrm{T}}$,$j=1,2,\cdots,L$,$T_j=\{t \mid M_j=\max\{p_j,D\},t\in\{M_j+1,6,N\},x_{t-d}\in I_j\}$,$I_j=(\gamma_{j-1},\gamma_j]$,$j=1,2,\cdots,L$。

$\boldsymbol{U}_i$ 为 $n_i\times(p_i+q_i+1)$维矩阵,$\boldsymbol{U}_j=(u_{jk,s}^{(j)})$为

$$u_{jk,s}^{(j)}=\begin{cases}[x_{jk-s}]+\sum\limits_{i}^{q_j}\theta_i^{(j)}u_{jk-i,s}^{(j)}, & 1\leqslant s\leqslant p_j\\ [\varepsilon_{jk-i,s}^{(j)}]+\sum\limits_{i}^{q_j}\theta_i^{(j)}u_{jk-i,s}^{(j)}, & p_j+1\leqslant s\leqslant p_j+q_j\\ 1+\sum\limits_{i}^{q_j}\theta_i^{(j)}u_{jk-i,s}^{(j)}, & s=p_j+q_j+1\end{cases}\tag{1.46}$$

式中，$k=1,\cdots,n_j$；[]表示预报值。Φ,Θ 的估计方法如下：

$$\begin{cases}\beta_j^{(0)}\\ u_{t,k}^{(j)}=0,t=1,\cdots,M_j;\ k=1,2,\cdots,p_j+q_j+1\\ [\varepsilon_t^{(j)}]=0,t=1,\cdots,M_j\\ [x_t]=x_t,t=1,\cdots,N\\ [\varepsilon_t^{(j)}]=-\mu^{(j)}+[x_t]-\sum\limits_{i=1}^{p(j)}\varphi_i^{(j)}[x_{t-i}]+\sum\limits_{i=1}^{q(j)}\theta_i^{(j)}[\varepsilon_{t-i}^{(j)}],t=M_j+1,\cdots,N\\ \beta_j^{(k)}=\beta_j^{(k-1)}+\Delta\beta_j^{(k)}\\ \boldsymbol{\beta}_j=\boldsymbol{\beta}_j^{*}\\ \sigma_\varepsilon^{2^{(j)}}=[\varepsilon_j]^{kT}[\varepsilon_j]^{k}/n_j,j=1,2,\cdots,L\end{cases}\tag{1.47}$$

对各参数进行 k 次迭代再代入其中，$[\varepsilon_j]^{*}\boldsymbol{U}_j^{*}$ 即为迭代停止时参数。

P,Q 的估计方法如下：记 $S^{*}=\boldsymbol{U}_j^{*\mathrm{T}}\boldsymbol{U}_j^{*}+\alpha^{*}\Pi_j$，则有

$$\begin{cases}\mathrm{BIC}_{D,(L,R)}(\hat{p}_j,\hat{q}_j)=\max\limits_{\substack{1\leqslant p_i\leqslant MP\\ 1\leqslant q_i\leqslant MD}}\mathrm{BIC}_{D,(L,R)}(p_j,q_j)\\ \mathrm{BIC}_{D,(L,R)}(p_j,q_j)=-(n_j-p_j-q_j-2)\log\hat{\sigma}_\varepsilon^{2(i)}-\log|S^{*}|+\\ (n_j-p_j-q_j)\log\left(\dfrac{n_j-p_j-q_j-2}{2}\right)+(p_j+q_j)\log(2e\pi n_j)\end{cases}\tag{1.48}$$

式中，$\hat{p}_j,\hat{q}_j$ 为 p_j,q_j 的估计值，$j=1,2,\cdots,L$。

L,R 的估计方法如下：

$$\mathrm{BIC}_{D,(L,R)}(\hat{L},\hat{R})=\max_{\substack{1\leqslant L\leqslant ML\\ R\subset MR}}\sum_{j=1}^{L}\frac{n_j}{N}\mathrm{BIC}_{D,(L,R)}(\hat{p}_j,\hat{q}_j)\tag{1.49}$$

式中，$\hat{L},\hat{R}$ 为 L,R 的估计值。

D 的估计方法如下：

$$\mathrm{BIC}(\hat{D})=\max_{1\leqslant D\leqslant MD}\mathrm{BIC}_D(\hat{L},\hat{R})\times\frac{N-\max(D,\hat{P}_{\max})}{N}\tag{1.50}$$

$$\hat{P}_{\max} = \max_{1 \leqslant j \leqslant \hat{L}} \hat{p}_j \tag{1.51}$$

式中,$\hat{D}$ 为 D 的估计。

1.6 门限自回归条件异方差模型

在资本市场中,经常发现,负的冲击比正的冲击更容易增加波动,即好消息和坏消息表现出非对称效应。这种非对称性是十分有用的,因为它允许波动率对市场下跌的反应比对市场上升的反应更加迅速。由于目前模型不能反映非对称性,为了衡量时间序列波动性对于其自相关程度的差异性,以及对于正负冲击的差异性,建立描述时间序列波动性非对称性的门限自回归条件异方差模型(TAR-GARCH)模型。

1.6.1 门限自回归条件异方差模型的设定

ARCH 模型由 Engle(1982)提出,用来刻画金融市场上收益波动的行为。ARCH 假设自回归过程中的误差项 ε 的方差取决于给定的历史信息集 X,因而用条件方差来描述,模型设定为

$$y_t = x'_t\phi + \varepsilon_t, \varepsilon_t \sim N(0, \sigma_t^2) \tag{1.52}$$

$$\sigma_t^2 = \omega + \sum_{i=1}^{q} \alpha_i \varepsilon_{t-i}^2 \tag{1.53}$$

式中,$\sigma_t^2 = \mathrm{Var}(\varepsilon_t \mid X_{t-1})$,$X_{t-1}$ 是时刻 $t-1$ 及 $t-1$ 之前的全部信息集。

金融市场中波动影响的持续期限一般相当长,这使 ARCH 模型的滞后阶数不得不取较大的值,而待估参数过多影响了估计效率。因此,Bollerslev(1986)提出了 GARCH 模型,在条件波动率的方程中引进了条件波动率自身的滞后项:

$$y_t = x'_t\phi + \varepsilon_t, \quad \varepsilon_t \sim N(0, \sigma_t^2) \tag{1.54}$$

$$\sum_{i=1}^{q} \alpha_i + \sum_{j=1}^{p} \beta_j = 1 \tag{1.55}$$

$$\sigma_t^2 = \omega + \sum_{i=1}^{q} \alpha_i \varepsilon_{t-i}^2 + \sum_{j=1}^{p} \beta_j \sigma_{t-j}^2 \tag{1.56}$$

式中,$p \geqslant 0, q \geqslant 0, \alpha_i \geqslant 0, j \geqslant 0$, $\sum_{i=1}^{q} \alpha_i + \sum_{j=1}^{p} \beta_j$ 称为持续性参数。第一个方程称为条件均值方程,第二个方程称为条件方差方程,用以揭示条件异方差的生成过程,持续性参数越接近于 1,则时间序列波动率的持续性越强,外界冲击对时间序列波动率的影响越持久。

Zakoian(1994)及 Glosten 等(1993)提出了门限 GARCH(TGARCH)模型,以刻画外界冲击对时间序列波动率的非对称的影响。其一般的模型形式为

$$y_t = x'_t\phi + \varepsilon_t, \varepsilon_t \sim N(0, \sigma_t^2) \tag{1.57}$$

$$\sigma_t^2 = \omega + \sum_{i=1}^{q} (\alpha_i + \gamma_i d_{t-1}) \varepsilon_{t-i}^2 + \sum_{j=1}^{p} \beta_j \sigma_{t-j}^2 \tag{1.58}$$

式中,设立了一个 d_t 为门限值,用其来描述外界冲击的影响,当 $d_t=0$ 时为负向冲击,当 $d_t=1$ 时则为正向冲击。

在 TGARCH 波动率方程中,前一期的消息 ε_{t-1},只影响 ARCH 项,而并不影响 GARCH 项。然而,不同的信息可能对波动率方程的 GARCH 项也产生不同的影响。甚至外界冲击 ε_t 在不同的范围内时,波动率方程也将有不同的 GARCH 表达式,设立 TAR-GARCH 模型如下:

$$\sigma_t^2=\omega_1+\sum_{i=1}^{q}\alpha_{1i}\varepsilon_{t-i}^2+\sum_{j=1}^{p}\beta_{1j}\sigma_{t-j}^2+\left(\omega_2+\sum_{i=1}^{q}\alpha_{2i}\varepsilon_{t-i}^2+\sum_{j=1}^{p}\beta_{2j}\sigma_{t-j}^2\right)d_t \quad (1.59)$$

式中,当 $\varepsilon_t>0$ 时,$d_t=1$,否则 $d_t=0$;ε_t 服从标准正态分布。

1.6.2　门限自回归条件异方差模型的估计

贝叶斯方法将先验的思想与数据结合,得到后验分布,然后基于后验分布进行统计推断。近年来,马尔可夫链蒙特卡罗(MCMC)算法的发展大大改善了贝叶斯分析的可行性。在大多数情况下,贝叶斯方法得到的结果要优于或者至少与经典估计方法得到的结果相当。Gibbs 抽样方法是贝叶斯计算中最为人们熟悉的 MCMC 算法。Gibbs 抽样思想由 Grenander (1983)提出,而正式术语是由 Geman 等(1984)引进的。

Gibbs 抽样的基本思想是对高维参数进行后验推断时,通过参数向量 $\boldsymbol{\theta}$ 的分量的条件分布族来构造马尔可夫链 $\{\theta^{(i)}\}$,使它的不变分布为目标分布。设 $\boldsymbol{\theta}=(\theta_1,\theta_2,\cdots,\theta_p)'$ 是 p 维参数向量,$\pi(\boldsymbol{\theta}\mid D)$ 是观察到数据集 D 后 $\boldsymbol{\theta}$ 的后验分布,则基本 Gibbs 抽样方法如下。

第 0 步,任意选取一个初始点 $\theta^{(0)}=(\theta_{1,0},\theta_{2,0},\cdots,\theta_{p,0})'$ 并置 $i=0$。

第 1 步,按下列方法:

生成 $\theta^{(i+1)}=(\theta_{1,i+1},\theta_{2,i+1},\cdots,\theta_{p,i+1})'$

生成 $\theta_{1,i+1}\sim\pi(\theta_1\mid\theta_{2,i},\cdots,\theta_{p,i},D)$

生成 $\theta_{2,i+1}\sim\pi(\theta_2\mid\theta_{1,i+1},\theta_{3,i},\cdots,\theta_{p,i},D)$

……

生成 $\theta_{p,i+1}\sim\pi(\theta_p\mid\theta_{1,i+1},\theta_{2,i+1},\cdots,\theta_{p-1,i+1},D)$

第 2 步,置 $i=i+1$,并返回到第 1 步。

在这个算法过程中,$\boldsymbol{\theta}$ 的每一个分量按照自然顺序生成,每一个循环需要生成 p 个随机变量。由此可得各参数估计值。

1.6.3　案例三:股票收益率与波动性的实证分析①

1. 研究背景

自 1992 年 10 月股市崩盘和 1997 年 7 月亚洲危机以来,大量研究致力于调查股票

① Empirical analysis of stock returns and volatility: evidence from seven asian stock markets based on TAR-GARCH model[J]. Review of quantitative finance and accounting, 2001, 17(3): 301-318.

收益率对风险的敏感性以及不同市场股票收益率的协方差。积累的经验证据表明,除了传统的经济力量(Chen 等,1986)外,股票回报率的分析通常采用时间序列模型。这些研究方法可分为两种:①研究时间序列模式和交叉相关性;②研究股票收益率与条件方差之间的关系。第一种方法主要关注的是检测股票收益序列是否存在可预测的模式。可预测的模式意味着有利可图的交易规则,从而否定了有效市场假说。研究股票序列的第二种方法是将股票收益与风险因素联系起来。据观察,股票波动率表现出一种聚类现象,即大的变化往往紧跟着大的变化,而小的变化往往紧跟着小的变化。在对这一市场现象进行建模时,采用了自回归条件异方差模型和扩展的广义自回归条件异方差(GARCH)模型(Bollerslev,1986)。根据 Bollerslev 等(1992)的报告,GARCH(1,1)模型足以描述股票收益序列的波动演化。但是 GARCH 模型未能考虑股票正收益和负收益之间的非对称效应,而门限自回归 GARCH 模型(Glosten et al.,1993)强调了收益率的负向冲击比同等程度的正向冲击会产生更大的波动性,从而突出了非对称效应。

近期亚洲市场现象发展的推动的原因,触发了进一步研究亚洲股票市场的兴趣。首先,除日本、中国香港和新加坡外,亚洲股票市场的国民生产总值迅速增长,导致储蓄大幅增加,从而增加了可贷资金的供应。因此,对国际金融资产的需求增加。其次,由于近年来大多数亚洲地区放松了对金融业的管制,股票价格和资本流动对新闻、回报率差异、技术创新、商业条件变化以及地区内市场和外部的政治事件都很敏感。因此,资产收益的波动行为会通过传染效应或其他传导渠道与世界其他地区的冲击发生动态互动。波动问题不仅是一个地区现象,也是全球风险分析的一个组成部分。为了提供更准确的信息,帮助全球投资组合管理者实现有效的均值-方差前沿,并为政策制定者提供更明确的依据,以制定适当的风险管理战略,对股票收益对风险的反应进行实证调查是很有意义的。基于此,采用 TAR-GARCH 模型研究了七个亚洲股票市场(中国香港、马来西亚、菲律宾、新加坡、韩国、泰国和中国台湾)的时间序列行为,特别关注了股票回报率和波动率之间的经验关系。其具体工作为:首先,使用从 1987 年"股灾"后开始的较新的每日数据,并重点研究了七个亚洲市场。其次,除了研究股票收益率与预测/未预测波动率之间的关系(French et al.,1987),还研究了时变波动率过程中的不对称性。最后,使用低频数据和高频数据来检验方程,区分不同数据频率下的表现。最后,采用 Engle 和 Ng(1993)提出的诊断方法来评估模型的稳健性。

2. 描述性统计

为了对每个市场收益率的性质有一个总体了解,在表 1.9、表 1.10 和表 1.11 中分别列出了每日、每周和每月收益率的汇总统计数据。这些统计数据包括平均回报率、标准差、偏度值、过度峰度、自相关性以及回报率和回报率平方的 Ljung-BoxQ(12)值。

根据不同的频率衡量标准,在七个亚洲股票市场中,中国香港的平均值最高,其次是中国台湾,而韩国的平均值最低。不过,在 1988—1998 年,美国股市的表现比中国香港还要好。总体而言,亚洲股市的特点是波动性高于美国和日本等发达市场。中国台湾似乎是波动最大的市场,而新加坡则是最稳定的市场。在大多数情况下,较高的平均回报率与较高的波动性相匹配。

表 1.9　每日市场收益率的样本统计：1988 年 1 月 4 日至 1998 年 6 月 30 日（2 738 次观察）

变量	中国香港	韩国	马来西亚	菲律宾	新加坡	中国台湾	泰国	日本	美国
平均值	0.000 48	−0.000 2	0.000 2	0.000 28	0.000 09	0.000 43	−0.000 03	−0.000 11	0.000 54
标准差	0.016 5	0.016 5	0.014 4	0.017 1	0.011 5	0.021 3	0.017 1	0.013 6	0.008 2
偏度值	−1.37**	0.14**	1.07**	−0.02	−0.15**	−0.10*	0.10*	0.35**	−0.51**
过度峰度	30.05**	5.71**	24.83**	18.29**	16.49**	2.76**	5.99**	5.77**	7.02**
ACF									
P_1	0.001 8	0.054 4**	0.156 0**	0.124 6**	0.167 7**	0.068 1**	0.152 4**	−0.002 2	0.004 2
P_2	−0.033 7	0.006 8	0.036	0.025 3	0.044 1*	0.065 8**	0.012 4	−0.065 6**	−0.021 6
P_3	0.108 2**	−0.033 4	−0.021 7	0.004 4	0.015 5	0.041 4*	0.031 9	0.000 3	−0.058 0**
P_4	−0.018 8	−0.029	−0.015 5	0.031 1	−0.011 8	0.003 2	0.027 2	0.024 3	−0.015
P_5	−0.050 1**	−0.019 3	−0.021 3	0.008 5	−0.041 7*	−0.009 1	0.015 3	−0.025 4	−0.014 3
P_6	−0.013 2	−0.032	−0.035 2	−0.044 6*	−0.009	0.005 4	−0.033 2	−0.011 6	−0.029 9
P_9	−0.007 4	0.020 4	0.017	0.026 1	0.012	−0.004 5	0.047 3*	0.051 5**	0.026 8
P_{12}	0.003 4	−0.028 9	−0.000 2	0.075 8**	0.035 5	0.050 6**	0.006 3	0.000 8	0.031 1
$Q(12)$	60.36**	29.28**	88.66**	73.16**	111.58**	54.96**	87.38**	27.59**	30.94**
$Q^2(12)$	348**	1 402**	276**	489**	664**	2 068**	1 084**	437**	137**

注：* 和 ** 分别表示在 5%和 1%的水平上具有统计显著性，下同。

表 1.10 每周市场收益率的样本统计：1988 年 1 月 4 日至 1998 年 6 月 30 日（547 次观察）

变量	中国香港	韩国	马来西亚	菲律宾	新加坡	中国台湾	泰国	日本	美国
平均值	0.002 4	−0.001	0.001	0.001 4	0.000 5	0.002 2	−0.000 2	−0.000 6	0.002 7
标准差	0.037 1	0.036 4	0.036 4	0.017 1	0.028 6	0.053 2	0.043 1	0.029 1	0.017
偏度值	−1.52**	−0.08	−0.76**	−0.62**	−0.53**	−0.44**	−0.62**	−0.33**	−0.35**
过度峰度	7.79**	5.03**	8.59**	3.77**	8.05**	2.72**	4.82**	3.01**	1.22**
ACF									
P_1	0.010 6	−0.035 8	−0.037 1	0.074 2	0.020 3	0.014 9	0.067 4	−0.042 2	−0.085 7*
P_2	0.117	0.125 7**	−0.015 9	0.069 9	0.077 3	0.172 9**	0.075 4	0.093 5*	0.044
P_3	−0.052 3	0.053 2	0.064 8	0.046 9	0.043 2	0.006 7	0.051 1	0.052 6	−0.011
P_4	−0.058 8	0.055 5	0.030 1	−0.063 4	−0.046 9	0.016 8	0.096 7*	−0.059 5	−0.038
P_5	−0.048	−0.028	0.025	0.071 2	−0.037 5	0.021 3	0.015 3	0.002 6	−0.063 1
P_6	−0.045 7	0.054 7	−0.042 5	0.034 3	0.069 6	0.020 7	0.087 2*	−0.018 6	0.001 4
P_9	0.077	−0.052 7	−0.045	−0.091 9*	−0.041 1	−0.022 3	−0.003 1	0.011 9	0.043 6
P_{12}	−0.000 2	−0.020 8	0.032 9	−0.039 5	−0.001 7	0.015 4	−0.026 9	−0.060 4	−0.051
$Q(12)$	20.06	34.28**	27.85**	29.16**	14.86	19.51	20.57	14.7	16.3
$Q^2(12)$	37**	280**	179**	49**	95**	506**	120**	120**	48**

表 1.11　月度市场回报率的样本统计：1988 年 1 月 4 日至 1998 年 6 月 30 日(126 次观察)

变量	中国香港	韩国	马来西亚	菲律宾	新加坡	中国台湾	泰国	日本	美国
平均值	0.010 5	−0.004 4	0.004 4	0.006 1	0.002 1	0.009 3	−0.000 6	−0.002 3	0.011 8
标准差	0.080 5	0.087 4	0.079	0.094 8	0.066 4	0.124 3	0.103 1	0.067 7	0.034 4
偏度值	−0.58**	0.49*	−0.28	−0.24	−0.46*	−0.39	−0.18	−0.27	−0.23
过度峰度	3.23**	3.99**	1.69**	1.44**	2.60**	1.53**	0.82	0.75	0.45
ACF									
P_1	−0.067 1	0.071 5	0.035 5	0.086 2	0.008 9	0.138 3	0.158 3	−0.029	−0.157 4
P_2	0.048 4	0.029 5	0.205 0*	0.019 2	0.056 7	0.012 7	0.118 4	−0.038 9	0.058 7
P_3	−0.029 7	−0.205 2*	−0.106 9	−0.015 4	0.012 8	0.035 6	−0.053 7	−0.008 3	−0.015 7
P_4	−0.166 6	−0.073 6	−0.124	0.020 2	−0.071 7	0.058 2	−0.093 6	−0.021 6	−0.072 7
P_5	−0.054 2	0.028 4	0.037 1	−0.045 3	0.03	−0.076 7	−0.141 5	0.108 8	−0.006
P_6	−0.118 6	0.089 7	−0.058 9	−0.200 4*	−0.008 5	−0.056 2	0.005 8	−0.105 2	−0.130 9
P_9	0.113 5	0.166 8	0.060 4	0.004 6	0.060 7	0.088 3	0.025 6	0.022 9	0.004 8
P_{12}	−0.063 3	−0.012 9	0.062 6	0.013 1	0.120 9	−0.078 7	0.077 5	−0.049 3	−0.104 5
$Q(12)$	22.81*	14.3	19.63	10.83	5.42	8.31	22.48*	4.53	13.6
$Q^2(12)$	8.51	22.31*	46.54**	15.01	58.38**	46.15**	23.79*	26.62**	25.47*

股票收益序列的另一个特点是峰度值较高，尤其是在表 1.9 和表 1.10 所示的高频数据中。这表明，对这些市场而言，无论哪种符号的大冲击都更有可能出现，股票收益序列可能不是正态分布。股票收益率的独立性也受到了挑战，这可以从每日数据不存在一阶自相关性看出。Ljung-Box 统计量[用 $Q(12)$ 表示]用于检验股票收益率序列 12 阶以内的独立性。然而，在周收益率序列中，有 4 个市场拒绝了这一零假设，而在月度数据中则减少到 2 个市场。可以看出，这些收益率自相关现象的部分原因是部分亚洲市场对股票价格变动实行每日限价。最后，使用 Ljung-Box 统计量来检验平方收益率的依赖性。如表 1.9、表 1.10 和表 1.11 所示，几乎在所有情况下都拒绝了零值。不过，日数据的 $Q^2(12)$ 统计量明显较高；随着数据频率向周和月转移，$Q^2(12)$统计量值有所下降。这表明波动率的依赖性在较高频率的数据中更为明显，这意味着 GARCH 模型更适合对每日和每周的收益率进行建模。

French 等(1987)对超额收益与波动之间的关系进行了直接检验。他们的研究表明，市场超额收益与股票收益的预期波动率呈正相关，但与股票收益的意外波动率呈负相关。1987 年的股灾为这一流行假说增添了更多证据，因为它表明低于平均水平的回报率会诱发更多的投机活动，从而增强市场波动性。因此，该假说认为预期收益率与意外波动率之间存在负相关关系。然而，预期收益率与预期波动率之间的正相关关系是可靠的，因为当波动率相对较高时，需要更高的预期收益率来补偿风险。

使用以下方法检验了各市场股票收益率与标准差之间的关系：

$$R_{it}=\alpha_0+\alpha_1\hat{\sigma}_{it}^{e}+\varepsilon_{it} \tag{1.60}$$

$$R_{it}=\alpha_0+\alpha_1\hat{\sigma}_{it}^{u}+\varepsilon_{it} \tag{1.61}$$

式(1.60)和式(1.61)中，$\hat{\sigma}_{it}^{e}$ 和 $\hat{\sigma}_{it}^{u}$ 分别是第 i 个国家市场回报的预期和意外月度标准差。

每月收益方差的计算方法是：每日收益平方和加上相邻收益乘积之和的两倍。计算公式为

$$\sigma_{it}^2=\sum_{j=1}^{N_s}R_{i,j,t}^2+2\sum_{j=1}^{N_{t-1}}R_{i,j,t}R_{i,j+1,t} \tag{1.62}$$

式中，第 t 个月有 N_t 个日收益率 $R_{i,j,t}$，σ_{it}^2 为第 t 个月第 i 个股票指数的方差估计值。式(1.62)的第二项考虑了非同步交易导致的股票收益率一阶自相关性。

为了降低波动的不稳定性，方差序列通过自然对数进行了转换。假定股票收益率标准差的预期值可以通过使用最优预测方案来预测，那么预期标准差就可以通过使用 Box 和 Jenkins(1976)方法将数据拟合到 ARIMA 过程中来获得。

$$\sigma_{it}=[\theta(B)/\Phi(B)]\varepsilon_{it} \tag{1.63}$$

式中，$\Phi(B)=(1-\alpha_1B-\alpha_2B^2-\cdots-\alpha_pB^p)$；$\theta(B)=(1-\theta_1B-\theta_2B^2-\cdots-\theta_qB^q)$；$B$ 为后移算子，ε_{it} 为白噪声。意外标准差 $\hat{\sigma}_{it}^{u}$ 取实际标准差与预期标准差之差，即 $\hat{\sigma}_{it}^{u}=\sigma_{it}-\hat{\sigma}_{it}^{e}$。

表 1.12 列出了式(1.60)和式(1.61)的估计值。统计数据并不支持股票收益率与预期

表 1.12　月度回报率和标准差的预期部分/意外部分的估计结果

市场		常数项	$\hat{\sigma}_{it}^{e}$	$\hat{\sigma}_{it}^{u}$	R^2	D. W.	$Q(12)$
中国香港	(3)	0.065 5*	−0.834 4*	−0.776 2**	0.04	2.17	23.73*
		(2.35)	(2.08)	(3.44)			
	(4)	0.01			0.09	2.29	24.40*
		(1.39)					
韩国	(3)	0.02	−0.340 8		0.01	1.82	16.29
		(0.64)	(0.92)				
	(4)	−0.006 2		−0.204 7	0.01	1.87	14.57
		(0.80)		(0.92)			
马来西亚	(3)	0.02	−0.282 5		0.01	1.93	19.82
		(1.14)	(1.02)				
	(4)	0.00		−0.462 9*	0.03	2.00	18.90
		(0.57)		(2.08)			
菲律宾	(3)	−0.020 3	0.34		0.00	1.81	11.09
		(0.52)	(0.72)				
	(4)	0.01		−0.292 1	0.01	1.83	12.73
		(0.80)		(1.22)			
新加坡	(3)	−0.002 5	0.07		0.00	1.92	4.38
		(0.11)	(0.15)				
	(4)	0.00		−0.868 7**	0.15	1.98	7.62
		(0.29)		(4.64)			

续表

市场		常数项	$\hat{\sigma}_{it}^{e}$	$\hat{\sigma}_{it}^{u}$	R^2	D. W.	Q(12)
中国台湾	(3)	0.01	−0.087 3		0.00	1.76	10.65
		(0.46)	(0.28)				
	(4)	0.01		−0.959 3**	0.08	1.69	16.17
		(0.55)		(3.35)			
泰国	(3)	0.070 2*	−0.929 6*		0.04	1.70	18.65
		(2.11)	(2.24)				
	(4)	−0.001 4		−0.281 9	0.01	1.75	19.19
		(0.15)		(1.17)			
日本	(3)	−0.003 7	0.01		0.00	2.08	4.99
		(0.17)	(0.02)				
	(4)	−0.003 3		−0.358 7	0.02	2.19	6.32
		(0.55)		(1.16)			
美国	(3)	0.01	0.18		0.00	2.31	13.18
		(0.34)	(0.36)				
	(4)	0.012 0**		−0.323 0	0.01	2.33	12.49
		(3.87)		(1.24)			

波动率之间的关系。尽管中国香港和泰国的系数在统计上是显著的,但它们的符号都是错误的。数据更符合式(1.61)的说明。具体而言,t 统计量表明,除韩国、菲律宾和泰国外,意外标准差对股市回报率的解释作用显著,且系数的符号为负。这种负相关关系的发现与 French 等(1987)报告的美国证据相一致。

3. 门限自回归-GARCH(1,1)均值模型构建

在研究股票收益率与波动率之间的关系时,一个关键的问题是模型没有考虑到时变风险(Merton,1980)。为了解决异方差的问题,许多实证研究都表明波动率序列表现出聚类现象,即大的变化往往紧跟着大的变化,而小的变化往往紧跟着小的变化。如表1.9、表1.10和表1.11所示,相对较大的峰度统计量值表明相关的时间序列与正态分布相比是左偏的,或者说是重尾的,并且在均值附近有明显的峰值。由于所有 GARCH 类型的模型都具有"峰度"这一特性,因此可以更准确地模拟方差行为。经验证据表明,新闻的影响可能是"非对称"的。具体来说,好消息和坏消息对预测未来波动性的影响可能是不同的。指数 GARCH(EGARCH)模型和 TAR-GARCH 模型的研究对这种对条件方差的非对称影响进行了广泛的研究。由于需要估计的参数较少,所以 TAR-GARCH 模型具有很大的优势。为了将这一特点纳入对七个亚洲股票市场的股票收益率与条件波动率之间关系的研究中,建立了 TAR-GARCH(1,1)均值模型,具体公式如下:

$$R_{it} = a_0 + \sum_{j=1}^{n} b_j R_{i,t-j} + \gamma h_{it}^{1/2} + \varepsilon_{it}$$

$$\varepsilon_{it}/\Omega_{t-1} \sim N(0, h_{it}) \tag{1.64}$$

$$h_{it} = \bar{\omega} + \beta h_{i,t-1} + (\alpha + \eta I_{t-1})\varepsilon_{i,t-1}^2 \tag{1.65}$$

假定市场收益率 R_{it} 与其自回归部分和自身条件标准差 $h_{it}^{1/2}$ 呈线性关系。ε_{it} 以信息集 Ω_{t-1} 为条件,均值为零,方差为 h_{it}。估计系数 γ 反映了波动率对股票收益率的影响。如果 γ 系数为正且显著,则意味着投资者将因承担更高的风险而获得更高的回报,而如果 γ 系数为负且显著,则意味着投资者将因承担风险而受到惩罚。

式(1.65)中的条件方差假定由先前方差 h_{t-1} 和滞后冲击项 ε_{t-1}^2 的平方预测。式(1.64)与传统 GARCH(1,1)模型(Bollerslev,1986)的不同之处在于,正向冲击和负向冲击是通过指标变量 I_{t-1} 来区分的。当前一个冲击为负值时,它的值为1,否则为0。通过这种方法,可以检验波动率与 ε_{t-1} 的不对称。正的 η 意味着负的创新会增加条件波动率。式(1.64)和式(1.65)可以看作是一个一般的模型,因为标准的 GARCH(1,1)均值模型可以通过限制 $\eta=0$ 来实现。

4. 结果分析

TAR-GARCH(1,1)均值模型是通过采用 Berndt 等(1974)的适当最大似然法进行联合估计。施加限制条件 $\bar{\omega}>0$、$\alpha\geqslant 0$ 和 $\beta\geqslant 0$,以确保式(1.65)中的条件方差为正。表1.13、表1.14和表1.15分别以日、周和月收益率序列为基础,报告了对七个亚洲股票市场的 TAR-GARCH(1,1)均值模型的估计结果。

表 1.13 股票日收益率的 TAR-GARCH(1,1)均值模型估计结果

变量	中国香港	韩国	马来西亚	菲律宾	新加坡	中国台湾	泰国	日本	美国
A. 回归方程									
a_0	0.001 2	0.001 3	0.000 2	0.007 4	0.000 5	0.000 6	0.000 9	0.000 2	0.000 6
	(1.48)	(1.59)	(0.42)	(0.58)	(0.58)	(0.57)	(1.14)	(0.41)	(0.51)
b_1	0.046 9*	0.056 3*	0.238 2**	0.196 9**	0.197 4**	0.058 6*	1.161 6**		−0.036 5*
	(2.40)	(2.39)	(10.46)	(8.77)	(9.00)	(2.50)	(7.49)		(1.98)
b_2	−0.065 0**			0.054 9**		0.077 4**			
	(3.56)			(3.28)		(3.93)			
b_3						0.033 8*			
						(1.90)			
γ	−0.03	0.07	0.05	0.05	0.06	0.06	−0.06	−0.01	0.15
	(0.46)	(1.12)	(0.89)	(0.54)	(0.64)	(0.89)	(0.97)	(0.21)	(0.98)
lags	(3,5)	(1.00)	(1.00)	(1,12)	(1.00)	(1,2,12)	(1.00)		(3.00)
B. 方差方程									
ω	0.000 0**	0.000 0**	0.000 0**	0.000 0**	0.000 0**	0.000 0**	0.000 0**	0.000 0**	0.000 0**
	(18.08)	(11.93)	(30.77)	(15.87)	(27.13)	(11.86)	(13.32)	(9.81)	(12.91)
α	0.073 6**	0.138 0**	0.110 4**	0.165 1**	0.059 6**	0.079 3**	0.100 8**	0.088 2**	0.00
	(7.01)	(12.31)	(8.01)	(10.39)	(5.39)	(6.68)	(10.45)	(9.03)	(0.07)
β	0.750 1**	0.731 8**	0.792 5**	0.667 5**	0.703 2**	0.783 8**	0.787 7**	0.779 9**	0.541 2**
	(81.21)	(59.85)	(115.54)	(38.92)	(72.49)	(67.21)	(136.32)	(88.06)	(17.16)
η	0.218 7**	0.128 7**	0.115 5**	0.093 9**	0.208 5**	0.155 1**	0.153 1**	0.230 4**	0.263 7**
	(12.59)	(5.19)	(6.49)	(3.77)	(10.14)	(7.47)	(8.10)	(11.48)	(10.80)
C. 标准化残差诊断									
$Q(12)$	43.01**	10.75	8.76	8.67	17.01	19.43	27.71**	10.62	21.80*
$Q^2(12)$	12.63	33.61**	2.78	0.48	0.74	34.22**	11.73	14.68	18.90
Sign	1.17	0.26	0.25	0.73	1.41	1.16	0.70	1.13	0.29
Negative	−0.98	1.21	0.85	0.20	−0.11	1.69	0.75	1.03	1.58
Positive	−1.30	−0.76	−0.27	−0.61	−0.29	−1.81	−0.41	−2.25*	−0.51

表 1.14　股票周收益率的 TAR-GARCH(1,1)均值模型估计结果

变量	中国香港	韩国	马来西亚	菲律宾	新加坡	中国台湾	泰国	日本	美国
A. 回归方程									
a_0	0.004 0	−0.003 1	0.005 7	0.000 2	0.000 0	−0.003 7	0.008 4	−0.002 5	0.002 2
	(0.54)	(0.46)	(1.45)	(0.10)	(0.00)	(0.77)	(1.06)	(0.49)	(0.51)
b_1						0.107 7*	1.106 9**		
						(2.29)	(3.63)		
γ	−0.032 7	0.041	−0.130 8	0.027 6	0.042 5	0.109 6	−0.191 5	0.074 1	0.021 8
	(0.14)	(0.19)	(0.93)	(0.67)	(0.26)	(0.89)	(0.90)	(0.36)	(0.02)
lags						(2.00)	(4.00)		
B. 方差方程									
ω	0.000 4**	0.000 4**	0.000 1**	0.001 6	0.000 2**	0.000 2**	0.000 6**	0.000 2**	0.000 3**
	(9.19)	(6.17)	(6.03)	(0.91)	(5.23)	(5.11)	(7.79)	(6.01)	(0.26)
α	0.053 8	0.217 3**	0.309 4**	0.027 1	0.050 1	0.327 6**	0.116 2**	0.061 5	0.048 1
	(1.04)	(4.40)	(5.25)	(0.76)	(1.11)	(4.35)	(3.31)	(1.29)	(0.61)
β	0.428 5**	0.388 3**	0.584 4**	0.001 4	0.487 4**	0.612 4**	0.327 1**	0.506 4**	0.002 9
	(8.93)	(5.91)	(15.09)	0.00	(8.75)	(15.88)	(4.52)	(10.48)	0.00
η	0.437 3**	0.219 2	0.074 1	−0.022 4	0.503 9**	−0.015 9	0.532 5**	0.418 0**	0.064
	(5.90)	(1.88)	(0.98)	(0.47)	(4.14)	(0.17)	(3.71)	(4.18)	(0.11)
C. 标准化残差诊断									
$Q(12)$	18.37	23.14*	9.06	23.17*	16.8	14.94	16.95	13.51	16.39
$Q^2(12)$	15.64	18.07	20.36	36.98**	20.15	13.35	15.26	32.84**	24.35*
Sign	0.06	−1.06	0.32	1.42	1.05	1.15	0.73	−0.13	0.81
Negative	0.95	1.46	0.84	0.65	1.16	0.18	0.5	1.9	−1.75
Positive	−0.43	1.12	−1.68	0.24	0.74	−1.42	−0.61	0.16	−0.56

表 1.15 股票月收益率的 TAR-GARCH(1,1)均值模型估计结果

变　量	中国香港	韩国	马来西亚	菲律宾	新加坡	中国台湾	泰国	日本	美国
A. 回归方程									
a_0	0.021	−0.044 3*	0.040 0*	0.173 2	0.003	0.028 2	0.305 4	−0.037 6	−0.026 7
	(0.17)	(2.22)	(2.38)	(0.40)	(0.10)	(0.46)	(0.56)	(0.72)	(0.58)
γ	−0.089 8	0.538 4*	−0.429 6	−1.740 2	−0.085 2	−0.222 5	−3.079 4	0.541	1.093 7
	(0.06)	(2.15)	(1.79)	(0.37)	(0.17)	(0.42)	(0.55)	(0.64)	(0.85)
B. 方差方程									
ω	0.006 7**	0.004 3**	0.001 2*	0.008 7**	0.003 0**	0.004 2**	0.009 2**	0.004 0**	0.001 2**
	(5.67)	(3.58)	(2.24)	(7.65)	(7.20)	(2.66)	(6.88)	(6.41)	(5.80)
α	0.000 1	0.000 0	0.461 9	0.012 8	0.141 8	0.000 0	0.062 4	0.000 0	0.000 1
	(0.00)	(0.00)	(1.95)	(0.14)	(1.18)	(0.00)	(0.64)	(0.00)	(0.00)
β	0.034 2	0.009	0.324 5**	0.000 0	0.000 0	0.549 6**	0.000 0	0.000 0	0.000 0
	(0.40)	(0.05)	(3.57)	(0.00)	(0.00)	(4.25)	(0.00)	(0.00)	(0.01)
η	0.169 2	0.959 2**	0.376 2	0.079 8	0.382 7	0.440 1	0.066 3	0.282 2	0.227 8
	(0.64)	(2.81)	(1.26)	(0.55)	(1.32)	(1.56)	(0.37)	(1.11)	(0.83)
C. 标准化残差诊断									
$Q(12)$	21.68*	12.71	18.33	9.81	9.98	10.61	15.73	6.88	11.93
$Q^2(12)$	7.92	4.28	14.28	12.25	10.22	10.32	14.68	9.11	15.14
Sign	−0.1	0.75	0.74	0.19	−0.85	−0.74	0.35	1.66	−0.27
Negative	−0.24	−0.04	0.32	−0.32	0.02	0.52	0.32	−0.29	0.39
Positive	−0.73	0.37	−1.65	−0.15	0.05	−0.54	0.41	−0.63	0.08

在总结估计结果时，首先考虑均值方程。日收益率序列的证据表明，所有亚洲股票收益率都显示出正向序列相关性。中国台湾市场的滞后期更长，这可能与中国台湾实施限价政策有关。显然，这些亚洲市场的每日数据无法支持随机漫步假说。然而，从周数据和月数据得出的结果表明，几乎没有证据支持 AR 部分的显著性，而在周数据中，只有中国台湾和泰国股票收益率的系数是显著的。与文献中的结论一致，在收益方程中加入条件方差项也未能发现任何统计意义，但月度序列中的韩国市场收益除外。由此可见，在任何数据频率下，估计的条件波动率都无法预测亚洲七个股票市场的未来预期收益率。关于方差方程的估计值，日序列的证据表明所有的 GARCH 参数在统计上都是显著的。由于条件方差方程中 β 系数的估计值远远大于 α 系数的估计值，这意味着对波动率的预测是由 AR 部分主导的。方差方程得出的一个显著结果是，在高显著性水平上强烈拒绝了无非对称效应的假设($\eta=0$)。此外，估计结果表明，方差方程中的估计系数之和接近于 1，这意味着波动率的演变是持续性的，冲击可能会持续较长时间。

将表 1.13 中的日序列结果与表 1.14 和表 1.15 中的低频序列结果进行比较，除菲律宾外，GARCH(1,1)模型对周数据仍然有效，尽管估计值和估计系数的显著水平较小。然而，如果根据月度数据进行估计，则不存在一般的 GARCH 或 TAR-GARCH 效应。同理，用低频数据进行估计时，非对称效应也会消失。因此 TAR-GARCH(1,1)是否描述条件方差的合适模型取决于数据的频率。最后，计算了 Ljung-Box 统计量来进行诊断检查。除了每日和每周数据中的少数例外情况外，计算得出的 Ljung-Box 值[用 $Q(12)$ 和 $Q^2(12)$表示]表明，无法拒绝 12 阶以下不存在自相关的零假设。这说明模型中排除了一些更高阶的相关性。进一步检验 Engel 和 Ng(1993)提出的符号偏差检验，没有证据表明检验统计量是显著的，这表明不存在设定偏误。

1.6.4　软件实操步骤

在 EViews 软件中输入数据 r_t 记为 y，双击序列 Y，打开单独序列窗口，单击 View，单击 Descriptive Statistics&Tests，再单击第一项 Histogram and Stats，具体操作如图 1.15 所示。

操作完成，结果如图 1.16 所示。

其中，Mean 为均值，Median 为中位数，Maximum 为最大值，Minimum 为最小值，Std. Dev. 为标准差，Skewness 为偏度，Kurtosis 为峰度，Jarque-Bera 为 JB 统计量，Probability 为概率。

接下来利用 ADF 检验法对上证综指收益率进行单位根检验，具体操作为：双击序列 Y，打开单独序列窗口，单击 View，单击 Unit Root Test，如图 1.17 所示。

对序列进行自相关性检验，具体操作为：双击序列 Y，打开单独序列窗口，单击 View，单击 Correlogram Specification，如图 1.18

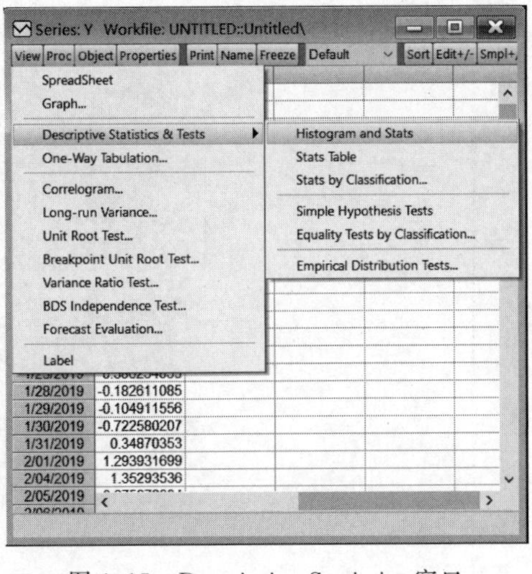

图 1.15　Descriptive Statistics 窗口

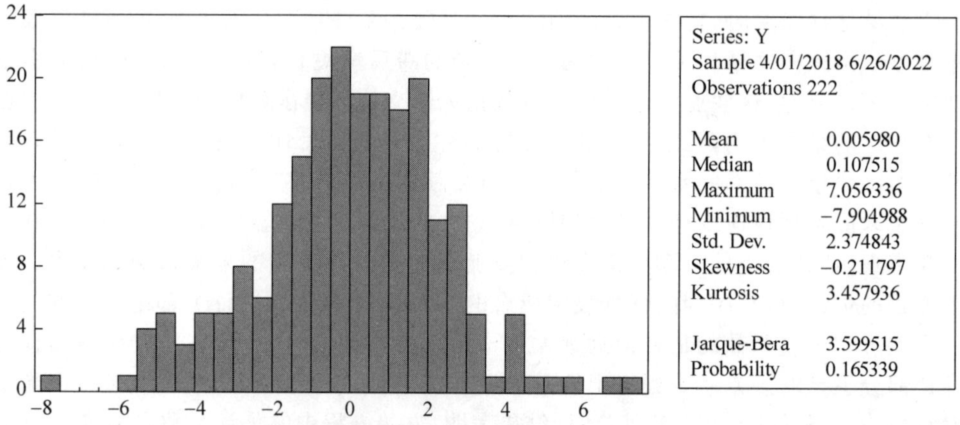

图 1.16　Histogram and Stats 结果

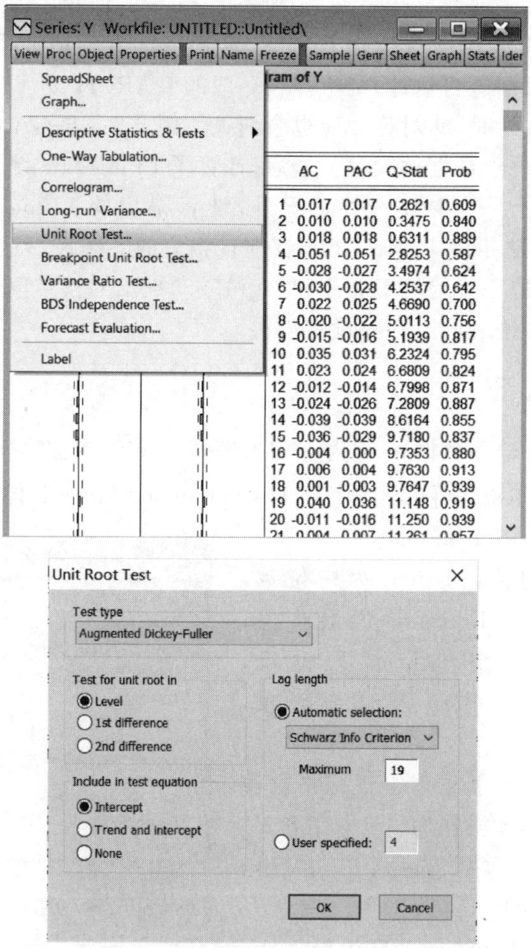

图 1.17　Unit Root Test 窗口

所示。

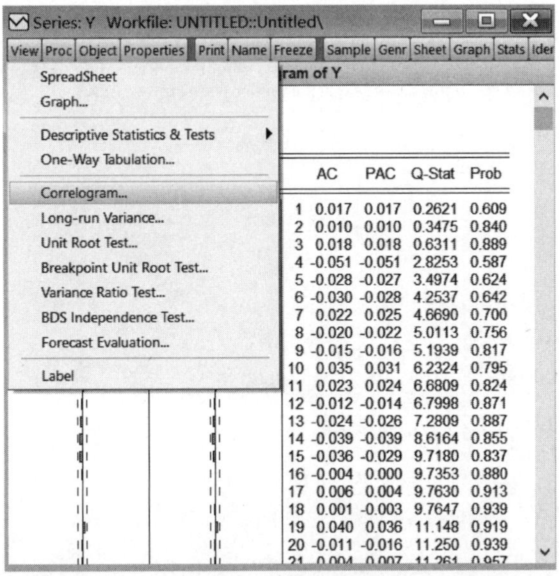

图 1.18　Correlogram Specification 窗口

对模型进行估计，判定模型阶数，具体操作为：单击 Quick，单击 Estimate Equation，如图 1.19 所示。

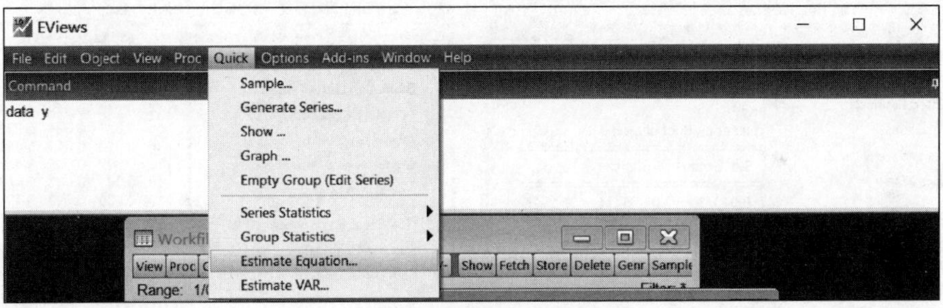

图 1.19　Quick 窗口 2

多次试验建立多个 ARMA 模型，进行比较，选出最优模型，具体操作为：在弹出窗口输入“y c ar(1)”，单击“确定”按钮，如图 1.20 所示。

随后对模型残差进行检验，检验具体操作为：在模型估计结果输出窗口单击 View，选择 Residual Diagnostics，再选择 Correlogram-Q-statistics，如图 1.21 所示。

观察残差平方相关检验图，随后进行 ARCH 效应检验，主要运用拉格朗日乘子方法检验，具体操作为：在模型估计结果输出窗口单击 View，选择 Residual Diagnostics，再选择 Heteroskedesticity Test，如图 1.22 所示。

在“Test Type”中选择 ARCH，滞后阶数输入 1～36 进行检验，如图 1.23 所示。

建立 GARCH 模型，单击 Quick，单击 Estimate Equation，Method 中选择 ARCH，在

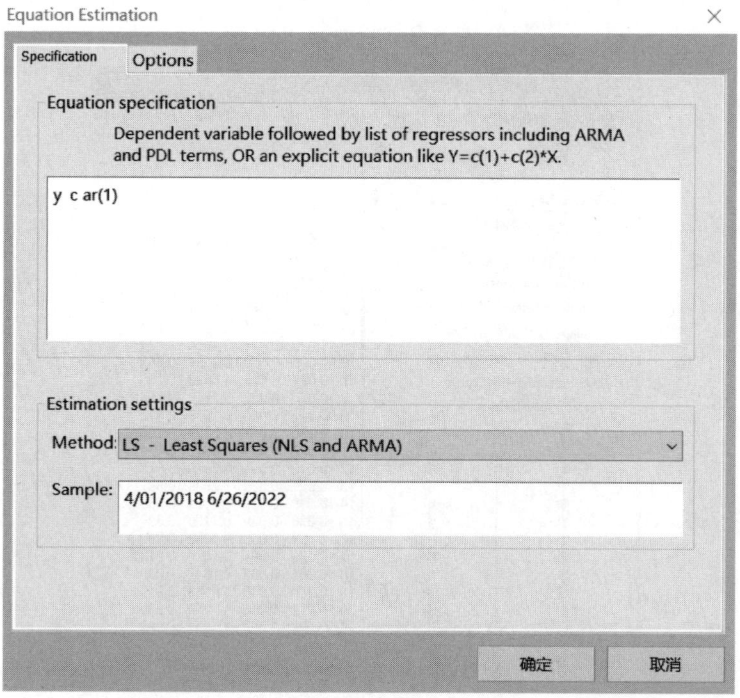

图 1.20 Estimate Equation 窗口

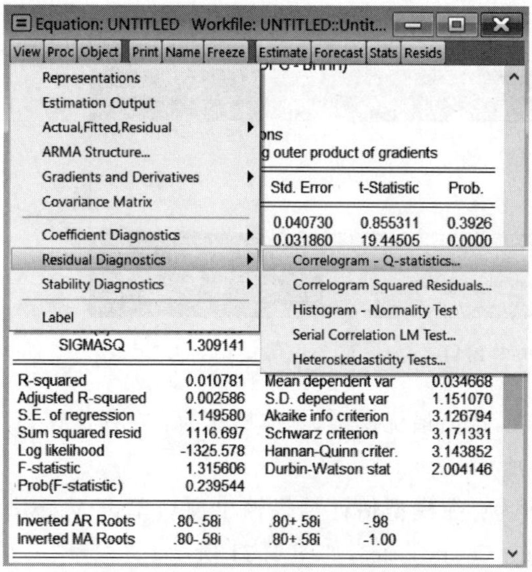

图 1.21 Residual Diagnostics 窗口 1

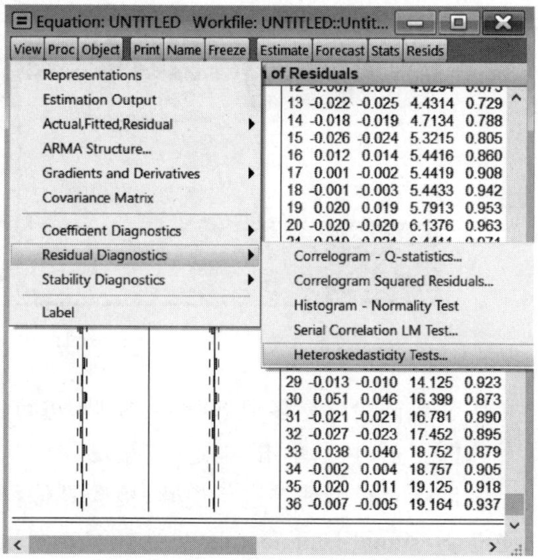

图 1.22 Residual Diagnostics 窗口 2

弹出窗口输入“y c ar(1)”,ARCH,GARCH 后各输入 1,单击“确定”按钮(图 1.24)。

利用 Winbugs 软件,进行 MCMC 运算,具体分为以下步骤。

(1) 程序的编写。其主要包括模型构建、数据导入与参数初始值设定。在模型构建

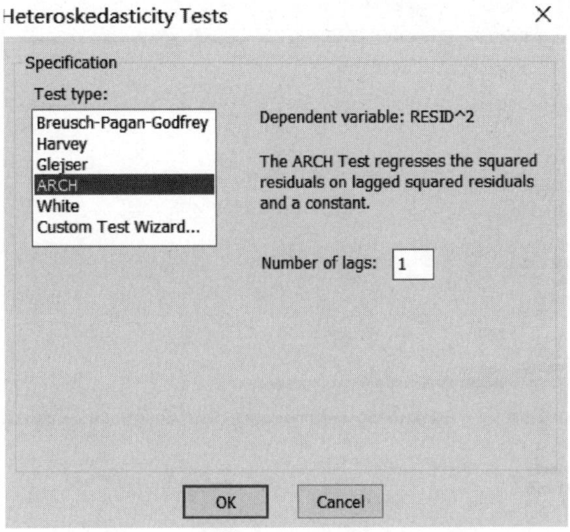

图 1.23　Heteroskedesticity Test 窗口

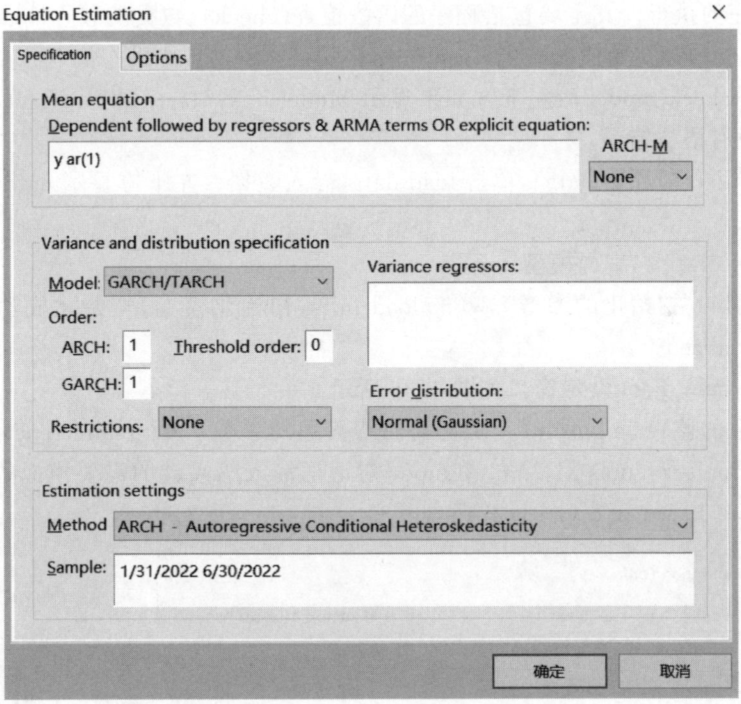

图 1.24　ARCH 模型输入窗口

中，主要包括构建贝叶斯统计模型，设定各参数的先验分布形式及各参数之间的关系等。在数据导入中，通常用 list 指令作为起始，列出各参数的样本观察值及样本的个数。在参数初始值的设定过程，同样运用 list 指令，列出各参数的起始值(图 1.25)。

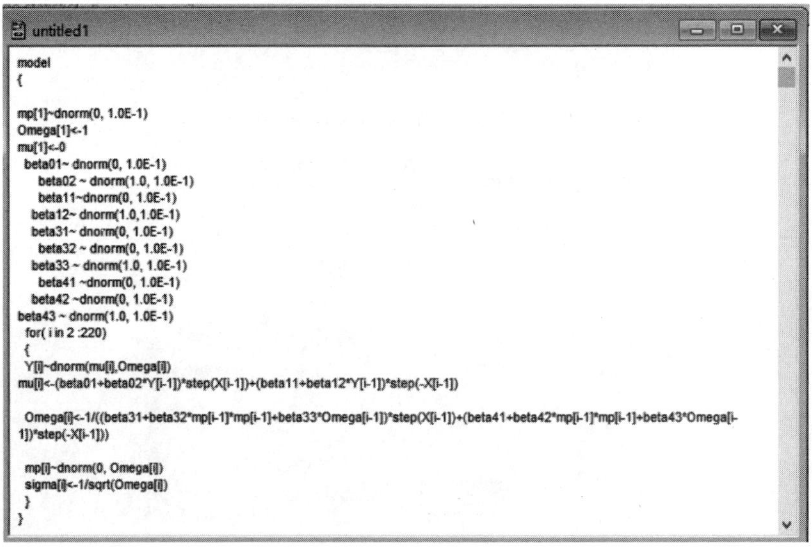


```
model
{

mp[1]~dnorm(0, 1.0E-1)
Omega[1]<-1
mu[1]<-0
 beta01~ dnorm(0, 1.0E-1)
    beta02 ~ dnorm(1.0, 1.0E-1)
    beta11~dnorm(0, 1.0E-1)
   beta12~ dnorm(1.0,1.0E-1)
   beta31~ dnorm(0, 1.0E-1)
    beta32 ~ dnorm(0, 1.0E-1)
   beta33 ~ dnorm(1.0, 1.0E-1)
    beta41 ~dnorm(0, 1.0E-1)
   beta42 ~dnorm(0, 1.0E-1)
beta43 ~ dnorm(1.0, 1.0E-1)
 for( i in 2 :220)
 {
 Y[i]~dnorm(mu[i],Omega[i])
mu[i]<-(beta01+beta02*Y[i-1])*step(X[i-1])+(beta11+beta12*Y[i-1])*step(-X[i-1])

 Omega[i]<-1/((beta31+beta32*mp[i-1]*mp[i-1]+beta33*Omega[i-1])*step(X[i-1])+(beta41+beta42*mp[i-1]*mp[i-1]+beta43*Omega[i-
1])*step(-X[i-1]))

 mp[i]~dnorm(0, Omega[i])
 sigma[i]<-1/sqrt(Omega[i])
 }
}
```

图 1.25 list 指令

（2）程序的执行。其主要包括程序的语法检查（check）、数据的载入（load data）、模型的编译（compile）和初始值的载入（load initial values）。其具体操作如下。

① 单击 check model 后左下方如果显示 Model is syntactically correct，则表明模型运行通过，没有语法错误。

② 选中 list（即原始 data），单击 load data，导入数据。左下方显示 data loaded，则数据导入成功。

③ 单击 compile，编译模型。

④ 选中 list（初始化的参数），单击 load inits，初始化模型，初始化成功左下方显示 model is initialized。

Specification Tool 设定窗口如图 1.26 所示。

（3）参数的监控（monitor）。设定我们感兴趣的参数。单击 inferrence—sample，出现 Sample Monitor Tools 对话框；在 node 对话框输入感兴趣的需要模拟的参数。每输入一个参数，单击 set 设定（图 1.27）。

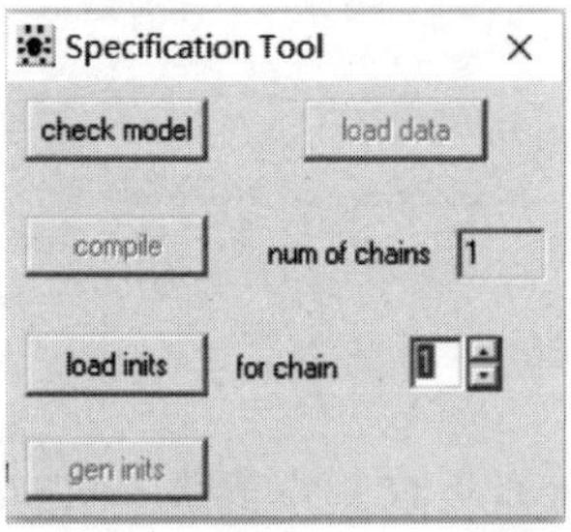

图 1.26 Specification Tool 设定窗口

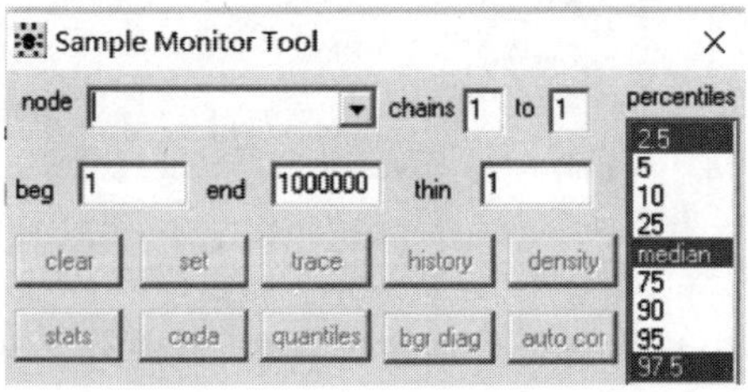

图 1.27 Sample Monitor Tool 设定窗口

(4) 模型的迭代(update the model)。设定模型迭代的次数,通常先设置模型的预迭代次数使马尔可夫链达到一个平稳态。单击 model—update,出现 Update Tool 对话框,设定采样规则,开始采样模拟(图 1.28)。

(5) 显示后验参数仿真数值。为降低起始值的影响,选取返回后较为稳定的资料,因此在分析时常常需要丢弃(burn in)前面较不稳定的资料。这个步骤里,我们就可以得到各参数的后验分布抽样及统计推断结果。inferrence—sample,在 node 窗口输入感兴趣的参数,输入 * 则显示所有参数的结果(图 1.29)。

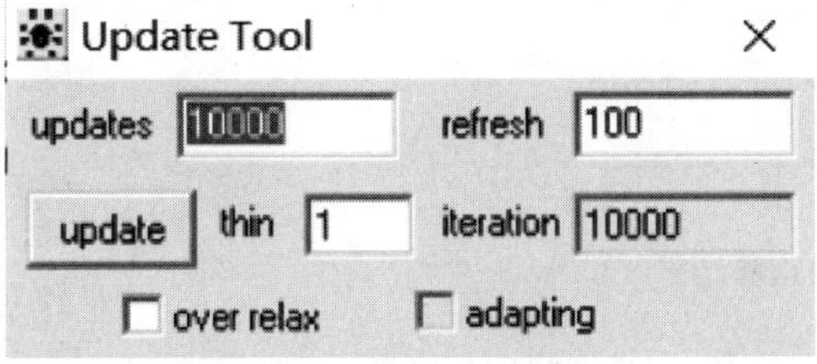

图 1.28　Update Tool 设定窗口

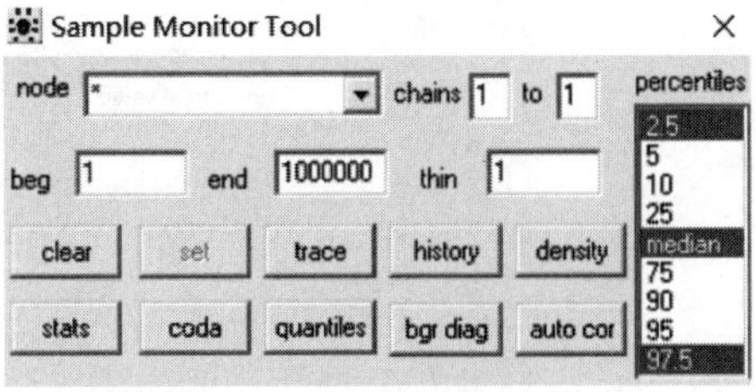

图 1.29　node 设定窗口

1.6.5　操作示例

目前,各学者对指数收益的波动性和信息非对称所产生的杠杆效应已进行了大量研究,而忽略了非对称信息对股市波动所产生影响的持续程度。故本节应用 TAR-GARCH 模型,刻画信息不对称对股市波动率造成的影响的持续程度。本节利用收集到的上证指数 2018 年 4 月 1 日到 2022 年 7 月 1 日的周数据进行股市波动分析。本节主要采用软件为 EViews 与 Winbugs,以 P_t 表示第 t 个收盘指数,收益率 r_t 以百分比对数收益表示,记为 $r_t=100\times(\log(P_t)-\log(P_{t-1}))$。

图 1.30 列出上证综指收益率序列的基本统计特征,发现收益的分布与正态分布有明显偏差,且样本偏度均不为 0,认为其具有非对称性。

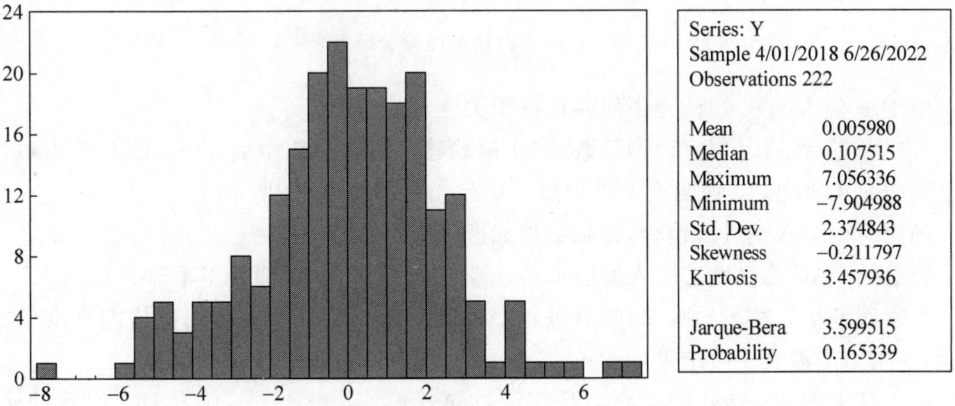

图 1.30　收益率序列统计特征

其中,上证综指收益率均值为 0.005 98,中位数为 0.107 515,最大值为 7.056 336,最小值为−7.904 988,标准差为 2.374 843,偏度为−0.211 797,峰度为 3.457 936,JB 统计量为 3.599 515,概率为 0.165 339。

接下来利用 ADF 检验法对上证综指收益率进行单位根检验,得到结果如图 1.31 所示。

Null Hypothesis: Y has a unit root
Exogenous: Constant
Lag Length: 0 (Automatic - based on SIC, maxlag=14)

		t-Statistic	Prob.*
Augmented Dickey-Fuller test statistic		−15.78405	0.0000
Test critical values:	1% level	−3.459898	
	5% level	−2.874435	
	10% level	−2.573719	

*MacKinnon (1996) one-sided p-values.

图 1.31 单位根检验结果 2

发现上证综指的收益率序列拒绝存在单位根的假设,即该序列的 ADF 值均明显小于 1%的显著性临界值,认为上证综指收益率是平稳的金融时间序列。

对序列进行自相关性检验,得到结果如图 1.32 所示。

Correlogram of Y

Date: 08/30/22 Time: 12:31
Sample: 4/01/2018 6/26/2022
Included observations: 222

Autocorrelation	Partial Correlation		AC	PAC	Q-Stat	Prob
		1	-0.060	-0.060	0.7975	0.372
		2	0.007	0.003	0.8078	0.668
		3	-0.034	-0.033	1.0675	0.785
		4	0.075	0.071	2.3481	0.672
		5	-0.063	-0.055	3.2520	0.661
		6	0.069	0.062	4.3428	0.630
		7	-0.001	0.011	4.3430	0.740
		8	-0.084	-0.094	5.9923	0.648
		9	0.015	0.019	6.0453	0.735
		10	-0.031	-0.042	6.2643	0.793
		11	0.027	0.026	6.4395	0.842
		12	-0.141	-0.132	11.141	0.517

图 1.32 自相关性检验结果

由于 p 值大于 0.1,认为序列存在自相关性。

对模型进行估计,判定模型阶数,多次试验建立多个 AR 模型,进行比较,选出最优模型。其中 AIC 值越小,说明模型越理想。得到结果如图 1.33 所示。

随后对模型残差进行检验,得到结果如图 1.34 所示。

残差的 PAC 与 AC 均落入置信水平 95%的置信区间,说明残差不显著相关。

观察残差平方相关检验图,随后进行 ARCH 效应检验,主要运用拉格朗日乘子方法检验,本书给出滞后 1 阶结果如图 1.35 所示。

由于其中 R-squared 统计量与 F 统计量的 p 值均小于 0.05,认为 LM 统计量显著,因此序列存在 ARCH 效应。

Dependent Variable: Y
Method: ARMA Maximum Likelihood (OPG - BHHH)
Date: 08/30/22 Time: 12:36
Sample: 4/01/2018 6/26/2022
Included observations: 222
Convergence achieved after 9 iterations
Coefficient covariance computed using outer product of gradients

Variable	Coefficient	Std. Error	t-Statistic	Prob.
C	0.007239	0.154924	0.046723	0.9628
AR(1)	−0.059990	0.058258	−1.029728	0.3043
SIGMASQ	5.594331	0.481770	11.61205	0.0000

R-squared	0.003588	Mean dependent var	0.005980
Adjusted R-squared	−0.005512	S.D. dependent var	2.374843
S.E. of regression	2.381379	Akaike info criterion	4.586674
Sum squared resid	1241.941	Schwarz criterion	4.632656
Log likelihood	−506.1208	Hannan-Quinn criter.	4.605239
F-statistic	0.394257	Durbin-Watson stat	1.986715
Prob(F-statistic)	0.674658		

Inverted AR Roots	−.06

图 1.33　最优模型选择结果

Date: 08/30/22 Time: 12:37
Sample: 4/01/2018 6/26/2022
Included observations: 222
Q-statistic probabilities adjusted for 1 ARMA term

Autocorrelation	Partial Correlation		AC	PAC	Q-Stat	Prob
		1	0.001	0.001	7.E-05	
		2	0.001	0.001	0.0004	0.985
		3	−0.029	−0.029	0.1922	0.908
		4	0.070	0.070	1.3003	0.729
		5	−0.055	−0.055	1.9818	0.739
		6	0.066	0.066	2.9745	0.704
		7	−0.002	0.001	2.9753	0.812
		8	−0.084	−0.093	4.6160	0.707
		9	0.008	0.022	4.6324	0.796
		10	−0.028	−0.042	4.8174	0.850
		11	0.017	0.020	4.8857	0.899
		12	−0.138	−0.132	9.3723	0.588

图 1.34　模型残差检验结果

Heteroskedasticity Test: ARCH

F-statistic	6.440483	Prob. F(1,219)	0.0119
Obs*R-squared	6.313625	Prob. Chi-Square(1)	0.0120

Test Equation:
Dependent Variable: RESID^2
Method: Least Squares
Date: 08/30/22 Time: 12:39
Sample (adjusted): 4/08/2018 6/26/2022
Included observations: 221 after adjustments

Variable	Coefficient	Std. Error	t-Statistic	Prob.
C	4.612186	0.697691	6.610641	0.0000
RESID^2(-1)	0.168802	0.066515	2.537811	0.0119

R-squared	0.028568	Mean dependent var	5.559423
Adjusted R-squared	0.024133	S.D. dependent var	8.870576
S.E. of regression	8.762887	Akaike info criterion	7.187936
Sum squared resid	16816.61	Schwarz criterion	7.218689
Log likelihood	−792.2670	Hannan-Quinn criter.	7.200354
F-statistic	6.440483	Durbin-Watson stat	2.027619
Prob(F-statistic)	0.011850		

图 1.35　LM 检验结果

建立 GARCH 模型，结果如图 1.36 所示。

Dependent Variable: Y
Method: ML ARCH - Normal distribution (OPG - BHHH / Marquardt steps)
Date: 08/30/22 Time: 12:39
Sample (adjusted): 4/08/2018 6/26/2022
Included observations: 221 after adjustments
Failure to improve likelihood (non-zero gradients) after 8 iterations
Coefficient covariance computed using outer product of gradients
Presample variance: backcast (parameter = 0.7)
GARCH = C(3) + C(4)*RESID(−1)^2 + C(5)*GARCH(−1)

Variable	Coefficient	Std. Error	z-Statistic	Prob.
C	−0.018329	0.154731	−0.118455	0.9057
AR(1)	−0.053449	0.082239	−0.649930	0.5157
		Variance Equation		
C	3.622590	2.273591	1.593334	0.1111
RESID(-1)^2	0.146105	0.082637	1.768037	0.0771
GARCH(-1)	0.198995	0.403794	0.492813	0.6221

R-squared	0.003228	Mean dependent var	0.022512
Adjusted R-squared	−0.001323	S.D. dependent var	2.367397
S.E. of regression	2.368963	Akaike info criterion	4.566083
Sum squared resid	1229.025	Schwarz criterion	4.642964
Log likelihood	−499.5521	Hannan-Quinn criter.	4.597126
Durbin-Watson stat	2.008197		
Inverted AR Roots	−.05		

图 1.36 GARCH 模型估计结果

但模型拟合结果不佳，采用 MCMC 方法得到 TAR-GARCH 模型的估计值。

运用 TAR-GARCH 模型分析上证综指收益率的波动情况。建立模型结构如下：

$$y_t=\begin{cases}\beta_{01}+\beta_{02}y_{t-1} & x_{t-1}>0\\ \beta_{11}+\beta_{12}y_{t-1} & x_{t-1}\leqslant 0\end{cases} \tag{1.66}$$

$$\sigma_t^2=\begin{cases}\beta_{31}+\beta_{32}\varepsilon_{t-1}^2+\beta_{33}\sigma_{t-1}^2 & x_{t-1}>0\\ \beta_{41}+\beta_{42}\varepsilon_{t-1}^2+\beta_{43}\sigma_{t-1}^2 & x_{t-1}\leqslant 0\end{cases} \tag{1.67}$$

其中 $x_{t-1}=y_t-y_{t-1}$，表示上证综指收益率的变化情况，表示滞后一期市场消息的冲击。

设采用 Gibbs 抽样方法，用马尔可夫链模拟模型参数的后验分布，将最初的 4 000 次迭代样本舍去，消除初始值的影响，确保模型的收敛性，基于 MCMC 方法用从 4 001 次到 10 000 次迭代得到 6 000 个模拟样本去估计模型参数，得到各个参数的仿真图。

建立模型结构如下：

$$y_t=\begin{cases}\beta_{01}+\beta_{02}y_{t-1} & x_{t-1}>0\\ \beta_{11}+\beta_{12}y_{t-1} & x_{t-1}\leqslant 0\end{cases} \tag{1.68}$$

$$\sigma_t^2=\begin{cases}\beta_{21}+\beta_{22}\varepsilon_{t-1}^2+\beta_{23}\sigma_{t-1}^2 & x_{t-1}>0\\ \beta_{31}+\beta_{32}\varepsilon_{t-1}^2+\beta_{33}\sigma_{t-1}^2 & x_{t-1}\leqslant 0\end{cases} \tag{1.69}$$

设定初始值为 $\beta_{01}=0.16$，$\beta_{02}=-0.07$，$\beta_{11}=0.03$，$\beta_{12}=-0.013$，$\beta_{32}=0.106$，$\beta_{33}=0.88$，$\beta_{41}=0.017$，$\beta_{42}=0.06$，$\beta_{43}=0.88$，得到参数迭代结果如图 1.37 所示。

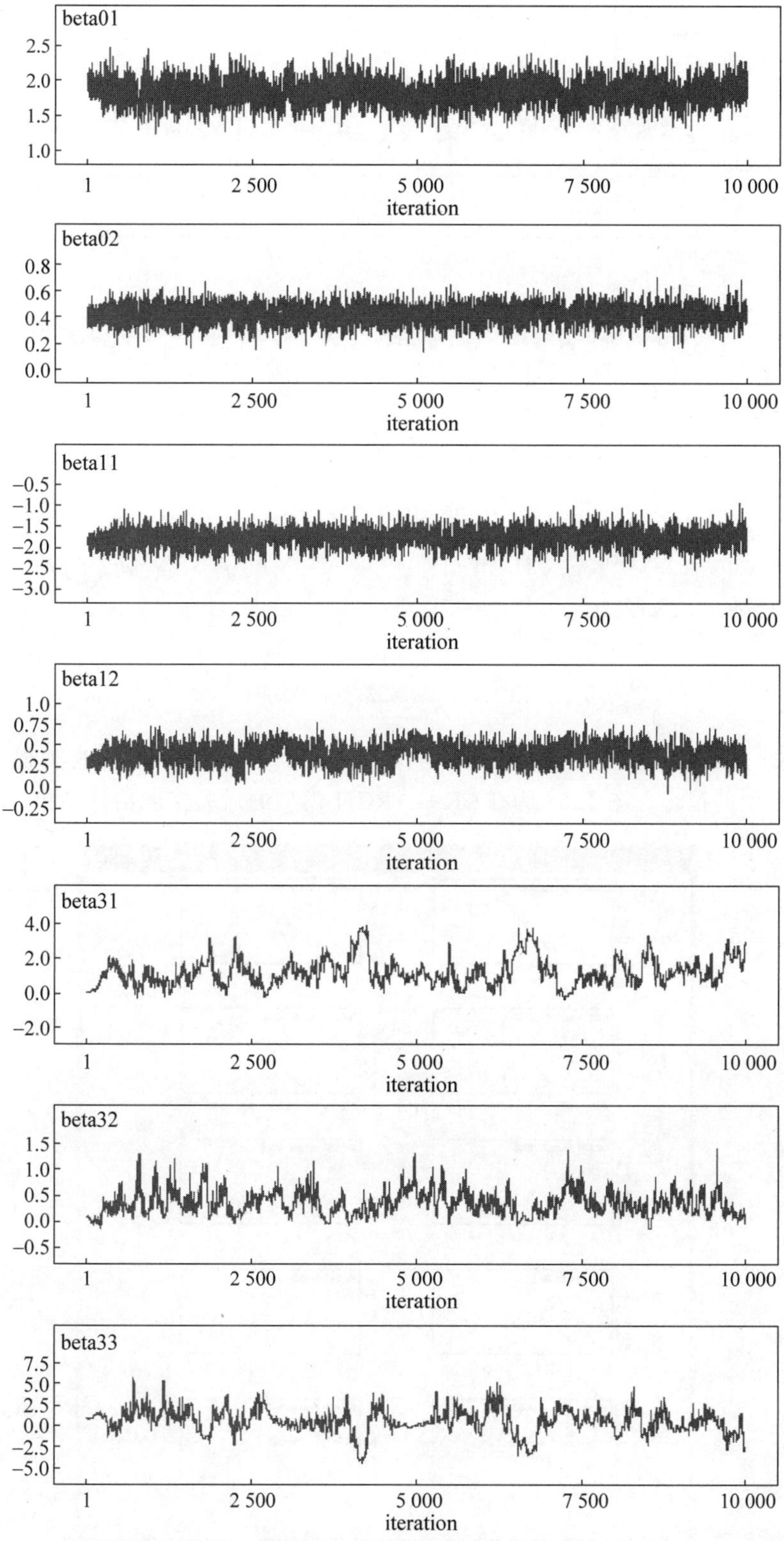
beta01
2.5
2.0
1.5
1.0
1
2 500
5 000
7 500
10 000
iteration
beta02
0.8
0.6
0.4
0.2
0.0
1
2 500
5 000
7 500
10 000
iteration
beta11
−0.5
−1.0
−1.5
−2.0
−2.5
−3.0
1
2 500
5 000
7 500
10 000
iteration
beta12
1.0
0.75
0.5
0.25
0.0
−0.25
1
2 500
5 000
7 500
10 000
iteration
beta31
4.0
2.0
0.0
−2.0
1
2 500
5 000
7 500
10 000
iteration
beta32
1.5
1.0
0.5
0.0
−0.5
1
2 500
5 000
7 500
10 000
iteration
beta33
7.5
5.0
2.5
0.0
−2.5
−5.0
1
2 500
5 000
7 500
10 000
iteration

图 1.37 参数迭代结果

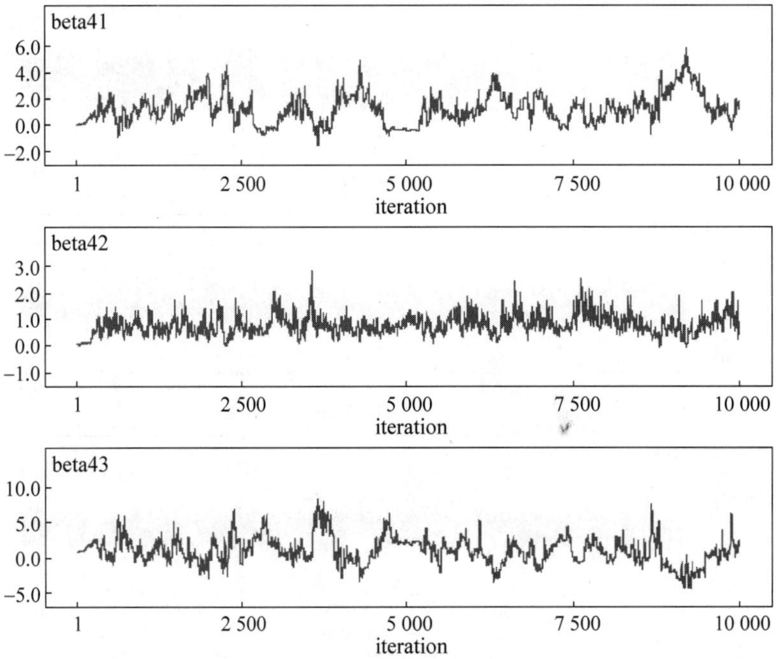

图 1.37　参数迭代结果(续)

发现图 1.37 中迭代链趋于收敛，说明 MCMC 方法较为准确地实现了对 TAR-GARCH 模型的拟合。图 1.38 为 TAR-GARCH 模型的后验密度估计结果。

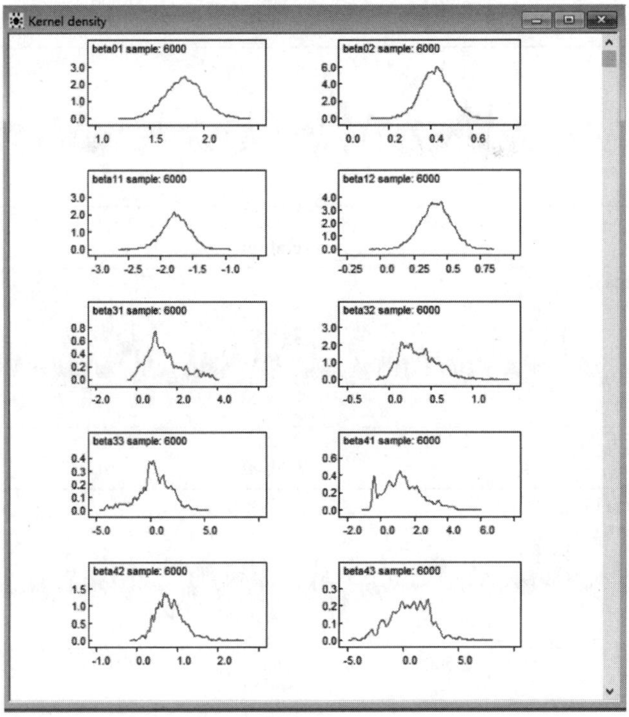

图 1.38　TAR-GARCH 模型的后验密度估计结果

运用软件进行贝叶斯推断可以得到参数后验分布的信息，最终得到参数估计结果如图 1.39 所示。

node	mean	sd	MC error	2.5%	median	97.5%	start	sample
beta01	1.822	0.1709	0.006559	1.493	1.823	2.165	4001	6000
beta02	0.4233	0.07027	0.001959	0.2855	0.4241	0.5627	4001	6000
beta11	-1.763	0.2074	0.006363	-2.183	-1.764	-1.364	4001	6000
beta12	0.4137	0.1119	0.005997	0.1879	0.4154	0.6306	4001	6000
beta31	1.346	0.8661	0.08996	0.04253	1.16	3.478	4001	6000
beta32	0.3521	0.2185	0.01973	0.01354	0.324	0.8183	4001	6000
beta33	0.3786	1.52	0.1527	-3.242	0.3853	3.215	4001	6000
beta41	1.336	1.144	0.1203	-0.429	1.226	3.945	4001	6000
beta42	0.8235	0.3625	0.03074	0.2343	0.7793	1.67	4001	6000
beta43	0.609	1.83	0.1828	-3.031	0.6558	4.234	4001	6000

图 1.39　参数估计结果

node、mean、sd、median 分别代表参数、均值、标准差、中位数；2.5%和 97.5%对应的是参数置信区间；start 是丢掉的随机抽取的样本的数目，sample 是丢掉前面部分随机抽取后剩下的有效样本数目。MC error 是蒙特卡罗误差。

最终估计方程为

$$y_t = \begin{cases} 1.822 + 0.4233 y_{t-1} & x_{t-1} > 0 \\ -1.763 + 0.4137 y_{t-1} & x_{t-1} \leqslant 0 \end{cases} \tag{1.70}$$

$$\sigma_t^2 = \begin{cases} 1.346 + 0.3521 \varepsilon_{t-1}^2 + 0.3786 \sigma_{t-1}^2 & x_{t-1} > 0 \\ 1.336 + 0.8235 \varepsilon_{t-1}^2 + 0.609 \sigma_{t-1}^2 & x_{t-1} \leqslant 0 \end{cases} \tag{1.71}$$

在估计的方程中，y_t 表示上证综指收益率，x_{t-1} 表示上证综指收益率的变化率，ε_t 是残差项，σ_t^2 是条件方差。上面的估计模型中，从总的情况来看，所有的参数估计都是显著的，我们可以得出上证综指对来自上证综指收益率的变化率的信息的反映具有明显的非对称性特征。

第 2 章 变参数门限自回归模型

本章将介绍变参数门限自回归模型，包括时变参数门限回归模型、移动平均门限异质性自回归模型和门限分位数自回归模型。

2.1 时变参数门限回归模型

2.1.1 模型简介

传统门限回归模型通常假定门限值是已知的常数。在常数门限设定下，Hansen(2017)给出了门限回归模型中参数估计的性质以及相关假设检验的方法，目前该模型在经济、管理的研究领域得到了广泛的应用。但在某些经济研究背景下，不变的常数门限模型可能是具有限制性的。例如，在关于货币政策的文献中，菲利普斯曲线是制定货币政策的一个重要参照，在估计菲利普斯曲线时，由于经济环境、货币政策等因素的影响，变化的门限模型可能是更合意的。在关于政府债务的文献中，由于不同年份所处经济周期和财政收支的差异，公共债务对经济发展的影响具有时变性，即最优债务门限不是稳定的常数，而应该是时变的参数。因此，Hansen 的模型在当今众多经济因素的冲击下表现出一定的局限性，考虑门限的时变性可能是一个更加符合现实的模型。

那么当真实的经济问题具有时变的门限特征时，使用常数门限回归模型，对于实证研究的结果会产生什么影响？现有的文献在此部分的研究较为稀少。本节将根据前沿文献进行梳理，从模型设定、参数估计、假设检验、参数估计性质的考察和蒙特卡罗模拟等方面逐一介绍，并在此基础上给出时变参数门限回归模型的研究案例及对应的软件操作。

2.1.2 模型设定

根据 Hansen(2017)研究的常数门限回归模型，建立如式(2.1)所示具有时变特征的一般门限回归模型：

$$y_t = \alpha_0 + \sum_{m=1}^{M} \beta_m x_t I(q_m \in [\gamma_{m-1}, \gamma_m]) + \varphi' \boldsymbol{z}_t + e_t \tag{2.1}$$

式中，y_t 为被解释变量；x_t 为解释变量；$I(q_m \in [\gamma_{m-1}, \gamma_m])$ 为示性函数；$q_m \in [\gamma_{m-1}, \gamma_m]$ 成立时取值为 1，否则为 0；$\boldsymbol{z}_t$ 为 $d \times 1$ 的控制变量；e_t 为误差项；α_0、β_m 以及 φ 为待估的参数；下标 m 表示不同机制；β_m 为不同机制下待估的系数，分割机制由门限变量 q 指定；γ_m 为门限值；$t=1,2,\cdots,T$ 表示不同的时点。

为了简便、直观分析，本书将门限值简化为如式(2.2)所示的两阶段时变门限回归模型：

$$y_t=\begin{cases}\beta'_1 x_t+e_t, & q_t\leqslant\gamma_t\\ \beta'_2 x_t+e_t, & q_t>\gamma_t\end{cases}\tag{2.2}$$

2.1.3　参数估计

为了得到门限回归模型(2.2)的参数估计,参照 Hansen(2017),基于最小二乘法原理,通过求解最小化残差平方和,得到 β_1,β_2 的估计。为此,先定义$\boldsymbol{\beta}=[\beta'_1,\beta'_2]'$,$x_t(\gamma_t)=\begin{bmatrix}x_t I(q_t\leqslant\gamma_t)\\ x_t I(q_t>\gamma_t)\end{bmatrix}$。则模型(2.1)可写为:$y_t=\boldsymbol{\beta}'x_t(\gamma_t)+e_t$。因此,最小残差平方和准则可以表示为

$$\mathrm{SSR}_T=\sum_{t=1}^{T}(y_t-\beta' x_t)^2\tag{2.3}$$

对任意给定的门限值 γ,模型 $y_t=\boldsymbol{\beta}'x_t(\gamma)+e_t$ 可以使用最小二乘法来估计,设得到的参数估计为 $\hat{\beta}(\gamma)$,得到的残差平方和为 $\mathrm{SSR}(\gamma)$。通过最小化残差平方和得到的参数估计为

$$\hat{\gamma}=\arg\min_{\gamma\in\Gamma}\mathrm{SSR}(\gamma)\tag{2.4}$$

式中,Γ 为门限值的取值集合。Hansen(2000)证明了门限参数估计的收敛性,同时证明了模型系数 β_1、β_2 的收敛性特征;此外,给出了门限参数置信区间的计算方法,该方法基于门限参数真实性检验。使用统计量的"非拒绝域"构造门限参数估计的置信区间,假设门限值的真实值为 γ_0,构造统计量检验的原假设 H_0: $\gamma=\gamma_0$,

$$\mathrm{LR}(\gamma)=\frac{\mathrm{SSR}(\gamma)-\mathrm{SSR}(\hat{\gamma})}{\mathrm{SSR}(\hat{\gamma})/T}\tag{2.5}$$

杨利雄等(2020)拓展 Hansen(2017)的做法,使用如下 Bootstrap 流程计算时变门限参数估计 $\hat{\gamma}_t$ 的置信区间:第一步,从标准正态分布中抽取独立同分布的随机数 u_t^*,$t=1,2,\cdots,T$;第二步,生成 Bootstrap 因变量 $y_t^*=\hat{\beta}'(\hat{\gamma}_t)x_t(\hat{\gamma}_t)+\hat{e}_t(\hat{\gamma}_t)u_t^*$,其中$\hat{\beta}'(\hat{\gamma}_t)$、$(\hat{\gamma}_t)$和 $\hat{e}_t(\hat{\gamma}_t)$为模型参数估计和残差估计量;第三步,用样本$\{y_t^*,x_t,z_t\}_{t=1}^{\mathrm{T}}$ 估计残差平方和,计算得到 LR 统计量。重复第一步和第三步 N 次,得到 N 个参数估计的模拟样本和统计量的模拟样本,然后使用参数估计和模拟样本的分位数构造置信区间,即对$\boldsymbol{\beta}$,置信区间为 $\hat{\beta}\pm q_{1-\alpha}^*$。其中,$q_{1-\alpha}^*$ 为$|\hat{\beta}^*-\hat{\beta}|$的$(1-\alpha)$分位数。此外,记模拟统计量 LR 的$(1-\alpha)$分位数为 $c_{1-\alpha}^*$,则门限参数的置信区间为:$C_\alpha^*=\{\gamma:\mathrm{LR}(\gamma_t)\leqslant c_{1-\alpha}^*\}$。

2.1.4　假设检验

首先,检验门限效应的存在性。考虑原假设 H_0: $\beta_1=\beta_2$。在原假设成立的情况下,门限值参数 γ 是不能识别的,即存在 Davies 问题。Davies 问题的存在,使得检验是非标准检验,即原假设下模型的残差平方和为 SSR^r,备择假设下为 SSR^{ur},则统计量 $F=$

$\frac{\mathrm{SSR}^r-\mathrm{SSR}^{ur}}{\mathrm{SSR}^{ur}/T}$依赖于门限值，为非标准检验，Hansen 使用 Bootstrap 方法得到检验的临界值。

Cancer 和 Hansen 推导了门限存在性检验的极限分布，证明了极限分布依赖于总体矩。为解决 Davies 问题，设法对依赖于冗余参数的统计量进行转换，考虑如下 sup-Wald 统计量：

$$W_{\sup}=\sup_{\gamma\in\Gamma}(\hat{\beta}_1(\gamma)-\hat{\beta}_2(\gamma))'(\hat{V}_1(\gamma)+\hat{V}_2(\gamma))^{-1}(\hat{\beta}_1(\gamma)-\hat{\beta}_2(\gamma)) \tag{2.6}$$

式中，$\hat{V}_1=\hat{X}'_1(\hat{e}\hat{e}')^{-1}\hat{X}_1$，$\hat{V}_2=\hat{X}'_2(\hat{e}\hat{e}')^{-1}\hat{X}_2$，$\hat{\beta}_1=(\hat{X}'_1\hat{X}_1)^{-1}\hat{X}'_1\boldsymbol{Y}$，$\hat{\beta}_2=(\hat{X}'_2\hat{X}_2)^{-1}\hat{X}'_2\boldsymbol{Y}$，$\boldsymbol{Y}=(y_1,y_2,\cdots,y_T)'$，$\hat{e}$ 为残差变量。

定理 2.1：在原假设成立的情况下，式(2.6)中的统计量：

$$W_{\sup}\Rightarrow\sup(Q_1^{-1}S_1-Q_2^{-1}S_2)'(\Omega_1+\Omega_2)(Q_1^{-1}S_1-Q_2^{-1}S_2) \tag{2.7}$$

式中，$\Omega_1\equiv\Omega_1(\gamma)=E(\boldsymbol{X}'_1(ee')^{-1}\boldsymbol{X}_1)$，$\Omega_2\equiv\Omega_2(\gamma)=E(\boldsymbol{X}'_2(ee')^{-1}\boldsymbol{X}_2)$，$S_1\equiv S_1(\gamma_0,\gamma_1,\gamma_2,k)$是均值为零且协方差核为$E(S_1(\gamma_{t1})S'_1(\gamma_{t2}))=\Omega_1(\gamma_{t1}\wedge\gamma_{t2})$的高斯过程，$S_2\equiv S_2(\gamma_0,\gamma_1,\gamma_2,k)=p\lim_{\gamma_t\to\infty}S_1-S_1$。总体矩阵$\boldsymbol{Q}_1\equiv\boldsymbol{Q}_1(\gamma)=E(x_tx'_tI(q_t\leqslant\gamma))$，总体矩阵$\boldsymbol{Q}_2\equiv\boldsymbol{Q}_2(\gamma)=E(x_tx'_tI(q_t>\gamma))$。

2.1.5 参数估计性质的考察

上述分析了模型参数估计以及假设检验的步骤，为了探讨真实门限回归模型中使用时变门限特征对实证研究结果的影响，本节将进一步对参数估计的性质进行考察。由于傅里叶变换能够以任意的精度近似常见的经济变量中的时变特征，且使用单一频率的傅里叶变换能很好地近似很多常见的时变特征。因此，本节在对时变门限回归模型的参数估计以及相关性质的探讨中，将借助傅里叶变换来对门限回归模型的时变性进行测度。假设时变门限值为

$$\gamma_t=\gamma_0+\gamma_1\sin(2\pi\kappa t/T)+\gamma_2\cos(2\pi\kappa t/T) \tag{2.8}$$

式中，κ 为频率参数，Becker 等表明 $\kappa=1$ 能很好地近似常见的时变特征。根据 Cancer 和 Hansen 的研究，式(2.2)和式(2.8)的参数估计可以表示为

$$\hat{\boldsymbol{\beta}}_1=(\boldsymbol{X}'_1\boldsymbol{X}_1)^{-1}\boldsymbol{X}'_1\boldsymbol{Y},\quad \hat{\boldsymbol{\beta}}_2=(\boldsymbol{X}'_2\boldsymbol{X}_2)^{-1}\boldsymbol{X}'_2\boldsymbol{Y} \tag{2.9}$$

式中，$\boldsymbol{Y}=(y_1,y_2,\cdots,y_T)'$，$\boldsymbol{X}_1=(x_1I(q_1\leqslant\hat{\gamma}_1),x_2I(q_2\leqslant\hat{\gamma}_2),\cdots,x_TI(q_T\leqslant\hat{\gamma}_T))'$，$\boldsymbol{X}_2=(x_1I(q_1>\hat{\gamma}_1),x_2I(q_2>\hat{\gamma}_2),\cdots,x_TI(q_T>\hat{\gamma}_T))'$。因此，子机制下模型参数的估计性质取决于门限值的一致性。

为了考察门限值估计的性质，将模型(2.2)写为

$$y_t=\boldsymbol{\beta}'x_t+\boldsymbol{\delta}'x_t1(\gamma_t)+e_t \tag{2.10}$$

式中，$\boldsymbol{\beta}=\boldsymbol{\beta}_2$，$\boldsymbol{\delta}=\boldsymbol{\beta}_1-\boldsymbol{\beta}_2$，矩阵形式为

$$\boldsymbol{Y}=\boldsymbol{\beta}'\boldsymbol{X}+\boldsymbol{\delta}'\boldsymbol{X}(\gamma_t)+\boldsymbol{e} \tag{2.11}$$

式中，$\boldsymbol{X}=(\boldsymbol{X}'_1,\boldsymbol{X}'_2)'$，$\boldsymbol{e}$ 为误差向量。

定义 $\boldsymbol{X}^*(\gamma_t)=(\boldsymbol{X}(\gamma_t),\boldsymbol{X}-\boldsymbol{X}(\gamma_t))$，$P_{\gamma_t}^*=\boldsymbol{X}^*(\gamma_t)(\boldsymbol{X}^*(\gamma_t)'\boldsymbol{X}^*(\gamma_t))^{-1}\boldsymbol{X}^*(\gamma_t)'$，因此，$\mathrm{SSR}_T(\gamma_t)=\boldsymbol{Y}'(I-P_{\gamma_t}^*)\boldsymbol{Y}=\boldsymbol{\delta}'\boldsymbol{X}(\gamma_t^0)'(I-P_{\gamma_t}^*)\boldsymbol{X}(\gamma_t^0)\delta+2\delta'\boldsymbol{X}(\gamma_t^0)'(I-P_{\gamma_t}^*)\boldsymbol{e}+\boldsymbol{e}'(I-P_{\gamma_t}^*)\boldsymbol{e}$，时变门限 γ_t 的真实值为 $\gamma_t^0=f(\gamma_0^0,\gamma_1^0,\gamma_2^0)$，则 $\mathrm{SSR}_T(\gamma_t^0)=\boldsymbol{e}'(I-P_{\gamma_t^0}^*)\boldsymbol{e}$。假设门限值之差随着样本增大而变小，即$\boldsymbol{\delta}=\boldsymbol{c}T^{-\alpha}$，参考 Hansen 的证明，容易得到：

$$T^{2\alpha-1}\{\mathrm{SSR}_T(\gamma_t)-\boldsymbol{e}'\boldsymbol{e}\}=\frac{1}{T}\boldsymbol{c}'\boldsymbol{X}(\gamma_t^0)'(I-P_{\gamma_t}^*)\boldsymbol{X}(\gamma_t^0)\boldsymbol{c}+o_p(1) \tag{2.12}$$

将 $P_{\gamma_t}^*=\boldsymbol{X}^*(\gamma_t)(\boldsymbol{X}^*(\gamma_t)'\boldsymbol{X}^*(\gamma_t))^{-1}\boldsymbol{X}^*(\gamma_t)'$代入式(2.12)，并定义 $\boldsymbol{X}(\gamma_t^0)'\boldsymbol{X}(\gamma_t^0)\triangleq M(\gamma_t^0)$，则右边可化为

$$\begin{aligned}\frac{1}{T}\boldsymbol{c}'\boldsymbol{X}(\gamma_t^0)'(I-P_{\gamma_t}^*)\boldsymbol{X}(\gamma_t^0)c&=\boldsymbol{c}'\{M(\gamma_t^0)-M(\gamma_t^0)[M(\gamma_t)]^{-1}M(\gamma_t^0)\}\boldsymbol{c}+o_p(1)\\&\triangleq b(\gamma_t)+o_p(1)\end{aligned} \tag{2.13}$$

当 $\gamma_1=\gamma_2=0$ 时，参考 Hansen(2000)的文献，在$[\gamma_0^0,\gamma_{\max}]$上，$\dfrac{\partial b(\gamma_0)}{\partial\gamma_0}\geqslant 0$。因此，式(2.12)在真实值 $\gamma_0=\gamma_0^0$ 处取得最小值；当 $\gamma_1\neq 0$ 或 $\gamma_2\neq 0$ 时，门限值真实值记为 $\gamma_t^0=f(\gamma_0^0,\gamma_1^0,\gamma_2^0)$，此时，对于任意的常数 γ，在区间$[\gamma,\gamma_{\max}]$上，如果 $f(\cdot)$是可导的，那么

$$\begin{cases}\dfrac{\partial b(\gamma_t)}{\partial\gamma_0}=\dfrac{\partial b[f(\gamma_0,d_1,d_2)]}{\partial f}\dfrac{\partial f}{\partial\gamma_0}\\[2ex]\dfrac{\partial b(\gamma_t)}{\partial\gamma_i}=\dfrac{\partial b[f(\gamma_0,d_1,d_2)]}{\partial f}\dfrac{\partial f}{\partial\gamma_i}\end{cases} \tag{2.14}$$

而根据时变门限式(2.8)的设定，

$$\frac{\partial f}{\partial\gamma_1}=\sin(2\pi\kappa t/T),\quad \frac{\partial f}{\partial\gamma_2}=\cos(2\pi\kappa t/T),\quad b(\gamma_t)=b[f(\gamma_0,\gamma_1,\gamma_2)]$$

单调性不再成立，门限值估计 $\hat{\gamma}$ 与真实值 $\gamma_t^0=f(\gamma_0^0,\gamma_1^0,\gamma_2^0)$无直接关系，进而，基于常数门限值估计 $\hat{\gamma}$ 分解子样本，无法得到正确的样本分解。所以，子机制下模型参数 β_1 和 β_2 估计的一致性也不再成立，从式(2.6)构造的检验统计量，可以发现：统计量的构造也依赖于样本分解，因此基于错误的样本分解得到的检验统计量，其表现也将出现扭曲。

2.1.6　蒙特卡罗模拟

由于参数估计和假设检验的偏差依赖于时变门限的设定，因而难以使用大样本理论推导其偏差。为此，本节将基于蒙特卡罗模拟分析时变门限回归模型与常数门限模型间误用所产生的后果。考虑如下的数据生成过程：

$$y_t=\begin{cases}\beta_1x_t+\beta_3z_t+e_t, & q_t\leqslant\gamma_t\\ \beta_2x_t+\beta_3z_t+e_t, & q_t>\gamma_t\end{cases} \tag{2.15}$$

式中，z_t 和 e_t 均为服从标准正态分布的随机数，$x_t\sim N(0,4)$。设 $\beta_1,\beta_2=2,\beta_3=1$。在

这部分模拟中,不失一般性,假设控制变量为一维变量,因此式(2.15)中控制变量的参数退化为标量。此外,$\gamma_t=\gamma_0+\gamma_1\sin(2\pi kt/T)+\gamma_2\cos(2\pi kt/T)$,其中 $\gamma_0=1$,我们变换 γ_1,γ_2 和 k 的值来考察时变门槛特征对参数估计的影响,具体来说,设$(\gamma_1,\gamma_2)=(1,2)$或$(\gamma_1,\gamma_2)=(0,0)$,分别对应时变门槛模型和常数门槛模型,$k=\{1,2,3,4,5\}$。

首先使用上述数据生成过程产生容量为50、100和200的样本,然后使用上述给出的建立模型估计方法和Hansen(2017)的常数门槛方法分别估计模型参数,将两种方法得到的参数估计结果做对比,计算参数估计值的均值,考察该均值与参数真实值的关系以及参数估计标准差大小,从而评估新方法的小样本表现,并考察忽略时变门槛误用Hansen(2017)方法的后果。

表2.1给出了常数门槛和时变门槛设定下本书门槛模型参数估计方法的结果。结果表明:当$(\gamma_1,\gamma_2)=(1,2)$时真实模型包含时变门限,在各种频率下,新方法得到的参数估计的均值非常接近真实值,而且随着样本容量的增加,参数估计的标准误降低;当$(\gamma_1,\gamma_2)=(0,0)$时,真实模型含常数门槛,而使用时变门槛方法估计参数,参数估计依然具有良好的性质,即参数估计的均值接近真实值且标准差随样本的增加而降低。

表2.2给出了常数门槛和时变门槛设定下Hansen(2017)常数门槛模型参数估计方法的表现。模拟结果表明:当真实模型为常数门槛模型时,Hansen(2017)的方法表现良好;当真实模型为时变门槛模型时,常数门槛值的估计不具有参考意义,且模型系数的估计有偏(如 β_2 的估计),同时参数估计的标准差明显增大。

从表2.1和表2.2的结果可以看出:即使真实模型具有常数门槛,基于傅里叶近似考虑时变门槛特征,参数估计依然是无偏的,且并不会引起估计效率的明显降低;但是,如果真实模型具有时变门槛,那么误用常数门槛模型来估计参数会引起严重偏差。综上,忽略真实存在的时变门槛会导致错误结果,而真实模型含常数门槛而误用时变门槛方法几乎是无害的。因而,相对于常数门槛模型,基于傅里叶近似的时变门槛模型是一种更稳健的方法。

2.1.7　案例一:研发投资的最佳区间

研发投资作为企业一项重要的活动,不足或过度都会损害企业绩效。在最初阶段,研发可能倾向于投资不足,边际生产率较低,以至于与研发相关的成本可能超过收益,而研发经验和吸收能力随着研发投资的增加而积累。只有当研发过程突破技术壁垒时,研发投资才开始对企业绩效产生影响,即需要一个最低的研发投资门限水平(研发障碍点)来确保和提高企业绩效。另外,增加研发可能并不总是有效地提高企业绩效,因为过度投入研发可能会导致过度多样化、资源过度闲置和效率低下,并会出现研发的规模不经济。综合上述分析,可能存在一个最大阈值水平(研发饱和点),超过该阈值水平,研发投资的进一步增加将损害企业的整体绩效。因此,确定企业和决策者的研发障碍点和研发饱和点,以确定研发投资的最佳区间,最大限度地发挥研发对企业绩效的积极影响,对企业的生产经营至关重要。为了确定最佳的研发投资,研发文献中一个流行的方法是通过使用门限

表 2.1　时变参数门限回归方法得到的参数估计

(γ_1,γ_2) (1,2)	K	门槛参数						模型系数					
		$\gamma_0=1$		$\gamma_1=1$		$\gamma_2=1$		$\beta_1=1$		$\beta_2=2$		$\beta_3=1$	
		Mean	Std. dev	Mean	Std. dev	Mean	Std. dev	Mean	Std. dev	Mean	Std. dev	Mean	Std. dev
	1	0.95	0.948	1.003	0.182	2.039	0.219	0.954	0.155	2.046	0.312	0.982	0.169
	2	0.979	0.932	1.02	0.171	2.045	0.176	0.975	0.16	2.045	0.286	1	0.159
$T=50$	3	0.988	0.923	1.027	0.168	1.998	0.185	0.957	0.158	2.048	0.306	1.021	0.159
	4	1.108	0.757	1.001	0.15	1.995	0.194	1.003	0.125	2.16	0.445	1.002	0.131
	5	0.952	0.756	0.982	0.168	2.02	0.187	0.985	0.131	2.032	0.234	0.987	0.146
	1	0.977	0.552	1.013	0.111	2.006	0.145	0.976	0.086	2.025	0.164	0.994	0.101
	2	1.021	0.449	0.991	0.12	2.019	0.129	0.99	0.09	2.023	0.153	1.01	0.102
$T=100$	3	1.061	0.55	0.998	0.115	2.023	0.15	0.993	0.088	2.04	0.187	1.003	0.103
	4	0.992	0.514	1.01	0.115	2.009	0.145	0.988	0.089	2.02	0.17	0.996	0.105
	5	0.971	0.506	1.002	0.122	1.999	0.137	0.988	0.091	2.019	0.171	1	0.105
(0,0)													
	1	0.951	0.827	0.001	0.185	−0.04	0.153	0.96	0.272	2.033	0.436	1.033	0.144
	2	1.005	0.866	−0.008	0.165	0.01	0.18	0.975	0.253	2.1	0.697	0.989	0.168
$T=50$	3	1.12	0.859	−0.036	0.173	0.009	0.179	0.97	0.178	2.19	0.85	1.003	0.146
	4	0.97	0.915	0.01	0.159	0.027	0.162	0.942	0.205	2.099	0.546	1.016	0.163
	5	0.91	0.88	0.023	0.18	0.006	0.15	0.943	0.245	2.11	0.54	1.002	0.142
	1	1.059	0.643	−0.004	0.107	0.012	0.101	0.991	0.101	2.08	0.283	0.992	0.095
	2	1.011	0.533	−0.002	0.117	0.018	0.109	0.969	0.129	2.079	0.253	1.013	0.108
$T=100$	3	0.982	0.663	0.011	0.116	0.009	0.119	0.98	0.13	2.073	0.25	1.012	0.104
	4	0.993	0.603	0.001	0.11	−0.001	0.116	0.997	0.111	2.021	0.252	0.999	0.1
	5	1.006	0.523	0.02	0.106	−0.004	0.115	0.991	0.091	2.065	0.259	1.004	0.097

表 2.2 基于 Hansen(2017)的参数估计

(γ_1,γ_2) (1,2)	K	门槛参数				模型系数			
		$\gamma_0=1$		$\beta_1=1$		$\beta_2=2$		$\beta_3=1$	
		Mean	Std. dev	Mean	Std. dev	Mean	Std. dev	Mean	Std. dev
	1	1.485	1.851	0.916	1.19	2.209	1.525	1.022	0.42
	2	1.307	1.989	0.875	1.462	2.218	1.721	1.033	0.41
$T=50$	3	1.296	1.843	0.996	1.062	2.185	1.517	1.009	0.409
	4	1.577	1.847	0.997	1.107	2.213	1.781	0.978	0.412
	5	1.505	1.922	0.954	0.896	2.23	1.84	1.003	0.406
	1	1.61	2.04	0.922	0.906	2.453	1.85	0.999	0.272
	2	1.512	2.089	0.986	1.146	2.5	1.85	1	0.269
$T=100$	3	1.526	2.011	0.975	0.772	2.319	1.651	1.005	0.278
	4	1.435	2.12	0.951	0.845	2.369	1.512	1.023	0.277
	5	1.638	1.964	1.042	0.909	2.343	1.513	0.992	0.273
(0,0)									
	1	1.028	0.793	0.933	0.371	2.083	0.293	0.998	0.155
	2	1.049	0.808	0.976	0.317	2.072	0.317	1.012	0.147
$T=50$	3	0.945	0.782	0.917	0.369	2.034	0.235	1.009	0.152
	4	1.017	0.878	0.928	0.43	2.07	0.438	1.005	0.149
	5	0.963	0.774	0.933	0.265	2.05	0.27	0.994	0.146
	1	1.002	0.49	0.979	0.146	2.023	0.149	0.996	0.098
	2	1.029	0.586	0.984	0.146	2.023	0.144	0.997	0.104
$T=100$	3	0.964	0.447	0.975	0.161	2.011	0.133	1.003	0.099
	4	0.998	0.495	0.976	0.153	2.022	0.147	0.994	0.103
	5	1.005	0.468	0.98	0.137	2.023	0.156	0.997	0.102

回归模型来研究研发投资与企业绩效之间的非线性关系，因为可以将研发的障碍点和饱和点识别为门限，从而确定研发投资的最优区间；然而，现有研究对于研发门限效应的存在以及门限值的个数的问题存在不一的结果。

本案例对于上述问题，主要参照 Yang 等(2024)在 *Applied Economics* 上发表的 *Is there a state-dependent optimal interval for firms' R&D investment? Evidence from China*，通过强调研发对企业绩效的协变量依赖门限效应的重要作用，为已有文献中的争论作出了贡献。案例文章认为研发门限不一定是恒定的，可能是随时间变化的，并取决于商业周期。商业周期被认为是影响公司创新动机的最重要因素之一，因为它与研发的成本和利润密切相关。一般而言，公司资助研发活动的程度取决于资源的可用性。当经济放缓时，减少研发投资的可能性增强，因为可用的外部资源如银行贷款减少。由于缺乏资源，研发经验的积累和吸收速度变得缓慢，使达到研发障碍点变得更加困难。研发饱和点也是如此，公司不太可能在资源匮乏的情况下过度投资于研发。但是在扩张期，情况可能恰好相反。因此，研发障碍点和研发饱和点可能是顺周期的。然而，商业周期不仅影响资源的可用性，还影响公司如何分配这些资源。在经济衰退期，由于需求低迷，生产活动带来的利润减少，研发的机会成本相对较低；公司更愿意将资源分配给研发，因此更容易达到研发障碍点和研发饱和点，即研发障碍点和研发饱和点可能是逆周期的。综合考虑，商业周期影响公司投资于研发的能力和意愿，以顺周期或逆周期的方式影响研发障碍点和研发饱和点。因此，假设研发门限（研发障碍点；研发饱和点）是恒定的，并忽略非恒定门限可能导致偏差和扭曲的结果。基于经典门限模型的实证结果可能是误导的，因为它们假设了一个恒定的门限，而对研发绩效关系的不一致实证发现可能源于恒定门限假设。

案例从中国股市会计研究（CSMAR）数据库中获得了中国上海和深圳所有 A 股上市公司的会计信息和研发投资数据。GDP 数据从国家统计局网站下载。数据中排除了金融公司，因为高杠杆率对这些公司来说是正常的，但对非金融公司来说可能是不正常的。此外，特殊待遇（ST）公司是指被列为面临即将退市危险的公司，因此，被标记为“ST”和“＊ST”的公司也被排除在样本之外。通过这样做，最终获得了 8 424 个观测结果。同时，为了消除极值对经验结果的影响，所有连续变量分别在 1％和 99％处进行缩尾。

案例使用企业 ROA 作为研究的被解释变量，企业的研发支出占比营业收入作为解释变量，使用 GDP 衡量商业周期，并将其增长率作为门限变量。考虑到研发投资对企业绩效的影响是滞后的，因此在研究中选择了 1 年的时间滞后，进而构建以下实证模型：

$$\begin{aligned}\text{Performance}_{i,t+1} = {} & \beta_0 + \beta_1 \text{RD}_{it} I(\text{RD}_{it} > \text{Threshold}_{1t}) + \\ & \beta_2 \text{RD}_{it} I(\text{RD}_{it} > \text{Threshold}_{2t}) + \delta' \text{Contorls} + \alpha_i + \varepsilon_{it}\end{aligned} \tag{2.16}$$

$$\begin{aligned}\text{Threshold}_{1t} &= \gamma_{10} + \gamma_{11} BC_t \\ \text{Threshold}_{2t} &= \gamma_{20} + \gamma_{21} BC_t\end{aligned} \tag{2.17}$$

式中，Threshold_{1t} 和 Threshold_{2t} 是作为商业周期函数建模的时变门限值。显然，模型在 $\text{RD}_{it}=\text{Threshold}_{1t}$ 和 $\text{RD}_{it}=\text{Threshold}_{2t}$ 处有两个拐点。然后，相对于 RD_{it} 的斜率如果 $\text{RD}_{it}<\text{Threshold}_{1t}$，则等于 β_0；如果 $\text{Threshold}_{1t}<\text{RD}_{it}\leqslant\text{Threshold}_{2t}$，则等于 $\beta_0+\beta_1$；如果 $\text{RD}_{it}>\text{Threshold}_{2t}$，则等于 $\beta_0+\beta_1+\beta_2$，即 Threshold_{1t} 是研发障碍点，Threshold_{2t} 是研发饱和点，这两个拐点决定着研发投资的最佳区间随商业周期而变化。

表 2.3 中呈现了实证研究结果，其中 95％的置信区间和检验的 P 值是通过 1 000 次自动重复采样方法计算得出的。根据 Hansen(1999)的方法，我们通过设置 0 个、1 个、两个以及 3 个门限来估计实证模型，并使用 F 统计量来决定门限的数量。

表 2.3　门限回归模型的实证结果

变量		估计值	95％置信区间
$\text{ROA}_{i,t+1}$	$\text{RD}_{it}<\text{Threshold}_{1t}$	−2.367 6	[−3.556 0，−1.179 2]
	$\text{Threshold}_{1t}<\text{RD}_{it}\leqslant\text{Threshold}_{2t}$	3.248 5	[1.572 9，4.924 0]
RD_{it}	$\text{RD}_{it}>\text{Threshold}_{2t}$	−0.200 7	[−0.269 2，−0.132 3]

续表

变量		估计值	95%置信区间
控制变量	$Size_{it}$	0.041 1	[0.028 1,0.054 0]
	Lev_{it}	−0.007 1	[−0.022 5,0.008 2]
	$Cost_{it}$	−0.054 4	[−0.066 7, −0.042 0]
	$Turnover_{it}$	0.000 6	[0.000 3,0.000 9]
	$Mfee_{it}$	−0.075 9	[−0.118 9, −0.032 9]
	Cf_{it}	0.131 1	[0.108 3,0.153 9]
$Threshold_{1t}$	γ_{10}	0.018 7	[0.015 3,0.022 2]
	γ_{11}	−0.065 6	[−0.111 6, −0.019 6]
$Threshold_{2t}$	γ_{20}	0.015 3	[0.011 9,0.018 7]
	γ_{21}	0.065 4	[0.016 4,0.114 4]
R^2	0.517 8		
Testing		statistic	p-value
	F_1	1.493 2	0.029
	F_{CT}	3.920 4	0.002
	F_2	62.045 2	0.000
	F_3	10.390 0	0.108

(1) 实证结果表明，研发投资与公司绩效之间存在双重门限效应，这些门限与协变量相关。根据 F_1 检验统计量，我们可以拒绝线性假设，这意味着具有协变量依赖门限的面板拐点门限模型（P 值=0.029）优于线性模型，表明至少存在 1 个与协变量相关的门限。同时，根据确定门限是固定还是与协变量相关的 F_{CT} 检验统计量，这个模型可以拒绝固定门限的假设（P 值=0.002）。接下来，需要证明是否存在两个与协变量相关的门限。根据用于区分 1 个门限和两个门限的 F_2 检验统计量，一个门限的假设被拒绝（P 值=0.000）。此外，用于确定是两个还是 3 个门限的 F_3 检验统计量表明，两个门限的假设不能被拒绝（P 值=0.108）。这些实证结果（F_1、F_{CT}、F_2 和 F_3）支持研发与绩效关系中存在两个与协变量相关的门限，这表明存在研发障碍点和研发饱和点。因此，在表 2.3 中，我们只报告了基于双门限模型的实证结果。

(2) 关于研发投资的斜率在三个不同阶段的表现显示，研发与公司绩效之间的关系呈现为倒 N 形曲线，如图 2.1 所示。在第一阶段，当研发投资低于研发障碍点（$RD_{it} < Threshold_{1t}$）时，估计的系数显著为负，这表明研发投资不足会损害公司绩效。在第二阶段，当研发投资介于研发障碍点和研发饱和点之间（$Threshold_{1t} < RD_{it} \leqslant Threshold_{2t}$）时，模型转变为正面影响，并且这种影响在统计上是显著的，表明在此范围内的研发投资可以提高公司绩效。在第三阶段，当研发投资超过研发饱和点（$RD_{it} > Threshold_{2t}$）时，研发对公司绩效的影响显著转负，这表明过度投资于研发同样会降低绩效。

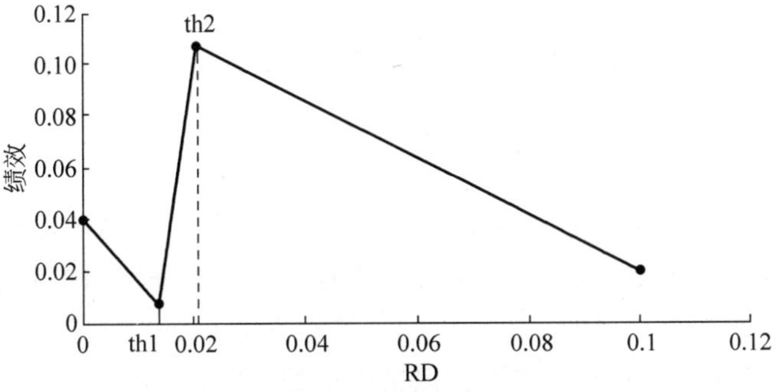

图 2.1　研发与公司绩效之间的关系图

总而言之，我们的结果表明，只有当研发投资位于两个状态依赖的拐点之间，即最大化研发对公司绩效正面影响的最佳区间时，增加研发投资才能提高公司绩效。

(3) 决定研发投资最佳区间的研发障碍点和研发饱和点依赖于商业周期。对于研发障碍点，估计的参数为－0.065 6，表明商业周期显著负面影响研发障碍点；换句话说，研发障碍点是逆周期的。对于研发饱和点，估计的系数为 0.065 4，显示商业周期对研发饱和点有显著正面影响；因此，研发饱和点是顺周期的。图 2.2 描述了估计的阈值和研发投资的最佳区间。很明显，第一个阈值(研发障碍点)是逆周期的，但第二个阈值(研发饱和点)是顺周期的。随着经济增长放缓，最佳区间的范围变窄，这意味着在经济衰退期间公司为适应宏观经济条件而调整研发投资的难度加大。

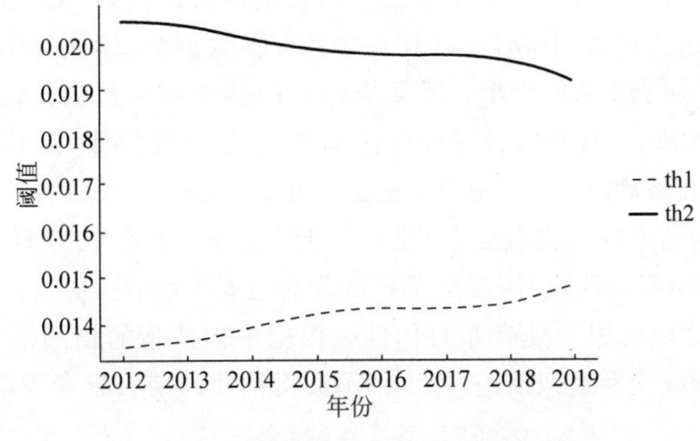

图 2.2　研发投资的估计时变最优区间

总之，表 2.3 中的实证结果显示存在一个状态依赖的双阈值效应，这两个阈值依赖于商业周期。这两个阈值自然地将样本分为三个区间，只有在第二个区间，即研发投资位于两个与协变量相关的阈值之间时，增加研发投资才能改善公司绩效。因此，最大化研发对公司绩效正面影响的最佳区间位于这两个阈值之间，且受商业周期影响的最佳区间是随时间变化的。具体来说，最佳区间的下限，即研发障碍点是逆周期的；而最佳区间的上限，即研发饱和点是顺周期的。

2.2 移动平均门限异质性自回归模型

2.2.1 模型简介

富尔维奥·科西(Fulvio Corsi)于2004年提出了HAR-RV(Heterogeneous Autoregressive Model of Realized Volatility)模型。该模型分别用不同时间段的已实现波动率来刻画不同市场参与者的交易对已实现波动率的影响。虽然HAR-RV模型的形式并不复杂,而且从形式上看它不属于长记忆模型的一类,但HAR-RV模型却能很好地刻画出实际观测到的波动率的长记忆性及其他一些主要的金融数据特征。从科西提出HAR-RV模型以后,国内涌现大量学者运用此模型对我国金融市场数据进行预测与分析。于晓蕾(2009)选取浦发银行一只股票为代表,运用HAR-RV模型对已实现波动率进行建模,基于回归结果将HAR-RV模型拓展为HAR-RV-GARCH模型,取得了非常好的预测效果,并且通过回归分析证明了我国股票市场交易者异质性的存在;彭伟(2013)选取了上市商业银行中的四家大型商业银行和四家股份制银行作为研究对象,基于2011年到2012年的5分钟高频数据进行分析,运用了AR模型、HAR模型和MIDAS模型(Mixed Frequency Data Sampling Regression Models)预测股票日收益风险价值(VaR),并以均方根误差(RMSE)、标记损失比较和正态分布为基准的三种方法,结合递归方案和固定方案进行预测效果评估。结果显示,在预测银行日收益风险方面,HAR模型、MIDAS模型预测效果要优于AR模型。而就前两者而言,HAR模型对波动率较大的股份制银行预测效果要好于MIDAS模型,MIDAS模型对波动率较小的四家大型商业银行的预测效果要好于HAR模型;郭美华(2017)基于高频数据的深圳股市金融波动率,通过实证研究发现,深成指收益序列存在集聚、长记忆等特征,且HAR-RV模型能够较好地刻画深圳市场波动率特征;杨艳军和安丽娟(2017)根据2015年2月9日至2017年2月16日中国波指运行的真实数据,构建一般HAR模型和扩展的HAR模型研究中国波指的特征。实证结果表明,中国波指具有显著的正周一效应。中国波指与上证50指数的收益负相关,且这种负相关具有非对称性。根据中国波指的预测结果,结合我国上证50ETF期权进行期权交易模拟发现,基于中国波指构建的期权投资策略能够取得较好的收益。

门限自回归模型,又称阈模型,它是一种非线性模型,Tong(1978)提出,门限自回归模型用来解决一类非线性题。黄安仲(2007)使用门槛自回归方法检验中国股票市场的规模效应,探讨规模效应在不同行业之间的分布情况,以期窥测规模效应与行业之间的关系。研究结果显示,股票市场的规模效应与行业存在显著的关系;靳晓婷(2008)等对自2005年7月人民币汇率制度改革至2008年1月31日的人民币对美元名义汇率波动进行了计量研究,通过建立基于不同时间段汇率数据的门限自回归模型分析了两年多来的人民币汇率波动存在门限的非线性特征。当升值幅度较大,即大于一定的门限值时,升值的冲击显示出更持久的延续性,体现了升值预期的作用和升值不断加速的趋势;黄孝平

(2018)运用 TAR 模型实证分析得出当月度即期汇率波动小于 0.22%时,人民币汇率贬值预期不会对短期跨境资金产生明显的流出压力,当境内外利差大于 3.46%时,人民币汇率贬值预期不会对短期跨境资金造成明显的流出压力的结论。

对于移动平均门限值异质性自回归(MAT-HAR)模型来说,其与 HAR 模型一样,具有目标序列的多组滞后,其中这些组是从采样频率的角度构建的。和 TAR 模型一样,这种方法允许在每个组中存在一个门限值项。该门限值是滞后目标序列的观测移动平均,保证了门限值时变和最小二乘估计的简单性。Motegi 等(2019)进行的蒙特卡罗模拟的结果表明,与 HAR 基线模型相比,MAT-HAR 模型具有更高的预测精度。我们提出的模型有望优于传统的 HAR 模型和带有非移动平均门限值的 HAR 模型。相反,如果不对称的 MAT-HAR 模型中不对称性显著,则可能期望具有不对称的 MAT-HAR 模型优于对称的 MAT-HAR 模型。

2.2.2 模型构建及估计

移动平均门限值异质性自回归模型实质上是 HAR 模型与 TAR 模型的组合,而 HAR 模型又由混频抽样回归模型变形而来。混频抽样回归模型,通常简称为 MIDAS 模型。假定$\{y_t, t\in Z\}$为低频可观测的一元时间序列,其滞后算子用 B 表示,即 $By_t = y_{t-1}$。MIDAS 涉及对随机过程$\{x_T^{(i)}, T\in Z\}, i=0,\cdots,k$ 的线性投影。其中 $x_T^{(i)}$ 为高频可观测序列,即在对应的每一个低频时期 $t=t_0$,我们观测到的 $x_T^{(i)}$ 的时期 $T=(t_0-1)m_i+1,\cdots,t_0 m_i$,其中 $m_i\in N$ 为高频解释变量相对于低频解释变量抽样频率的倍差,当 $m_i=1$ 时,MIDAS 模型退化为同频模型。高频解释变量 $x_T^{(i)}$ 滞后算子用 L 表示,即 $Lx_T^{(i)}=x_{T-1}^{(i)}$。基于上述设定,MIDAS 模型可表述为如下形式:

$$y_t-\alpha_1 y_{t-1}-\cdots-\alpha_p y_{t-p}=\sum_{i=0}^{k}\sum_{j=0}^{l_i}\beta_j^{(i)}x_{tm_i-j}^{i}+\varepsilon_t \tag{2.18}$$

上述模型设定形式通常采用时间序列回归或者贝叶斯方法进行估计。但随着模型中滞后阶数的增加,待估参数 $d=p+\sum_i^k l_i$ 也会加快增加。为了解决这一问题,Ghysels (2002)等建议采用一种充分灵活的函数形式对原参数进行约束,即

$$\beta_j^{(i)}=f_i(\gamma_i,j), j=0,\cdots,l_i,\quad \gamma_i=(\gamma_1^{(i)},\cdots,\gamma_{q_i}^{i}), q_i\in N \tag{2.19}$$

MAT-HAR 模型的规范首先要指定 HAR 模型。原 HAR 模型将 RV 指定为日、周、月已实现波动率的线性函数,其中日、周、月已实现波动率分别由 $\mathrm{RV}_t^{(d)}$、$\mathrm{RV}_t^{(w)}$、$\mathrm{RV}_t^{(m)}$ 来表示:

$$\mathrm{RV}_{t+1}^{(d)}=c+\beta^{(d)}\mathrm{RV}_t^{(d)}+\beta^{(w)}\mathrm{RV}_t^{(w)}+\beta^{(m)}\mathrm{RV}_t^{(m)}+u_{t+1} \tag{2.20}$$

$$\mathrm{RV}_t^{(w)}=\frac{1}{5}(\mathrm{RV}_t^{(d)}+\mathrm{RV}_{t-1}^{(d)}+\cdots+\mathrm{RV}_{t-4}^{(d)}) \tag{2.21}$$

$$\mathrm{RV}_t^{(m)}=\frac{1}{22}(\mathrm{RV}_t^{(d)}+\mathrm{RV}_{t-1}^{(d)}+\cdots+\mathrm{RV}_{t-21}^{(d)}) \tag{2.22}$$

对上述 HAR 模型参数进行合并，即可得到如下 HAR 模型简化式：

$$\mathrm{RV}_{t+1}^{(\mathrm{d})}=c+\sum_{j=0}^{21}\beta_j\mathrm{RV}_{t-j}^{(\mathrm{d})}+w_{t+1} \tag{2.23}$$

$$\beta_j=\begin{cases}\beta^{(\mathrm{d})}+\frac{1}{5}\beta^{(\mathrm{w})}+\frac{1}{22}\beta^{(\mathrm{m})}, & j=0\\ \frac{1}{5}\beta^{(\mathrm{w})}+\frac{1}{22}\beta^{(\mathrm{m})}, & j=1,\cdots,4\\ \frac{1}{22}\beta^{(\mathrm{m})}, & j=5,\cdots,21\end{cases} \tag{2.24}$$

式中，$\beta^{(\mathrm{d})}$ 为日已实现波动率滞后项的参数；$\beta^{(\mathrm{w})}$ 为周已实现波动率滞后项的参数项；$\beta^{(\mathrm{m})}$ 为月已实现波动率滞后项的参数项。$\mathrm{RV}_t^{(\mathrm{d})}$ 为第 t 天的已实现波动率。式(2.23)中的 HAR 模型通常使用 RV 和 OLS 方法进行估计。但考虑到 RV 诸如尖峰/异常值、条件异方差、非高斯性等缺点以及 OLS 估计的局限性，这一估计组合并不是最理想的估计方式。基于此，又提出了最小绝对偏差(LAD)和加权最小二乘法(WLS)这样的替代估计方式。接下来，便简要回顾上述估计方法。

1. OLS

对于 HAR 模型来说，最小二乘估计是在给定观测值 $\mathrm{RV}_1,\cdots,\mathrm{RV}_n$ 的条件下，找出使得差值最小时解释变量的参数估计值 $\beta=(\beta^{(\mathrm{d})},\beta^{(\mathrm{w})},\beta^{(\mathrm{m})})$：

$$\min_{b_0,b_1,b_2,b_3}\sum_{t=22}^{n}(\mathrm{RV}_t-b_0-b_1\mathrm{RV}_{t-1}^{(\mathrm{d})}-b_2\mathrm{RV}_{t-1}^{(\mathrm{w})}-b_3\mathrm{RV}_{t-1}^{(\mathrm{m})})^2$$

规定误差项 u_t 符合独立同分布以及同方差的假定，则 β 的最佳估计量为 OLS 估计结果。

2. LAD

上述 OLS 估计虽然在理想条件下是最优的，但 OLS 估计对数据中的异常值也非常敏感。由于这个原因，在存在异常值的情况下需要更稳健的估计，如常用的 LAD 估计，被提出作为替代。对于 HAR 模型，β 关于 LAD 的估计结果是最小化问题的解：

$$\min_{b_0,b_1,b_2,b_3}\sum_{t=22}^{n}|\mathrm{RV}_t-b_0-b_1\mathrm{RV}_{t-1}^{(\mathrm{d})}-b_2\mathrm{RV}_{t-1}^{(\mathrm{w})}-b_3\mathrm{RV}_{t-1}^{(\mathrm{m})}|$$

这种方法使绝对偏差的和而不是平方偏差的和最小化。因此，相比之下，OLS 对大偏差(异常值)的权重大于 LAD。

3. WLS

加权最小二乘提供一个比 OLS 更有效的选择。不同于平方误差和最小，WLS 是使得加权和最小。对于 HAR 模型，β 关于 WLS 的估计结果也是最小化问题的解：

$$\min_{b_0,b_1,b_2,b_3}\sum_{t=22}^{n}w_t(\mathrm{RV}_t-b_0-b_1\mathrm{RV}_{t-1}^{(\mathrm{d})}-b_2\mathrm{RV}_{t-1}^{(\mathrm{w})}-b_3\mathrm{RV}_{t-1}^{(\mathrm{m})})^2$$

式中，$w_t>0$ 是观测值的权重。如果每个权重 w_t 与对应误差 u_t 的条件方差成反比，则 WLS 估计比 OLS 估计更有效。这种情况下，对可能较大的误差给予了更小的权重，使估计效果得到优化。

MAT-HAR 模型的第二部分是 TAR 模型。可以这样指定：

$$y_t=\beta_0+\beta_1 y_{t-1}+\Upsilon 1(y_{t-1}\geqslant\mu)y_{t-1}+u_t \tag{2.25}$$

式中，μ 为待估计的未知门限值，$1(y_{t-1}\geqslant\mu)$ 为示性函数，当 $y_{t-1}\geqslant\mu$ 时为 1，否则为 0。比较模型(2.23)和模型(2.25)，将门限值项添加到 HAR 模型中可表示为

$$y_t=\beta^{(0)}+\sum_{k=1}^{K}\{\beta^{(k)}y_{t-1}^{(k)}+\Upsilon^{(k)}1(y_{t-1}^{(k)}\geqslant\mu_k)y_{t-1}^{(k)}\}+u_t \tag{2.26}$$

在模型(2.26)中，门限值项被分别添加到 K 个采样频率中。模型存在两个问题。

(1) K 个未知门限值$(\mu_1,\mu_2,\cdots,\mu_K)$的存在大大增强了估计和推断的复杂性。

(2) 门限值不随时间变化而变化，这可能是一个不切实际的假设。

为解决上述两个问题，提出了一个 MAT-HAR 模型：

$$y_t=\beta^{(0)}+\sum_{k=1}^{K}\{\beta^{(k)}y_{t-1}^{(k)}+\Upsilon^{(k)}1(y_{t-1}^{(k)}\geqslant\hat{\mu}_{t-1}^{(k)})y_{t-1}^{(k)}\}+u_t \tag{2.27}$$

$$\hat{\mu}_t^{(k)}=\frac{1}{t+1-\max\{t-\ell_n,1\}}\sum_{\tau=\max\{t-\ell_n,1\}}^{t}y_\tau^{(k)} \tag{2.28}$$

式中，$\hat{\mu}_t^{(k)}$ 是使用 ℓ_n 阶滞后的 $y_\tau^{(k)}$ 的移动平均值(若 $\ell_n>t$，则所有滞后阶数均可用)。MAT-HAR 模型解决了模型(2.23)的两个问题。

首先，确保了 $\hat{\mu}_t^{(k)}$ 和 $1(y_{t-1}^{(k)}\geqslant\hat{\mu}_{t-1}^{(k)})$ 可以从数据中计算出来。因此，$\boldsymbol{\theta}=(\beta^{(0)},\beta^{(1)},\cdots,\beta^{(K)},\psi^{(1)},\cdots,\psi^{(K)})$ 可以很容易地使用 OLS 进行估计。

其次，确保了门限值 $\hat{\mu}_t^{(k)}$ 与时间有关且采用直观易懂的移动平均结构。

如果对所有 $k\in\{1,\cdots,K\}$，有 $\Upsilon^{(k)}=0$，则 MAT-HAR 模型可以简化为 HAR 模型。这些联合为 0 的限制可以很容易地通过 Wald 测试法进行测试。拒绝零假设意味着在考虑的某些 K 采样频率上存在门限效应。

在某种意义上，MAT-HAR 模型是 HAR 模型的完全扩展形式，即每个采样频率的子集均存在一个门限变量，这样的模型形态可能会导致有限样本的过度拟合。一个直观的解决方法是避免每个采样频率的子集均添加门限变量。一个标准的方法是选择一个模型来最小化赤池信息准则或贝叶斯信息准则。

2.2.3　案例二：预测实现波动率

1. MIDAS 模型

在传统的宏观计量模型中，数据存在不同频率，一般需要运用汇总或内插方法将混频数据统一为相同频率数据，然后将处理之后的相同频率数据应用于宏观经济模型。这种方法建立的模型由于人为的数据累加或内插会引起原始数据内含的信息量增加和丢失。相关学者提出直接使用混频数据来构建混频数据模型，这种方式建立的模型充分利用高频数据中的信息，避免了由于数据处理过程中人为处理而导致的数据信息虚增与丢失，在一定程度上可以提高宏观模型估计有效性和预测的准确性。

本节将以美国1985—2009年GDP数据以及美国非农业就业总人数数据为估计样本，对美国2009年第二季度至2011年第二季度的GDP数据进行预测，其预测模型具体形式如下：

$$y_{t+1}=\alpha+\rho y_t+\sum_{j=0}^{8}\theta_j x_{t-j}+\varepsilon_t \tag{2.29}$$

式中，y_t 是经过季节调整后的美国季度GDP的对数差分值；x_{t-j} 是月度非农业就业总人数的对数差分。在进行建模前，首先需要对数据进行必要的变换和处理。对美国GDP数据以及美国非农业就业总人数数据定义时间区域，并将美国季度GDP数据定义为低频数据，将美国月度非农业就业总人数定义为高频数据，将上述处理后的数据绘制成时间序列图，如图2.3所示。

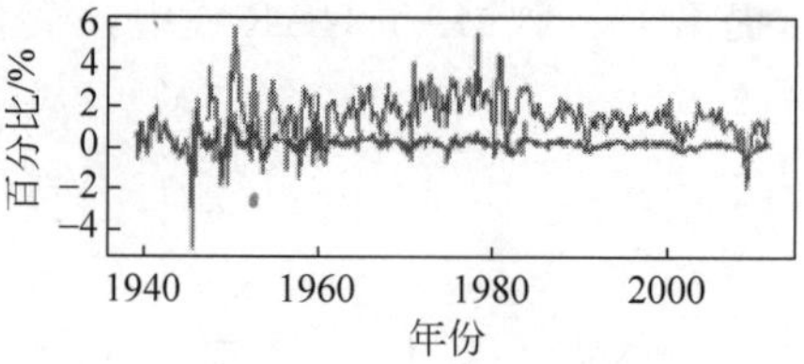

图2.3 时间序列图

图2.3中，浅灰色为美国月度非农业就业总人数的对数差分值，而深灰色为美国季度GDP的对数差分值。可见美国季度GDP的波动相对较大而美国月度非农业就业总人数的波动相对较小。

与Ghysels(2013)设定形式一致，此例限制估计样本时间从1985年第一季度至2009年第一季度，并分别采用有约束的β分布多项式MIDAS模型、有约束的非零β分布多项式MIDAS模型和无约束MIDAS模型进行建模。随后，我们可以利用2009年第二季度至2011年第二季度数据对预测结果进行分析评价(表2.4)。

表2.4 各模型预测结果比较

时间	有约束的β分布多项式MIDAS模型	有约束的非零β分布多项式MIDAS模型	无约束MIDAS模型	实际值
2009Q2	−0.834 570	−1.214 090	−1.104 730	−0.272 250
2009Q3	−0.086 600	0.037 565	0.104 969	0.294 502
2009Q4	0.404 688	1.164 451	1.157 098	1.241 531
2010Q1	0.543 713	1.165 681	1.222 283	0.741 540
2010Q2	1.101 003	1.530 237	1.575 277	1.398 927
2010Q3	1.090 471	1.514 185	1.575 674	1.140 044
2010Q4	0.844 896	0.918 634	1.190 529	1.201 408
2011Q1	1.144 963	0.885 034	0.784 669	0.073 504
2011Q2	1.222 977	1.544 506	1.733 132	1.426 511

将表2.4所示MIDAS三种模型回归结果的预测值与美国实际季度GDP比较可知

三种不同条件下的 MIDAS 模型预测的结果与实际预测结果有一定的偏差，但总体偏差并不大。

对于有约束的 MIDAS 模型，通过计算梯度和黑森矩阵检验是否满足收敛的充分必要条件，计算梯度的欧氏范数和 Hessian 的特征值。然后判断梯度范数是否接近零，特征值是否为正，如表 2.5 所示。

表 2.5　MIDAS 模型梯度与特征值

有约束的 β 分布多项式 MIDAS 模型		有约束的非零 β 分布多项式 MIDAS 模型	
梯度的欧氏范数	Hessian 的特征值	梯度的欧氏范数	Hessian 的特征值
−0.012 690 062	7.600 056e+02	−0.013 427 182	46 269.687 542
−0.030 394 223	5.521 328e+02	0.007 770 931	5 564.297 795
−0.007 241 909	2.581 003e+01	0.010 509 695	554.792 125
0.004 140 843	1.863 598e+00	0.285 492 495	20.271 587
−0.001 402 458	1.404 234e−03	0.024 268 673	2.979 876
		0.656 416 177	1.620 167

从表 2.5 可知，两种非线性估计梯度的欧氏范数大部分均较接近于零，且 Hessian 的特征值均为正，故通过了稳定性检验。

随后比较三者的样本外均方根误差(RMSE)，如表 2.6 所示，可知无约束 MIDAS 模型具有最小的样本外 RMSE 结果，为 0.445 714 4，故选择无约束的 MIDAS 模型对美国季度 GDP 进行预测得到的结果最贴近实际。

表 2.6　样本外均方根误差

模型	有约束的 β 分布多项式 MIDAS 模型	有约束的非零 β 分布多项式 MIDAS 模型	无约束 MIDAS 模型
RMSE	0.538 377 4	0.477 097 7	0.445 714 4

如若需要实现波动率的异质自回归模型(HAR-RV)，只需对 MIDAS 模型变量进行变形即可。

软件实现代码：

```
#MIDAS
install.packages("midasr")                                   #下载 R 软件包
library(midasr)                                              #读取 R 软件包
data("USqgdp", package = "midasr")
data("USpayems", package = "midasr")
y <- window(USqgdp, end = c(2011, 2))
x <- window(USpayems, end = c(2011, 7))                      #分割训练集数据
yg <- diff(log(y)) * 100
xg <- diff(log(x)) * 100                                     #计算对数差
##数据对齐
nx <- ts(c(NA, xg, NA, NA), start = start(x), frequency = 12)    #月度数据
```

```
ny <- ts(c(rep(NA, 33), yg, NA), start = start(x), frequency = 4)  #季度数据
plot.ts(nx, xlab = "Time", ylab = "Percentages", col = 4, ylim = c(-5, 6))
lines(ny, col = 2)                                                  #补齐后数据的可视化
xx <- window(nx, start = c(1985, 1), end = c(2009, 3))
yy <- window(ny, start = c(1985, 1), end = c(2009, 1))  #样本数据选取
mod_1 <- midas_r(yy ~ mls(yy, 1, 1) + mls(xx, 3:11, 3, nbeta), start = list(xx = c(1.7,
1, 5))) # nbeta

coef(mod_1)
mod_2 <- midas_r(yy ~ mls(yy, 1, 1) + mls(xx, 3:11, 3, nbetaMT), start = list(xx = c(2,
1, 5, 0))) #nbetaMT

coef(mod_2)
mod_3 <- midas_r(yy ~ mls(yy, 1, 1) + mls(xx, 3:11, 3), start = NULL) #无约束

coef(mod_3)
avgf$forecast                                  #预测结果输出
deriv_tests(mod_1, tol = 1e-06)                #稳定性检验
deriv_tests(mod_2, tol = 1e-06)                #稳定性检验
avgf$accuracy                                  #样本内、样本外预测精度输出
##分割训练集与测试集
fulldata <- list(xx = window(nx, start = c(1985, 1), end = c(2011, 6)), yy = window(ny,
start = c(1985,1), end = c(2011, 2)))#
insample <- 1:length(yy)                       #训练集
outsample <- (1:length(fulldata$yy))[-insample]        #测试集
avgf <- average_forecast(list(mod_1, mod_2, mod_3), data = fulldata, insample = insample,
outsample = outsample)
sqrt(avgf$accuracy$individual$MSE.out.of.sample)       #RMSE 结果
```

2. MAT-HAR 模型

本节案例采用了一种最新开发的方法——移动平均异质性自回归模型，来预测从1885年2月到2019年9月期间美国股市的月度已实现波动率。这种方法将阈值视为由移动平均生成的时变参数，而非固定或未知参数。此外，在建模实现波动率时，不对称性发挥着重要作用，好的实现波动率和坏的实现波动率产生了不同的可预测性结果。具体的背景请参考 Salisu 等于 2022 年在 *International journal of Finance & Economic* 第27期发表的 *A moving average heterogeneous autoregressive model for forecasting the realized volatility of the US stock market: Evidence from over a century of data* 研究内容。

文章使用的 MAT-HAR 模型是结合了 Corsi(2009)提出的 HAR 模型和 Tong(1978)提出的阈值自回归模型。HAR 模型的主要问题在于没有考虑阈值效应(Corsi、Audrino 和 Reno,2012)。然而，在当前的金融市场和宏观经济指标已经发现有几种随时间随机切换状态的机制的情况下，这一假设可能并不现实(Salisu、Adediran et al.,2019; Salisu、Swaray and Oloko,2019)。另外，TAR 型模型考虑了阈值效应，但假设阈值是未知的或随时间变化的。与之相关的问题是，为了保持估计和推断的简便性，模型中包含的

滞后项数量必须较少。此外,假设阈值是恒定的可能并不现实,因为阈值可能会根据经济状况而变化。从本质上讲,MAT-HAR 模型具有目标序列的多个滞后组,这些组是从 HAR 模型的采样频率角度构建的,并允许每个组中存在如 TAR 模型中的阈值项。但是,阈值被视为滞后目标序列的观测移动平均值,这保证了时变阈值,并通过最小二乘法实现简单估计。

参照 Motegi 等(2019)的做法,通过指定阈值为滞后目标变量的移动平均值,构造的 MAT-HAR 模型如下:

$$y_t = \beta^{(0)} + \sum_{k-1}^{K} \{\beta^{(k)} y_{t-1}^{(k)} + \eta^{(k)} 1(y_{t-1}^{(k)} \geqslant \hat{\mu}_{t-1}^{(k)}) y_{t-1}^{(k)}\} + u_t \tag{2.30}$$

式中,y_t 表示波动率,$y_t^{(k)} = \frac{1}{m_k}\sum_{i=1}^{m_k} y_{t+1-i}$。$\hat{\mu}_t^k = \frac{1}{t+1-\max\{t-l_n,1\}}\sum_{\tau=\max\{t-l_n,1\}}^{t} y_\tau^{(k)}$,$\hat{\mu}_t^k$ 是使用 l_n 个滞后项(如果 $l_n > t$,则使用所有的可用的滞后项)对 $y_t^{(k)}$ 进行移动平均得到的结果。

研究数据来自 Measuring Worth 的数据库,数据跨度从 1885 年 2 月到 2019 年 9 月。获取到原始数据后,首先计算每日对数收益率(即每日 DJIA 指数的自然对数的一阶差分),然后通过将平方收益率相加除以特定月份的每日观测次数来得出实现波动率。此外,实现波动率被分解为良好的实现波动率和不良的实现波动率,目的是检验不对称性对实现波动率预测的影响潜力。对于良好和不良的实现波动率,我们遵循上述导出总体实现波动率的相同程序,但现在我们集中在每日正和负收益上,分别计算。

根据上述模型设定和数据选取,本研究共估计了八个不同的模型(Model1～Model8)。第一个模型是我们的基线模型——HAR 模型,在该模型中假设在任何抽样频率下都不存在阈值效应。Model2、Model3 和 Model4 指定了假设存在阈值效应的阈值变体(使用常数或时间变化的阈值变量)分别在频率 1、2 和 3。Model5、Model6 和 Model7 假设阈值效应可能存在于两个不同的抽样频率,并因此对应于在频率 1 和 2、频率 1 和 3 以及频率 2 和 3 分别存在阈值效应。最后一个模型——Model8——假设在所有三个频率下都存在阈值效应。在 Model1～Model8 中,所有三个实现波动率测量的阈值变量的恒定性或时变性都进行了检验。因此,我们继续使用均方根误差(RMSE)与 Clark 和 West 统计量来检验所有八个模型的预测误差,具体的结果如表 2.7 所示。

表 2.7　样本 RMSE 结果

模型	T-HAR			MAT-HAR		
	实现波动率	不良实现波动率	良好实现波动率	实现波动率	不良实现波动率	良好实现波动率
Model1	0.005 054 961	0.003 386 985	0.002 292 152	0.005 054 961	0.003 386 985	0.002 292 152
Model2	0.005 054 961	0.003 386 770	0.002 291 942	0.005 052 049	0.003 386 950	0.002 292 064
Model3	0.005 053 126	0.003 386 835	0.002 292 104	0.005 054 878	0.003 386 468	0.002 292 129
Model4	0.005 054 282	0.003 386 774	0.002 292 146	0.005 044 100	0.003 386 943	0.002 289 595

续表

模型	T-HAR			MAT-HAR		
	实现波动率	不良实现波动率	良好实现波动率	实现波动率	不良实现波动率	良好实现波动率
Model5	0.005 052 869	0.003 386 434	0.002 291 939	0.005 051 507	0.003 386 252	0.002 292 064
Model6	0.005 054 272	0.003 386 547	0.002 291 919	0.005 035 952	0.003 386 927	0.002 289 594
Model7	0.005 051 674	0.003 386 672	0.002 292 083	0.005 039 984	0.003 386 034	0.002 289 439
Model8	0.005 051 465	0.003 386 286	0.002 291 909	0.005 035 324	0.003 385 919	0.002 289 403

从表 2.7 中可以发现，在所有八个模型中，不同模型估计系数差异较小，即使在小数点后九位，Model1 和 Model2 也没有明显不同。然而，在样本期间，所有其他模型似乎都比前两个模型具有更小的 RMSE。当 MAT-HAR 用于预测实证样本的实现波动率时，情况就不同了，所有包含时变阈值的模型的 RMSE 都低于不包含时变阈值的 Model1。这个结果与 Gupta 等(2018)、Ma 等(2017)、Ping 和 Li(2018)、Qu 等(2018)、Tian 等(2017)以及 Bauer 和 Vorkink(2011)的研究结果一致，这些研究发现了显著的时变效应证据。关于不良和良好的实现波动率，所有包含阈值(无论是恒定还是时变)的模型的预测误差都低于忽略阈值变量的基线模型。尽管差异相对较小，但包含阈值变量的模型似乎通常比基线模型更准确地预测三种不同的实现波动率。通过使用克拉克和西统计量，比较了七对模型的预测性能，其中包括基准模型(Model1)和其他模型(Model2～Model8)，结果表明，一些 MAT-HAR 变体在样本期间都不如传统 HAR 模型表现出色，主要原因是 MAT-HAR 模型的预测性能可能取决于纳入阈值效应的采样频率。根据 Salisu 和 Ogbonna(2019)的观点，通过允许阈值随时间变化[遵循 Motegi 等(2019)的方法]来考虑固有的显著统计特征在预测实现波动率时确实很重要。因此，将时间变化的阈值纳入重要的采样频率有更高的趋势来改善 HAR 模型的预测性能，而不是忽略这些阈值和/或假设阈值随时间保持不变。基于这些结论，将从 Model2～Model8 的 MAT-HAR 模型构建中确定出最佳的 MAT-HAR 模型。与之前采用的程序相似，传统 HAR 模型和 MAT-HAR 模型变体也分别用于预测不良和良好的实现波动率。在克拉克和西(2007)的成对比较框架中，文章检验了使用不良和良好的实现波动率的模型的预测性能，最终证实了 MAT-HAR 模型变体在预测良好实现波动率方面的表现优异与用于预测不良实现波动率的类似 MAT-HAR 变体一致。

文章继续确定哪种模型变体在预测实现波动率、良好的实现波动率和不良的实现波动率方面是最佳的。最优模型是基于赤池信息准则选择的，对于实现波动率的情况选择了 Model6，对于良好实现波动率的情况选择了 Model4，在不良实现波动率的情况下选择了 Model1(传统 HAR 模型)，具体结果如表 2.8 所示。

表 2.8　基于 AIC 最优模型的参数估计

参　数	实现波动率	良好实现波动率	不良实现波动率
Optimal model	Model 6	Model 4	Model1
Lag length	37	37	37

续表

参　　数	实现波动率	良好实现波动率	不良实现波动率
Number of observations	1 414	1 414	1 414
$\beta^{(0)}$	0.000 8[3.602 2]	0.000 4[4.114 1]	0.000 5[4.247 2]
Base parameters			
$\beta^{(1)}$	0.794 8[2.524 0]	0.564 1[3.963 2]	0.351 2[1.848 6]
$\beta^{(2)}$	0.051 1[0.362 7]	0.012 0[0.090 9]	0.117 9[0.960 2]
$\beta^{(3)}$	−0.142 0[−1.333 2]	0.044 9[0.519 1]	0.191 5[2.493 6]
Threshold parameters			
$\psi^{(1)}$	−0.264 3[−1.454 2]	—	—
$\psi^{(2)}$	—	—	—
$\psi^{(3)}$	0.295 1[4.039 4]	0.168 1[2.111 5]	—
R-square	0.400 3	0.445	0.237 7
Wald p-value	0.000 3	0.034 7	—

表 2.8 的结果显示了估计系数和相应的 t 统计量。在 MAT-HAR 预测实现波动率的模型中，发现在月度和年度频率中存在经济和统计上显著的阈值效应，因为拒绝了没有阈值效应的零假设。当 MAT-HAR 模型用于预测实现波动率时，在季度采样频率中似乎没有阈值效应。对于预测良好实现波动率的最优 MAT-HAR 模型，Model4 被优先选择，表明只在年度采样频率中存在阈值效应。然而，对于不良实现波动率，没有发现任何 MAT-HAR 模型变体能够优于传统的 HAR 模型，这也表明不良实现波动率不存在阈值效应。总的来说，当存在阈值时，最好使用移动平均框架来更恰当地捕捉它，而不是假设一个恒定值的阈值，更糟糕的是，完全忽略阈值效应的考虑。

2.3　门限分位数自回归模型

门限分位数自回归模型是一种非线性分位数回归模型，主要用于讨论系统中的门限效应。对于非线性建模而言，除了函数形式具有明确的非线性特征（如多项式、自然对数、指数函数等）外，还有几类非常重要的非线性模型：门限模型、平滑转换模型以及马尔可夫区制转换模型等。Tong 提出的门限模型具有重要的影响，其本质特点在于通过门限变量来控制分段线性机制，从而更好地捕捉时间序列处于不同阶段时，呈现出的不同经济关系。在时间序列分析领域，应用最广的为门限自回归模型，该模型由 Tong 提出，后经 Tsay、Chan、Hansen 等进一步完善，已经在参数估计、诊断检验等方面发展出一套成熟的建模方法，并在经济、金融领域得到广泛应用。

这些学者的研究工作都是建立在均值回归框架下，只能揭示响应变量条件均值的变动规律，无法揭示经济系统的异质效应。就异质性建模而言，分位数回归为此提供了一个基本的分析工具，能够揭示解释变量对响应变量在不同分位点处的异质影响。基于以上分析，为了更好地捕捉不同分位点处时间序列的非线性特征，一个自然的想法是将分位数自回归与门限模型相结合构成 TQAR 模型。在 TQAR 模型中，自回归阶数与门限值的确定等，都会影响模型分析效果。为此，本节将围绕模型表示、参数估计、模型定阶、门限值估计量的渐近性质及门限效应检验等内容进行介绍。

2.3.1 模型表示

以二阶段自激励门限分位数自回归模型为例，研究其建模过程，包括模型表示、参数估计、模型定阶及诊断检验等。其他类型门限分位数自回归模型的建模工作，可以此类推。

记$\{y_t\}$为一维响应变量，$\boldsymbol{x}=(1,y_{t-1},y_{t-2},\cdots,y_{t-p})^{\mathrm{T}}$为$p+1$维向量组成的解释变量，$\{q_t\}$为1维门限变量，自回归模型中门限变量一般取响应变量$\{y_t\}$的滞后项；γ表示门限值。建立模型如下：

$$
\begin{aligned}
Q(\tau\mid\Im_{t-1})&=\boldsymbol{x}_t^{\mathrm{T}}(\gamma(\tau))\boldsymbol{\theta}(\tau)=\boldsymbol{x}_t^{\mathrm{T}}I(q_t\leqslant\gamma_t(\tau))\boldsymbol{\theta}^1(\tau)+\boldsymbol{x}_t^{\mathrm{T}}I(q_t>\gamma_t(\tau))\boldsymbol{\theta}^2(\tau)\\
&=\begin{cases}\theta^{10}(\tau)+\theta^{11}(\tau)y_{t-1}+\cdots+\theta^{1p}(\tau)y_{t-p},q_t\leqslant\gamma(\tau)\\ \theta^{20}(\tau)+\theta^{21}(\tau)y_{t-1}+\cdots+\theta^{2p}(\tau)y_{t-p},q_t>\gamma(\tau)\end{cases}
\end{aligned}\tag{2.31}
$$

式中，$\Im_{t-1}$为直到$t-1$时刻的信息集；$\tau(0<\tau<1)$为分位点；$I(\cdot)$为示性函数；定义$2(p+1)$维门限回归系数向量为$\boldsymbol{\theta}\equiv(\theta^{10},\theta^{11},\cdots,\theta^{1p},\theta^{20},\theta^{21},\cdots,\theta^{2p})$，其中第一区制的回归系数向量$\boldsymbol{\theta}^1\equiv(\theta^{10},\theta^{11},\cdots,\theta^{1p})$，第二区制的回归系数向量$\boldsymbol{\theta}^2\equiv(\theta^{20},\theta^{21},\cdots,\theta^{2p})$；$q_t$为门限变量，$\gamma(\tau)$为门限值。

与均值自激励门限自回归模型相比，TQAR模型具有以下优点。第一，信息刻画的全面性：与TAR模型仅能刻画均值处的变量关系不同，TQAR模型中的门限值估计、回归系数估计在不同分位点处可能有不同的表现形式，主要表现为$\boldsymbol{\theta}(\tau)$和$\gamma(\tau)$对分位点$\tau$的依赖性，从而使TQAR模型细致地揭示在不同分位点处、不同阶段变量间的关系细节。第二，较强的稳健性：与TAR模型要求误差项服从特定分布(如正态分布)不同，TQAR模型允许误差项服从更一般的非对称分布，TAR模型为其特例。

2.3.2 参数估计

在TQAR模型中，对门限值$\gamma(\tau)$与门限回归系数向量$\boldsymbol{\theta}(\tau)$的估计，可转化为优化目标函数：

$$
(\hat{\boldsymbol{\theta}}(\tau),\hat{\gamma}(\tau))=\arg\min_{\boldsymbol{\theta},\gamma}S_t(\boldsymbol{\theta}(\tau),\gamma(\tau))=\arg\min_{\boldsymbol{\theta},\gamma}\sum_{t=p+1}^{T}\rho_\tau\left[y_t-\boldsymbol{x}_t^{\mathrm{T}}(\gamma(\tau))\boldsymbol{\theta}(\tau)\right]\tag{2.32}
$$

式中，T为样本量；p为滞后期；$\rho_\tau(u)$为非对称线性损失函数，满足

$$
\rho_\tau(u)=\begin{cases}\tau u, & u>0\\ (1-\tau)u, & u\leqslant 0\end{cases}\tag{2.33}
$$

式(2.32)的参数估计可通过两步法来实现。

(1) 使用网格搜索法来估计门限值$\hat{\gamma}(\tau)$，假设$\gamma(\tau)$取值于紧集Γ，令$\overline{\Gamma}\equiv\Gamma I\{q_1,q_2,\cdots,q_T\}$，将门限值搜索遍整个集合$\overline{\Gamma}$，得到最优门限值估计：

$$\hat{\gamma}(\tau)=\arg\min_{\gamma\in\bar{\Gamma}} S_t(\boldsymbol{\theta}(\tau),\gamma)=\arg\min_{\gamma\in\bar{\Gamma}}\sum_{t=p+1}^{T}\rho_\tau[y_t-\boldsymbol{x}_t^{\mathrm{T}}(\gamma)\boldsymbol{\theta}(\tau)] \tag{2.34}$$

(2) 估计门限回归系数向量$\hat{\boldsymbol{\theta}}(\tau)$，将门限值估计值 $\hat{\gamma}(\tau)$代入式(2.34)，再次优化如下目标函数，实现回归系数向量的估计：

$$\hat{\boldsymbol{\theta}}(\tau)=\arg\min_{\boldsymbol{\theta}} S_t(\boldsymbol{\theta}(\tau),\hat{\gamma}(\tau))=\arg\min_{\boldsymbol{\theta}}\sum_{t=p+1}^{T}\rho_\tau[y_t-\boldsymbol{x}_t^{\mathrm{T}}(\hat{\gamma}(\tau))\boldsymbol{\theta}(\tau)] \tag{2.35}$$

2.3.3　模型定阶

在 TQAR 模型中，最优滞后阶数 p 的选择非常重要，可以通过 AIC 来实现。定义 AIC 如下：

$$\mathrm{AIC}(p)=\ln\left(\frac{1}{T-(p+1)}S_t(\boldsymbol{\theta}(\tau),\gamma(\tau))\right)+\frac{2(p+1)+1}{T-(p+1)} \tag{2.36}$$

可以看出，AIC 由两部分组成：一部分反映模型的拟合程度，由 $\ln\left(\frac{1}{T-(p+1)}S_t(\boldsymbol{\theta}(\tau),\gamma(\tau))\right)$来表示；另一部分反映模型的复杂程度，由$\frac{2(p+1)+1}{T-(p+1)}$来表示。一个好的 TQAR 模型，应该满足：使用尽可能简单的结构，最大限度地拟合样本数据。为此，最优滞后阶数 p^* 的选择标准为

$$p^*=\arg\min_{p}\mathrm{AIC}(p)$$

实践中，可以通过网格搜索方法，获得 p^* 的取值。

2.3.4　门限值估计量的渐近性质

TQAR 模型的参数估计渐近性质包括两部分：回归系数估计量及门限值估计量的渐近性质。Galvao 等已证明 TQAR 模型中回归系数估计$\hat{\boldsymbol{\theta}}(\tau)$具有渐近正态性。本节重点给出 TQAR 模型中门限值估计量 $\hat{\gamma}(\tau)$的渐近性质。

在对定理证明以及性质推导之前，首先给出八个假设条件。

(1) (y_t,q_t)为严格平稳、遍历、ρ-mixing 过程，并且 ρ-mixing 系数满足：$\sum_{m=1}^{\infty}\rho_m^{1/2}<\infty$。

(2) 分位点 τ 取值于集合 G，且 $G=[b,1-b]$，其中 $b\in(0,1/2)$、分位点 τ 处的门限值 $\gamma(\tau)$取值于紧集 Γ，$\Gamma\subset R$。门限回归系数取值于紧凸集 Θ。

(3) 对于 $\forall\varepsilon>0$，有 $E(\|\boldsymbol{x}_t\|^{2+\varepsilon})<\infty$，以及$\max_t\|\boldsymbol{x}_t\|=O(\sqrt{T})$，其中 $\boldsymbol{x}\equiv(1,y_{t-1},y_{t-2},\cdots,y_{t-p})^{\mathrm{T}}$，$\|\cdot\|$为欧几里得范数。

(4) 记 $F_{t-1}(\cdot|\Im_{t-1})$表示给定事件域 $\Im_{t-1}$ 时，y_t 的条件分布函数。$f_t(\cdot)$表示 y_t 的连续勒贝格条件密度函数。若取集合 $U=\{u:0<F_t(u)<\infty\}$，则对于 $\forall u\in U$，有 $0<f_t(u)<\infty$且 $f_t(u)$在 U 上一致可积。

(5) 对于 $\forall\tau\in G$，$(\boldsymbol{\theta}_0(\tau),\gamma_0(\tau))=\arg\min_{\boldsymbol{\theta},\gamma}E[\rho_\tau(y_t-\boldsymbol{x}_t^{\mathrm{T}}(\gamma(\tau))\boldsymbol{\theta}(\tau))]$存在且是唯一的。

(6) 记$\boldsymbol{\delta}_0(\tau)=\boldsymbol{\theta}_0^1(\tau)-\boldsymbol{\theta}_0^2(\tau)=\boldsymbol{c}_\tau t^{-\alpha}$ 表示分位点处的“门限效应”，其中 $\boldsymbol{c}_\tau\neq\boldsymbol{0}$，$\alpha\in(0,1/2)$。

(7) 记$\boldsymbol{\Omega}_0(\gamma,\gamma^*)=E[\boldsymbol{x}_t(\gamma)\boldsymbol{x}_t^{\mathrm{T}}(\gamma^*)]$，$\boldsymbol{\Omega}_1(\tau,\gamma)=E[f_t(F_{t-1}^{-1}(\tau))\boldsymbol{x}_t(\gamma)\boldsymbol{x}_t^{\mathrm{T}}(\gamma)]$，其估计分别为 $\hat{\boldsymbol{\Omega}}_0(\gamma,\gamma^*)=\dfrac{1}{T-p-1}\sum\limits_{t=p+1}^{T}\boldsymbol{x}_t(\gamma)\boldsymbol{x}_t^{\mathrm{T}}(\gamma^*)$，$\boldsymbol{\Omega}_1(\tau,\gamma)=\dfrac{1}{T-p-1}\sum\limits_{t=p+1}^{T}f_t(F_{t-1}^{-1}(\tau))\boldsymbol{x}_t(\gamma)\boldsymbol{x}_t^{\mathrm{T}}(\gamma)$。并且对$\forall\tau\in G$和$\gamma(\tau)\in\Gamma$，有$\hat{\boldsymbol{\Omega}}_0(\gamma,\gamma^*)\xrightarrow{\text{a. s.}}\boldsymbol{\Omega}_0(\gamma,\gamma^*)$，$\hat{\boldsymbol{\Omega}}_1(\tau,\gamma)\xrightarrow{\text{a. s.}}\boldsymbol{\Omega}_1(\tau,\gamma)$，其中，$\xrightarrow{\text{a. s.}}$表示依概率 1 收敛。

(8) 令 $\boldsymbol{M}_\tau(\gamma(\tau))=E[\boldsymbol{x}_t\boldsymbol{x}_t^{\mathrm{T}}|q_t=\gamma_\tau]$，$\boldsymbol{N}_\tau(\gamma(\tau))=E[f_t(\boldsymbol{x}_t\boldsymbol{\theta}_0^1(\tau))\boldsymbol{x}_t\boldsymbol{x}_t^{\mathrm{T}}|q_t=\gamma_\tau]$。记 $\boldsymbol{N}_\tau=\boldsymbol{N}_\tau(\gamma_0(\tau))$。则有 $\boldsymbol{M}_\tau$ 和 $\boldsymbol{N}_\tau$ 关于 $\gamma_0(\tau)$连续，且有 $\boldsymbol{c}_\tau^{\mathrm{T}}\boldsymbol{M}_\tau\boldsymbol{c}_\tau>0$，$\boldsymbol{c}_\tau^{\mathrm{T}}\boldsymbol{N}_\tau\boldsymbol{c}_\tau>0$。

这里(1)～(8)为分位数回归渐近理论以及门限回归的基本假设，参见 Koenker，Hansen，Koenker，Galvao 以及 Ju 等的文献。(1)保证了序列的平稳性；(2)对门限值$\gamma(\tau)$施加了紧集约束；(3)、(4)为分位数回归的基本假设；(5)保证了门限分位数自回归解的存在唯一性；(6)中$\boldsymbol{\delta}_0$ 表示“门限效应”，即两阶段回归系数之差，当 $t\to\infty$时，$\boldsymbol{\delta}(\tau)\to 0$，且收敛速度受 α 控制，α 越大收敛速度越快；(7)保证了估计量的协方差的一致性；(8)为满秩条件，用以保证 $\hat{\gamma}(\tau)$有非退化的渐近分布。

根据(6)中给出的门限效应假设，$\boldsymbol{\delta}_0(\tau)$表示分位数 τ 处的门限效应，且$\boldsymbol{\delta}_0(\tau)=\boldsymbol{\theta}_0^1(\tau)-\boldsymbol{\theta}_0^2(\tau)=\boldsymbol{c}_\tau t^{-\alpha}$，这里，$\boldsymbol{\delta}_0(\tau)$为两阶段斜率之差，当 $t\to\infty$时，有$\boldsymbol{\delta}_0(\tau)\to 0$；$\boldsymbol{c}_\tau$ 为常数且不为 0，其取值依赖于分位点 τ；α 为收敛速度，$\alpha\in(0,1/2)$，其取值越大，则收敛速度越快。据此，可以得到门限值估计的渐近分布。

定理 2.2 对$\forall\tau\in G$，$G=[b,1-b]$，其中 $b\in(0,1/2)$，有

$$t^{1-2\alpha}(\hat{\gamma}(\tau)-\gamma_0(\tau))\xrightarrow{d}\frac{\lambda_\tau}{4\mu_\tau^2}\arg\max_{-\infty<r<\infty}\left\{\bar{B}(r)-\frac{1}{2}|r|\right\} \tag{2.37}$$

式中，$1-2\alpha$ 表示 $\hat{\gamma}(\tau)$的收敛速度，$\alpha\in(0,1/2)$；$\xrightarrow{d}$表示依分布收敛；$\lambda_\tau=\boldsymbol{c}_\tau^{\mathrm{T}}E[\boldsymbol{x}_t\boldsymbol{x}_t^{\mathrm{T}}|q_t=\gamma_0(\tau)]\boldsymbol{c}_\tau f(\gamma_0(\tau))$，$\mu_\tau=\boldsymbol{c}_\tau^{\mathrm{T}}E[f_t(\boldsymbol{x}^{\mathrm{T}}\boldsymbol{\theta}_0^1(\tau))\boldsymbol{x}_t\boldsymbol{x}_t^{\mathrm{T}}|q_t=\gamma_0(\tau)]\boldsymbol{c}_\tau f(\gamma_0(\tau))$；$f(\cdot)$表示 q_t 的条件密度函数。由于自回归模型中门限变量 q_t 一般取响应变量 y_t 的滞后项，因此，q_t 和 y_t 具有相同的密度函数。$\bar{B}(r)$为双边布朗运动，满足：$\bar{B}(r)=B_1(-r)I(r\leqslant 0)+B_2(r)I(r>0)$，这里，$B_1(-r)$和 $B_2(r)$表示 $[0,\infty)$上相互独立的布朗运动。

根据定理 2.2，TQAR 模型中门限值估计量 $\hat{\gamma}(\tau)$的收敛速度取决于 α 值。此外，TQAR 模型的门限值估计的渐近分布与 Hansen 给出的渐近分布不同之处在于渐近分布的尺度：TQAR 模型的尺度变量 $\lambda_\tau/(4\mu_\tau^2)$受分位点影响在不同分位点下可能取值不同，某固定分位点处的尺度变量越小，表明门限值估计的分布越集中。

2.3.5 门限效应检验

门限效应的诊断检验，主要包括两方面：第一，门限效应存在性检验，即检验两阶段

的门限自回归参数是否存在同一性；第二，特定门限值检验，即检验门限效应是否发生在限定的门限值上。

在门限效应存在性检验方面，Hansen 在研究 TAR 模型时构造了 SupWald 和 AveWald 两个经典检验，而 Galvao 等分别给出单个分位处的 SupWald 和 AveWald 检验统计量，以及整体分位点处 Kolmogorov-Smirnov 型的检验统计量用以检验 TQAR 模型的门限效应的存在性。

在特定门限值检验方面，尚无文献讨论。Hansen、Caner 等分别给出均值门限回归模型及中位数门限自回归模型门限值估计的似然比检验，Ju 等给出门限分位数回归模型门限值估计的似然比检验。以此为基础，本节研究 TQAR 模型特定门限值检验方法，分别构造了单个分位点处以及整体分位区间的似然比检验，用以检验在单个分位点处门限值估计是否满足线性约束条件，以及在整体分位区间上门限值估计是否存在显著差异(即分位区间上是否存在共同的门限值)。

1. 单个分位点处的 LR 检验

原假设 H_0：对某个分位点 $\tau\in G$，有 $\gamma(\tau)=\gamma_0(\tau)$，构造 LR 检验统计量：

$$\mathrm{LR}(\gamma(\tau))=S_t(\hat{\boldsymbol{\theta}}_\gamma(\tau),\gamma(\tau))-S_t(\hat{\boldsymbol{\theta}}(\tau),\hat{\gamma}(\tau)) \tag{2.38}$$

从而当 H_0 成立时，有

$$\mathrm{LR}(\gamma_0(\tau))=S_t(\hat{\boldsymbol{\theta}}_{\gamma_0}(\tau),\gamma_0(\tau))-S_t(\hat{\boldsymbol{\theta}}(\tau),\hat{\gamma}(\tau)) \tag{2.39}$$

式中，$\mathrm{LR}(\gamma_0(\tau))$取值越大，越倾向于拒绝 H_0。下面给出 $\mathrm{LR}(\gamma_0(\tau))$的渐近分布。

定理 2.3　当 H_0 成立时，有

$$\mathrm{LR}(\gamma_0(\tau))\xrightarrow{d}\frac{\lambda_\tau}{4\mu_\tau}\sup_{-\infty<r<\infty}\{2\bar{B}(r)-|r|\} \tag{2.40}$$

可以看出，定理 2.3 中 $\mathrm{LR}(\gamma_0(\tau))$的渐近分布为非标准分布，进一步给出修正后的 LR 检验统计量 $\mathrm{LR}^*(\gamma_0(\tau))$：

$$\mathrm{LR}^*(\gamma_0(\tau))=\frac{4\hat{\mu}_\tau}{\hat{\lambda}_\tau}\mathrm{LR}(\gamma_0(\tau))\xrightarrow{d}\sup_{-\infty<r<\infty}\{2\bar{B}(r)-|r|\} \tag{2.41}$$

式中，$\frac{\hat{\mu}_\tau}{\hat{\lambda}_\tau}$概率收敛到$\frac{\mu_\tau}{\lambda_\tau}$。由 Hansen 得，$Z=\sup\limits_{-\infty<r<\infty}\{2\bar{B}(r)-|r|\}$为对称分布，其分布函数为 $P(Z\leqslant z)=(1-\mathrm{e}^{-z^2/2})^2$，因此，可以得到 $\mathrm{LR}^*(\gamma_0(\tau))$的检验 P 值为 $p_{\mathrm{LR}^*}=1-(1-\mathrm{e}^{-(\mathrm{LR}^*(\gamma_0(\tau)))^2/2})$。

2. 整体分位区间的 LR 检验

原假设 H_0：对$\forall\,\tau\in G$，有 $\gamma(\tau)=\gamma_0$。构造 LR 检验统计量：

$$\overline{\mathrm{LR}}(\gamma)=\int_G[S_t(\hat{\boldsymbol{\theta}}_\gamma(\tau),\gamma)-S_t(\hat{\boldsymbol{\theta}}(\tau),\hat{\gamma}(\tau))]\,\mathrm{d}H(\tau) \tag{2.42}$$

式中，$H(\tau)$为区间 G 上关于分位点 τ 的累积分布函数；$\int_G S_t(\hat{\boldsymbol{\theta}}_\gamma(\tau),\gamma)\mathrm{d}H(\tau)$ 表示当区

间 G 上存在共同门限值 γ 时，估计出的最优目标函数，$\hat{\hat{\boldsymbol{\theta}}}_{\gamma}(\tau)$ 为对应的最优门限回归系数向量的估计。

当 H_0 成立时，有

$$\overline{\mathrm{LR}}(\gamma_0)=\int_G [S_t(\hat{\hat{\boldsymbol{\theta}}}_{\gamma_0}(\tau),\gamma_0)-S_t(\hat{\boldsymbol{\theta}}(\tau),\hat{\gamma}(\tau))]\,\mathrm{d}H(\tau) \tag{2.43}$$

式中，$\overline{\mathrm{LR}}(\gamma_0)$ 取值越大，越倾向于拒绝 H_0。下面给出 $\overline{\mathrm{LR}}(\gamma_0)$ 的渐近分布。

定理 2.4 当 H_0 成立时，有

$$\overline{\mathrm{LR}}(\gamma_0)\xrightarrow{d}\int_G \frac{\lambda_\tau}{4\mu_\tau}\mathrm{d}H(\tau)\sup_{-\infty<r<\infty}\{2\bar{B}(r)-|r|\} \tag{2.44}$$

类似地，给出修正后的 LR 检验统计量 $\mathrm{LR}^*(\gamma_0)$ 如下：

$$\overline{\mathrm{LR}}^*(\gamma_0)=\frac{1}{\displaystyle\int_G \frac{\hat{\lambda}_\tau}{4\hat{\mu}_\tau}\mathrm{d}H(\tau)}\overline{\mathrm{LR}}(\gamma_0)\xrightarrow{d}\sup_{-\infty<r<\infty}\{2\bar{B}(r)-|r|\} \tag{2.45}$$

从而得到 $\overline{\mathrm{LR}}^*(\gamma_0)$ 的检验 P 值为 $p_{\overline{\mathrm{LR}}^*}=1-(1-\mathrm{e}^{-(\overline{\mathrm{LR}}^*(\gamma_0))^2/2})$。

2.3.6 案例三：人口动态分析

人口动态已成为广泛研究的课题。在单一物种层面的应用中，它描述了复杂的过程，包括确定出生率和死亡率、移民和移出率、年龄结构的影响，以及影响物种成员生存和繁殖的许多生物和环境因素。在生态系统中涉及多个物种时，人口动态涉及物种之间的动态相互作用和反馈效应，诸如捕食者、被捕食者关系。物种底层过程的复杂性可能与非线性动力学相关联，这意味着人口的演变可能表现出复杂的动态模式，包括多个稳定状态、极限周期和混沌，这种复杂性给人口动态的研究带来了重大挑战。

近年来，两个特别相关问题引起学术界的关注。首先，动态效应可能是非线性的，并且随着人口水平的滞后而变化。这可能是由于年龄结构的变化、捕食者/被捕食者关系的变化或迁移引起的。其次，人口动态可能受环境冲击的影响。这在韧性问题的分析中很重要。韧性已经引起了人们对动态系统适应冲击的能力的关注。在这种情况下，未来人口路径可能因当前环境冲击而变化。评估动态和冲击之间的相互作用的存在和影响在概念和实证上仍然具有挑战性。这表明有必要探索改进我们对人口动态理解的新方法。为了解决上述两个问题，Chavas(2015)在 *Mathematical Biosciences* 上发表了 *Modeling population dynamics: A quantile approach*，该文使用 TQAR 模型表示在给定历史条件下人口的分布。由于分位数函数被定义为分布函数的反函数，分位数方法包括将每个分位数参数化为解释变量的函数，并使用分位数回归来估计参数。另外，TQAR 模型捕捉了非线性动态，将其应用于人口动态分析中可以提供有关影响人口演变的滞后效应性质的有用信息。

案例选取了加拿大猞猁种群进行分析，数据集基于 1821—1934 年期间被困在加拿大西北部麦肯齐河地区加拿大猞猁的年度记录。构建的分位数门限自回归模型如下：

$$Q(q \mid y_{t-1},\cdots,y_{t-m})=\beta_{0q}+y_{t-1}\sum_{j\in J}D_j(w_{t-1})\beta_{ijq}+\cdots+y_{t-m}\sum_{j\in J}D_j(w_{t-m})\beta_{mjq} \tag{2.46}$$

式中，y 表示猞猁的数量；$D_j(w_{t-1})$为示性函数，即当 $w_{t-1}\in S_j$ 时，$D_j(w_{t-1})$取值为 1。参数 β_{ijq}，$i=1,\cdots,m$ 衡量当 w_{t-1} 处于第 j 个区间内，在第 q 分位数 y_{t-i} 对 y_t 的边际效应，在本书中表示为第 $t-i$ 期的猞猁种群波动对第 t 期猞猁种群波动情况的影响。

在对猞猁种群动态分析的模型设定上，有两个问题值得重点关注：一是滞后长度 m 的选择；二是门限效应的评估。对于滞后阶数的选择，使用贝叶斯信息准则对模型不同滞后阶数的估计值进行比较，具体的估计结果如表 2.9 所示。

表 2.9　猞猁种群的选定 AR 过程的参数估计

模型	AR(1)	AR(2)	AR(3)	$TAR_1(2)$	$TAR_2(2)$
截距项	1.737***	2.430***	2.717***	1.819***	2.343***
	(0.404)	(0.286)	(0.371)	(0.338)	(0.525)
y_{t-1}	0.796**	1.384***	1.297***	1.322***	1.312***
	(0.059)	(0.065)	(0.097)	(0.059)	(0.080)
y_{t-2}		0.747***	0.586***	0.629**	−0.644***
		(0.065)	(0.149)	(0.061)	(0.084)
y_{t-3}			0.117		
			(0.097)		
$y_{t-1}\cdot d_1$				−0.045**	
				(0.018)	
$y_{t-2}\cdot d_2$				0.101***	
				(0.019)	
$y_{t-1}\cdot d_{11}$					0.052
					(0.049)
$y_{t-1}\cdot d_{12}$					0.046**
					(0.019)
$y_{t-2}\cdot d_{21}$					0.120**
					(0.051)
$y_{t-2}\cdot d_{22}$					−0.083***
					(0.020)
R^2	0.628	0.834	0.836	0.870	0.877
BIC	272.89	189.43	192.63	173.61	176.91

注：$d_1=1(0)$当 $y_{t-1}<(\geqslant)$ 7.9；$d_2=1(0)$当 $y_{t-2}<(\geqslant)$7.9；$d_{11}=1(0)$当 $y_{t-1}<(\geqslant)$5.0；$d_{12}=1(0)$当 $y_{t-1}<(\geqslant)$7.9；$d_{21}=1(0)$当 $y_{t-2}<(\geqslant)$5.0；$d_{22}=1(0)$当 $y_{t-2}<(\geqslant)$7.9。

门限值获取使用的是最小化 BIC。其中 BIC 是选择使 $BIC=2\log(L)+k\log(n)$，其中 L 为估计模型的似然函数，k 为参数个数，n 是观测值的数量。

注：**、*** 分别表示 5%、1%水平下的显著性。

表 2.9 中前三列是标准的自回归模型所对应的滞后阶数分别为滞后 1、2、3 期的回归结果，后两列考虑到人口动态变化的非线性关系，构建门限自回归模型进行估计。根据

BIC，选择 $m=2$ 作为滞后期，从而得到第四列的单门槛模型和第五列的双门限模型。

从表 2.9 中可以看出，$TAR_1(2)$的 BIC 是 173.61，而 $TAR_2(2)$的 BIC 是 176.91。因此，根据 BIC，$TAR_1(2)$模型设定被认为是更优的，而 $TAR_2(2)$模型设定被认为是存在"过度参数化"。$TAR_1(2)$模型的 R^2 为 0.870，并且表现出中报告的所有模型中最低的 BIC 标准。因此，对于表 2.9 中的所有模型形式，$TAR_1(2)$模型设定是研究猞猁种群动态的首选。

根据前述对于门限自回归模型的设定，本书将在此基础上利用门限分位数回归模型刻画种群的变化情况。表 2.10 给出了不同分位数下门限自回归模型的估计值。

表 2.10 不同分位数下门限自回归模型的估计值

变量	$q=0.1$	$q=0.2$	$q=0.3$	$q=0.5$	$q=0.7$	$q=0.8$	$q=0.9$
截距项	1.473*	1.480*	1.546*	1.496*	1.920*	2.072*	3.082*
y_{t-1}	1.286*	1.377*	1.443*	1.283*	1.272*	1.191*	1.201*
y_{t-2}	−0.664	−0.709*	−0.735*	−0.549*	−0.555*	−0.474*	−0.574*
$y_{t-1}d_1$	−0.000	−0.019	−0.040*	−0.051*	−0.059*	−0.053*	−0.090
$y_{t-2}d_2$	0.106*	0.098*	0.083*	0.131*	0.115*	0.105*	0.095*

注：* 表示 5%水平下的显著性，d_k 为示性函数。

为了确保上述门限分位数回归模型估计结果的稳健性，需要对模型估计进行参数检验。首先进行零假设检验，即回归参数 β_{ikq} 在分位数上是相同的。使用 Wald 检验，检验 β_{ikq} 在分位数(0.1、0.2、0.3、0.4、0.5、0.6、0.7、0.8 和 0.9)上相同的假设，产生的 P 值为 0.10。这一结果提供了回归参数随分位数变化的统计证据。该结果也表明拒绝了标准自回归模型和门限自回归模型(因为这两个模型都假设它们的参数在分位数上是恒定的)。其次，对模型的非线性进行检验，即对参数在不同的区制内是否相同进行检验。表 2.11 给出了 Wald 检验的具体结果，检验结果表明在不同的分位点处，均拒绝了原假设，即拒绝了 QAR 模型(其假设每个回归分位数在滞后变量中是线性的)而支持更加灵活的 TQAR 模型，这也为猞猁群体表现出非线性提供了强有力的统计证据。

表 2.11 Wald 检验的结果

分位数	Wald 检验量	P 值
$q=0.1$	2.641	0.075
$q=0.2$	7.312	0.001
$q=0.3$	3.952	0.022
$q=0.4$	5.785	0.004
$q=0.5$	13.683	0.001
$q=0.6$	11.256	0.001
$q=0.7$	20.780	0.001
$q=0.8$	15.332	0.001
$q=0.9$	82.508	0.001

根据上述模型的假设检验，接下来使用分位数模型模拟猞猁群体的分布演变。回归结果见表 2.10，并根据回归的结果对其进行预测，预测的分布如图 2.4 所示。图 2.4 显示了 1870 年 y_t 的可能值范围，从 5(分布的下尾部)到 7(分布的上尾部)，反映了冲击对猞猁种群数量的影响。

图 2.5 给出了不同分位点处的猞猁种群分布模拟演化，从图 2.5 可以看出，分布图的上尾部区域增加，但是下尾部趋于减少，表明较低的种群与较大的变异相关，即这一冲击与人口动态之间存在着相互作用。

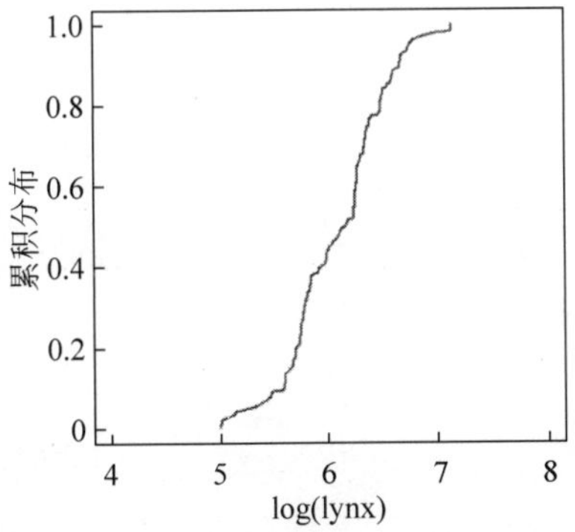

图 2.4　1870 年猞猁种群数量的估计分布

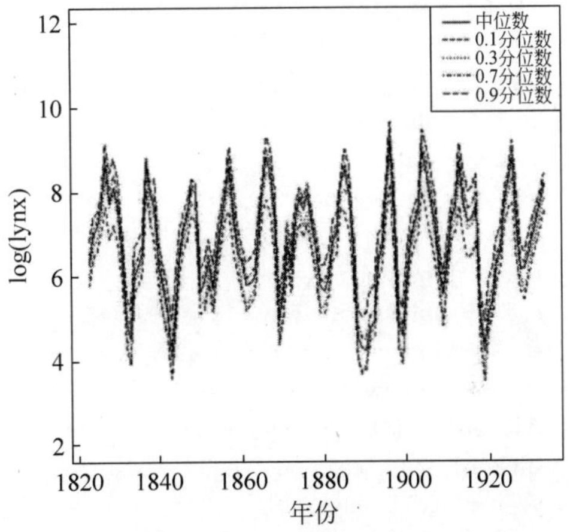

图 2.5　猞猁种群分位数随时间的演化

总之，案例研究了猞猁种群动态变化。提出了一个规范和统计方法，使其在经验上易于处理。该方法依赖于门限分位数自回归模型，其允许动态在分位数之间(与 QAR 模型共享的属性)和在多个方案之间(与 TAR 模型共享的属性)变化。当根据滞后变量所取的值来定义状态时，TQAR 模型允许动态在状态之间变化，这意味着它比 QAR 模型更灵活。而且它比 TAR 模型更灵活，因为它允许不同分位数之间的动态变化。因此，TQAR 模型提供了人口动态和不对称调整的非常灵活的表示。它以简洁的方式考虑了非线性动力学，这使它对经验分析具有吸引力。

该模型的有用性在 lynx 种群动态的应用中得到了说明。统计分析发现了与 AR 模型、TAR 模型和 QAR 模型相反的证据。这表明提出的 TQAR 模型为猞猁种群动态提供了更灵活的表示。这些结果记录了猞猁种群分布的演变，它们展示了调整速度和猞猁数量周期如何随环境因素和过去的数量而变化。我们发现了非线性动态反馈效应的证据，推测来自环境和/或猎物数量。此外，在分布的上尾部发现调整的速度较慢，反映出对有利冲击的低弹性。在分布的上尾部，群体周期变短。结果表明，环境冲击影响着来自环境和/或猎物数量的动态反馈效应。

本案例使用的模型可以向几个方向扩展：可以将 TQAR 模型应用于生态经济学，诸如人口与环境之间的分布变化；可应用金融工程，诸如研究股市收益的动态变化；可应用于金融学，诸如研究人民币汇率影响因素及波动特征等；也可以用于经济学，研究通货膨胀门限效应和异质性等。

案例代码：

```
# install.packages("quantreg")
# Lynx data, 1821-1934
dat <- read.csv("Lynx.csv")
dat[,2] <- log(dat[,2])
library("quantreg")
ny <- nrow(dat)
yw <- dat[6:(ny ),2]
yw1 <- dat[5:(ny-1),2]
yw2 <- dat[4:(ny-2),2]
yw3 <- dat[3:(ny-3),2]
yw4 <- dat[2:(ny-4),2]
yw5 <- dat[1:(ny-5),2]
eq1 <- lm(yw ~ yw1)
eq2 <- lm(yw ~ yw1 + yw2)
eq3 <- lm(yw ~ yw1 + yw2 + yw3)
eq4 <- lm(yw ~ yw1 + yw2 + yw3 + yw4)
eq5 <- lm(yw ~ yw1 + yw2 + yw3 + yw4 + yw5)
AIC(eq1, eq2, eq3, eq4, eq5)
BIC(eq1, eq2, eq3, eq4, eq5)
yw <- dat[3:(ny ),2]
yw1 <- dat[2:(ny-1),2]
yw2 <- dat[1:(ny-2),2]
eq0 <- yw ~ yw1 + yw2
ys1 <- yw1 * (yw1 < 7.9)
ys2 <- yw2 * (yw2 < 7.8)
yss1 <- yw1 * (yw1 >= 7.9)
yss2 <- yw2 * (yw2 >= 7.8)
eqs <- lm(yw ~ yw1 + yw2 + ys1 + ys2)
summary(lm(eq0))
BIC(lm(eq0))
summary(lm(eqs))
BIC(lm(eqs))
yr0 <- dat[3:ny,1]
yr <- yr0 - 1900
pdf('lynx.pdf')
plot(yr0, yw, xlab = "year", ylab = "log(lynx)", type = "l")
dev.off()
regr1 <-(lm(yw ~ yw1 + yw2))
summary(regr1)
A0 <- rbind(coef(regr1)[c(2,3)], c(1, 0))   //构建一个矩阵"A0"
A0
ev0 <- eigen(A0) $ values                   //计算矩阵A0的特征值
rev0 <- Re(ev0)                             //提取特征值的实部
iev0 <- Im(ev0)                             //提取特征值的虚部
# modulus of root
```

```
sqrt(rev0^2 + iev0^2)                     //计算特征值的模
# period of cycle (in years)
(2 * pi)/atan(iev0/rev0)                  //计算特征值的对应周期
eqss <- lm(yw ~ ys1 + ys2 + yss1 + yss2)
summary(eqss)
A11 <- rbind(coef(eqss)[c(2,3)], c(1, 0))
A11
ev <- eigen(A11) $ values
rev <- Re(ev)
iev <- Im(ev)
# modulus of root
sqrt(rev^2 + iev^2)
# period of cycle (in years)
(2 * pi)/atan(iev/rev)
A12 <- rbind(coef(eqss)[c(2,5)], c(1, 0))
A12
ev <- eigen(A12) $ values
rev <- Re(ev)
iev <- Im(ev)
# modulus of root
sqrt(rev^2 + iev^2)
# period of cycle (in years)
(2 * pi)/atan(iev/rev)
A21 <- rbind(coef(eqss)[c(4,3)], c(1, 0))
A21
ev <- eigen(A21) $ values
rev <- Re(ev)
iev <- Im(ev)
# modulus of root
sqrt(rev^2 + iev^2)
# period of cycle (in years)
(2 * pi)/atan(iev/rev)
A22 <- rbind(coef(eqss)[c(4,5)], c(1, 0))
A22
ev <- eigen(A22) $ values
rev <- Re(ev)
iev <- Im(ev)
# modulus of root
sqrt(rev^2 + iev^2)
# period of cycle (in years)
(2 * pi)/atan(iev/rev)
resid1 <- resid(regr1)
qq <- quantile(resid1 , Probs = c(.25,.5,.75))
qq
yp <- predict(regr1)
e2 <- resid1^2
ee2 <- e2[2:length(e2)]
ee2L <- e2[1:(length(e2)-1)]
```

```
# testing for ARCH effects
summary(lm(ee2 ~ ee2L))
# testing for heteroscedasticity
regr2 <- lm(e2 ~ yr )
summary(regr2)
sy1 <- 7.9
sy2 <- 7.8
d1y1 <- yw1 * (yw1 <= sy1)
d2y1 <- yw1 * (yw1 > sy1)
d1y2 <- yw2 * (yw2 <= sy2)
d2y2 <- yw2 * (yw2 > sy2)
tt = c(0.1, 0.2, 0.3, 0.4, 0.5, 0.6, 0.7, 0.80, 0.9)
# Ex-ante case, discrete regime switching
fita <- rq(yw ~ d1y1 + d2y1 + d1y2 + d2y2 , tau = tt)
summary(fita)
fitaa <- rq(yw ~ yw1 + yw2 + d1y1 + d1y2 , tau = tt)
summary(fitaa)
# Hypothesis testing
fitb1 <- rq(yw ~ yw1 + d1y1 + yw2 + d1y2 , tau = 0.1 )
fitb2 <- rq(yw ~ yw1 + d1y1 + yw2 + d1y2 , tau = 0.2 )
fitb3 <- rq(yw ~ yw1 + d1y1 + yw2 + d1y2 , tau = 0.3 )
fitb4 <- rq(yw ~ yw1 + d1y1 + yw2 + d1y2 , tau = 0.4 )
fitb5 <- rq(yw ~ yw1 + d1y1 + yw2 + d1y2 , tau = 0.5 )
fitb6 <- rq(yw ~ yw1 + d1y1 + yw2 + d1y2 , tau = 0.6 )
fitb7 <- rq(yw ~ yw1 + d1y1 + yw2 + d1y2 , tau = 0.7 )
fitb8 <- rq(yw ~ yw1 + d1y1 + yw2 + d1y2 , tau = 0.8 )
fitb9 <- rq(yw ~ yw1 + d1y1 + yw2 + d1y2 , tau = 0.9 )
fitb01 <- rq(yw ~ yw1 + yw2 , tau = 0.1 )
fitb02 <- rq(yw ~ yw1 + yw2 , tau = 0.2 )
fitb03 <- rq(yw ~ yw1 + yw2 , tau = 0.3 )
fitb04 <- rq(yw ~ yw1 + yw2 , tau = 0.4 )
fitb05 <- rq(yw ~ yw1 + yw2 , tau = 0.5 )
fitb06 <- rq(yw ~ yw1 + yw2 , tau = 0.6 )
fitb07 <- rq(yw ~ yw1 + yw2 , tau = 0.7 )
fitb08 <- rq(yw ~ yw1 + yw2 , tau = 0.8 )
fitb09 <- rq(yw ~ yw1 + yw2 , tau = 0.9 )
# Testing that the parameters are the same across quantiles
anova(fitb01, fitb02, fitb03, fitb04, fitb05, fitb06, fitb07, fitb08,
fitb09)
anova(fitb02, fitb08)
anova(fitb1, fitb2, fitb3,fitb4, fitb5, fitb6, fitb7, fitb8, fitb9)
anova(fitb1, fitb9)
anova(fitb2, fitb8)
anova(fitb3, fitb7)
anova(fitb4, fitb6)
anova(fitb3, fitb6)
anova(fitb3, fitb8)
anova(fitb3, fitb9)
```

```
anova(fitb1, fitb5, fitb9)
anova(fitb2, fitb5, fitb8)
anova(fitb3, fitb5, fitb7)
anova(fitb4, fitb5, fitb6)
# Testing for the significance of threshold effects for given quantiles
fitc0 <- rq(yw ~ yw1 + yw2 , tau = .1 )
fitc1 <- rq(yw ~ yw1 + d1y1 + yw2 + d1y2 , tau = .1)
anova(fitc0, fitc1)
fitc0 <- rq(yw ~ yw1 + yw2 , tau = .2 )
fitc1 <- rq(yw ~ yw1 + d1y1 + yw2 + d1y2 , tau = .2)
anova(fitc0, fitc1)
fitc0 <- rq(yw ~ yw1 + yw2 , tau = .3 )
fitc1 <- rq(yw ~ yw1 + d1y1 + yw2 + d1y2 , tau = .3)
anova(fitc0, fitc1)
fitc0 <- rq(yw ~ yw1 + yw2 , tau = .4 )
fitc1 <- rq(yw ~ yw1 + d1y1 + yw2 + d1y2 , tau = .4)
anova(fitc0, fitc1)
fitc0 <- rq(yw ~ yw1 + yw2 , tau = .5 )
fitc1 <- rq(yw ~ yw1 + d1y1 + yw2 + d1y2 , tau = .5)
anova(fitc0, fitc1)
fitc0 <- rq(yw ~ yw1 + yw2 , tau = .6)
fitc1 <- rq(yw ~ yw1 + d1y1 + yw2 + d1y2 , tau = .6)
anova(fitc0, fitc1)
fitc0 <- rq(yw ~ yw1 + yw2 , tau = .7 )
fitc1 <- rq(yw ~ yw1 + d1y1 + yw2 + d1y2 , tau = .7 )
anova(fitc0, fitc1)
fitc0 <- rq(yw ~ yw1 + yw2 , tau = .8 )
fitc1 <- rq(yw ~ yw1 + d1y1 + yw2 + d1y2 , tau = .8 )
anova(fitc0, fitc1)
fitc0 <- rq(yw ~ yw1 + yw2 , tau = .9 )
fitc1 <- rq(yw ~ yw1 + d1y1 + yw2 + d1y2 , tau = .9 )
anova(fitc0, fitc1)
# Markovian Dynamics
fitd <- rq(yw ~ d1y1 + d2y1 + d1y2 + d2y2 , tau = -1 )
bb <- fitd $ sol
ns <- ncol(bb)
# bb is a [(nk+3) x ns] matrix, with row1 = tau, row2 = Qbar, row3 =
Obj.Fun, row4 = intercept, ...
b <- bb[4:nrow(bb),]
nk <- nrow(b)
ps <- bb[1,]
X0 <- cbind(c(1), d1y1, d2y1, d1y2, d2y2 )
yhh <- X0 %*% b
yhh <- t(apply(yhh, 1, cummax))
# rbind(ps, yhh)
# 1830 = 10, 1850 = 30, 1870 = 50, 1900 = 80, 1930 = 110
pdf('distrib.pdf')
plot(yhh[50,], ps, xlim = c(4,8), xlab = "log(lynx)", ylab = "cumulative
```

```
distribution", type = "l")
# lines(yhh[30,], ps, lty = 2)
# lines(yhh[50,], ps, lty = 3)
# lines(yhh[70,], ps, lty = 4)
# lines(yhh[90,], ps, lty = 5)
# lines(yhh[100,], ps, lty = 6)
# lines(yhh[110,], ps, lty = 7)
# legend("bottomright", c("1830", "1850", "1870", "1890", "1910", "1920",
"1930"), lty = c(1,2,3,4,5,6,7))
dev.off()
# quantiles for .05, .1, .30, .5, .7, .9, .95
ii <- c(6, 12, 41, 75, 105, 136, 140)
qt <- yhh[,ii]
rqt <- qt/yhh[,75]
pdf('quantile.pdf')
plot(yr0, qt[,4], xlim = c(min(yr0), max(yr0)), ylim = c(2, 12), xlab =
"year", ylab = "log(lynx)", type = "l")
# lines(yr0, qt[,1], lty = 2)
lines(yr0, qt[,2], lty = 2)
lines(yr0, qt[,3], lty = 3)
lines(yr0, qt[,5], lty = 4)
lines(yr0, qt[,6], lty = 5)
# lines(yr0, qt[,7], lty = 7)
legend("topright", c("median", "0.1 quantile", "0.3 quantile", "0.7
quantile", "0.9 quantile"), lty = c(1,2,3,4,5))
dev.off()
pdf('relative_quantile.pdf')
plot(yr0, rqt[,4], xlim = c(min(yr0), max(yr0)), ylim = c(0.8, 1.3), xlab
= "year", ylab = "relative quantile lynx", type = "l")
# lines(yr0, rqt[,1], lty = 2)
lines(yr0, rqt[,2], lty = 2)
lines(yr0, rqt[,3], lty = 3)
lines(yr0, rqt[,5], lty = 4)
lines(yr0, rqt[,6], lty = 5)
# lines(yr0, rqt[,7], lty = 7)
legend("topright", c("median", "0.1 quantile", "0.3 quantile", "0.7
quantile", "0.9 quantile"), lty = c(1,2,3,4,5))
dev.off()
modu <- array(c(0), dim= c(2, 2, ns, 2))
cycl <- array(c(0), dim= c(2, 2, ns, 2))
for (i1 in (1:2)) {
for (i2 in (1:2)) {
for (it in (1:ns)) {
AA <- rbind(cbind(b[1+i1, it], b[3+i2, it]), c(1, 0))
ev <- eigen(AA) $ values
rev <- Re(ev)
iev <- Im(ev)
modu[i1, i2, it,] <- sqrt(rev^2 + iev^2)
```

```
cycl[i1, i2, it,] <- min((2 * pi)/abs(atan(iev/rev)), 30)
}}}
min(modu)
max(modu)
min(cycl)
max(cycl)
pdf('dominant_root.pdf')
plot( ps, modu[1, 1, ,1], ylim = c(min(modu), max(modu)), xlab = "q",
ylab = "Modulus of dominant root", type = "l")
lines(ps, modu[1, 2, ,1], lty = 2)
# lines(ps, modu[2, 1, ,1], lty = 3)
# lines(ps, modu[2, 2, ,1], lty = 4)
title( "Dominant root of A")
legend("topleft", c("y(t-2) in S21", "y(t-2) in S22"), lty = c(1,2))
dev.off()
pdf('Period.pdf')
plot( ps, cycl[1, 1, ,1], ylim = c(min(cycl), max(cycl)), xlab = "q",
ylab = "Period of cycle (years)", type = "l")
lines(ps, cycl[1, 2, ,1], lty = 2)
lines(ps, cycl[2, 1, ,1], lty = 3)
lines(ps, cycl[2, 2, ,1], lty = 4)
title( "Period")
legend("topleft", c("y{t-1} in S11, y(t-2) in S21", "y(t-1) in S11, y(t2) in S22",
"y{t-1} in S12, y{t-2} in S21", "y{t-1} in S12, y(t-2) in S22"), lty
= c(1,2,3,4))
dev.off()
```

第3章　截面数据门限空间模型

本章介绍截面数据门限空间模型，包括截面门限回归模型、截面空间计量模型和截面门限空间模型。

3.1　截面门限回归模型

3.1.1　截面门限回归模型构建及估计方法

假设样本数据为$\{y_i,x_i,q_i\}_{i=1}^n$，其中q_i为用来划分样本的“门限变量”，q_i可以是解释变量x_i的一部分。考虑以下门限回归模型：

$$\begin{cases}\boldsymbol{y}_i=\boldsymbol{\beta}_1'\boldsymbol{x}_i+\boldsymbol{\varepsilon}_i, & 若\ q_i\leqslant\gamma\\ \boldsymbol{y}_i=\boldsymbol{\beta}_2'\boldsymbol{x}_i+\boldsymbol{\varepsilon}_i, & 若\ q_i>\gamma\end{cases}\tag{3.1}$$

式中，γ为待估计的门限值；$\boldsymbol{x}_i$为外生解释变量，与扰动项$\boldsymbol{\varepsilon}_i$不相关。可进一步将模型(3.1)合并为

$$\boldsymbol{y}_i=\boldsymbol{\beta}_1'\boldsymbol{x}_i\cdot I(q_i\leqslant\gamma)+\boldsymbol{\beta}_2'x_i\cdot I(q_i>\gamma)+\boldsymbol{\varepsilon}_i\tag{3.2}$$

式中，$I(\cdot)$为示性函数，即若括号内表达式为真，则取值为1；反之，取值为0。

显然，模型(3.2)是一个非线性回归，因为它无法写成参数$(\boldsymbol{\beta}_1,\boldsymbol{\beta}_2,\gamma)$的线性函数。可以使用非线性最小二乘法(NLS)进行估计，即最小化残差平方和。事实上，若γ的取值已知，则可以通过定义$\boldsymbol{z}_{i1}\equiv\boldsymbol{x}_i\cdot I(q_i\leqslant\gamma)$与$\boldsymbol{z}_{i2}\equiv\boldsymbol{x}_i\cdot I(q_i>\gamma)$，将模型(3.2)转化为参数为$(\boldsymbol{\beta}_1,\boldsymbol{\beta}_2)$的线性回归模型：

$$\boldsymbol{y}_i=\boldsymbol{\beta}_1'\boldsymbol{z}_{i1}+\boldsymbol{\beta}_2'\boldsymbol{z}_{i2}+\boldsymbol{\varepsilon}_i\tag{3.3}$$

因此，在实际计算时，常分两步来最小化残差平方和。首先，给定γ的取值，对模型(3.3)使用OLS估计$\hat{\boldsymbol{\beta}}_1(\gamma)$与$\hat{\boldsymbol{\beta}}_2(\gamma)$（显然$\hat{\boldsymbol{\beta}}_1$与$\hat{\boldsymbol{\beta}}_2$依赖于$\gamma$），并计算残差平方和$\mathrm{SSR}(\gamma)$，也是$\gamma$的函数。其次，选择$\gamma$使得$\mathrm{SSR}(\gamma)$最小化。注意到，给定$q_i$，由于示性函数$I(q_i\leqslant\gamma)$与$I(q_i>\gamma)$只能取值0或1，故是$\gamma$的阶梯函数，而“阶梯的升降点”正好是$q_i$（只有一级“台阶”）。由此可知，$\mathrm{SSR}(\gamma)$也是$\gamma$的阶梯函数，而阶梯的升降点恰好在$\{q_i\}_{i=1}^n$不重叠的观测值上，因为如果$\gamma$取$\{q_i\}_{i=1}^n$以外的其他值，不会对子样本的划分产生影响，故不改变$\mathrm{SSR}(\gamma)$。最多只需要考虑γ取n个值即可，即$\gamma\in\{q_1,q_2,\cdots,q_n\}$。这使$\mathrm{SSR}(\gamma)$的最小化计算得以简化。记最后的参数估计量为$(\hat{\boldsymbol{\beta}}_1(\hat{\gamma}),\hat{\boldsymbol{\beta}}_2(\hat{\gamma}),\hat{\gamma})$。

Hansen(2000)定义如下似然比检验统计量对门限值进行检验，即检验$H_0:\gamma=\gamma_0$。

$$\mathrm{LR}_n(\gamma)=n\frac{\mathrm{SSR}_n(\gamma)-\mathrm{SSR}_n(\hat{\gamma})}{\mathrm{SSR}_n(\hat{\gamma})}\tag{3.4}$$

模型(3.4)中 $SSR_n(\gamma)$ 为在 $H_0: \gamma=\gamma_0$ 约束下所得到的残差平方和，$SSR_n(\hat{\gamma})$ 为无约束条件下的残差平方和。

类似地，可以考虑包含“多个门限值”的门限回归。比如，对于门限变量 q_i，假设两个门限值为 $\gamma_1<\gamma_2$，则门限回归模型为

$$\boldsymbol{y}_i=\boldsymbol{\beta}_1'\boldsymbol{x}_i \cdot I(q_i \leqslant \gamma_1)+\boldsymbol{\beta}_2'\boldsymbol{x}_i \cdot I(\gamma_1<q_i \leqslant \gamma_2)+\boldsymbol{\beta}_3'\boldsymbol{x}_i \cdot I(q_i>\gamma_2)+\boldsymbol{\varepsilon}_i \tag{3.5}$$

模型(3.5)的估计方法与上述类似，首先使用 OLS 估计多门限模型，得到残差平方和 $SSR(\gamma_1,\gamma_2)$；其次，选择 (γ_1,γ_2) 使得 $SSR(\gamma_1,\gamma_2)$ 最小化。

3.1.2　案例一：FDI 对环境污染影响的门限效应

为考察 FDI(外商直接投资)对环境污染影响的门限效应，构造如下截面门限回归模型：

$$\begin{aligned}p_i=&\mu_i+\alpha_1 \ln \mathrm{fdi}_i(\ln \mathrm{fdi}_i \leqslant \gamma)+\alpha_2 \ln \mathrm{fdi}_i(\ln \mathrm{fdi}_i>\gamma)+\alpha_3 \ln \mathrm{gdp}_i(\ln \mathrm{fdi}_i \leqslant \gamma)+\\&\alpha_4 \ln \mathrm{gdp}_i(\ln \mathrm{fdi}_i>\gamma)+\alpha_5 s_i(\ln \mathrm{fdi}_i \leqslant \gamma)+\alpha_6 s_i(\ln \mathrm{fdi}_i>\gamma)+\\&\alpha_7(k/l)_i(\ln \mathrm{fdi}_i \leqslant \gamma)+\alpha_8(k/l)_i(\ln \mathrm{fdi}_i>\gamma)+\alpha_9 \ln \mathrm{invest}_i(\ln \mathrm{fdi}_i \leqslant \gamma)+\\&\alpha_{10} \ln \mathrm{invest}_i(\ln \mathrm{fdi}_i>\gamma)+\varepsilon_i\end{aligned} \tag{3.6}$$

其中，被解释变量为环境污染指数(p)，选取省域工业废水、废气和固体废弃物排放量指标，运用熵权法构建环境污染指数以衡量省域环境污染水平；解释变量包括：外商直接投资(fdi)，用实际外商直接投资额进行衡量；经济发展水平(gdp)，用地区生产总值进行衡量；产业结构(s)：用第二产业地区生产总值占比进行衡量；技术进步(k/l)：用资本劳动比进行衡量；环保意识(invest)：用省域环保投资总额进行衡量。γ 为门限值。

选取 2020 年我国 31 个省域相关数据进行分析，数据来源于《中国统计年鉴》。利用 Stata16 软件对模型进行参数估计，主要分为两部分：第一部分为门限效应检验，第二部分为门限模型估计。门限效应检验结果如表 3.1 所示。可知，门限效应检验结果接受单门限假设，拒绝双门限假设。

表 3.1　门限效应检验结果 1

门限变量	门限数	P 值
fdi	单门槛	0.004
	双门槛	0.626

截面门限回归模型估计结果如表 3.2 所示。由表 3.2 可知，当 fdi≤13.11 时，外商直接投资(fdi)、经济发展水平(gdp)、产业结构(s)、技术进步(k/l)和环保意识(invest)的估计系数分别为 0.036、−0.072、−0.588、0.035 和 −0.023，且均在 1%的水平上显著，表明外商直接投资水平和资本劳动比的提升会恶化环境质量，而经济发展水平的提高、第二产业占比的提高和环保投资力度的加大会提高环境质量；当 fdi>13.11 时，外商直接投资(fdi)、经济发展水平(gdp)、产业结构(s)、技术进步(k/l)和环保意识(invest)的估计系数分别为 0.087、−0.108、0.529、0.016 和 −0.239，除了产业结构外均在 1%的水平上显

著。同时可以发现，各解释变量在不同区制内的系数估计结果存在显著差异，表明模型的门限效应较为显著。

表 3.2 截面门限回归模型估计结果

变量	fdi≤13.11	fdi>13.11
fdi	0.036***	0.087***
	(7.20)	(3.48)
gdp	−0.072***	−0.108***
	(−7.20)	(−2.70)
s	−0.588***	0.529
	(−12.78)	(1.60)
k/l	0.035***	0.016***
	(8.75)	(3.20)
invest	−0.023***	−0.239***
	(−5.75)	(−7.97)
constant	1.474***	3.063***
	(17.98)	(7.94)
R^2	0.944	0.747

注：括号内为 t 值；*** 表示在 1%水平上显著。

3.1.3 软件实现

软件操作步骤如下所示。

首先，运行 thresholdtest.ado 和 thresholdreg.ado 文件。

进一步地，检验门限效应是否存在，其中，门限变量为 fdi：

```
thresholdtest p fdi gdp s kl invest , q(fdi) trim_per(0.15) rep(5000)
```

门限效应的检验结果如图 3.1 所示。

```
Test of Null of No Threshold Against Alternative of Threshold
Allowing Heteroskedastic Errors (White Corrected)

Number of Bootstrap Replications:  5000
Trimming Percentage:                .15

Threshold Estimate:                11.7721786
LM-test for no threshold:          15.7992941
Bootstrap P-Value:                 .0038
```

图 3.1 门限效应的检验结果

由图 3.1 可知，检验结果拒绝了"不存在门限效应"的原假设，表明存在门限效应，适合使用门限模型。

下面进行门限回归：

```
thresholdreg p fdi gdp s kl invest , q(fdi) h(1)
```

图 3.2 为门限回归结果。

Regime1　q<=13.1119862

Parameter Estimates

Independent Variables	Estimate	St Error
Intercept	1.47406781	.082000566
fdi	.035951811	.004818139
gdp	-.071843718	.010150687
s	-.58827403	.045748322
kl	.035442936	.003666926
invest	-.022830557	.004083807

.95 Confidence Regions for Parameters.

Independent Variables	Low	High
Intercept	1.24300704	2.31540109
fdi	.024008842	.050225573
gdp	-.138703394	-.051948371
s	-1.84321176	-.28887622
kl	.028217842	.05068057
invest	-.030834819	-.00649215

Observations:	9
Degrees of Freedom:	3
Sum of Squared Errors:	.002684862
Residual Variance:	.000894954
R-squared:	.943706727

Regime2　q>13.1119862

Parameter Estimates

Independent Variables	Estimate	St Error
Intercept	3.06327724	.386168933
fdi	.086530903	.024606617
gdp	-.108087121	.039624353
s	.528542535	.331259201
kl	.016415447	.004533235
invest	-.239246779	.030003435

.95 Confidence Regions for Parameters.

Independent Variables	Low	High
Intercept	1.96247239	4.12209136
fdi	-.018155014	.197134955
gdp	-.239594242	.016422019
s	-.41167427	1.5034046
kl	.005813796	.027314484
invest	-.298053512	-.179214331

Observations:	22
Degrees of Freedom:	16
Sum of Squared Errors:	.267820504
Residual Variance:	.016738782
R-squared:	.746609749

图 3.2　门限回归结果

进一步地，考虑是否存在双门限效应。由前文可知，第一门限值为 13.11，因此，首先将第一门限以下的样本删除：

```
drop if fdi<=13.11
```

接着，重复与估计第一门限相同的步骤。先检验是否存在第二门限：

```
thresholdtest p fdi gdp s kl invest , q(fdi) trim_per(0.15) rep(5000)
```

门限检验结果如图 3.3 所示。

```
Test of Null of No Threshold Against Alternative of Threshold
Allowing Heteroskedastic Errors (White Corrected)

Number of Bootstrap Replications:  5000
Trimming Percentage:               .15

Threshold Estimate:               16.096426
LM-test for no threshold:         7.50116543
Bootstrap P-Value:                .6336
```

图 3.3 门限检验结果 1

由图 3.3 可知，检验结果接受了“不存在门限效应”的原假设，表明第二门限不存在，适合使用单门限模型。

3.2 截面空间计量模型

3.2.1 空间自回归模型

空间自回归模型(Spatial Autoregression Model，SAR)函数形式可写为

$$\boldsymbol{y} = \lambda \boldsymbol{W}\boldsymbol{y} + \boldsymbol{\varepsilon} \tag{3.7}$$

式中，$\boldsymbol{W}$ 为已知的空间权重矩阵，而空间依赖性仅由单一参数 λ 来刻画。λ 度量空间滞后 $\boldsymbol{Wy}$ 对 $\boldsymbol{y}$ 的影响，称为“空间自回归系数”。更一般地，可在模型(3.7)中加入自变量：

$$\boldsymbol{y} = \lambda \boldsymbol{W}\boldsymbol{y} + \boldsymbol{X}\boldsymbol{\beta} + \boldsymbol{\varepsilon} \tag{3.8}$$

式中，$\boldsymbol{X}$ 为 $n \times k$ 数据矩阵，包括 k 列解释变量；$\boldsymbol{\beta}_{k+1}$ 为相应系数。模型(3.8)同样为 SAR 模型，而模型(3.7)有时称为“纯 SAR 模型”。若 $\lambda = 0$，则模型(3.8)简化为一般的线性回归模型。因此，可通过检验原假设 $H_0: \lambda = 0$ 来考察是否存在空间效应。

3.2.2 空间自回归模型的极大似然估计

对于空间自回归模型，常使用最大似然估计。首先，假设扰动项 $\boldsymbol{\varepsilon} \sim \boldsymbol{N}(\boldsymbol{0}, \sigma^2 \boldsymbol{I}_n)$。其次，模型(3.8)可以写为

$$\boldsymbol{A}\boldsymbol{y} \equiv (\boldsymbol{I} - \lambda \boldsymbol{W})\boldsymbol{y} = \boldsymbol{X}\boldsymbol{\beta} + \boldsymbol{\varepsilon} \tag{3.9}$$

式中，$\boldsymbol{A} \equiv \boldsymbol{I} - \lambda \boldsymbol{W}$。由于雅可比行列式 $\boldsymbol{J} \equiv \left|\dfrac{\partial \boldsymbol{\varepsilon}}{\partial \boldsymbol{y}}\right| = \left|\dfrac{\partial(\boldsymbol{Ay} - \boldsymbol{X\beta})}{\partial \boldsymbol{y}}\right| = \left|\dfrac{\partial \boldsymbol{Ay}}{\partial \boldsymbol{y}}\right| = |\boldsymbol{A}'| = |\boldsymbol{A}|$，根据多维正态的密度函数公式，可写出样本的似然函数：

$$L(\boldsymbol{y} \mid \lambda, \sigma^2, \boldsymbol{\beta}) = (2\pi\sigma^2)^{-n/2}(\mathrm{abs} \mid \boldsymbol{A} \mid)\exp\left\{-\frac{1}{2\sigma^2}(\boldsymbol{Ay} - \boldsymbol{X\beta})'(\boldsymbol{Ay} - \boldsymbol{X\beta})\right\} \tag{3.10}$$

式中，abs|$\boldsymbol{A}$|表示行列式|$\boldsymbol{A}$|的绝对值。由此可得对数似然函数为

$$\ln L(\boldsymbol{y} \mid \lambda,\sigma^2,\boldsymbol{\beta}) = -\frac{n}{2}\ln 2\pi - \frac{n}{2}\ln\sigma^2 + \ln(\text{abs} \mid \boldsymbol{A} \mid) - \frac{1}{2\sigma^2}(\boldsymbol{Ay}-\boldsymbol{X\beta})'(\boldsymbol{Ay}-\boldsymbol{X\beta}) \tag{3.11}$$

类似于对古典线性回归模型的极大似然估计，此最大化问题可分两步进行。第一步，在给定 λ 的情况下，选择最优的 $\boldsymbol{\beta}$，σ^2。第二步，代入第一步的最优 $\boldsymbol{\beta}$，σ^2，选择最优的 λ。

在第一步，选择 $\boldsymbol{\beta}$，σ^2 使得 $\ln L(y|\lambda,\sigma^2,\boldsymbol{\beta})$ 最大。由于 $\boldsymbol{\beta}$ 只出现于模型(3.11)的最后一项，故这等价于使 $(\boldsymbol{Ay}-\boldsymbol{X\beta})'(\boldsymbol{Ay}-\boldsymbol{X\beta})$ 最小，即 $\boldsymbol{Ay}$ 对 $\boldsymbol{X}$ 进行回归：

$$\begin{aligned}\hat{\boldsymbol{\beta}} &= (\boldsymbol{X}'\boldsymbol{X})^{-1}\boldsymbol{X}'\boldsymbol{Ay} = (\boldsymbol{X}'\boldsymbol{X})^{-1}\boldsymbol{X}'(\boldsymbol{I}-\lambda\boldsymbol{W})\boldsymbol{y} \\ &= (\boldsymbol{X}'\boldsymbol{X})^{-1}\boldsymbol{X}'\boldsymbol{y} - \lambda(\boldsymbol{X}'\boldsymbol{X})^{-1}\boldsymbol{X}'\boldsymbol{Wy} \equiv \hat{\boldsymbol{\beta}}_0 - \lambda\hat{\boldsymbol{\beta}}_L\end{aligned} \tag{3.12}$$

式中，$\hat{\boldsymbol{\beta}}_0 \equiv (\boldsymbol{X}'\boldsymbol{X})^{-1}\boldsymbol{X}'\boldsymbol{y}$（$\boldsymbol{y}$ 对 $\boldsymbol{X}$ 的回归系数），而 $\hat{\boldsymbol{\beta}}_L \equiv (\boldsymbol{X}'\boldsymbol{X})^{-1}\boldsymbol{X}'\boldsymbol{Wy}$（$\boldsymbol{Wy}$ 对 $\boldsymbol{X}$ 的回归系数）。因此，只要知道 λ，即可计算 $\hat{\boldsymbol{\beta}}$。在式(3.11)中，对 σ^2 求偏导可得 σ^2 的 MLE（最大似然估计）：

$$\hat{\sigma}^2 = \frac{\boldsymbol{e}'\boldsymbol{e}}{n} = \frac{(\boldsymbol{M}_X\boldsymbol{Ay})'(\boldsymbol{M}_X\boldsymbol{Ay})}{n} \tag{3.13}$$

式中，$\boldsymbol{e}$ 为 $\boldsymbol{Ay}$ 对 $\boldsymbol{X}$ 回归的残差向量；$\boldsymbol{M}_X \equiv \boldsymbol{I}_n - \boldsymbol{X}(\boldsymbol{X}'\boldsymbol{X})^{-1}\boldsymbol{X}'$ 为消灭矩阵。由于 $\boldsymbol{Ay} = (\boldsymbol{I}-\lambda\boldsymbol{W})\boldsymbol{y}$，故

$$\boldsymbol{e} = \boldsymbol{M}_X\boldsymbol{Ay} = \boldsymbol{M}_X(\boldsymbol{I}-\lambda\boldsymbol{W})\boldsymbol{y} = \boldsymbol{M}_X\boldsymbol{y} - \lambda\boldsymbol{M}_X\boldsymbol{Wy} \equiv \boldsymbol{e}_0 - \lambda\boldsymbol{e}_L \tag{3.14}$$

式中，$\boldsymbol{e}_0 \equiv \boldsymbol{M}_X\boldsymbol{y}$（$\boldsymbol{y}$ 对 $\boldsymbol{X}$ 的回归残差），而 $\boldsymbol{e}_L \equiv \boldsymbol{M}_X\boldsymbol{Wy}$（$\boldsymbol{Wy}$ 对 $\boldsymbol{X}$ 的回归残差）。将式(3.14)代入式(3.13)可得

$$\hat{\boldsymbol{\sigma}}^2 = \frac{\boldsymbol{e}'\boldsymbol{e}}{n} = \frac{(\boldsymbol{e}_0 - \lambda\boldsymbol{e}_L)'(\boldsymbol{e}_0 - \lambda\boldsymbol{e}_L)}{n} \tag{3.15}$$

因此，只要知道 λ，也可以计算 $\hat{\sigma}^2$。在第二步，将 $\hat{\boldsymbol{\beta}}(\lambda)$，$\hat{\sigma}^2(\lambda)$ 代入模型(3.11)，则可得到"集中对数似然函数"，它只是 λ 的函数。然而，λ 出现在行列式 $|\boldsymbol{A}| = |\boldsymbol{I}-\lambda\boldsymbol{W}|$，给计算带来不便。为此，可利用等式 $|\boldsymbol{A}| = \prod_{i=1}^{n}(1-\lambda v_i)$ 来计算，其中 $v_1,\cdots,v_n$ 为矩阵 $\boldsymbol{A}$ 特征值。另外，为了保证扰动项协方差矩阵为正定，还须限制 λ 的取值为 $\frac{1}{v_{\min}} < \lambda < \frac{1}{v_{\max}}$，其中 $v_{\min}$ 与 $v_{\max}$ 分别为矩阵 $\boldsymbol{A}$ 的最小特征值与最大特征值，而 $v_{\min}$ 一定为负数。

对于最大似然估计量的渐进协方差矩阵，一般通过信息矩阵来估计，即

$$\boldsymbol{I}(\boldsymbol{\theta})^{-1} \equiv -\left\{E\left[\frac{\partial^2 \ln L}{\partial\boldsymbol{\theta}\,\partial\boldsymbol{\theta}'}\right]\right\}^{-1} \tag{3.16}$$

式中，$\theta = (\lambda,\sigma^2,\boldsymbol{\beta})$。需要注意的是，对于空间自回归模型 $\boldsymbol{y} = \lambda\boldsymbol{Wy} + \boldsymbol{X\beta} + \boldsymbol{\varepsilon}$，解释变量 $\boldsymbol{X}$ 对 $\boldsymbol{y}$ 的边际效应并非 $\boldsymbol{\beta}$，因为 $\boldsymbol{X}$ 对 $\boldsymbol{y}$ 产生作用后，$\boldsymbol{y}$ 之间还会相互作用，直至达到一个新的均衡。由模型(3.9)可知：

$$\boldsymbol{y} = (\boldsymbol{I}-\lambda\boldsymbol{W})^{-1}\boldsymbol{X\beta} + (\boldsymbol{I}-\lambda\boldsymbol{W})^{-1}\boldsymbol{\varepsilon} \tag{3.17}$$

容易验证，$(\boldsymbol{I}-\lambda\boldsymbol{W})^{-1}=\boldsymbol{I}+\lambda\boldsymbol{W}+\lambda^2\boldsymbol{W}^2+\lambda^3\boldsymbol{W}^3+\cdots$。假设 $\boldsymbol{X}$ 中包含 K 个解释变量，并记第 r 个解释变量为 $\boldsymbol{x}_r=(x_{1r},x_{2r},\cdots,x_{nr})'$，则 $\boldsymbol{X\beta}=(x_1,\cdots,x_K)(\beta_1,\cdots,\beta_K)'=\sum_{r=1}^{K}\boldsymbol{\beta}_r\boldsymbol{x}_r$。因此，模型(3.17)可以写为

$$\boldsymbol{y}=\sum_{r=1}^{K}\boldsymbol{\beta}_r(\boldsymbol{I}-\lambda\boldsymbol{W})^{-1}\boldsymbol{x}_r+(\boldsymbol{I}-\lambda\boldsymbol{W})^{-1}\boldsymbol{\varepsilon}\equiv\sum_{r=1}^{K}\boldsymbol{S}_r(\boldsymbol{W})\boldsymbol{x}_r+(\boldsymbol{I}-\lambda\boldsymbol{W})^{-1}\boldsymbol{\varepsilon} \tag{3.18}$$

式中，$\boldsymbol{S}_r(\boldsymbol{W})\equiv\boldsymbol{\beta}_r(\boldsymbol{I}-\lambda\boldsymbol{W})^{-1}$ 为依赖于$\boldsymbol{\beta}_r$ 与 $\boldsymbol{W}$ 的 $n\times n$ 矩阵。将式(3.18)展开来写：

$$\begin{bmatrix} y_1 \\ y_2 \\ \cdots \\ y_n \end{bmatrix}=\begin{bmatrix} \boldsymbol{S}_r(\boldsymbol{W})_{11} & \boldsymbol{S}_r(\boldsymbol{W})_{12} & \cdots & \boldsymbol{S}_r(\boldsymbol{W})_{1n} \\ \boldsymbol{S}_r(\boldsymbol{W})_{21} & \boldsymbol{S}_r(\boldsymbol{W})_{22} & \cdots & \boldsymbol{S}_r(\boldsymbol{W})_{2n} \\ \cdots & \cdots & \cdots & \cdots \\ \boldsymbol{S}_r(\boldsymbol{W})_{n1} & \boldsymbol{S}_r(\boldsymbol{W})_{n2} & \cdots & \boldsymbol{S}_r(\boldsymbol{W})_{nn} \end{bmatrix}\begin{bmatrix} x_{1r} \\ x_{2r} \\ \cdots \\ x_{nr} \end{bmatrix}+(\boldsymbol{I}-\lambda\boldsymbol{W})^{-1}\boldsymbol{\varepsilon} \tag{3.19}$$

式中，$\boldsymbol{S}_r(\boldsymbol{W})_{ij}$ 为 $\boldsymbol{S}_r(\boldsymbol{W})$的$(i,j)$元素。根据模型(3.19)可知：

$$\frac{\partial y_i}{\partial x_{jr}}=\boldsymbol{S}_r(\boldsymbol{W})_{ij} \tag{3.20}$$

由此可见，区域 j 的变量 x_{jr} 对任意区域 i 的被解释变量都可能有影响，这正是空间计量模型的真谛。特别地，如果 $j=i$，则有

$$\frac{\partial y_i}{\partial x_{ir}}=\boldsymbol{S}_r(\boldsymbol{W})_{ii} \tag{3.21}$$

式(3.21)表明，区域 i 的变量 x_{ir} 对本区域被解释变量 y_i 的“直接效应”为 $\boldsymbol{S}_r(\boldsymbol{W})_{ii}$，即矩阵 $\boldsymbol{S}_r(\boldsymbol{W})$主对角线上的第 i 个元素。因此，如果将矩阵 $\boldsymbol{S}_r(\boldsymbol{W})$主对角线上的所有元素平均，即可得到变量 $\boldsymbol{x}_r$ 的“平均直接效应”：

$$\text{平均直接效应}=\frac{1}{n}\text{trace}[\boldsymbol{S}_r(\boldsymbol{W})] \tag{3.22}$$

式中，$\text{trace}[\boldsymbol{S}_r(\boldsymbol{W})]$为矩阵 $\boldsymbol{S}_r(\boldsymbol{W})$的迹，即主对角线元素之和。另外，假设所有区域的变量 $\boldsymbol{x}_r$ 都变化一个单位，其对区域 i 被解释变量 y_i 的“总效应”为矩阵 $\boldsymbol{S}_r(\boldsymbol{W})$的第 i 行元素之和，即$\sum_{j=1}^{n}\boldsymbol{S}_r(\boldsymbol{W})_{ij}$。如果对所有区域的总效应进行平均，则可得到变量 $\boldsymbol{x}_r$ 的“平均总效应”，即矩阵 $\boldsymbol{S}_r(\boldsymbol{W})$所有元素的平均：

$$\text{平均总效应}=\frac{1}{n}\sum_{i=1}^{n}\sum_{j=1}^{n}\boldsymbol{S}_r(\boldsymbol{W})_{ij}=\frac{1}{n}\boldsymbol{i}'_n\boldsymbol{S}_r(\boldsymbol{W})\boldsymbol{i}_n \tag{3.23}$$

式中，$\boldsymbol{i}_n=(1,\cdots,1)'$为 $n\times 1$ 列向量。最后，可以定义变量 $\boldsymbol{x}_r$ 的“平均间接效应”为平均总效应与平均直接效应之差：

$$\text{平均间接效应}=\frac{1}{n}\{\boldsymbol{i}'_n\boldsymbol{S}_r(\boldsymbol{W})\boldsymbol{i}_n-\text{trace}[\boldsymbol{S}_r(\boldsymbol{W})]\} \tag{3.24}$$

3.2.3 空间自回归模型的贝叶斯估计

对于空间自回归模型，也可以使用贝叶斯估计方法。贝叶斯框架下的统计推断基于

模型参数分布的先验信息与数据集中所包含的信息组合。通常而言，当缺乏准确可用的假设时，先验分布会被认为是分散的或非信息性的。数据集中的信息也会通过似然函数表示。

为了实现贝叶斯估计，必须定义模型参数的先验密度，并假设导致出现潜在可能性的基本分布。在空间自回归模型中，$\boldsymbol{y}$ 表示距离均值的偏差：

$$\boldsymbol{y}=\lambda \boldsymbol{W}\boldsymbol{y}+\boldsymbol{\varepsilon} \tag{3.25}$$

通常的方法是假设误差项具有潜在的正态分布。因此，和似然函数一样，可以表示为

$$L \propto |\boldsymbol{I}-\lambda \boldsymbol{W}|\, \sigma^{-n} \exp\{-(2\sigma^2)^{-1}\boldsymbol{y}'(\boldsymbol{I}-\lambda \boldsymbol{W})'(\boldsymbol{I}-\lambda \boldsymbol{W})\boldsymbol{y}\} \tag{3.26}$$

模型中的两个参数分别为自回归系数 λ 和误差方差 σ^2。采用计量经济学中的标准方法，这些参数的扩散先验密度可以表示为

$$P(\sigma) \propto \sigma^{-1},\quad 0<\sigma<+\infty \tag{3.27}$$

$$P(\lambda) \propto \text{constant},\quad -1<\lambda<+1 \tag{3.28}$$

假设 σ 和 λ 是独立的，则参数的联合先验密度的结果可表示为

$$P(\lambda,\sigma) \propto \sigma^{-1} \tag{3.29}$$

可以直接用贝叶斯定理推导出模型参数的联合后验分布，即

$$P(\lambda,\sigma \mid \boldsymbol{y}) \propto |\boldsymbol{I}-\lambda \boldsymbol{W}|\, \sigma^{-(n+1)} \exp\{-(2\sigma^2)^{-1}\boldsymbol{y}'(\boldsymbol{I}-\lambda \boldsymbol{W})'(\boldsymbol{I}-\lambda \boldsymbol{W})\boldsymbol{y}\} \tag{3.30}$$

在剔除干扰参数 σ 后，可以基于模型(3.30)的性质推导出参数 λ。

由此产生的边际后验分布形式为

$$P(\lambda \mid \boldsymbol{y}) \propto |\boldsymbol{I}-\lambda \boldsymbol{W}|\, \{\boldsymbol{y}'(\boldsymbol{I}-\lambda \boldsymbol{W})'(\boldsymbol{I}-\lambda \boldsymbol{W})\boldsymbol{y}\}^{-n/2} \tag{3.31}$$

可以通过 λ 从 -1 至 1 范围内对模型(3.31)进行积分来确保模型(3.31)是密度适当函数的归一化常数。一旦取得该常数，就可以推导出该后验概率以及参数在特定范围内的确切概率。比如，使用归一化常数 Q，该后验分布的平均值可以写成

$$\lambda_P = Q\int_{-1}^{+1} \lambda\, |\boldsymbol{I}-\lambda \boldsymbol{W}|\, \{\boldsymbol{y}'(\boldsymbol{I}-\lambda \boldsymbol{W})'(\boldsymbol{I}-\lambda \boldsymbol{W})\boldsymbol{y}\}^{-n/2}\mathrm{d}\lambda \tag{3.32}$$

对于一个二次损失函数，后验密度的平均值可以表示为最佳点估计或者最小期望损失估计(MELO 估计)。在大样本中，后验密度的似然部分会消除扩散先验的影响，并且 MELO 估计将趋向于 ML 估计。

3.2.4　空间杜宾模型

对于空间效应的另一建模方式是，假设区域 i 的被解释变量 y_i 依赖于其邻居的自变量：

$$\boldsymbol{y}=\boldsymbol{X}\boldsymbol{\beta}+\boldsymbol{W}\boldsymbol{X}\boldsymbol{\delta}+\boldsymbol{\varepsilon} \tag{3.33}$$

式中，模型 $\boldsymbol{WX\delta}$ 表示来自邻居自变量的影响，而 $\boldsymbol{\delta}$ 为相应的系数变量，此模型称为“空间杜宾模型”(Spatial Durbin Model，SDM)。由于模型(3.33)不存在内生性，故可直接进行 OLS 估计；只是解释变量 $\boldsymbol{X}$ 与 $\boldsymbol{WX}$ 之间可能存在多重共线性。如果 $\boldsymbol{\delta}=0$，则模型(3.33)简化为一般的线性回归模型。

将空间杜宾模型与空间自回归模型相结合，可得

$$\boldsymbol{y}=\lambda \boldsymbol{W}\boldsymbol{y}+\boldsymbol{X}\boldsymbol{\beta}+\boldsymbol{W}\boldsymbol{X}\boldsymbol{\delta}+\boldsymbol{\varepsilon} \tag{3.34}$$

模型(3.34)有时也被称为空间杜宾模型。

3.2.5 空间误差模型

空间依赖性还可能通过误差项来体现。考虑以下空间误差模型(Spatial Error Model,SEM 模型):

$$\boldsymbol{y}=\boldsymbol{X\beta}+\boldsymbol{u} \tag{3.35}$$

式中,扰动项 $\boldsymbol{u}$ 的生成过程为

$$\boldsymbol{u}=\rho\boldsymbol{Mu}+\boldsymbol{\varepsilon},\quad \boldsymbol{\varepsilon}\sim N(0,\sigma^2\boldsymbol{I}_n) \tag{3.36}$$

式中,$\boldsymbol{M}$ 为空间权重矩阵。该模型显示,扰动项 $\boldsymbol{u}$ 存在空间依赖性。这意味着,不包含在 $\boldsymbol{X}$ 中但对 $\boldsymbol{y}$ 有影响的遗漏变量存在空间相关性,或者不可观测的随机冲击存在空间相关性。如果 $\rho=0$,则简化为一般的线性回归模型。由模型(3.36)可得

$$\boldsymbol{Bu}\equiv(\boldsymbol{I}-\rho\boldsymbol{M})\boldsymbol{u}=\boldsymbol{\varepsilon} \tag{3.37}$$

式中,$\boldsymbol{B}\equiv\boldsymbol{I}-\rho\boldsymbol{M}$。由于扰动项存在自相关,OLS 估计方法不适用于 SEM 模型。最有效的方法为 MLE。样本的对数似然函数可写为

$$\ln L(\boldsymbol{y}\mid\rho,\sigma^2,\boldsymbol{\beta})=-\frac{n}{2}\ln 2\pi-\frac{n}{2}\ln\sigma^2+\ln(\text{abs}\mid\boldsymbol{B}\mid)-\frac{1}{2\sigma^2}(\boldsymbol{y}-\boldsymbol{X\beta})'\boldsymbol{B}'\boldsymbol{B}(\boldsymbol{y}-\boldsymbol{X\beta}) \tag{3.38}$$

在最大化式(3.38)时,仍可分两步进行:第一步,通过 GLS(广义最小二乘法)计算$\hat{\boldsymbol{\beta}}$,即最小化式(3.38)最后一项$(\boldsymbol{y}-\boldsymbol{X\beta})'\boldsymbol{B}'\boldsymbol{B}(\boldsymbol{y}-\boldsymbol{X\beta})$;然后通过一阶条件得到 $\hat{\sigma}^2$。第二步,将$\hat{\boldsymbol{\beta}}(\rho)$,$\hat{\sigma}^2(\rho)$代入对数似然函数(3.38),得到集中对数似然函数(仅为 ρ 的函数),求解最优的 $\hat{\rho}$。一个技术性问题是,在第一步中,由于目标函数涉及 $\boldsymbol{B}=\boldsymbol{I}-\rho\boldsymbol{M}$,故得不到$\hat{\boldsymbol{\beta}}(\rho)$与 $\hat{\sigma}^2(\rho)$的解析表达式。为此,需要在第一步与第二步之间进行迭代,即给定 $\hat{\rho}^{(1)}$,通过第一步得到$\hat{\boldsymbol{\beta}}(\hat{\rho}^{(1)})$,$\hat{\sigma}^2(\hat{\rho}^{(1)})$ 的具体取值,再通过第二步得到 $\hat{\rho}^{(2)}$,以此类推,直至 $\hat{\rho}$ 收敛。其中,初始值 $\hat{\rho}^{(1)}$ 可通过在第一步进行 OLS 估计,然后代入第二步而得到。

对于空间误差模型,也可以使用贝叶斯估计方法。假设模型参数的扩散先验密度为

$$P(\rho)\propto\text{constant},\quad -1<\rho<+1 \tag{3.39}$$

$$P(\boldsymbol{\beta})\propto\text{constant},\quad |\boldsymbol{\beta}|<\infty \tag{3.40}$$

$$P(\sigma)\propto\sigma^{-1},\quad 0<\sigma<+\infty \tag{3.41}$$

式中,结合独立性假设,所产生的先验密度为

$$P(\rho,\sigma,\boldsymbol{\beta})\propto\sigma^{-1} \tag{3.42}$$

该模型的似然函数形式为

$$L\propto|\boldsymbol{I}-\rho\boldsymbol{W}|\,\sigma^{-n}\exp\{-(2\sigma^2)^{-1}(\boldsymbol{y}-\boldsymbol{X\beta})'(\boldsymbol{I}-\rho\boldsymbol{W})'(\boldsymbol{I}-\rho\boldsymbol{W})(\boldsymbol{y}-\boldsymbol{X\beta})\} \tag{3.43}$$

因此,直接使用贝叶斯定理得到模型参数的后验密度:

$$P(\rho,\sigma,\boldsymbol{\beta})\propto|\boldsymbol{I}-\rho\boldsymbol{W}|\,\sigma^{-n}\exp\{-(2\sigma^2)^{-1}(\boldsymbol{y}-\boldsymbol{X\beta})'(\boldsymbol{I}-\rho\boldsymbol{W})'(\boldsymbol{I}-\rho\boldsymbol{W})(\boldsymbol{y}-\boldsymbol{X\beta})\} \tag{3.44}$$

通常而言，该误差的标准偏差 σ 被认为是一个干扰值，并且能够通过积分得出，由此产生了 ρ 和 $\boldsymbol{\beta}$ 的联合后验密度：

$$P(\rho,\boldsymbol{\beta}) \propto |\boldsymbol{I}-\rho\boldsymbol{W}| \{(\boldsymbol{y}-\boldsymbol{X\beta})'(\boldsymbol{I}-\rho\boldsymbol{W})'(\boldsymbol{I}-\rho\boldsymbol{W})(\boldsymbol{y}-\boldsymbol{X\beta})\}^{-n/2} \tag{3.45}$$

模型(3.45)构成了针对参数组合推导各种边际和联合后验分布的起点。与空间自回归模型提到的方法类似，可以在系数容许值的区间内进行积分，进而得到归一化常数，以确保结果是正确的密度函数。

3.2.6 案例二：中国城乡居民收入差距的空间效应

为考虑中国城乡居民收入差距的空间效应，构造如下截面空间滞后模型：

$$\text{theil}_i = \alpha_i + \rho \boldsymbol{w}\text{theil}_i + \beta_1 \text{gdp}_i + \beta_2 \text{urban}_i + \beta_3 \text{finance}_i + \beta_4 \text{trade}_i + \varepsilon_i \tag{3.46}$$

式中，被解释变量为泰尔指数(theil)，衡量收入差距；解释变量包括：经济增长水平(gdp)，用地区生产总值进行衡量；城市化水平(urban)，用省域城镇人口占总人口比重进行衡量；财政支出占比(finance)：用地方政府财政支出占 GDP 的比重进行衡量；外贸依存度(trade)：用省域进出口总额占地区生产总值的比重进行衡量。ρ 是空间滞后效应系数，$\boldsymbol{w}$ 是空间邻接矩阵。

选取 2020 年我国 31 个省域相关数据进行分析，数据来源于《中国统计年鉴》。利用 Stata16 软件对模型进行参数估计，主要分为三部分：第一部分为城乡收入差距空间相关性检验，第二部分为空间模型选择，第三部分为空间模型估计。城乡收入差距空间相关性检验结果如表 3.3 所示，可知 2020 年城乡收入差距的 Moran's I 值在 1% 的水平下显著为正，表明省域城乡收入差距的空间相关性在地理空间关联特征上予以体现，表现出显著的空间正相关性。

表 3.3　城乡收入差距空间相关性检验结果

年份	城乡收入差距	
	Moran's I 值	P 值
2020	0.613	0.000

空间计量模型有两个基准模型：空间滞后模型(SAR)和空间误差模型。表 3.4 的 LM 检验结果表明：LM(lag)和 R-LM(lag)均在 1% 水平下显著，但 R-LM(error)在 1% 的水平下不显著，表明空间滞后模型优于空间误差模型。故本书选取空间滞后模型进行相关分析。

表 3.4　LM 检验结果

检验统计量	LM(error)	R-LM(error)	LM(lag)	R-LM(lag)
统计值	4.757	0.531	14.712	10.486
P 值	0.029	0.466	0.000	0.001

表 3.5 为空间滞后模型估计结果。由表 3.5 可知，空间回归系数 ρ 显著为正，说明省

域城乡收入差距存在显著的空间正相关性，具有"局部俱乐部集群"现象，这也验证了采用空间计量模型的必要性。经济发展水平（gdp）、城市化水平（urban）、财政支出占比（finance）和外贸依存度（trade）的估计系数分别为－0.012、－0.136、－0.045、0.055，且均在1%的水平上显著，表明经济发展水平、城市化水平、财政支出占比的提升能够显著缩小城乡收入差距，而外贸依存度的提高会扩大城乡收入差距。

表 3.5 空间滞后模型估计结果

变量	空间滞后模型
gdp	－0.012***
	(－4.31)
urban	－0.136***
	(－4.49)
finance	－0.045***
	(－3.10)
trade	0.055***
	(4.06)
constant	0.235***
	(5.42)
ρ	0.074***
	(4.45)

注：括号内为 t 值；*** 表示在1%水平上显著。

3.2.7 软件实现

软件操作步骤如下所示。

首先，需要定义权重矩阵：

```
spatwmat using C:\Users\Desktop\W.dta, name(w)
```

其中，W 为31个省份的邻接矩阵；name(w)表示将权重矩阵命名为 w。

软件运行结果如图3.4所示。

```
The following matrix has been created:

1. Imported binary weights matrix w
   Dimension: 31x31
```

图 3.4 定义权重矩阵

图3.4显示，已生成31×31的空间权重矩阵"w"，其中元素均为0或1。

下面，计算被解释变量 theil 的全局自相关指标及相应检验：

```
spatgsa theil, w(w) moran two
```

空间相关检验结果如图3.5所示。

由图3.5可知，全局空间自相关指标强烈拒绝"无空间自相关"的原假设，即认为存在空间自相关。

进一步地，需要对空间模型的选择进行判断。首先，进行 OLS 回归：

```
Weights matrix
-----------------------------------------
Name: w
Type: Imported (binary)
Row-standardized: No
-----------------------------------------

Moran's I
```

Variables	I	E(I)	sd(I)	z	p-value*
theil	0.613	-0.033	0.109	5.955	0.000

*2-tail test

图 3.5　空间相关检验结果

reg theil gdp urban finance trade

OLS 回归结果如图 3.6 所示。

. reg theil gdp urban finance trade

Source	SS	df	MS			
				Number of obs	=	31
				F(4, 26)	=	6.64
Model	.001939673	4	.000484918	Prob > F	=	0.0008
Residual	.001899612	26	.000073062	R-squared	=	0.5052
				Adj R-squared	=	0.4291
Total	.003839285	30	.000127976	Root MSE	=	.00855

theil	Coef.	Std. Err.	t	P>|t|	[95% Conf.	Interval]
gdp	-.0077325	.0037456	-2.06	0.049	-.0154316	-.0000334
urban	-.1370909	.0426294	-3.22	0.003	-.2247169	-.0494648
finance	-.0340293	.0201512	-1.69	0.103	-.0754507	.0073922
trade	.0368821	.0181255	2.03	0.052	-.0003754	.0741397
_cons	.2027563	.0596322	3.40	0.002	.0801806	.325332

图 3.6　OLS 回归结果

图 3.6 表明，经济发展水平和城镇化水平对于收入差距均有显著的副作用，外贸依存度对于收入差距有显著的正作用。然而，如果存在空间效应，则 OLS 估计结果是有偏的。进行空间效应检验：

spatdiag , w(w)

空间效应检验结果如图 3.7 所示。

图 3.7 显示，针对空间误差(spatial error)的三个检验中，有一个拒绝了“无空间自相关”的原假设；而针对空间滞后(spatial lag)的两个检验均拒绝了“无空间自相关”的原假设。因此，选择空间滞后模型作为回归模型。

下面使用 spatreg 估计空间滞后模型。为了运行 spatreg 命令，还需要先计算矩阵“w”的特征值向量：

spatwmat using D:\W.dta, name(w) eigenval(E)

其中，eigenval(E)表示计算空间权重矩阵“w”的特征值向量，并记为 E。

软件运行结果如下：

```
Diagnostic tests for spatial dependence in OLS regression

Fitted model
theil = gdp + urban + finance + trade

Weights matrix
Name: w
Type: Imported (binary)
Row-standardized: No

Diagnostics
```

Test	Statistic	df	p-value
Spatial error:			
Moran's I	1.245	1	0.213
Lagrange multiplier	4.757	1	0.029
Robust Lagrange multiplier	0.531	1	0.466
Spatial lag:			
Lagrange multiplier	14.712	1	0.000
Robust Lagrange multiplier	10.486	1	0.001

图 3.7 空间效应检验结果

The following matrices have been created:
1. Imported binary weights matrix w
   Dimension:31×31
2. Eigenvalues matrix E
   Dimension:31×1

结果显示,特征值向量"E"为 31×1 的列向量。下面进行模型估计。

spatreg theil gdp urban finance trade, w(w) eigenval (E) model(lag) nolog

其中,model(lag)表示估计空间滞后模型。

软件运行结果如图 3.8 所示。

```
Weights matrix
 Name: w
 Type: Imported (binary)
 Row-standardized: No

Spatial lag model                               Number of obs    =        31
                                                Variance ratio   =     0.697
                                                Squared corr.    =     0.698
Log likelihood = 114.0031                       Sigma            =      0.01
```

theil	Coef.	Std. Err.	z	P>|z|	[95% Conf. Interval]	
theil						
gdp	-.0124173	.0028791	-4.31	0.000	-.0180603	-.0067743
urban	-.1369817	.0304953	-4.49	0.000	-.1967513	-.0772121
finance	-.0454644	.0146429	-3.10	0.002	-.0741641	-.0167648
trade	.0553274	.0136137	4.06	0.000	.0286451	.0820097
_cons	.2345106	.0432519	5.42	0.000	.1497383	.3192828
rho	.0740517	.0166545	4.45	0.000	.0414094	.106694

```
Wald test of rho=0:                 chi2(1) =  19.770 (0.000)
Likelihood ratio test of rho=0:     chi2(1) =  15.278 (0.000)
Lagrange multiplier test of rho=0:  chi2(1) =  14.712 (0.000)

Acceptable range for rho: -1.612 < rho < 1.000
```

图 3.8 软件运行结果

回归结果显示，空间自回归系数(rho)在 1% 水平上显著，故存在空间滞后效应。同时，经济发展水平、城镇化水平和财政支出占比对于收入差距均有显著的副作用，外贸依存度对于收入差距有显著的正作用，且系数大小与 OLS 估计结果有所不同。

3.3　截面门限空间模型

3.3.1　内生变量具有门限效应的截面门限空间模型

考虑一个具有两区制的门限空间模型：

$$\boldsymbol{y}_i = \boldsymbol{\beta}_1\Big(\sum_{j=1}^{n} w_{ij}\boldsymbol{y}_j\Big) + \boldsymbol{X}'_i\boldsymbol{\delta} + \boldsymbol{W}\boldsymbol{X}'_i\boldsymbol{\theta} + \boldsymbol{\varepsilon}_i, \quad q_i \leqslant \gamma \tag{3.47}$$

$$\boldsymbol{y}_i = \boldsymbol{\beta}_2\Big(\sum_{j=1}^{n} w_{ij}\boldsymbol{y}_j\Big) + \boldsymbol{X}'_i\boldsymbol{\delta} + \boldsymbol{W}\boldsymbol{X}'_i\boldsymbol{\theta} + \boldsymbol{\varepsilon}_i, \quad q_i > \gamma \tag{3.48}$$

式中，下标 i 表示横截面，可以是国家、州、地区、个人等；$\boldsymbol{y}_i$ 是因变量；w_{ij} 是外生空间权重矩阵 $\boldsymbol{W}$ 的第(i,j)个元素；$\sum_{j=1}^{n} w_{ij}\boldsymbol{y}_j$ 是 $\boldsymbol{y}_i$ 的空间滞后项；$\boldsymbol{X}_i$ 是严格外生的解释变量；$\boldsymbol{W}\boldsymbol{X}_i$ 是解释变量的空间滞后项；$\boldsymbol{\varepsilon}_i$ 是随机误差项；q_i 是门限变量；γ 是门限值。

进一步地，模型(3.47)和模型(3.48)可以合并写成

$$\boldsymbol{y}_i = \boldsymbol{\beta}_1\Big(\sum_{j=1}^{n} w_{ij}\boldsymbol{y}_j\Big) I(q_i \leqslant \gamma) + \boldsymbol{\beta}_2\Big(\sum_{j=1}^{n} w_{ij}\boldsymbol{y}_j\Big) I(q_i > \gamma) + \boldsymbol{X}'_i\boldsymbol{\delta} + \boldsymbol{W}\boldsymbol{X}'_i\boldsymbol{\theta} + \boldsymbol{\varepsilon}_i \tag{3.49}$$

模型(3.49)中 $I(\cdot)$ 为示性函数，当 $q_i \leqslant \gamma$ 时，$I(q_i \leqslant \gamma)$ 取值为 1；反之，取值为 0。

定义：

$$\boldsymbol{d}_\gamma = \begin{bmatrix} I(q_1 \leqslant \gamma) & & & \\ & I(q_2 \leqslant \gamma) & & \\ & & \cdots & \\ & & & I(q_n \leqslant \gamma) \end{bmatrix}$$

$$\bar{\boldsymbol{d}}_\gamma = \begin{bmatrix} I(q_1 > \gamma) & & & \\ & I(q_2 > \gamma) & & \\ & & \cdots & \\ & & & I(q_n > \gamma) \end{bmatrix} = I_n - d_\gamma$$

因此，模型(3.49)可表示为

$$\boldsymbol{y} = \boldsymbol{\beta}_1\boldsymbol{d}_\gamma\boldsymbol{W}\boldsymbol{y} + \boldsymbol{\beta}_2\bar{\boldsymbol{d}}_\gamma\boldsymbol{W}\boldsymbol{y} + \boldsymbol{X}\boldsymbol{\delta} + \boldsymbol{W}\boldsymbol{X}\boldsymbol{\theta} + \boldsymbol{\varepsilon} \tag{3.50}$$

式中，$\boldsymbol{y} = (y_1, y_2, \cdots, y_n)'$，$\boldsymbol{X} = (X_1, X_2, \cdots, X_n)'$，$\boldsymbol{\varepsilon} = (\varepsilon_1, \varepsilon_2, \cdots, \varepsilon_n)'$，$\boldsymbol{W} = \begin{bmatrix} w_{11} & \cdots & w_{1n} \\ \vdots & \vdots & \vdots \\ w_{n1} & \cdots & w_{nn} \end{bmatrix}$。

定义$\boldsymbol{\Lambda}_{\gamma}=\boldsymbol{I}_{n}-\boldsymbol{\beta}_{1}\boldsymbol{d}(\gamma)\boldsymbol{W}-\boldsymbol{\beta}_{2}\bar{\boldsymbol{d}}(\gamma)\boldsymbol{W}$，其中$\boldsymbol{I}_{n}$是$n$维的单位矩阵。若$\boldsymbol{\Lambda}_{\gamma}$是非奇异矩阵，则$\boldsymbol{y}$可以简写为

$$\boldsymbol{y}=\boldsymbol{\Lambda}_{\gamma}^{-1}(\boldsymbol{X\delta}+\boldsymbol{WX\theta}+\boldsymbol{\varepsilon}) \tag{3.51}$$

本节参考 Deng(2018)的思路估计截面门限空间模型。对于任何给定的γ，$\boldsymbol{Wy}$的理想工具变量是$E(\boldsymbol{Wy}|\gamma)$，或是$\boldsymbol{W}E(\boldsymbol{y}|\gamma)$。因此，可以利用以下展开式从模型(3.51)中推导出$\boldsymbol{W}E(\boldsymbol{y}|\gamma)$的近似值：

$$\begin{aligned}\boldsymbol{W}E(\boldsymbol{y}\mid\gamma)&=\boldsymbol{W}E[\boldsymbol{\Lambda}_{\gamma}^{-1}(\boldsymbol{X\delta}+\boldsymbol{WX\theta}+\boldsymbol{\varepsilon})\mid\gamma]\\&=\boldsymbol{W}[\boldsymbol{I}_{n}+(\boldsymbol{\beta}_{1}\boldsymbol{d}_{\gamma}\boldsymbol{W}+\boldsymbol{\beta}_{2}\bar{\boldsymbol{d}}_{\gamma}\boldsymbol{W})+(\boldsymbol{\beta}_{1}\boldsymbol{d}_{\gamma}\boldsymbol{W}+\boldsymbol{\beta}_{2}\bar{\boldsymbol{d}}_{\gamma}\boldsymbol{W})^{2}+\cdots\mid\gamma]\cdot(\boldsymbol{X\delta}+\boldsymbol{WX\theta})\end{aligned}$$

若只保留展开式的前两项，则对于任何给定的γ，$\boldsymbol{Wy}$的工具变量为$\boldsymbol{Z}_{\gamma}=\{\boldsymbol{X},\boldsymbol{WX},\boldsymbol{Wd}_{\gamma}\boldsymbol{WX},\boldsymbol{W}\bar{\boldsymbol{d}}_{\gamma}\boldsymbol{WX},\boldsymbol{W}^{2}\boldsymbol{X},\boldsymbol{Wd}_{\gamma}\boldsymbol{W}^{2}\boldsymbol{X},\boldsymbol{W}\bar{\boldsymbol{d}}_{\gamma}\boldsymbol{W}^{2}\boldsymbol{X}\}$。因此，给定$\boldsymbol{Z}_{\gamma}$，$\boldsymbol{Wy}$的简化形式可以表示为

$$\boldsymbol{Wy}=\boldsymbol{Z}_{\gamma}\boldsymbol{\Pi}_{\gamma}+\boldsymbol{u}_{\gamma} \tag{3.52}$$

式中，$\boldsymbol{\Pi}_{\gamma}$是简化形式的斜率系数向量；$\boldsymbol{u}_{\gamma}$是简化形式的误差项；$E[\boldsymbol{u}_{\gamma}|\boldsymbol{Z}_{\gamma}]=0$，或相当于$E[\boldsymbol{u}_{\gamma}|\boldsymbol{X}]=0$，$E[\boldsymbol{u}_{\gamma}|\boldsymbol{q}]=0$。将该模型中的参数分为两组：非线性阈值参数$\gamma$，线性斜率参数$\boldsymbol{\beta}_{1}$、$\boldsymbol{\beta}_{2}$和$\delta$。若$\gamma$已知，则模型(3.49)中的非线性门限模型退化为仅具有斜率参数的线性模型，因此，首先估计门限参数，然后根据门限参数估计斜率参数。

对于任何给定的γ，使用空间两阶段最小二乘(S2SLS)估计方法，其中在第一阶段，我们通过下式估计模型(3.52)中的简化参数$\boldsymbol{\Pi}_{\gamma}$：$\hat{\boldsymbol{\Pi}}_{\gamma}=(\boldsymbol{Z}_{\gamma}'\boldsymbol{Z}_{\gamma})^{-1}\boldsymbol{Z}_{\gamma}'\boldsymbol{Wy}$，进一步得$\hat{\boldsymbol{W}}\boldsymbol{y}_{\gamma}=\boldsymbol{Z}_{\gamma}\hat{\boldsymbol{\Pi}}_{\gamma}$。在第二阶段，对模型(3.50)进行最小二乘估计，其中$\boldsymbol{Wy}$替换为$\hat{\boldsymbol{W}}\boldsymbol{y}_{\gamma}$。我们将第二阶段估计量表示为：$\hat{\boldsymbol{\Theta}}_{\gamma}=(\hat{\boldsymbol{\beta}}_{1,\gamma},\hat{\boldsymbol{\beta}}_{2,\gamma},\hat{\boldsymbol{\delta}}_{\gamma}',\hat{\boldsymbol{\theta}}_{\gamma}')$，相应的残差项可以表示为

$$\hat{\boldsymbol{e}}_{\gamma}=\boldsymbol{y}-\hat{\boldsymbol{\beta}}_{1,\gamma}\boldsymbol{d}_{\gamma}\widehat{\boldsymbol{Wy}}_{\gamma}-\hat{\boldsymbol{\beta}}_{2,\gamma}\boldsymbol{d}_{\gamma}\widehat{\boldsymbol{Wy}}_{\gamma}-\boldsymbol{X}\hat{\boldsymbol{\delta}}_{\gamma}-\boldsymbol{WX}\hat{\boldsymbol{\theta}}_{\gamma} \tag{3.53}$$

注意到$\hat{\boldsymbol{e}}_{\gamma}$仅取决于未知的门限参数$\gamma$。$\gamma$可以通过最小化误差平方和来估计。因此，门限参数$\gamma$的空间两阶段最小二乘估计量为：$\hat{\gamma}=\arg\min\limits_{\gamma}\hat{\boldsymbol{e}}_{\gamma}'\hat{\boldsymbol{e}}_{\gamma}$。

一旦得到门限参数γ的估计量，非线性门限模型便退化为线性模型，并且整个样本可以基于$\hat{\gamma}$分成两个子样本。然而，空间模型不能在每个子样本中单独估计，因为对$\boldsymbol{X}$和$\boldsymbol{WX}$的斜率系数有一个跨区域限制，即$\boldsymbol{\delta}$、$\boldsymbol{\theta}$对于两个子样本是相同的。因此，建议对模型(3.50)进行空间两阶段最小二乘估计，并一次获得所有斜率参数。更具体地说，我们重复第一阶段回归和第二阶段回归，用$\hat{\gamma}$代替γ，用$\boldsymbol{Z}_{\hat{\gamma}}$代替$\boldsymbol{Z}_{\gamma}$，并估计一个具有两个空间滞后相关项$\boldsymbol{d}_{\hat{\gamma}}\boldsymbol{Wy}_{\hat{\gamma}}$和$\bar{\boldsymbol{d}}_{\hat{\gamma}}\boldsymbol{Wy}_{\hat{\gamma}}$的空间模型，以实现斜率参数$\hat{\boldsymbol{\Theta}}_{\hat{\gamma}}=(\hat{\boldsymbol{\beta}}_{1,\hat{\gamma}},\hat{\boldsymbol{\beta}}_{2,\hat{\gamma}},\hat{\boldsymbol{\delta}}_{\hat{\gamma}}',\hat{\boldsymbol{\theta}}_{\gamma}')$的S2SLS估计。

3.3.2 外生变量具有门限效应的截面门限空间模型

考虑外生变量具有门限效应的截面门限空间模型：

$$y=\beta Wy+X\delta_1 I(q_1\leqslant\gamma)+X\delta_2 I(q_1>\gamma)+WX\theta_1 I(q_1\leqslant\gamma)+WX\theta_2 I(q_1>\gamma)+\varepsilon_i \tag{3.54}$$

模型(3.54)中 $y=(y_1,y_2,\cdots,y_n)'$，$X=(X_1,X_2,\cdots,X_n)'$，$\varepsilon=(\varepsilon_1,\varepsilon_2,\cdots,\varepsilon_n)'$，$W=\begin{bmatrix} w_{11} & \cdots & w_{1n} \\ \vdots & \cdots & \vdots \\ w_{n1} & \cdots & w_{nn} \end{bmatrix}$。

本节参考思路估计模型(3.54)。对于任何给定的 γ，我们使用空间两阶段最小二乘估计方法，其中在第一阶段，对于具有内生性的变量 Wy 可通过外生变量 X 及其空间滞后项构造相应的工具变量 Z，进而通过 OLS 估计简化参数 $\boldsymbol{\Pi}$：$\hat{\boldsymbol{\Pi}}=(Z'Z)^{-1}ZWy$，进一步得 $\hat{W}y=Z\hat{\boldsymbol{\Pi}}$。在第二阶段，我们对模型(3.54)进行最小二乘估计，其中 Wy 替换为 $\hat{W}y$。我们将第二阶段估计量表示为：$\hat{\boldsymbol{\Theta}}_\gamma=(\hat{\beta},\hat{\delta}'_{1,\gamma},\hat{\delta}'_{2,\gamma},\hat{\theta}'_{1,\gamma},\hat{\theta}'_{2,\gamma})$。$\gamma$ 可以通过最小化误差平方和来估计：$\hat{\gamma}=\arg\min_{\gamma}\hat{e}'_\gamma\hat{e}_\gamma$。

3.3.3　案例三：中国城乡居民收入差距的门限效应

进一步考虑中国城乡居民收入差距的门限效应，构造如下截面门限空间回归模型：

$$\begin{aligned}\text{theil}_i=&\alpha_i+\rho_1 w\text{theil}_i(\text{urban}_i\leqslant\gamma)+\rho_2 w\text{theil}_i(\text{urban}_i>\gamma)+\\&\beta_1\text{gdp}_i(\text{urban}_i\leqslant\gamma)+\beta_2\text{gdp}_i(\text{urban}_i>\gamma)+\beta_3\text{urban}_i(\text{urban}_i\leqslant\gamma)+\\&\beta_4\text{urban}_i(\text{urban}_i>\gamma)+\beta_5\text{finance}_i(\text{urban}_i\leqslant\gamma)+\beta_6\text{finance}_i(\text{urban}_i>\gamma)+\\&\beta_7\text{trade}_i(\text{urban}_i\leqslant\gamma)+\beta_8\text{trade}_i(\text{urban}_i>\gamma)+\varepsilon_i\end{aligned} \tag{3.55}$$

其中，被解释变量为泰尔指数(theil)，衡量收入差距；解释变量包括：经济发展水平(gdp)，用地区生产总值进行衡量；城市化水平(urban)，用省域城镇人口占总人口比重进行衡量；财政支出占比(finance)：用地方政府财政支出占地区生产总值的比重进行衡量；外贸依存度(trade)：用省域进出口总额占地区生产总值的比重进行衡量；门限变量为城市化水平(urban)，γ 是门限值，ρ 是空间滞后效应系数，w 是空间邻接矩阵。

选取 2020 年我国 31 个省域相关数据进行分析，数据来源于《中国统计年鉴》。利用 Stata16 软件对模型进行参数估计，主要分为两部分：第一部分为工具变量估计，第二部分为门限空间模型估计。参考 Deng(2018)的做法，选取解释变量及其空间一阶滞后项作为被解释变量空间滞后项的工具变量，并进行工具变量估计。工具变量估计结果如表 3.6 所示。可知，绝大部分工具变量的估计系数均至少在 10%的水平上显著，且工具变量联合显著性检验的 F 统计量均明显大于 10，证明了工具变量的有效性。

表 3.6　工具变量估计结果

变量	wtheil
gdp	−0.024*
	(−1.86)

续表

变量	*w*theil
urban	−0.215 (−1.67)
finance	−0.093 (−1.56)
trade	0.115* (1.96)
*w*gdp	0.008*** (4.31)
*w*urban	−0.067** (−2.21)
*w*finance	0.055*** (6.05)
*w*trade	−0.011 (−0.82)
F	54.91

注：括号内为 t 值；*、**、*** 分别表示在 10%、5%、1%水平上显著。

门限效应检验结果如表 3.7 所示。可知，门限效应检验结果接受单门限假设，拒绝双门限假设。

表 3.7 门限效应检验结果 2

门限变量	门限数	P 值
urban	单门槛	0.008
	双门槛	0.563

截面门限空间模型估计结果如表 3.8 所示。由表 3.8 可知，空间回归系数 ρ 在两区制中均显著为正，说明省域城乡收入差距在两区制中均存在显著的空间正相关性。当 urban≤0.592 时，经济发展水平(gdp)、城市化水平(urban)、财政支出占比(finance)和外贸依存度(trade)的估计系数分别为−0.022、−0.236、−0.101、−0.056，且均在 1%的水平上显著为负，表明经济发展水平、城市化水平、财政支出占比和外贸依存度的提升能够显著缩小城乡收入差距；当 urban>0.592 时，经济发展水平(gdp)、城市化水平(urban)、财政支出占比(finance)和外贸依存度(trade)的估计系数分别为−0.017、−0.215、−0.112、0.075，同样均至少在 1%的水平上显著。同时可以发现，各解释变量在不同区制内的系数估计结果存在差异，甚至外贸依存度(trade)在不同区制内的估计系数符号相反，表明模型的门限效应较为显著。

最后，将门限空间模型估计结果与空间模型估计结果对比，可以发现，在空间效应及各解释变量的估计量上，两个模型没有较大差异。但门限空间模型在考虑空间效应的基础上还考察了门限效应，是对空间模型的进一步扩展，更加细致地刻画了城乡收入差距的

表 3.8　截面门限空间模型估计结果

变量	urban≤0.592	urban>0.592
*w*theil	0.072***	0.062***
	(5.14)	(7.75)
gdp	−0.022***	−0.017***
	(−7.33)	(−8.50)
urban	−0.236***	−0.215***
	(−8.43)	(−7.17)
finance	−0.101***	−0.112***
	(−8.42)	(−6.22)
trade	−0.056***	0.075***
	(−7.50)	(3.11)
constant	0.406***	0.349***
	(9.02)	(9.69)
R^2	0.910	0.554

注：括号内为 t 值；*** 表示在 1%水平上显著。

影响机制。

3.3.4　软件实现

软件操作步骤如下所示。

首先，进行工具变量回归：

```
reg wtheil gdp finance trade urban wgdp wfinance wtrade wurban
```

工具变量回归结果如图 3.9 所示。

Source	SS	df	MS			
				Number of obs	=	31
				F(8, 22)	=	54.91
Model	.241016156	8	.030127019	Prob > F	=	0.0000
Residual	.01207087	22	.000548676	R-squared	=	0.9523
				Adj R-squared	=	0.9350
Total	.253087025	30	.008436234	Root MSE	=	.02342

wtheil	Coef.	Std. Err.	t	P>|t|	[95% Conf.	Interval]
gdp	-.0239885	.0128975	-1.86	0.076	-.0507362	.0027593
finance	-.0926343	.0595484	-1.56	0.134	-.2161301	.0308614
trade	.1147987	.0586228	1.96	0.063	-.0067775	.2363749
urban	-.2149637	.1288781	-1.67	0.109	-.4822405	.0523131
wgdp	.0075409	.0017505	4.31	0.000	.0039106	.0111712
wfinance	.0545186	.0090047	6.05	0.000	.035844	.0731932
wtrade	-.0111789	.0136858	-0.82	0.423	-.0395615	.0172036
wurban	-.0668193	.0301896	-2.21	0.038	-.1294287	-.0042099
_cons	.335134	.1850251	1.81	0.084	-.0485846	.7188526

图 3.9　工具变量回归结果

接着将工具变量预测值保存为变量 yhat：

```
predict yhat
```

进一步地，检验门限效应是否存在，其中，门限变量为 urban：

thresholdtest theil yhat gdp urban finance trade, q(urban) trim_per(0.15) rep(5000)

门限检验结果如图 3.10 所示。

```
Test of Null of No Threshold Against Alternative of Threshold
Allowing Heteroskedastic Errors (White Corrected)

Number of Bootstrap Replications:  5000
Trimming Percentage:               .15

Threshold Estimate:                .59859997
LM-test for no threshold:          14.8365707
Bootstrap P-Value:                 .0076
```

图 3.10 门限检验结果 2

由检验结果可知，检验结果拒绝了“不存在门限效应”的原假设，表明存在门限效应，适合使用门限模型。

下面进行门限模型回归：

thresholdreg theil yhat gdp urban finance trade , q(urban) h(1)

门限模型回归结果如图 3.11 所示。

```
Threshold Estimation

Threshold Estimate:                 .592299998
.95 Confidence Iterval:             [.568799973,.592299998]
Sum of Squared Errors               .00041305
Residual Variance:                  .000021739
Joint R-Squared:                    .892414792
Heteroskedasticity Test (p-value):.547804807

Regime1      q<=.592299998

Parameter Estimates

Independent Variables          Estimate               St Error

Intercept                      .40648223              .045093295
yhat                           .071784765             .014461764
gdp                           -.021591298             .003096595
urban                          -.235871574              .028023021
finance                          -.100761434              .012459874
trade                          -.056262111             .017511704

.95 Confidence Regions for Parameters.
Independent Variables          Low                    High

Intercept                      .300824617             .494865089
yhat                           .043439708             .102294392
gdp                           -.027660624            -.013988455
urban                           -.290796696             -.180946452
finance                           -.125182786             -.072516054
trade                           -.1007343            -.021939171

Observations:                   15
Degrees of Freedom:             9
Sum of Squared Errors:          .000168091
Residual Variance:              .000018677
R-squared:                      .910381254
```

图 3.11 门限模型回归结果

Regime2　q>.592299998

Parameter Estimates

Independent Variables	Estimate	St Error
Intercept	.3485462	.035580906
yhat	.062386804	.007706006
gdp	-.017251294	.002288368
urban	-.214617276	.029990661
finance	-.112477944	.018336177
trade	.074649454	.009620709

.95 Confidence Regions for Parameters.

Independent Variables	Low	High
Intercept	.232211323	.418284775
yhat	.047283032	.084282103
gdp	-.021736496	-.010099404
urban	-.273398971	-.129621843
finance	-.14841685	-.060118799
trade	.047405106	.093506043

Observations:	16
Degrees of Freedom:	10
Sum of Squared Errors:	.000244959
Residual Variance:	.000024496
R-squared:	.809319505

图 3.11　门限模型回归结果(续)

进一步地,考虑是否存在双门限效应。由前文可知,第一门限值为 0.592,因此,首先将第一门限以下的样本删除:

```
drop if urban<=.592299998
```

接着,重复与估计第一门限相同的步骤。先检验是否存在第二门限:

```
thresholdtest theil yhat gdp urban finance trade, q(urban) trim_per(0.15) rep(5000)
```

第二门限检验结果如图 3.12 所示。

Test of Null of No Threshold Against Alternative of Threshold
Allowing Heteroskedastic Errors (White Corrected)

Number of Bootstrap Replications:	5000
Trimming Percentage:	.15
Threshold Estimate:	.619799972
LM-test for no threshold:	7.6961519
Bootstrap P-Value:	.5632

图 3.12　第二门限检验结果

由检验结果可知,检验结果接受了“不存在门限效应”的原假设,表明第二门限不存在,适合使用单门限模型。

第 4 章　面板数据门限模型

在对现实中的经济现象进行分析研究时，许多时候假设变量之间存在线性关系，进而通过构建线性模型得出的结果并不理想，造成这种实证研究结果与现实经济现象偏离的一个重要原因在于：经济现象的内在规律是非线性的，需要通过构建非线性模型来刻画变量之间的非线性关系，在研究对象是多个个体、多时间维度的情况下，面板门限回归模型恰恰提供了解决一类非线性问题的手段。在早期的门限模型研究中，研究者主观地确定一个门限值，然后根据此门限值将样本分为多个子样本，但是并未对门限值进行参数估计，也没有对其显著性进行统计检验，门限值的统计意义很弱，Hansen 以残差平方和最小化为条件估计门限值，构建了检验门限效应的统计量，克服了传统门限回归模型主观设定门限值可能导致的偏误。

4.1　面板门限回归模型

4.1.1　面板门限回归模型的构建

假设所获得的观测数据是一个平稳的面板数据$\{y_{it}, q_{it}, \boldsymbol{x}_{it}: 1\leqslant i\leqslant n, 1\leqslant t\leqslant T\}$。具有 m 个门限值的面板门限回归模型可以表示为

$$y_{it}=\mu_i+\boldsymbol{\beta}_1'\boldsymbol{x}_{it}I(q_{it}\leqslant\gamma_1)+\cdots+\boldsymbol{\beta}_m'\boldsymbol{x}_{it}I(\gamma_{m-1}<q_{it}\leqslant\gamma_m)+\boldsymbol{\beta}_{m+1}'\boldsymbol{x}_{it}I(q_{it}>\gamma_m)+e_{it} \tag{4.1}$$

式中，y_{it} 表示被解释变量；$\boldsymbol{x}_{it}$ 表示解释变量组成的K 维向量；q_{it} 表示门限变量；$\gamma_1<\gamma_2<\cdots<\gamma_m$ 表示从小到大排列的门限值；$\boldsymbol{\beta}$ 表示解释变量对应的系数组成的向量；$I(\cdot)$是指示函数；e_{it} 表示残差项；μ_i 代表个体固定效应；下标 i 表示个体；t 表示时间。式(4.1)也可以写成

$$y_{it}=\begin{cases}\mu_i+\boldsymbol{\beta}_1'\boldsymbol{x}_{it}+e_{it}, & q_{it}\leqslant\gamma_1\\ \quad\vdots & \\ \mu_i+\boldsymbol{\beta}_m'\boldsymbol{x}_{it}+e_{it}, & \gamma_{m-1}<q_{it}\leqslant\gamma_m\\ \mu_i+\boldsymbol{\beta}_{m+1}'\boldsymbol{x}_{it}+e_{it}, & q_{it}>\gamma_m\end{cases} \tag{4.2}$$

令

$$\boldsymbol{x}_{it}(\gamma)=\boldsymbol{x}_{it}(\gamma_1,\gamma_2,\cdots,\gamma_m)=\begin{cases}\boldsymbol{x}_{it}I(q_{it}\leqslant\gamma_1)\\ \quad\vdots\\ \boldsymbol{x}_{it}I(\gamma_{m-1}<q_{it}\leqslant\gamma_m)\\ \boldsymbol{x}_{it}I(q_{it}>\gamma_m)\end{cases} \tag{4.3}$$

且$\boldsymbol{\beta}=(\boldsymbol{\beta}_1',\cdots,\boldsymbol{\beta}_m',\boldsymbol{\beta}_{m+1}')'$，因此，式(4.1)又可以写成

$$y_{it}=\mu_i+\boldsymbol{\beta}'\boldsymbol{x}_{it}(\gamma)+e_{it} \tag{4.4}$$

将门限变量 q_{it} 与门限值 $\gamma_1,\gamma_2,\cdots,\gamma_m$ 进行比较，观测值可被分为不同的机制下。在不同的机制下，回归得到的斜率不同，即 $\boldsymbol{\beta}=(\boldsymbol{\beta}_1',\cdots,\boldsymbol{\beta}_m',\boldsymbol{\beta}_{m+1}')'$。为了识别 $\boldsymbol{\beta}=(\boldsymbol{\beta}_1',\cdots,\boldsymbol{\beta}_m',\boldsymbol{\beta}_{m+1}')'$，要求 $\boldsymbol{x}_{it}$ 不是随时间不变的。因此，Hansen(1990a)也假定门限变量 q_{it} 不是随时间不变的。假定误差项服从均值为 0、方差为 σ^2 的独立同分布。

4.1.2 门限值的估计

在线性模型中，可以采用减去个体特定均值的方法消除个体效应 μ_i。但在非线性模型中，需要更严格的处理。在 t 时期对式(4.4)求平均得到：

$$\bar{y}_i=\mu_i+\boldsymbol{\beta}'\bar{\boldsymbol{x}}_i(\gamma)+\bar{e}_i \tag{4.5}$$

式中，$\bar{y}_i=T^{-1}\sum\limits_{t=1}^{T}y_{it}$，$\bar{e}_i=T^{-1}\sum\limits_{t=1}^{T}e_{it}$，且

$$\bar{\boldsymbol{x}}_i(\gamma)=\frac{1}{T}\sum_{t=1}^{T}\boldsymbol{x}_{it}(\gamma)=\begin{bmatrix}\frac{1}{T}\sum\limits_{t=1}^{T}\boldsymbol{x}_{it}I(q_{it}\leqslant\gamma_1)\\ \vdots \\ \frac{1}{T}\sum\limits_{t=1}^{T}\boldsymbol{x}_{it}I(\gamma_{m-1}<q_{it}\leqslant\gamma_m)\\ \frac{1}{T}\sum\limits_{t=1}^{T}\boldsymbol{x}_{it}I(q_{it}>\gamma_m)\end{bmatrix} \tag{4.6}$$

用式(4.4)减式(4.5)，得

$$y_{it}^*=\boldsymbol{\beta}'\boldsymbol{x}_{it}^*(\gamma)+e_{it}^* \tag{4.7}$$

式中，$y_{it}^*=y_{it}-\bar{y}_i$，$\boldsymbol{x}_{it}^*(\gamma)=\boldsymbol{x}_{it}(\gamma)-\bar{\boldsymbol{x}}_i(\gamma)$，$e_{it}^*=e_{it}-\bar{e}_i$。

令 $\boldsymbol{y}_i^*=\begin{bmatrix}y_{i2}^*\\ \vdots\\ y_{iT}^*\end{bmatrix}$，$\boldsymbol{x}_i^*(\gamma)=\begin{bmatrix}\boldsymbol{x}_{i2}^*(\gamma)'\\ \vdots\\ \boldsymbol{x}_{iT}^*(\gamma)'\end{bmatrix}$，$\boldsymbol{e}_i^*=\begin{bmatrix}e_{i2}^*\\ \vdots\\ e_{iT}^*\end{bmatrix}$

用不带时间标注的符号表示单个个体堆积的数据和误差。然后用 $\boldsymbol{Y}^*$、$\boldsymbol{X}^*(\gamma)$ 和 $\boldsymbol{e}^*$ 表示所有个体数据的堆积，如：

$$\boldsymbol{X}^*(\gamma)=\begin{bmatrix}\boldsymbol{x}_1^*(\gamma)\\ \vdots\\ \boldsymbol{x}_i^*(\gamma)\\ \vdots\\ \boldsymbol{x}_n^*(\gamma)\end{bmatrix}$$

则式(4.7)可表示为

$$\boldsymbol{Y}^*=\boldsymbol{X}^*(\gamma)\boldsymbol{\beta}+\boldsymbol{e}^* \tag{4.8}$$

对任意给定的 $\gamma_1,\gamma_2,\cdots,\gamma_m$，用最小二乘法估计出 $\boldsymbol{\beta}$，即

$$\hat{\boldsymbol{\beta}}(\gamma)=[\boldsymbol{X}^*(\gamma)'\boldsymbol{X}^*(\gamma)]^{-1}\boldsymbol{X}^*(\gamma)'\boldsymbol{Y}^* \tag{4.9}$$

回归残差向量为$\hat{\boldsymbol{e}}^*(\gamma)=\boldsymbol{Y}^*-\boldsymbol{X}^*(\gamma)\hat{\boldsymbol{\beta}}(\gamma)$。

残差平方和为

$$S_1(\gamma_1,\gamma_2,\cdots,\gamma_m)=\hat{\boldsymbol{e}}^*(\gamma)'\hat{\boldsymbol{e}}^*(\gamma)=\boldsymbol{Y}^{*\prime}\{\boldsymbol{I}-\boldsymbol{X}^*(\gamma)'[\boldsymbol{X}^*(\gamma)'\boldsymbol{X}^*(\gamma)]^{-1}\boldsymbol{X}^*(\gamma)\}\boldsymbol{Y}^* \tag{4.10}$$

$(\gamma_1,\gamma_2,\cdots,\gamma_m)$的联合最小二乘估计就是使得$S_1(\gamma_1,\gamma_2,\cdots,\gamma_m)$最小的值。

根据 Chong(1994)、Bai(1997)、Bai 和 Perron(1998)的研究，在有多个突变点的模型中，连续的估计是一致的。将这一思想运用于多门限回归模型中。令$S_1(\gamma_1)$表示单门限的残差平方和，令$\hat{\gamma}_1$表示使得$S_1(\gamma_1)$最小的门限值的估计值。

固定住第一阶段门限估计值$\hat{\gamma}_1$，第二阶段准则是

$$S_2(\gamma_2)=\begin{cases}S(\hat{\gamma}_1,\gamma_2), & \hat{\gamma}_1<\gamma_2\\ S(\gamma_2,\hat{\gamma}_1), & \gamma_2<\hat{\gamma}_1\end{cases} \tag{4.11}$$

则第二阶段门限估计值为

$$\hat{\gamma}_2=\arg\min_{\gamma_2} S_2(\gamma_2) \tag{4.12}$$

同样，固定住$\hat{\gamma}_1,\hat{\gamma}_2,\cdots,\hat{\gamma}_{j-1}$，则第$j$阶段准则是

$$S_j^r(\gamma_j)=\begin{cases}S(\gamma_j,\hat{\gamma}_1,\hat{\gamma}_2,\cdots,\hat{\gamma}_{j-1}), \gamma_j<\hat{\gamma}_1<\hat{\gamma}_2<\cdots<\hat{\gamma}_{j-1}\\ S(\hat{\gamma}_1,\gamma_j,\hat{\gamma}_2,\cdots,\hat{\gamma}_{j-1}), \hat{\gamma}_1<\gamma_j<\hat{\gamma}_2<\cdots<\hat{\gamma}_{j-1}\\ \vdots\\ S(\hat{\gamma}_1,\hat{\gamma}_2,\cdots,\hat{\gamma}_{j-1},\gamma_j), \hat{\gamma}_1<\hat{\gamma}_2<\cdots<\hat{\gamma}_{j-1}<\gamma_j\end{cases} \tag{4.13}$$

则第j阶段门限估计值为

$$\hat{\gamma}_j^r=\arg\min_{r_j} S_j^r(\gamma_j)$$

Bai(1997)证明了$\hat{\gamma}_2^r$是渐近有效的，但$\hat{\gamma}_1$不是。这是因为$\hat{\gamma}_1$的估计是通过残差平方和函数，而这个残差平方和函数受到了忽略的机制的不良影响。Bai(1997)提出了如下改良的估计方法。固定住第二阶段估计值$\hat{\gamma}_2^r$，定义改良准则为

$$S_1^r(\gamma_1)=\begin{cases}S(\gamma_1,\hat{\gamma}_2^r), & \gamma_1<\hat{\gamma}_2^r\\ S(\hat{\gamma}_2^r,\gamma_1), & \hat{\gamma}_2^r<\gamma_1\end{cases} \tag{4.14}$$

则改良的估计量为

$$\hat{\gamma}_1^r=\arg\min_{\gamma_1} S_1^r(\gamma_1) \tag{4.15}$$

Bai(1997)证明了$\hat{\gamma}_1^r$的改良估计量在有突变点的模型中是渐近有效的。Hansen(1999a)认为在门限回归中也会有相似的结果。同理，可以求出所有渐近有效的门限估计值$\gamma_1^r,\gamma_2^r,\cdots,\gamma_m^r$。

估计出$\hat{\gamma}_1,\hat{\gamma}_2,\cdots,\hat{\gamma}_m$，可得到斜率系数估计值$\hat{\boldsymbol{\beta}}=\hat{\boldsymbol{\beta}}(\hat{\gamma}_1,\hat{\gamma}_2,\cdots,\hat{\gamma}_m)$，残差向量$\hat{\boldsymbol{e}}^*=$

$\hat{\boldsymbol{e}}^*(\hat{\gamma}_1,\hat{\gamma}_2,\cdots,\hat{\gamma}_m)$，残差方差为

$$\hat{\sigma}^2=\frac{1}{n(T-1)}\hat{\boldsymbol{e}}^{*\prime}\hat{\boldsymbol{e}}^*=\frac{1}{n(T-1)}S_1(\hat{\gamma}_1,\hat{\gamma}_2,\cdots,\hat{\gamma}_m) \tag{4.16}$$

4.1.3　门限效应检验

在模型(4.1)中，可能无门限效应，可能存在单门限效应，可能存在多门限效应(门限值个数大于或等于 2)。首先检验是否存在门限效应，可以对无门限效应和单门限效应进行比较，在无门限效应时，门限值 $\gamma_1,\gamma_2,\cdots,\gamma_m$ 无法被识别，所以传统的检验不服从标准分布。对于式(4.7)，Hansen(1996)建议使用自举法(bootstrap procedure)模拟似然比检验的渐近分布。

在无门限效应的原假设下，模型为

$$y_{it}=\mu_i+\boldsymbol{\beta}_1'\boldsymbol{x}_{it}+e_{it} \tag{4.17}$$

消除固定效应以后，模型变为

$$y_{it}^*=\boldsymbol{\beta}_1'\boldsymbol{x}_{it}^*+e_{it}^* \tag{4.18}$$

通过最小二乘法估计得到$\tilde{\boldsymbol{\beta}}_1$、$\tilde{\boldsymbol{e}}^*$及误差平方和 $S_0=\tilde{\boldsymbol{e}}^{*\prime}\tilde{\boldsymbol{e}}^*$。因此可以基于式(4.19)进行似然比检验。

$$F_1=\frac{S_0-S_1(\hat{\gamma})}{\hat{\sigma}^2} \tag{4.19}$$

F_1 的渐近分布是非标准的，通常取决于样本的大小，因此，临界值无法通过查表得到。Hansen(1996)证明可以通过自举法实现一阶渐近分布，所以通过自举法得到的 P 值是渐近有效的。

对于面板数据，自举法的实现过程为：对给定的解释变量 $\boldsymbol{x}_{it}$ 和门限变量 q_{it}，在重复的自举样本中将其固定住，获得回归残差$\hat{\boldsymbol{e}}_{it}^*$，依据个体将其堆积起来，得到$\hat{\boldsymbol{e}}_i^*=(\hat{e}_{i1}^*,\hat{e}_{i2}^*,\cdots,\hat{e}_{iT}^*)$。将样本$\{\hat{e}_1^*,\hat{e}_2^*,\cdots,\hat{e}_n^*\}$作为经验分布进行自举。从经验分布中抽出一个大小为 n 的样本，并用这些误差构建一个零假设下的自举样本。采用自举样本，对模型(4.18)和单门限模型进行估计，并计算似然比统计量 F_1 的自举值。对这个过程进行大量重复，并计算出模拟的统计数值超过真实值的百分比。如果所得的 P 值小于期望的临界值，就拒绝无门限效应的假设。

在进行无门限效应和单门限效应的检验以后，还需要进行多门限效应的检验(门限值个数大于或等于 2)。Hansen(1999a)构建了一个 F_1 统计量来检验是否存在门限效应，并提出自举法来估计渐近 P 值。若 F_1 拒绝了无门限效应的原假设，在模型(4.1)中，还需要进行多门限效应检验，第 j 阶段门限值估计中要最小化的残差平方和是 $S_j^r(\gamma_j^r)$，其方差估计值为 $S_j^r(\hat{\gamma}_j^r)/n(T-1)$。因此，用来判别是存在 $j-1$ 门限效应还是 j 门限效应的渐近似然比检验统计量为

$$F_j=\frac{S_{j-1}(\hat{\gamma}_{j-1})-S_j^r(\hat{\gamma}_j^r)}{\hat{\sigma}^2} \tag{4.20}$$

同样，Hansen(1999a)建议用一个自举法来估计样本分布。为了生成自举样本，在重

复的自举抽样中将解释变量 $\boldsymbol{x}_{it}$ 和门限变量 q_{it} 固定住。自举误差可从备择假设下计算的残差中抽取得到,因此,模型(4.1)最小二乘法估计的残差也是如此。按个体将回归残差 $\hat{\boldsymbol{e}}_{it}^{*}$ 堆积起来,得到 $\hat{\boldsymbol{e}}_{i}^{*}=(\hat{e}_{i1}^{*},\hat{e}_{i2}^{*},\cdots,\hat{e}_{iT}^{*})$,再将样本 $(\hat{e}_{1}^{*},\hat{e}_{2}^{*},\cdots,\hat{e}_{n}^{*})$ 作为一个经验分布。从经验分布中重复抽取误差样本。令 $\boldsymbol{e}_{i}^{\#}$ 表示一类 $T\times 1$ 的样本。被解释变量 y_{it} 应产生于 $j-1$ 门限回归模型,因此,用如下等式:

$$y_{it}^{\#}=\hat{\boldsymbol{\beta}}_{1}'\boldsymbol{x}_{it}I(q_{it}\leqslant\hat{\gamma}_{1})+\cdots+\hat{\boldsymbol{\beta}}_{j-1}'\boldsymbol{x}_{it}I(\hat{\gamma}_{j-2}<q_{it}\leqslant\hat{\gamma}_{j-1})+\hat{\boldsymbol{\beta}}_{j}'\boldsymbol{x}_{it}I(q_{it}>\hat{\gamma}_{j-1})+e_{it}^{\#} \tag{4.21}$$

式(4.21)取决于 $j-1$ 门限回归模型的最小二乘估计参数值 $\hat{\boldsymbol{\beta}}_{1},\hat{\boldsymbol{\beta}}_{2},\cdots,\hat{\boldsymbol{\beta}}_{j}$ 和 $\hat{\gamma}_{1},\hat{\gamma}_{2},\cdots,\hat{\gamma}_{j-1}$。在自举样本中,统计量 F_{j} 可以计算得出,将上述过程重复多次,则可以计算出自举 P 值。

4.1.4 置信区间估算

当存在门限效应时,Chan(1993)和 Hansen(1997b)证明了 $\hat{\gamma}$ 与 γ_{0}(γ 的真实值)是一致的,但渐近分布是高度不标准的。Hansen(1997b)认为构建 γ 的置信区最好的方法是用检验 γ 的似然比统计量去构建“不拒绝区域”。

$$\mathrm{LR}(\gamma)=\frac{S(\gamma)-S(\hat{\gamma})}{\hat{\sigma}^{2}} \tag{4.22}$$

Hansen(1999a)证明,在相关假设和原假设 $H_{0}:\gamma=\gamma_{0}$ 下,

$$\mathrm{LR}(\gamma)\underset{d}{\rightarrow}\xi$$

当 $n\rightarrow\infty$ 时,其中,ξ 是一个随机变量,其分布函数为

$$P(\xi\leqslant x)=[1-\exp(-x/2)]^{2} \tag{4.23}$$

上述渐近分布可被用来构建渐近的置信区间。分布函数(4.16)的反函数为

$$c(\alpha)=-2\ln(1-\sqrt{1-\alpha}) \tag{4.24}$$

通过反函数,可以计算出临界值。例如,当显著性水平为10%时,可以计算出临界值为6.53;当显著性水平为5%时,可以计算出临界值为7.35;当显著性水平为1%时,临界值为10.59。若 $\mathrm{LR}(\gamma_{0})$ 超过 $c(\alpha)$,则拒绝假设 $H_{0}:\gamma=\gamma_{0}$。

Bai(1997)证明了改良的估计量 $\hat{\gamma}_{j-1}^{r}$ 有着与 $j-1$ 门限模型中门限估计值相同的渐近分布,这意味着能像在 $j-1$ 门限模型的情况下构建置信区间。

令

$$\mathrm{LR}_{j}^{r}(\gamma_{j})=\frac{S_{j}^{r}(\gamma_{j})-S_{j}^{r}(\hat{\gamma}_{j}^{r})}{\hat{\sigma}_{2}},\quad \mathrm{LR}_{j-1}^{r}(\gamma_{j-1})=\frac{S_{j-1}^{r}(\gamma_{j-1})-S_{j-1}^{r}(\hat{\gamma}_{j-1}^{r})}{\hat{\sigma}_{2}}$$

式中,$S_{j}^{r}(\gamma_{j})$ 和 $S_{j-1}^{r}(\gamma_{j-1})$ 的形式如式(4.13),γ_{j} 和 γ_{j-1} 的渐近 $(1-\alpha)\%$ 置信区间,分别是使得 $\mathrm{LR}_{j}^{r}(\gamma_{j})\leqslant c(\alpha)$ 和 $\mathrm{LR}_{j-1}^{r}(\gamma_{j-1})\leqslant c(\alpha)$ 的 γ_{j} 和 γ_{j-1} 的值。

4.1.5 案例一:住宅能源需求与燃料匮乏[①]

2014年,居住部门占欧洲能源消费的25.40%。该部门的能源需求仍在随着社会日

① CHARLIER D, KAHOULI S. From Residential energy demand to fuel poverty: income-induced non-linearities in the reactions of households to energy price fluctuations[J]. The energy journal, 2019, 40(2): 101-137.

益富裕的经济水平稳步增长。这一趋势有望在不久的将来继续下去。因此,加强对住宅能源需求的决定因素和家庭特征的理解,对经济学领域和政策分析都很重要。尽管关于住宅部门能源需求决定因素的问题已经进行了大量分析(Meier 和 Rehdanz,2010; Cayla 等,2011; Newell 和 Pizer,2008; Rich 和 Salmon,2017),但迄今为止,关于这些决定因素与家庭特征(特别是其燃料匮乏状况)重叠的研究很少。事实上,一方面,有大量关于居民能源需求决定因素的文献,其中确定了解释能源消费的变量,主要侧重于价格和收入的作用。另一方面,燃料匮乏的研究越来越受到学者的关注,相关研究集聚焦于燃料匮乏的定义、衡量方法以及解决方案。然而,要制定具有提高能源效率和在住宅部门消除燃料匮乏双重目标的公共政策,就必须了解家庭对这些政策的响应程度,以及根据其燃料匮乏状况,家庭的响应是否存在异质性。除非共同分析居民能源需求的决定因素和燃料匮乏问题,否则就无法实现这一目标。在欧洲层面,每个国家的政府根据欧洲的目标制定自己的政策,以适应具体的国家环境,解决居民能源效率和燃料匮乏问题。然而,从这些异质的国家政策中学习(甚至溢出)可能非常有用,并与相互关联的欧洲目标相辅相成。在此背景下,2018 年 1 月成立的欧盟能源贫困观察站(EPOV)的目标之一是"通过汇集整个欧盟不同程度存在的不同来源的数据和知识,提高透明度","促进地方、国家和欧盟级别的决策者作出明智的决策"。

无论采取何种类型的措施,在住宅部门实施旨在消除燃料匮乏的适当公共政策,都需要深入了解住宅能源消费的决定因素,特别是在燃料匮乏家庭的情况下。没有家庭的响应,任何政策措施都不会有效。因此,在案例中,通过考虑居民能源需求的传统决定因素,将重点放在收入对家庭对能源价格波动反应的非线性影响上。特别关注研究燃料匮乏家庭与非燃料匮乏家庭的敏感性,用取暖能源价格的弹性来衡量。考虑到其他社会经济和居住特征,在分析中加入一个新的维度,即考虑收入对家庭对能源价格变化的反应的影响。家庭敏感度的差异,或者能源价格弹性之间的差异,确实取决于收入水平。由此延伸,案例还从收入贫困和燃料匮乏之间的关系的本质来看收入诱导的非线性的影响:收入贫困一定会转化为燃料匮乏吗?

1. 数据与模型

1) 模型构建

应用于案例研究,面板门限回归模型设定如下:

$$\begin{aligned}\ln\mathrm{EC}_{it} = \mu_i + \alpha\boldsymbol{X}_{it} + \beta_1 P_{it}\cdot I(\ln\mathrm{INC}_{it}\leqslant\gamma_1) + \beta_2 P_{it}\cdot \\ I(\gamma_1<\ln\mathrm{INC}_{it}\leqslant\gamma_2) + \beta_3 P_{it}\cdot I(\gamma_2<\ln\mathrm{INC}_{it}\leqslant\gamma_3) + \xi_{it}\end{aligned}$$

其中,下标 $i=1,\cdots,N$ 表示家庭,$t=1,\cdots,T$ 表示时间索引。μ_i 是特定于家庭的固定效应。EC_{it} 表示因变量,即供暖能耗。$\boldsymbol{X}_{it}$ 是外生控制变量的向量,其中相关的斜率系数被假定为与机制无关。$I(\cdot)$是由门限变量 INC 定义的状态的指标函数,以及相关的门限水平 γ。只有价格变量 P_{it} 取决于门限变量,强调家庭对价格波动的反应主要取决于其财务禀赋。最后,ξ_{it} 表示允许条件异方差性和弱依赖性的误差项。控制变量主要包括以下三类。

(1) 家庭特征:可支配收入(INC)、贫困线(POOR)、人数(NB)、住房使用权类型

(TEN)和家庭维持适当温暖水平的经济能力(TEM)。

(2) 住宅特征：住宅类型(DWTY)，供暖系统的所有权(OWHS)，难以将住宅加热到适当的温暖水平(DIFFH)，是否存在屋顶漏水、潮湿的墙壁/地板/地基、窗框或地板腐烂(LEAK)，以及暴露和日光(DARK)。

(3) 气候特征(CLIMHFR)：(内)巴黎(CLIMFR1)，巴黎地区(CLIMFR2)，东部和中东部(CLIMFR3)，北部和南部(CLIMFR4)，以及西部、西南部和地中海地区(CLIMFR5～CLIMFR8)。

在面板门限固定效应模型中，可能会出现内生性问题。事实上，在实证文献中，关于因果关系的方向是否从能源价格到能源消耗，反之亦然，存在着公开的争论。在线性固定效应模型的情况下，考虑到能源价格的内生性，案例使用了工具变量(IV)。案例使用了滞后一个期的能源价格以及一个虚拟变量作为工具变量，当家庭受益于基本能源关税时，取值1[见 Charlier 和 Kahouli(2019)的文献]。案例遵循 Polemis 和 Stengos(2017)的研究，使用价格的滞后值作为回归，并检查了结果与该选择的敏感性。研究结果对价格时间滞后的变化是稳健的，无论使用当前的价格值或滞后的价格值作为自变量，结果都相似。因此，可以认为内生性问题在本案例中并不严重。然而，为了确保结果的可靠性，仍然使用滞后价格作为工具变量。

2) 数据来源

案例使用了三个数据库，即 EU-SILC 数据库、PHEBUS 数据库和 PEGASE 数据库。主要数据来源是 EU-SILC 数据库。除能源价格外，所有变量均从中提取，基于 PHEBUS 数据库和 PEGASE 数据库构建了变量 P。在 Charlier 和 Kahouli(2019)的文献中，案例详细介绍了使用的方法。

2. 实证分析

在估计 PTR 模型之前，第一步测试门限的存在。案例使用了 Hansen(1999)提出的顺序程序，并估计了模型。对于每个模型，确定了测试统计量 F_1 和 F_2 及其自举 P 值。这些测试的结果报告在表 4.1 中。

表 4.1 门限效应检验

	门限变量：家庭收入
单门限检验	
F_1	13.30
P 值	0.037
(10%,5%,1%临界值)	(10.545,12.361,16.710)
双门限检验	
F_2	5.318
P 值	0.649
(10%,5%,1%临界值)	(10.376,13.237,16.874)

注：P 值和临界值是从 1 000 次和 2 000 次引导复制中计算得出的。F_1 表示无门限的原假设检验与一个门限假设的检验统计量，F_2 表示一个门限对两个门限的检验统计量。

当测试是否存在单个门限时，发现 F_1 是显著的，自举 P 值等于 0.037。这首次证明能源消耗(m_2)与能源价格之间的关系不是线性的。双门限 F_2 的检验不显著，自举 P 值等于 0.649。因此，在此阶段得出结论，只有一个门限。门限估计值和置信区间见表 4.2。它显示门限等于 10.421。门限的渐近置信区间很窄，即[10.370,10.438]，表明根据门限的估计值，家庭的这种划分几乎没有不确定性。因此，鉴于样本的平均收入水平，即 25 826 元，点估计数所显示的两组家庭是收入水平较高的家庭，即 33 223 元。

表 4.2　门限估计值和置信区间

门限值	估计值	95% 置信区间
$\hat{\gamma}_1$	10.421	[10.370,10.438]

在证明门限的存在并确定其数值后，案例估计了六个门限模型，估计结果见表 4.3。在模型 1 中，包含了所有控制变量。在模型 2 中，从控制变量列表中省略了气候特征。在模型 3 中，省略了住宅特征。在模型 4 中，没有包括任何控制变量，只将价格作为解释变量。在模型 5 中，包括了年份固定效应。最后，模型 6 加入货币贫困变量以测试控制变量的选择如何影响系数的稳定性，特别是能源价格与供暖能耗(m_2)之间的关系。

表 4.3　单门限模型的回归估计(2008—2014 年)

变量	模型 1	模型 2	模型 3	模型 4	模型 5	模型 6
c	3.053 (9.450)***	3.017 (9.390)***	3.250 (10.370)***	4.058 (7.247)***	3.056 (9.43)***	3.96 (38.95)**
lnINC	0.087 (2.70)***	0.092 (2.940)**	0.078 (2.530)**		0.091 (2.86)**	
POOR						−0.076 (2.14)**
NB	0.051 (4.980)***	0.055 (5.280)***	0.059 (5.790)**		0.051 (4.88)***	0.041 (3.54)***
TEN	−0.160 (−5.27)***	−0.162 (5.610)***	−0.157 (5.70)***		−0.174 (−5.56)***	−0.154 (−5.08)***
TEM	−0.036 (−0.70)	−0.038 (0.740)			−0.035 (−0.69)	−0.034 (0.68)
DWTY	−0.065 (1.990)**	−0.040 (−1.30)			−0.073 (−2.22)**	−0.067 (2.05)**
OWHS	0.126 (2.200)***	0.120 (2.080)**			0.126 (2.38)**	0.126 (2.19)**
DIFFH	0.073 (2.400)***	0.073 (2.410)**			0.073 (2.38)**	0.070 (2.30)**
LEAKS	0.050 (1.260)	0.053 (1.310)			0.051 (1.27)	0.050 (1.22)
DARK	0.063 (1.330)	0.062 (1.310)			0.062 (1.29)	0.063 (1.31)

续表

变量	模型 1	模型 2	模型 3	模型 4	模型 5	模型 6
CLIMF R_1	0.129 (3.290)***				0.131 (3.32)***	0.134 (3.44)***
CLIMF R_2	0.171 (3.620)***				0.033 (0.99)	0.035 (1.07)
CLIMF R_3	0.171 (3.620)***				0.170 (3.59)***	0.168 (3.55)***
CLIMF R_4	−0.014 (0.04)				−0.013 (−0.30)	−0.012 (−0.28)
Regime 1: lnP.I (lnINC ≤ 10.411)	−0.119 (−5.16)**	−0.125 (−5.39)**	−0.122 (−5.24)**	−0.126 (−5.49)**	−0.117 (−4.94)***	−0.115 (−4.90)**
Regime 2: lnP.I (lnINC > 10.411)	−0.061 (−2.30)**	−0.069 (−2.61)**	−0.067 (−2.53)**	−0.084 (−3.38)**	−0.060 (−2.20)***	−0.081 (−3.23)***
样本量	4 962	4 962	4 962	4 962	4 960	4 962
家庭数	827	827	827	827	827	827
R^2	0.032	0.029	0.024	0.008	0.036	0.034
F 值	13.30	12.71	12.14	12.81	12.87	12.80
时间固定效应	否	否	否	否	是	否

表 4.3 给出了系数的估计值和相应的 t 统计量，主要关注的是与能源价格变量相关的那些。研究结果证实了之前对住宅部门价格弹性的估计。无论使用何种模型，估计结果都表明，两类家庭的价格弹性都是负的，范围从−0.061 到−0.119(模型 1)。这意味着当能源价格上涨 10%时，能源支出将减少 6.11%至 11.9%，具体取决于家庭收入水平。更准确地说，收入低于门限值的家庭，具有更高的价格弹性，为 11.9%。无论使用哪种 PTR 模型，这些关于价格弹性估计的结果都是稳定的。

为了确定一个家庭是否燃料匮乏，案例使用了燃料匮乏的常用指标，即 10%和 LIHC (m_2)。至于收入贫困，案例参考了收入贫困的传统定义，即当一个家庭的生活水平低于生活水平中位数的 60%的门限时，即为收入贫困家庭。为了确定属于一个群体或另一个群体的家庭是否收入贫困家庭，只需要将其收入水平与有两个孩子的家庭生活水平中位数的 60%的门限进行比较，即每年 25 584 元。特别注意到，PTR 模型收入门限，即 33 223 元，既不是收入贫困门限，也不是燃料匮乏门限。它只是一个 PTR 门限，表明家庭对能源价格变化的反应所触发的非线性的收入水平。

机制 1(收入<33 223 元，收入弹性=11.9%)

属于该机制的家庭收入水平低于 33 223 元；56.01%是燃料匮乏的家庭，43.99%不是燃料匮乏的家庭。总体而言，27.25%的燃料匮乏家庭是收入贫困家庭，20.21%的非燃料匮乏家庭是收入贫困家庭。这意味着几乎 1/3 的燃料匮乏家庭是收入贫困家庭，而收入贫困家庭可能是非燃料匮乏家庭。换言之，收入贫困并不一定转化为燃料匮乏。它通常与收入贫困联系在一起，因为后者通常用于捕捉燃料匮乏的货币方面。然而，尽管低收入可能是燃料匮乏的驱动因素，但燃料匮乏还有其他决定因素，如建筑和家用电器的能源效率低下。此外，从纯粹的数量角度来看，如果收入与燃料匮乏之间确实存在关系，这种关系并不总是对称的和/或显著的。

在弹性方面，属于这一群体的家庭与属于其他机制的家庭相比，具有更高的价格弹性，达到 11.9%。研究结果表明，这些家庭的燃料匮乏状况不一定是由收入引起的，需要通过研究燃料匮乏的其他决定因素来理解，可以预计它们较高的弹性反映了它们通过遵循不同的策略来适应能源价格上涨的能力，通过发明应对限制的解决方案并寻找其他方法来满足能源需求（Heindl and Schuessler，2015）。

机制 2（收入＞33 223 元，收入弹性＝6.11%）：

属于第 2 组的家庭中有 21.52%是燃料匮乏家庭，而这些燃料匮乏家庭中只有 15.23%是收入贫困家庭。此外，属于这一群体的非燃料匮乏家庭中有 5.34%（79.48%）是收入贫困家庭。关于收入与燃料匮乏之间的因果关系，这些结果证实了这样一个事实，即收入贫困并不一定意味着燃料匮乏，在收入以外的社会经济来源中寻找燃料匮乏的决定因素至关重要。燃料匮乏是一个多层面的现象，尤其不能归结为收入贫困。

至于弹性，与属于第一组的家庭相比，属于该机制的家庭具有较低的弹性。由于这些家庭属于高收入类别，可以推测，较低的弹性反映的不是低收入家庭通常解释的有限的调节能力，而是对热舒适性的刻意偏好。事实上，用于取暖的能源是典型正常品，但也可以被认为是必需品。从形式上讲，必需品是消费者无论收入水平如何变化都会购买的产品和服务，因此，这些产品对价格变化的敏感度较低。与任何其他正常商品一样，收入的增加将导致需求的增加，但必需品的增加与收入的增加不成比例，因此这些商品的支出比例随着收入的增加而下降。由于无论收入水平如何变化，家庭都会购买这种必需品，这使得该产品对价格变化的敏感度降低。家庭可以决定略微调整它们的消费，但不要大幅限制它。在本案例中，我们可以推测，家庭会选择减少消费另一种商品（非能源商品），以确保足够的热舒适度。

这里需要注意的是，PTR 模型收入门限并不区分低收入家庭和高收入家庭。因此，将价格弹性与现有文献中涉及低收入家庭和高收入家庭的价格弹性进行比较是无关紧要的。在本案例样本中，结果给出的收入门限水平与官方收入贫困门限相比相当高。

在控制变量方面，研究结果表明，当关注家庭特征时，供暖能源支出的最重要决定因素是收入、家庭成员人数和住房使用权。特别地，正如文献中经常报道的那样，收入弹性为正，等于 8.7%。同样，研究结果表明，一个家庭中的人数会增加能源消耗，而成为房主会降低能源消耗（Rehdanz，2007）。

从住宅特征来看，与能耗显著相关的变量主要是住宅类型和供暖系统的拥有率。住在公寓而不是独立式住宅中可以降低能源消耗。否则，供暖系统的所有权与能源消耗呈正相关。然而，有趣的是，结果表明，不良的自然采光和隔热问题对能源消耗没有显著影响。最后,气候区对供暖支出的影响具有统计学意义。生活在寒冷地区的家庭的能源需求更为重要,即法国东北部和西部(大西洋沿岸和一些南部地区)。

3. 结论

在案例中,通过考虑住宅能源需求的传统决定因素,首先重点分析了家庭对能源价格波动反应的收入诱导非线性(通过供暖能源消费的价格弹性来衡量)。然后,通过观察家庭群体的组成,案例分析了其燃料匮乏和收入贫困状况,并着重研究了燃料匮乏家庭与非燃料匮乏家庭对能源价格变化的敏感性。与处理住宅部门能源需求的其他贡献相比,考虑到其他社会经济和住宅特征,通过寻求确定家庭对能源价格的反应是否存在收入非线性,纳入一个新的维度。

在实施旨在消除居民能源部门燃料匮乏的公共政策之前,有必要了解家庭——特别是燃料匮乏的寄宿学校——对这些公共政策有多敏感。在这种情况下,它们的敏感性的非线性与它们的财政资源密切相关。本案例的研究直接借鉴了关于燃料匮乏和收入贫困重叠的反复辩论:燃料匮乏是一种独特的剥夺,还是低收入导致的低生活水平的一个方面?换句话说,收入贫困一定会转化为燃料匮乏吗?

从实证的角度来看,本案例使用 PTR 模型来检验法国家庭对能源价格波动敏感性的收入诱发非线性。该模型的新颖之处在于,它可以内生地识别出对价格波动反应不同的家庭群体,这些家庭群体的收入水平不同。本案例将 PTR 模型的结果与标准面板模型的结果进行了比较,这两组家庭是根据传统的 10%和 LIHC(m_2)燃料匮乏指标外源确定的,即一组无燃料匮乏家庭和一组非无燃料匮乏家庭。

研究结果表明,居民对能源价格波动的反应存在异质性。特别地,燃料不足的家庭大多属于能源价格弹性最高的家庭,即最敏感的家庭。这种高敏感性,相当于一个家庭处理问题的能力,如价格上涨,以满足其能源需求,是由高收入水平支持的。需要强调,在本案例的样本中,具有较高弹性的缺乏燃料的家庭并不一定对应于低收入家庭,因为只有 1/3 的家庭是收入不足的。

这种区分不应仅仅基于低收入家庭和高收入家庭之间的区分。鉴于收入作为燃料匮乏的决定因素的重要性,一个相关的标准是检查收入诱导的非线性,以设置收入门限,可以观察到弹性变化,或等效地,调整价格上涨的能力的变化。更根本的是,研究结果重新引发了关于在定义燃料匮乏和收入贫困指标时选择门限的相关性的辩论。这些门限应该如何定义?能源支出一般随收入增加而增加。但是,它们的大小随着收入门限的增加而增加,因为它们反映了当收入发生变化时,住宅能源消费的变化性质,所以,有必要考虑不同的收入群体。正如结果所显示的那样,可能特别关注的不仅仅是最低收入家庭。在试图确定面临能源问题的家庭的确切社会经济状况时,政策应考虑到整个家庭的这一门限效应。特别是,某些政策措施,如针对住宅部门燃料匮乏和能源效率的政策措施,需要针对不同收入群体采取差异化和有针对性的方法。

4.1.6 软件操作

在 Stata 软件中,面板门限回归模型操作步骤如下。

第一步，输入命令 findit xthreg 后，进入界面下载数据包 hansen1999. dta。而后，输入命令 use hansen1999，导入案例数据。输入命令 xthreg i q1 q2 q3 d1 qd1，rx(c1) qx(d1) thnum(1) trim(0. 01) grid(400) bs(300)。其中，i 为被解释变量，逗号前 q1、q2、q3、d1 及 qd1 皆是控制变量；c1 为门限变量；d1 为解释变量；thnum 内对应门限值；trim 为修剪比例，用于确定剔除掉序列两端离群值的比例；grid 为网格点的数量；bs 为使用自举法的重复自举次数。输入该命令估计单一门限模型，结果如图 4.1 所示。

```
. xthreg i q1 q2 q3 d1 qd1, rx(c1) qx(d1) thnum(1) trim(0.01) grid(400) bs(300)
Estimating  the  threshold  parameters:   1st ......  Done
Boostrap for single threshold
.................................................. +   50
.................................................. +  100
.................................................. +  150
.................................................. +  200
.................................................. +  250
.................................................. +  300

Threshold estimator (level = 95):

-----------------------------------------------------
     model |  Threshold        Lower          Upper
-----------+-----------------------------------------
      Th-1 |     0.0154       0.0141         0.0167
-----------------------------------------------------

Threshold effect test (bootstrap = 300):

---------------------------------------------------------------------------------
 Threshold |       RSS        MSE      Fstat    Prob   Crit10    Crit5    Crit1
-----------+---------------------------------------------------------------------
    Single |   17.7818     0.0023      35.20  0.0000  13.0421  15.6729  21.1520
---------------------------------------------------------------------------------

Fixed-effects (within) regression               Number of obs     =      7910
Group variable: id                              Number of groups  =       565

R-sq:  Within  = 0.0951                         Obs per group: min =        14
       Between = 0.0692                                        avg =      14.0
       Overall = 0.0660                                        max =        14

                                                F(7,7338)         =    110.21
corr(u_i, Xb)  = -0.3972                        Prob > F          =    0.0000

------------------------------------------------------------------------------
           i | Coefficient  Std. err.      t    P>|t|     [95% conf. interval]
-------------+----------------------------------------------------------------
          q1 |   .0105555   .0008917    11.84   0.000     .0088075    .0123035
          q2 |  -.0202872   .0025602    -7.92   0.000     -.025306   -.0152683
          q3 |   .0010785   .0001952     5.53   0.000     .0006959    .0014612
          d1 |  -.0229482   .0042381    -5.41   0.000     -.031256   -.0146403
         qd1 |   .0007392   .0014278     0.52   0.605    -.0020597    .0035381
             |
    _cat#c.c1 |
           0 |   .0552454   .0053343    10.36   0.000     .0447885    .0657022
           1 |   .0862498   .0052022    16.58   0.000      .076052    .0964476
             |
       _cons |   .0628165   .0016957    37.05   0.000     .0594925    .0661405
-------------+----------------------------------------------------------------
     sigma_u |  .03980548
     sigma_e |  .04922656
         rho |  .39535508   (fraction of variance due to u_i)
------------------------------------------------------------------------------
F test that all u_i=0: F(564, 7338) = 6.90                  Prob > F = 0.0000
```

图 4.1　估计结果

显然模型通过单一门限检验，存在单门限效应且门限值为 0.015 4。(single 的 P 值小于 0.01，且_cat # c. c1 门限系数 P 值均小于 0.01，F 检验也通过)此外，可以通过 Stata 门限图绘制，对模型存在门限效应进一步论证。完成单一门限检验后，输入以下命令进行门限图绘制：

```
_matplot e(LR), columns(1 2) yline(7.35, lpattern(dash)) connect(direct) msize(small) mlabp(0) mlabs(zero) ytitle("LR Statistics") xtitle("First Threshold") recast(line) scheme(burd)
```

门限图绘制结果如图 4.2 所示。

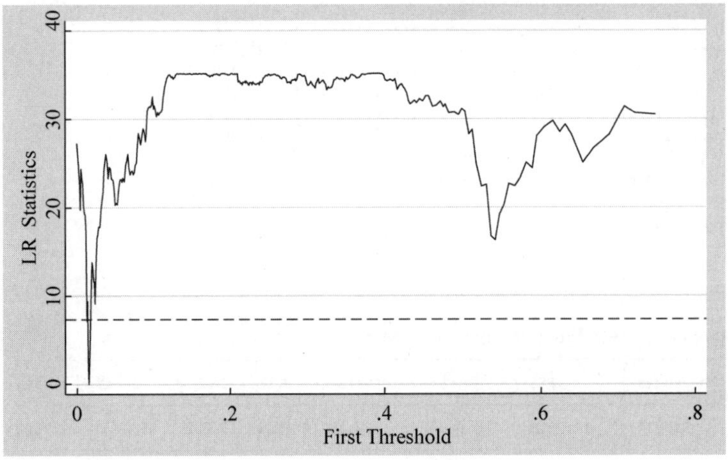

图 4.2　LR 检验

第二步，已知存在单门限效应，进一步检验存在多个门限，如图 4.3、图 4.4 所示。

Threshold estimator (level = 95):

model	Threshold	Lower	Upper
Th-1	0.0154	0.0141	0.0167
Th-21	0.0154	0.0141	0.0167
Th-22	0.5418	0.5268	0.5473
Th-3	0.4778	0.4755	0.4823

Threshold effect test (bootstrap = 300 300 300):

Threshold	RSS	MSE	Fstat	Prob	Crit10	Crit5	Crit1
Single	17.7818	0.0023	35.20	0.0000	11.8091	15.7084	23.2124
Double	17.7258	0.0022	24.97	0.0100	12.1526	15.0158	23.0159
Triple	17.7119	0.0022	6.20	0.5300	14.8758	18.5197	34.4336

```
Fixed-effects (within) regression               Number of obs      =      7910
Group variable: id                              Number of groups   =       565

R-sq:  Within  = 0.0987                         Obs per group: min =        14
       Between = 0.0684                                        avg =      14.0
       Overall = 0.0667                                        max =        14

                                                F(9,7336)          =     89.26
corr(u_i, Xb)  = -0.4072                        Prob > F           =    0.0000
```

图 4.3　多门限检验

i	Coefficient	Std. err.	t	P>|t|	[95% conf.	interval]
q1	.0103968	.0008909	11.67	0.000	.0086503	.0121432
q2	-.0201183	.0025559	-7.87	0.000	-.0251286	-.0151081
q3	.0010734	.0001949	5.51	0.000	.0006915	.0014554
d1	-.0166801	.0045804	-3.64	0.000	-.0256589	-.0077012
qd1	.0008845	.0014255	0.62	0.535	-.0019099	.0036788
_cat#c.c1						
0	.0587984	.0053924	10.90	0.000	.0482278	.069369
1	.0920255	.0053928	17.06	0.000	.0814541	.1025969
2	.1325752	.0173155	7.66	0.000	.0986318	.1665186
3	.0419859	.0112319	3.74	0.000	.0199681	.0640037
_cons	.0604649	.0017873	33.83	0.000	.0569613	.0639684
sigma_u	.0400859					
sigma_e	.04913619					
rho	.39959759	(fraction of variance due to u_i)				

F test that all u_i=0: F(564, 7336) = 6.94　　　　Prob > F = 0.0000

图 4.3　多门限检验(续)

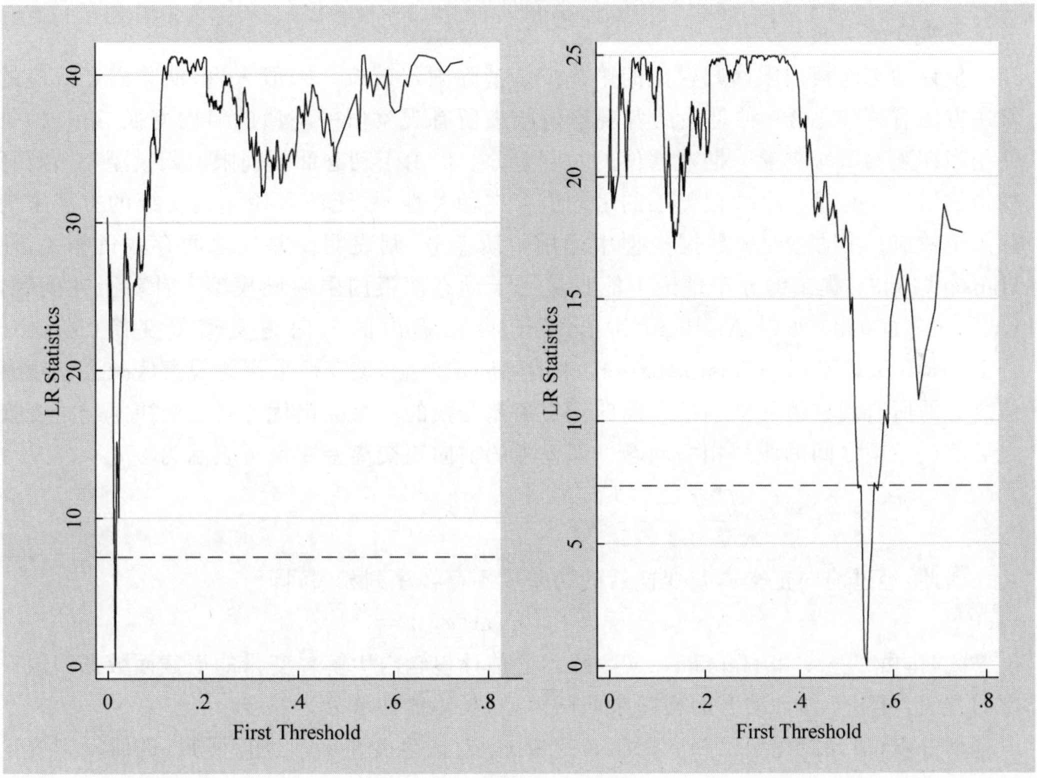

图 4.4　多门限 LR 检验

xthreg i q1 q2 q3 d1 qd1, rx(c1) qx(d1) thnum(3) trim(0.01 0.01 0.05) grid(400) bs(300 300 300) //进行三门限检验。(两门限类似可得)

_matplot e(LR21), columns(1 2) yline(7.35, lpattern(dash)) connect(direct) msize(small) mlabp

```
(0) mlabs(zero) ytitle("LR Statistics") xtitle("First Threshold") recast(line) scheme(burd)//
    graph save a1,replace //
    _matplot e(LR22), columns(1 2) yline(7.35, lpattern(dash)) connect(direct) msize(small) mlabp
(0) mlabs(zero) ytitle("LR Statistics") xtitle("First Threshold") recast(line) scheme(burd)//
    graph save a2,replace//
    graph combine LR21 LR22, cols(1)
```

4.2 动态面板门限回归模型

假设存在如下动态面板门限回归模型：

$$y_{it}=\mu_i+\boldsymbol{\theta}'_1\boldsymbol{z}_{it}I(q_{it}\leqslant\gamma)+\boldsymbol{\theta}'_2\boldsymbol{z}_{it}I(q_{it}>\gamma)+e_{it} \tag{4.25}$$

式中，$i=1,2,\cdots,N$ 为个体；$t=1,2,\cdots,T$ 为时间；μ_i 为个体固定效应，误差项服从均值为0、方差为 σ^2 的独立同分布；$I(\cdot)$为指示函数；$\boldsymbol{z}_{it}$ 为 m 维的解释变量向量，可能包含被解释变量 y 的滞后项和其他内生变量。$\boldsymbol{z}_{it}$ 可被分割为子集 $\boldsymbol{z}_{1it}$ 和 $\boldsymbol{z}_{2it}$，$\boldsymbol{z}_{1it}$ 由与误差项 e_{it} 相关的内生解释变量(endogenous independent variable)组成，$\boldsymbol{z}_{2it}$ 由与误差项不相关的外生变量组成。

估计动态面板门限回归模型的第一步是消除固定效应。一般来讲，消除固定效应的常用方法有两种：第一种是使用各观察值减去所有观察值平均值的组内变换，第二种是使用当期观察值减去前一期观察值的一阶差分。但由于动态面板门限回归模型中被解释变量的滞后项总是与个体误差项的平均值存在相关性，故无法采用组内变换的方法来消除固定效应；在动态面板数据模型中运用一阶差分，则表明误差项之间存在负相关，使Hansen(1999a)提出的分布理论不能直接用于动态面板门限回归模型。针对上述问题，Kremer等(2013)采用 Arellano 和 Bover(1995)提出的前向正交离差变换(forward orthogonal deviations transformation)来消除固定效应，该变换采用各观察值减去该观察值之后的所有观察值的平均值。前向正交离差变换的一个突出优势是它解决了经过变换之后的误差项之间的序列相关问题。误差项的前向正交离差变换可表示为

$$\boldsymbol{e}^*_{it}=\sqrt{\frac{T-t}{T-t+1}}\left[\boldsymbol{e}_{it}-\frac{1}{T-t}(\boldsymbol{e}_{i(t+1)}+\cdots+\boldsymbol{e}_{iT})\right]$$

因此，经过前向正交离差变换后的误差项不存在序列相关，即

$$\mathrm{Var}(\boldsymbol{e}_i)=\sigma^2 I_T\Rightarrow\mathrm{Var}(\boldsymbol{e}^*_i)=\sigma^2 I_{T-1}$$

此时，由 Caner 和 Hansen(2004)提出的估计包含内生解释变量的横截面数据门限模型的方法，可用于估计动态面板门限回归模型，具体估计可分为三步。

第一步，估计简化型回归。用工具变量 $\boldsymbol{x}_{it}$ 对内生变量 $\boldsymbol{z}_{1it}$ 进行回归，进而得到内生变量的预测值$\hat{\boldsymbol{z}}_{1it}$。

第二步，估计门限值。逐一取排序后的门限变量 q_{it} 作为门限值，用$\hat{\boldsymbol{z}}_{1it}$ 替代 $\boldsymbol{z}_{1it}$ 估计结构方程，记所得残差平方和为 $S(\gamma)$，门限值 γ 的估计量为使得 $S(\gamma)$最小的 γ，即 $\hat{\gamma}=\arg\min\limits_{\gamma} S_n(\gamma)$。与 Hansen(1999a)及 Caner 和 Hansen(2004)的结论一致，确定门限值

95%置信区间的临界值可表示为 $\Gamma=\{\gamma: \mathrm{LR}(\gamma)\leqslant c(\alpha)\}$，其中，$c(\alpha)$为似然比统计量 $\mathrm{LR}(\gamma)$的渐近分布的 95%分位数。

第三步，估计门限系数。一旦 $\hat{\gamma}$ 确定，在已有工具变量 $\boldsymbol{x}_{it}$ 和门限估计值 $\hat{\gamma}$ 的基础上，则可采用 GMM(广义矩估计法)估计出斜率系数。

Caner 和 Hansen(2004)研究了包含内生解释变量和外生门限变量的截面数据门限回归模型，提出了门限参数的 2SLS(两阶段最小二乘法)估计和斜率系数的 GMM 估计，并证明了估计量的一致性，推导出了估计量的渐近分布。门限估计值的分布与 Hansen(2000a)的文献中的分布相同，斜率系数的估计值在传统的方差-协方差矩阵下是渐近正态的。

假定观测样本为$\{y_i,\boldsymbol{z}_i,\boldsymbol{x}_i\}_{i=1}^n$，其中 $\boldsymbol{z}_i$ 为 m 维向量，包含内生解释变量，$\boldsymbol{x}_i$ 为 k 维工具变量组成的向量，且 $k\geqslant m$，则单门限值的动态面板门限回归模型为

$$y_i=\boldsymbol{\theta}_1'\boldsymbol{z}_i I(q_i\leqslant\gamma)+\boldsymbol{\theta}_2'\boldsymbol{z}_i I(q_i>\gamma)+e_i \tag{4.26}$$

式中，q_i 为门限变量；γ 为门限值；$\gamma\in\Gamma$，Γ 为 q_i 的一个严格子集。

误差是一个鞅差分序列：

$$E(e_i\mid\mathfrak{J}_{i-1})=0 \tag{4.27}$$

$(\boldsymbol{x}_i,\boldsymbol{z}_i)$在式(2.27)中 $\mathfrak{J}_{i-1}$ 的期望下是可测度的。

对含有内生解释变量和外生门限变量的截面门限回归模型，Caner 和 Hansen(2004)的思路是通过一个简化型回归得到内生解释变量的预测值，然后用该预测值替换原模型中的内生变量，并通过最小二乘法得到门限估计值，再对被分割后的子样本进行 2SLS 估计或 GMM 估计即可得到斜率系数。

4.2.1 简化型

简化型是指在给定的 $\boldsymbol{x}_i$ 下，$\boldsymbol{z}_i$ 的条件期望模型：

$$\boldsymbol{z}_i=g(\boldsymbol{x}_i,\boldsymbol{\pi})+\boldsymbol{u}_i \tag{4.28}$$

即 $E(\boldsymbol{z}_i|\boldsymbol{x}_i)=g(\boldsymbol{x}_i,\boldsymbol{\pi})$。

$$E(\boldsymbol{u}_i\mid\boldsymbol{x}_i)=0 \tag{4.29}$$

式中，$\boldsymbol{\pi}$ 为 $p\times1$ 的参数向量；$\boldsymbol{u}_i$ 为 $m\times1$ 向量。假定函数 g 的形式已知，而其参数$\boldsymbol{\pi}$ 未知。为简化起见，定义：

$$\boldsymbol{g}_i=g(\boldsymbol{x}_i,\boldsymbol{\pi}_0)$$

将上式代入式(4.26)，有

$$y_i=\boldsymbol{\theta}_1'\boldsymbol{g}_i I(q_i\leqslant\gamma)+\boldsymbol{\theta}_2'\boldsymbol{g}_i I(q_i>\gamma)+v_i \tag{4.30}$$

式中，

$$v_i=\boldsymbol{\theta}_1'\boldsymbol{u}_i I(q_i\leqslant\gamma)+\boldsymbol{\theta}_2'\boldsymbol{u}_i I(q_i>\gamma)+e_i \tag{4.31}$$

Caner 和 Hansen(2004)的分析适用于多种简化型模型，常用的一种就是线性模型：

$$g(\boldsymbol{x}_i,\boldsymbol{\pi})=\boldsymbol{\Pi}'\boldsymbol{x}_i \tag{4.32}$$

式中，$\boldsymbol{\Pi}$ 为一个 $k\times m$ 矩阵，另一种是门限回归模型：

$$g(\boldsymbol{x}_i,\boldsymbol{\pi})=\boldsymbol{\Pi}_1'\boldsymbol{x}_i I(q_i\leqslant\rho)+\boldsymbol{\Pi}_2'\boldsymbol{x}_i I(q_i>\rho) \tag{4.33}$$

4.2.2 简化型的估计

将 $\boldsymbol{z}_i$ 分割为 $\boldsymbol{z}_i=(\boldsymbol{z}_{1i},\boldsymbol{z}_{2i})$，其中，$\boldsymbol{z}_{2i}\in x_i$ 具有外生性，而 $\boldsymbol{z}_{1i}$ 具有内生性，类似地，可将简化型分割为 $\boldsymbol{g}=(\boldsymbol{g}_1,\boldsymbol{g}_2)$，因此，简化型的参数 $\boldsymbol{\pi}$ 就只包含在 $\boldsymbol{g}_1$ 中。

通过最小二乘法即可估计式(4.28)中的简化型参数 $\boldsymbol{\pi}$，如果在 m 个方程中不存在"跨方程限制"(cross-equation restrictions)，其中，"跨方程限制"为公共参数，那么对每个方程进行最小二乘估计即可估计出简化型参数 $\boldsymbol{\pi}$。如果存在"跨方程限制"，那么参数 $\boldsymbol{\pi}$ 需要通过如下多变量最小二乘法进行估计：

$$\hat{\boldsymbol{\pi}}=\arg\min_{\pi}\det\left\{\sum_{i=1}^{n}\left[\boldsymbol{z}_{1i}-g_1(\boldsymbol{x}_i,\boldsymbol{\pi})\right]\left[\boldsymbol{z}_{1i}-g_1(\boldsymbol{x}_i,\boldsymbol{\pi})\right]'\right\} \tag{4.34}$$

则对给定的 $\hat{\boldsymbol{\pi}}$，$\boldsymbol{z}_i$ 的预测值为

$$\hat{\boldsymbol{z}}_i=\hat{\boldsymbol{g}}_i=g(\boldsymbol{x}_i,\hat{\boldsymbol{\pi}})$$

在门限回归模型(4.33)中，门限参数 ρ 包含在每个方程中，即存在"跨方程限制"，因此，需采用上述多变量最小二乘估计量进行估计。求解过程如下。

对每个 $\rho\in\Gamma$，定义

$$\hat{\boldsymbol{\Pi}}_1(\rho)=\left[\sum_{i=1}^{n}\boldsymbol{x}_i\boldsymbol{x}_i'I(q_i\leqslant\rho)\right]^{-1}\sum_{i=1}^{n}\boldsymbol{x}_i\boldsymbol{z}_{1i}'I(q_i\leqslant\rho)$$

$$\hat{\boldsymbol{\Pi}}_2(\rho)=\left[\sum_{i=1}^{n}\boldsymbol{x}_i\boldsymbol{x}_i'I(q_i>\rho)\right]^{-1}\sum_{i=1}^{n}\boldsymbol{x}_i\boldsymbol{z}_{1i}'I(q_i>\rho)$$

$$\hat{\boldsymbol{u}}_i(\rho)=\boldsymbol{z}_{1i}-\hat{\boldsymbol{\Pi}}_1(\rho)'\boldsymbol{x}_iI(q_i\leqslant\rho)-\hat{\boldsymbol{\Pi}}_2(\rho)'\boldsymbol{x}_iI(q_i>\rho)$$

则通过最小化"集中最小二乘准则"

$$\hat{\rho}=\arg\min_{\rho\in\Gamma}\det\left[\sum_{i=1}^{n}\hat{\boldsymbol{u}}_i(\rho)\hat{\boldsymbol{u}}_i(\rho)'\right]$$

得到

$$\hat{\boldsymbol{\Pi}}_1=\hat{\boldsymbol{\Pi}}_1(\hat{\rho})$$

$$\hat{\boldsymbol{\Pi}}_2=\hat{\boldsymbol{\Pi}}_2(\hat{\rho})$$

因此，对上述简化型模型，内生解释变量的预测值为

$$\hat{\boldsymbol{z}}_i=\hat{\boldsymbol{g}}_i=\hat{\boldsymbol{\Pi}}_1'\boldsymbol{x}_iI(q_i\leqslant\hat{\rho})+\hat{\boldsymbol{\Pi}}_2'\boldsymbol{x}_iI(q_i>\hat{\rho})$$

4.2.3 门限值的估计

对任意的门限值 γ，令 $\boldsymbol{Y}$、$\hat{\boldsymbol{Z}}_\gamma$ 和 $\hat{\boldsymbol{Z}}_\perp$ 分别表示向量 $\boldsymbol{y}_i$、$\hat{\boldsymbol{z}}_i'1(q_i\leqslant\gamma)$ 和 $\hat{\boldsymbol{z}}_i'1(q_i>\gamma)$ 堆积起来形成的矩阵。令 $S_n(\gamma)$ 表示 $\boldsymbol{Y}$ 对 $\hat{\boldsymbol{Z}}_\gamma$ 和 $\hat{\boldsymbol{Z}}_\perp$ 回归后得到的残差平方和。则利用 2SLS 估计，通过最小化 $S_n(\gamma)$ 即可得到门限值的估计值 $\hat{\gamma}$：

$$\hat{\gamma}=\arg\min_{\rho\in\Gamma}S_n(\gamma)$$

在估计之后，可进一步对门限估计值进行假设检验，原假设为 $H_0: \gamma=\gamma_0$。Caner 和 Hansen(2004)根据 Hansen(2000a)构造的似然比统计量为

$$LR_n(\gamma)=n\frac{S_n(\gamma)-S_n(\hat{\gamma})}{S_n(\hat{\gamma})}$$

4.2.4 斜率系数的估计

对给定的门限估计值 $\hat{\gamma}$，根据 $I(q_i\leqslant\hat{\gamma})$ 和 $I(q_i>\hat{\gamma})$ 可将原样本分割为两个子样本。对子样本分别进行 2SLS 估计或 GMM 估计即可得到斜率系数 $\boldsymbol{\theta}_1$ 和 $\boldsymbol{\theta}_2$ 的估计值。

令 $\hat{\boldsymbol{X}}_1$、$\hat{\boldsymbol{X}}_2$、$\hat{\boldsymbol{Z}}_1$ 和 $\hat{\boldsymbol{Z}}_2$ 分别表示向量 $\boldsymbol{x}'_iI(q_i\leqslant\hat{\gamma})$、$\boldsymbol{x}'_iI(q_i>\hat{\gamma})$、$\boldsymbol{z}'_iI(q_i\leqslant\hat{\gamma})$ 和 $\boldsymbol{z}'_iI(q_i>\hat{\gamma})$，则 $\boldsymbol{\theta}_1$ 和 $\boldsymbol{\theta}_2$ 的 2SLS 估计量为

$$\tilde{\boldsymbol{\theta}}_1=[\hat{\boldsymbol{Z}}'_1\hat{\boldsymbol{X}}_1(\hat{\boldsymbol{X}}'_1\hat{\boldsymbol{X}}_1)^{-1}\hat{\boldsymbol{X}}'_1\hat{\boldsymbol{Z}}_1]^{-1}[\hat{\boldsymbol{Z}}'_1\hat{\boldsymbol{X}}_1(\hat{\boldsymbol{X}}'_1\hat{\boldsymbol{X}}_1)^{-1}\hat{\boldsymbol{X}}'_1\boldsymbol{Y}]$$

$$\tilde{\boldsymbol{\theta}}_2=[\hat{\boldsymbol{Z}}'_2\hat{\boldsymbol{X}}_2(\hat{\boldsymbol{X}}'_2\hat{\boldsymbol{X}}_2)^{-1}\hat{\boldsymbol{X}}'_2\hat{\boldsymbol{Z}}_2]^{-1}[\hat{\boldsymbol{Z}}'_2\hat{\boldsymbol{X}}_2(\hat{\boldsymbol{X}}'_2\hat{\boldsymbol{X}}_2)^{-1}\hat{\boldsymbol{X}}'_2\boldsymbol{Y}]$$

由上式得到的残差为

$$\tilde{\boldsymbol{e}}_i=y_i-\boldsymbol{z}'_i\tilde{\boldsymbol{\theta}}_1I(q_i\leqslant\gamma)-\boldsymbol{z}'_i\tilde{\boldsymbol{\theta}}_2I(q_i>\gamma)$$

构造如下权重矩阵：

$$\tilde{\boldsymbol{\Omega}}_1=\sum_{i=1}^{n}\boldsymbol{x}_i\boldsymbol{x}'_i\tilde{e}_i^2I(q_i\leqslant\hat{\gamma})$$

$$\tilde{\boldsymbol{\Omega}}_2=\sum_{i=1}^{n}\boldsymbol{x}_i\boldsymbol{x}'_i\tilde{e}_i^2I(q_i>\hat{\gamma})$$

则 $\boldsymbol{\theta}_1$ 和 $\boldsymbol{\theta}_2$ 的 GMM 估计量为

$$\hat{\boldsymbol{\theta}}_1=(\hat{\boldsymbol{Z}}'_1\hat{\boldsymbol{X}}_1\tilde{\boldsymbol{\Omega}}_1^{-1}\hat{\boldsymbol{X}}'_1\hat{\boldsymbol{Z}}_1)^{-1}(\hat{\boldsymbol{Z}}'_1\hat{\boldsymbol{X}}_1\tilde{\boldsymbol{\Omega}}_1^{-1}\hat{\boldsymbol{X}}'_1\boldsymbol{Y}) \tag{4.35}$$

$$\hat{\boldsymbol{\theta}}_2=(\hat{\boldsymbol{Z}}'_2\hat{\boldsymbol{X}}_2\tilde{\boldsymbol{\Omega}}_2^{-1}\hat{\boldsymbol{X}}'_2\hat{\boldsymbol{Z}}_2)^{-1}(\hat{\boldsymbol{Z}}'_2\hat{\boldsymbol{X}}_2\tilde{\boldsymbol{\Omega}}_2^{-1}\hat{\boldsymbol{X}}'_2\boldsymbol{Y}) \tag{4.36}$$

上述 GMM 估计量的方差协方差矩阵的估计值为

$$\hat{\mathbf{V}}_1=\hat{\boldsymbol{Z}}'_1\hat{\boldsymbol{X}}_1\tilde{\boldsymbol{\Omega}}_1^{-1}\hat{\boldsymbol{X}}'_1\hat{\boldsymbol{Z}}_1 \tag{4.37}$$

$$\hat{\mathbf{V}}_2=\hat{\boldsymbol{Z}}'_2\hat{\boldsymbol{X}}_2\tilde{\boldsymbol{\Omega}}_2^{-1}\hat{\boldsymbol{X}}'_2\hat{\boldsymbol{Z}}_2 \tag{4.38}$$

4.2.5 门限效应的检验

在模型(4.26)中，不存在门限效应的假设为

$$H_0: \boldsymbol{\theta}_1=\boldsymbol{\theta}_2$$

为了对 H_0 进行检验，Caner 和 Hansen(2004)对 Davies(1977)的文献中的上确界检验(sup test)进行了扩展。

统计量的构建过程如下：将 γ 固定在 $\gamma\in\Gamma$ 中的任一值，在矩条件 $E[x_ie_iI(q_i\leqslant\gamma)]=0$ 和 $E[x_ie_iI(q_i>\gamma)]=0$ 下，对模型(4.26)进行 GMM 估计。这些估计量的形式如式(4.35)和式(4.36)所示，只是它们是将门限值固定在任一 γ 而不是 $\hat{\gamma}$ 估计得到的。相

应地，估计出的方差-协方差形式如式(4.37)和式(4.38)所示，但不是在 $\hat{\gamma}$ 下估计得到的。对任一固定的 γ，检验 H_0 的 Wald 统计量为

$$W_n(\gamma)=[\hat{\theta}_1(\gamma)-\hat{\theta}_2(\gamma)]'[\hat{V}_1(\gamma)+\hat{V}_2(\gamma)]^{-1}[\hat{\theta}_1(\gamma)-\hat{\theta}_2(\gamma)]$$

对所有的 $\gamma\in\Gamma$ 重复上述步骤，则 Davies 上确界统计量(sup statistic)为上述所有统计量中的最大值，即

$$\text{Sup } W=\text{Sup}_{\gamma\in\Gamma} W_n(\gamma)$$

定义：

$$\Omega_1(\gamma)=E[\boldsymbol{x}_i\boldsymbol{x}_i'e_i^2I(q_i\leqslant\gamma)]$$

$$Q_1(\gamma)=E[\boldsymbol{x}_i\boldsymbol{z}_i'I(q_i\leqslant\gamma)]$$

$$V_1(\gamma)=[Q_1(\gamma)'\Omega_1(\gamma)^{-1}Q_1(\gamma)]^{-1}$$

$$\Omega_2(\gamma)=E[\boldsymbol{x}_i\boldsymbol{x}_i'e_i^2I(q_i>\gamma)]$$

$$Q_2(\gamma)=E[\boldsymbol{x}_i\boldsymbol{z}_i'I(q_i>\gamma)]$$

$$V_2(\gamma)=[Q_2(\gamma)'\Omega_2(\gamma)^{-1}Q_2(\gamma)]^{-1}$$

令 $S_1(\gamma)$为一个均值为 0、协方差核为 $E[S_1(\gamma)S_2(\gamma)']=\Omega(\gamma_1\Lambda\gamma_2)$的高斯过程，令 $S=p\lim_{\gamma\in\infty}S_1(\gamma)$，$S_2(\gamma)=S-S_1(\gamma)$。根据 Davies(1977)、Andrews 和 Ploberger(1994)及 Hansen(1996)的分析，Caner 和 Hansen(2004)证明了 Sup$W$ 的渐近分布为

$$\text{Sup } W\xrightarrow{d}\text{Sup}_{\gamma\in\Gamma}[S_1(\gamma)'\Omega_1(\gamma)^{-1}Q_1(\gamma)V_1(\gamma)-S_2(\gamma)'\Omega_2(\gamma)^{-1}Q_2(\gamma)V_2(\gamma)]$$

$$[V_1(\gamma)+V_2(\gamma)]^{-1}\times[V_1(\gamma)Q_1(\gamma)'\Omega_1(\gamma)^{-1}S_1(\gamma)-V_2(\gamma)Q_2(\gamma)'\Omega_2(\gamma)^{-1}S_2(\gamma)]$$

由于在零假设下参数 γ 无法被识别，因此上述渐近分布不是标准的卡方分布，但是可以写成卡方过程的上确界，且容易通过仿真模拟计算得到。定义一个伪因变量 $y_i^*=\hat{e}_i(\gamma)\eta_i$，其中，$\hat{e}_i(\gamma)$是在每个 γ 下对无约束模型进行估计所得的残差估计值，$\eta_i\sim\text{IIDN}(0,1)$。用伪因变量 y_i^* 替代 y_i 重复上述计算，则所得统计量 Sup W^* 与 Sup W 有相同的渐近分布。因此，通过仿真模拟可以在任意精确度下计算出统计量 Sup W 的渐近 P 值。

4.2.6 置信区间的构建

构建置信区间的常用方法是通过 Wald 统计量和 t 的反函数。然而，当渐近抽样分布依赖于未知参数时，Wald 统计量的有限样本性质很差。Dufour(1997)认为当参数在某个区域无法识别时，Wald 统计量的抽样分布性质特别差。鉴于此，Hansen(2000a)构建了基于似然比统计量 $\text{LR}_n(\gamma)$的置信区间。

令 C 表示预期的渐近置信水平，令 $c=c_\xi(C)$表示 ξ 在置信水平为 C 时的临界值。设定：

$$\hat{\Gamma}=\{\gamma:\text{LR}_n(\gamma)\leqslant c\}$$

在同方差条件下，当 $n\to\infty$时，$P(\gamma_0\in\hat{\Gamma})\to C$。因此，$\hat{\Gamma}$ 是 γ 的一个渐近 C 置信水平

的置信区间。

对异方差情况，Hansen(2000a)定义了一个按比例缩小的似然比统计量：

$$\mathrm{LR}_n^*(\gamma)=\frac{\mathrm{LR}_n(\gamma)}{\hat{\eta}^2}=\frac{S_n(\gamma)-S_n(\hat{\gamma})}{\hat{\sigma}^2\hat{\eta}^2}$$

则改进后的置信区间为

$$\hat{\Gamma}^*=\{\gamma: LR_n^*(\gamma)\leqslant c\}$$

由于 $\hat{\eta}^2$ 是 η^2 的一致估计，因此，无论同方差假设是否成立，当 $n\to\infty$ 时，都有 $P(\gamma_0\in\hat{\Gamma}^*)\to C$，$\hat{\Gamma}^*$ 是 γ 的一个异方差稳健的渐近 C 置信水平的置信区间。

4.2.7 案例二：金融压力、主权债务和经济活动①

2007—2008 年全球经济衰退之后，公共财政危机接踵而至，特别是在欧洲货币联盟国家。自然，关于财政立场和主权债务与宏观经济表现之间关系的大量文献已经出现。虽然 Blanchard 和 Perotti(2002)等先前的工作通常使用线性理论模型和估计技术来研究这些关系，但最近的贡献更多地关注财政政策和主权债务对经济活动影响的制度依赖性。

Reinhart 和 Rogoff(2010)的一项有影响力的贡献是，他们在对 44 个发达和新兴经济体的实证分析中，将债务与 GDP 之比确定为一个相关的门限变量。Auerbach 和 Gorodnichenko(2012)、Taylor 等(2012)和 Fazzari 等(2013)等的研究考察了财政立场的增长效应如何取决于商业周期。其核心结果是，财政乘数在经济衰退期间比在繁荣时期更为明显。最后，一部分文献强调金融市场压力是一国财政立场与其宏观经济表现之间非线性关系的关键来源。例如，Afonso 等(2011)与 Mittnik 和 Semmler(2013)认为，决定财政政策有效性和财政债务可持续性的主要因素是金融市场状况，而不是 Reinhart 和 Rogoff(2010)所假设的公共债务本身的程度。

金融市场影响财政立场和主权债务与经济活动之间关系的机制在理论文献中得到了广泛的研究(Stein，2011)。这些文献的共同主题是财务压力影响债务与经济增长之间的关系，通过其对风险溢价的影响，特别是债券利差。例如，Brunnermeier 和 Oehmke (2012)提出了一个恶性循环的可能，根据这个循环，银行持有的主权债务会使银行体系暴露在金融压力下，迫使银行减少贷款，降低经济增长，产生螺旋式下降，从而使银行体系不稳定。

鉴于债券息差对主权债务对经济增长的影响至关重要，这两个变量之间非线性联系的另一个方面是一个国家是否在货币联盟中的问题。正如 De Grauwe 和 Ji(2013)所指出的，这一点与 EMU 特别相关，因为与独立国家相比，EMU 国家的债券利差可能对投资者情绪更为敏感。他们的研究结果表明，EMU 国家在经济不景气时期的债券利差的债务与 GDP 之比的解释力明显高于经济稳定时期。然而，对于独立国家来说，债务与 GDP

① PROAÑO C R, SCHODER C, SEMMLER W. Financial stress, sovereign debt and economic activity in industrialized countries: evidence from dynamic threshold regressions[J]. Journal of international money and finance, 2014, 45: 17-37.

之比与债券息差之间的关系很弱，与金融市场状况无关。根据这些发现，主权债务-经济增长关系的非线性应该预期在 EMU 国家，特别是在外围国家，比在独立国家更为明显。案例的任务是对核心和外围 EMU 国家以及独立国家的增长、主权债务和金融压力之间的非线性关系进行实证分析。

1. 数据来源

在实证分析中，案例使用了 1981 年第一季度至 2013 年第二季度的季度和季节性调整数据集，涉及以下 16 个国家：澳大利亚（AUS）、奥地利（AUT）、比利时（BEL）、加拿大（CAN）、丹麦（DNK）、德国（DEU）、西班牙（ESP）、法国（FRA）、英国（GBR）、希腊（GRC）、意大利（ITA）、日本（JPN）、荷兰（NLD）、葡萄牙（PRT）、瑞典（SWE）和美国（USA）。

按不变价格计算的 GDP 增长率来自 OECD 经济展望（EO）94 数据库（可变 GDP）。债务与 GDP 之比被定义为一般政府的名义净金融负债超过名义 GDP。AUS、CAN、JPN 和 USA 的变量来自 OECD EO 94 数据库（变量 GNFLQ）。对于样本中的其他国家，净金融负债数据分别从 OECD EO 94 数据库（可变 GNFL）获得的年度数据以及根据 Chow 和 Lin（1971）提出的程序从不同来源获得的季度政府净贷款数据和季度政府总债务数据进行插值。构建的净金融债务序列通过 OECD EO 94 数据库（可变 GDP）中的 GDP 进行标准化。对于 GRC，劳动力增长率取自 OECD 主要经济指标（MEI）数据库。对于所有其他国家，数据来自 OECD EO 94 数据库（变量 LF）。作为附加变量，案例使用长期政府债券的利率减去 GDP 紧缩者的增长率、名义有效汇率以及 GDP 紧缩者增长率，所有这些都取自 OECD EO 94 数据库（变量 IRL、PGDP 和 EXCHEB）。

所有被调查国家的债务与 GDP 之比、金融压力指数和 GDP 增长率（以百分比计）绘制在图 4.5 中。净主权债务与 GDP 之比在各国之间差异很大，SWE 和 DNK 在样本末的比率最低，因为它们自 20 世纪 90 年代中期以来成功地大幅减少了净主权债务。相比之下，在所考虑的国家中，JPN、ITA 和 GRC 的当前债务与 GDP 之比最高，其水平超过 GDP 的 100%。除了债务与 GDP 之比的水平外，其随时间的演变也令人感兴趣。自 20 世纪 90 年代中期以来，BEL、CAN、DNK、ESP 和 NLD 等国家设法降低了其债务与 GDP 之比。其他国家，特别是 AUT、FRA、GBR 和 ITA 在那段时间或多或少地稳定了这一比率，而 DEU 和 JPN 的负债率则有所上升。在 GRC，从数据中可以清楚地看到 2011 年的削发。总的来说，值得注意的是，陷入困境的欧洲货币联盟南部国家的债务与 GDP 之比并不比其他被视为金融避风港的国家高得多，如 USA、JPN 或 DEU。

2. 实证分析

为了分析债务水平和金融压力水平如何影响欧洲货币联盟国家和非欧洲货币联盟国家的债务与 GDP 之比对 GDP 增长率的影响，案例采用了具体国家和面板门限回归。门限回归使案例分别区分低债务/高债务和低压力/高压力机制。面板回归使案例进一步利用横截面维度上的信息，以获得更稳健的结果，并识别特定国家子样本之间的潜在差异。作为子样本，案例考虑欧洲货币联盟国家和非欧洲货币联盟国家以及北部欧洲货币联盟国家和南部欧洲货币联盟国家。更具体地说，案例研究债务与 GDP 之比对经济增长的影响是否与债务与 GDP 之比本身呈非线性关系。

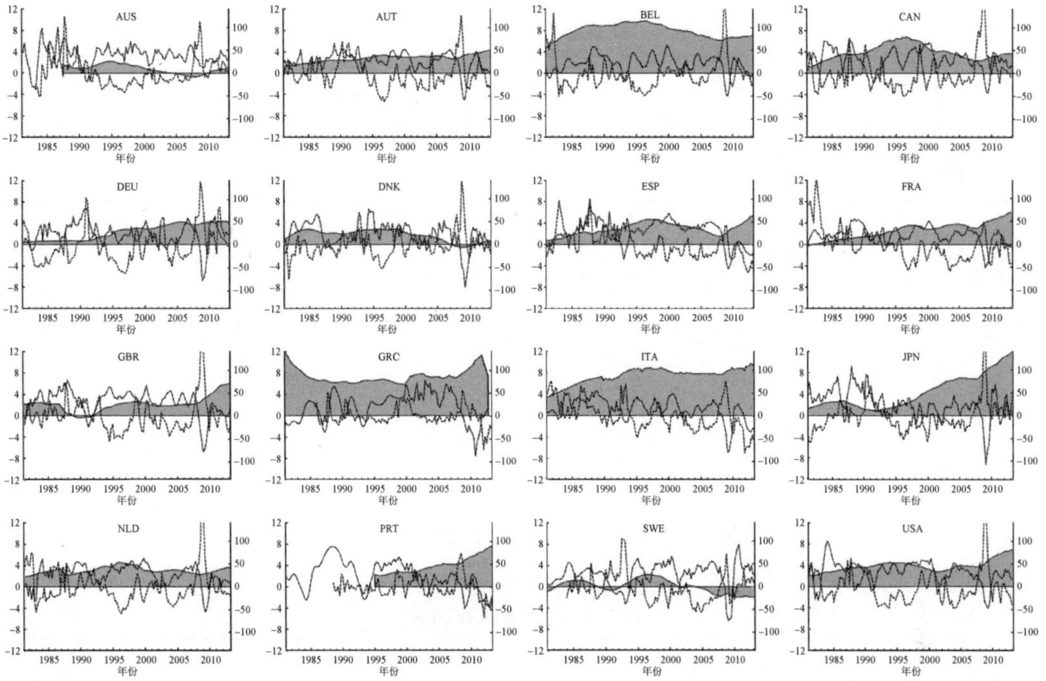

图 4.5　1981 年 1 月至 2010 年 4 月的净主权债务与 GDP 比率(阴影区域,左轴)、GDP 同比增长率(实线,右轴)和金融压力指数(虚线,右轴)

对于面板估计,案例考虑了以下国家组:样本的所有国家,欧洲货币联盟国家(AUT,BEL,DEU,ESP,FRA,GRC,FRA,ESP,GRC,NLD,PRT),非欧洲货币联盟国家(AUS,CAN,DNK,GBR,JPN,SWE,USA),北部欧洲货币联盟国家(AUT,BEL,DEU,FRA,NLD)和南部欧洲货币联盟国家(ESP,GRC,ITA,PRT)。案例只分析债务如何影响债务对增长的影响。债务与 GDP 之比是否存在一个门限水平,超过该门限,债务与 GDP 之比的上升会降低经济增长率?因此,债务/GDP 假定为唯一的门限变量。模型为

$$y_{it}=\mu_i+\alpha_y y_{i,t-1}+\alpha_n n_{it}+\beta_b^L b_{i,t-1}I(b_{i,t-1}\leqslant\gamma_b)+(\beta_b^H b_{i,t-1}+\delta^H)I(b_{i,t-1}>\gamma_b)+\varepsilon_{it} \tag{4.39}$$

式中,y_{it} 为实际 GDP 季度增长率;n_{it} 为劳动力增长率;b_{it} 为净主权债务与 GDP 之比。由于回归量 $y_{i,t-1}$ 是内生的,因此在对回归量进行正交正变换后,将其滞后用作工具变量。假设独立回归变量 n_{it} 和具有门限效应的变量 $b_{i,t-1}$ 是外生的。案例还考虑了包括长期政府债券的实际利率、名义有效汇率、基于 GDP 平减指数的通货膨胀率和金融压力指数在内的指标作为额外的控制变量。

表 4.4 报告了特定国家门限回归的结果,然后是面板门限回归的结果。由于估计的门限将是相当异质的,通常表明在相当低的债务与 GDP 之比下的断点,并且由于案例对 Reinhart 和 Rogoff(2010)所建议的公共债务占 GDP 百分比的高债务水平下公共债务的增长效应如何变化感兴趣,因此案例指定低债务机制必须包括至少 50%的所有观察结果。此外,案例将截距限制为与机制无关,并增加额外的控制变量以使结果更具稳健性。

表 4.4 面板动态门限 GMM 估计结果

样本选择	γ_b	L	H	α_y	α_n	β_b^L	β_b^H
不同国家的门限回归结果							
国名	北部欧洲货币联盟国家						
AUT	42.13 [34.31,42.13]	119	10	0.432*** (0.069)	−0.048 (0.066)	0.011*** (0.002)	0.002 (0.001)
BEL	112.50 [94.39,112.50]	119	10	0.673*** (0.043)	−0.089 (0.060)	0.001*** (0.000)	0.004** (0.001)
DEU	35.34 [32.36,48.87]	80	49	0.135** (0.065)	0.647*** (0.234)	0.013*** (0.003)	0.005*** (0.002)
FRA	42.81 [35.37,55.82]	100	28	0.603*** (0.053)	0.113** (0.052)	0.006** (0.001)	0.002** (0.001)
NLD	43.80 [34.54,48.15]	108	21	0.151** (0.061)	0.488** (0.181)	0.009* (0.002)	0.011*** (0.002)
南部欧洲货币联盟国家							
ESP	33.72 [33.72,52.97]	67	62	0.088 (0.064)	0.742*** (0.096)	0.008*** (0.003)	0.004*** (0.001)
GRC	91.53 [83.53,108.43]	75	16	0.075 (0.073)	−0.128 (0.086)	0.009*** (0.001)	−0.003** (0.001)
ITA	91.98 [91.98,103.70]	67	62	0.460*** (0.065)	−0.073 (0.100)	0.003*** (0.001)	0.001** (0.001)
PRT	49.99 [46.43,71.72]	52	21	0.228*** (0.074)	0.341 (0.207)	0.008*** (0.002)	−0.004*** (0.001)
国名	非欧洲货币联盟国家						
AUS	11.20 [10.42,22.53]	60	41	0.237*** (0.068)	0.624*** (0.103)	−0.003 (0.011)	0.023*** (0.005)
CAN	49.75 [42.56,72.80]	90	38	0.506*** (0.052)	0.467*** (0.125)	0.001 (0.002)	0.004*** (0.001)
DNK	27.42 [23.84,32.80]	85	44	−0.261*** (0.050)	0.200** (0.096)	0.014*** (0.004)	0.031*** (0.004)
GBR	25.90 [25.00,49.35]	82	47	0.553** (0.051)	−0.079 (0.171)	0.018** (0.003)	0.005*** (0.002)
JPN	32.53 [32.53,111.20]	67	62	0.082 (0.066)	0.042 (0.206)	0.033*** (0.005)	0.002** (0.001)
SWE	5.42 [1.56,23.89]	70	47	0.357*** (0.055)	0.433*** (0.115)	−0.012*** (0.004)	0.025*** (0.005)
USA	59.06 [44.37,67.74]	115	14	0.416*** (0.069)	0.128 (0.168)	0.009*** (0.001)	0.005*** (0.001)

续表

样本选择	γ_b	L	H	α_y	α_n	β_b^L	β_b^H
面板门限回归模型估计结果							
全样本	42.17 [34.60,99.70]	1 189	739	0.360*** (0.027)	0.177*** (0.045)	0.003 (0.002)	−0.001 (0.001)
欧洲货币联盟国家	54.18 [41.67,103.74]	690	376	0.443*** (0.031)	0.121** (0.051)	0.002 (0.002)	−0.001 (0.001)
非欧洲货币联盟国家	42.19 [25.89,75.09]	649	213	0.233*** (0.038)	0.275*** (0.073)	0.007*** (0.002)	0.000 (0.001)
北部欧洲货币联盟国家	71.96 [36.15,104.28]	525	119	0.380*** (0.035)	0.112* (0.063)	−0.002 (0.002)	0.003* (0.002)
南部欧洲货币联盟国家	91.82 [68.24,102.68]	341	81	0.424*** (0.042)	0.158** (0.065)	−0.001 (0.002)	−0.004** (0.002)

注：标准误差在括号内。***、**、* 表示显著性水平为 0.01%、0.05%和 0.1%，可行门限的间隔在括号内。

对于单个国家，估计的门限 γ_b 相当不均匀，从瑞典的 5.42%到比利时的 112.50%不等。然而，这主要是由于案例样本国家的主权债务与 GDP 之比的不同范围。请注意，对于大多数单一国家和国家集团而言，估计的门限并不稳健。对于欧洲货币联盟、非欧洲货币联盟、北部欧洲货币联盟国家和南部欧洲货币联盟国家，图 4.6 显示了每个 γ_b 的似然比，以便检验零假设。对于非欧洲货币联盟国家，似然比图表明债务与 GDP 之比的真实门限介于 33%和 46%之间。对于北部 EMU 国家，该图表明门限在 47%左右，在 70%～80%之间，或在 97%左右。注意，这些结果对于包括额外的控制变量不是很稳健。

回到表 4.4，请注意滞后内生变量的系数是正的，并且对除丹麦以外的国家和所有国家组来说都是显著的。此外，劳动力增长率的一个单位变化对实际 GDP 增长的影响大多是正的，并且具有统计学意义。对于一些国家来说，点估计值是负的，但在这种情况下，并不显著。

案例主要感兴趣的是债务与 GDP 之比。由于特定国家对门限的估计通常不太稳健，无法将额外的控制变量纳入回归模型，因此依赖于制度的债务与 GDP 之比系数估计也不稳健。一个强有力的发现是，只有在希腊和葡萄牙，高债务制度与债务对经济增长的负面和显著影响有关。对于大多数国家来说，债务似乎对两种体制的增长都有积极影响。对国家小组的估计结果表明，债务的增加主要会降低经济增长。而在非欧洲货币联盟国家以及北部欧洲货币联盟国家，债务似乎并不会影响相对于 GDP 的高水平增长。在主权债务水平较低的情况下，债务上升会促进非欧洲货币联盟国家的经济增长。这些结果对于包括额外的控制变量来说是稳健的。

总体而言，案例的结果表明，主权债务对经济增长的影响不一定是负面的。它们证实了 Reinhart 和 Rogoff 在 2010 年提出的建议，即总的来说，总债务会使经济增长超过 GDP 的 90%。巨额债务不一定会增加债务对经济增长的绝对影响，也不一定会对经济增长产生负面影响。如果主权债务和经济活动之间的关系是由投资者情绪和预期驱动的，那么这些结果意味着债务与 GDP 之比不一定是导致市场信念趋势逆转的相关变量。只

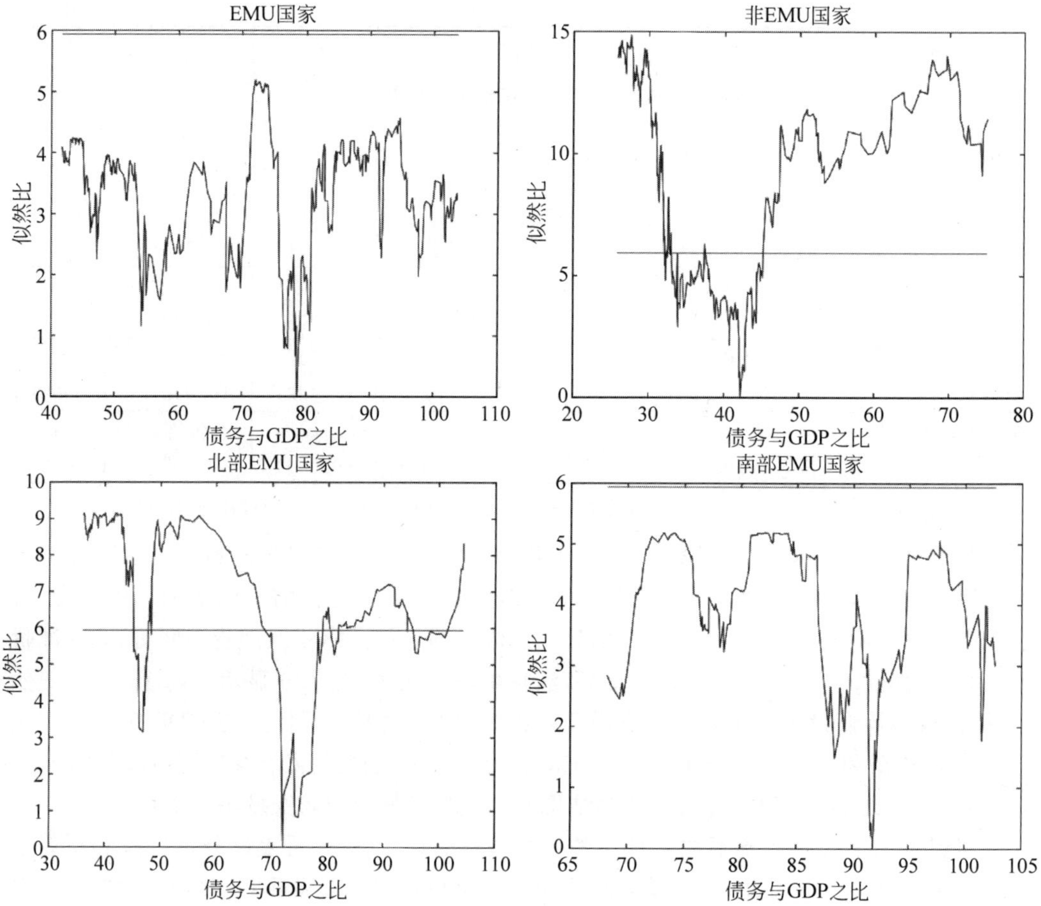

图 4.6 不同门限的似然比

有在南部欧洲货币联盟国家，主权债务才似乎在高债务水平下降低了增长。

3. 结论

债务与 GDP 之比如何影响经济活动？Reinhart 和 Rogoff(2010)认为，主权债务总额超过 GDP 的 90%往往会降低经济增长。案例从理论和经验上认为，答案不取决于债务水平，而是取决于金融市场的状况，以及央行是否愿意或能够通过一些货币政策干预来缓解金融市场压力。在实证基础上，案例基于动态国别和动态面板门限回归技术的计量经济学分析，研究了工业化经济体中经济增长、主权债务与 GDP 比率和金融市场压力之间关系的非线性，得出了与当前讨论债务与 GDP 比率作为推动发达经济体宏观经济稳定的主要变量的作用相关的各种发现。综上所述，如果忽略金融压力作为债务增长关系非线性的来源，案例没有发现证据表明主权债务与 GDP 之比存在一个强大而显著的门限，超过这个门限，债务的上升就会降低增长。分析表明，债务水平和金融压力水平的相互作用对于债务-增长关系很重要。这在南部欧洲货币联盟国家尤为明显，在这些国家，紧缩的财政政策增加了金融市场压力，而货币政策并没有减轻压力。

4.2.8 软件操作

在 Stata 中,动态面板门限回归模型具体操作步骤如下。

第一步,将 4.2 数据.xlsx 中的数据复制到 Stata 中,如图 4.7 所示。

	id	year	province	lnpgdp	eng	lnc
1	1	2004	北京	10.1825	.383128	9.36484
2	1	2005	北京	10.3021	.357194	9.39107
3	1	2006	北京	10.3162	.331905	9.4181
4	1	2007	北京	10.3635	.305829	9.47989
5	1	2008	北京	10.3925	.243084	9.49666
6	1	2009	北京	10.4589	.236458	9.52201
7	1	2010	北京	10.4592	.216622	9.53565
8	1	2011	北京	10.5223	.163671	9.46574
9	1	2012	北京	10.5433	.151564	9.4816
10	1	2013	北京	10.5714	.124682	9.38527
11	1	2014	北京	10.5756	.11041	9.41993
12	1	2015	北京	10.5851	.091198	9.38953
13	1	2016	北京	10.6283	.072753	9.33424
14	1	2017	北京	10.6505	.044145	9.31594
15	1	2018	北京	10.6653	.016323	9.34388
16	1	2019	北京	10.7604	.012138	9.33664
17	1	2020	北京	10.7525	.007107	9.17734
18	1	2021	北京	10.7805	.002499	9.21126
19	2	2004	天津	9.87824	.393586	9.36045
20	2	2005	天津	9.8828	.378444	9.42663
21	2	2006	天津	9.91043	.406009	9.49105
22	2	2007	天津	9.91533	.406501	9.55347
23	2	2008	天津	9.97595	.407685	9.54955

图 4.7　4.2 数据.xlsx 中的数据 Stata 窗口

第二步,下载 xtendothresdpd 命令,代码如下:

```
ssc install xtendothresdpd
```

第三步,设定面板数据个体与时间,代码如下,结果见图 4.8。

```
xtset id year
```

```
. xtset id year
       panel variable:  id (strongly balanced)
        time variable:  year, 2004 to 2021
                delta:  1 unit
```

图 4.8　设定面板数据

第四步,运行 xtendothresdpd 命令,其中 thresv(varname) 指定门限变量; stub(varname) 指定门限变量的前缀,用于划分不同机制; pivar(varname) 指定具有门限效应的变量；dgmmiv[varlist，lagrange(numlist)]指定内生变量，用其滞后作为工具变量；twostep 指定使用两步广义矩法进行估计；vce(vcetype) 指定方差-协方差矩阵的类型；grid(integer) 指定网格搜索的点数；代码如下。该代码自动产生门限效应检验结果见图 4.9，回归结果见图 4.10。

```
xtendothresdpd lnc L.lnc lnpgdp eng, thresv(lnpgdp) stub(lnpgdp) pivar(lnpgdp) dgmmiv(lnc, lagrange(2 4)) twostep vce(robust) grid(500)
```

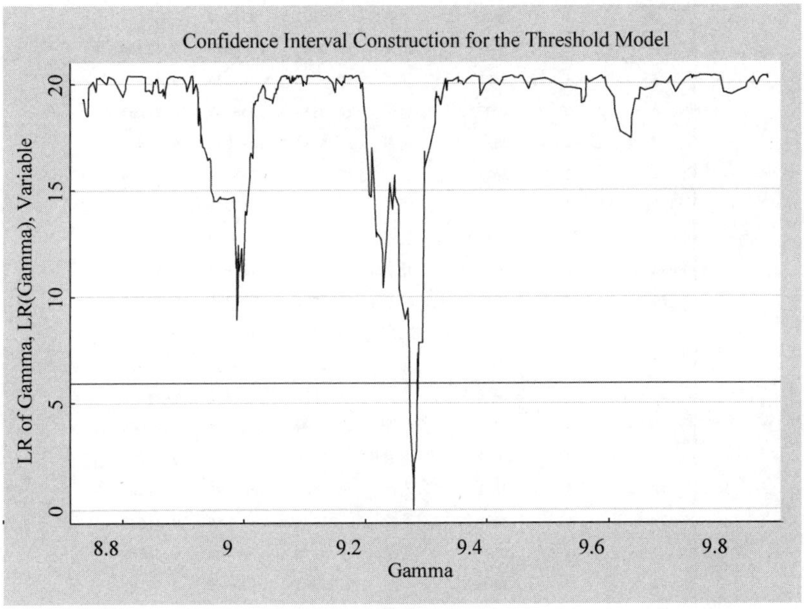

图 4.9　门限效应检验

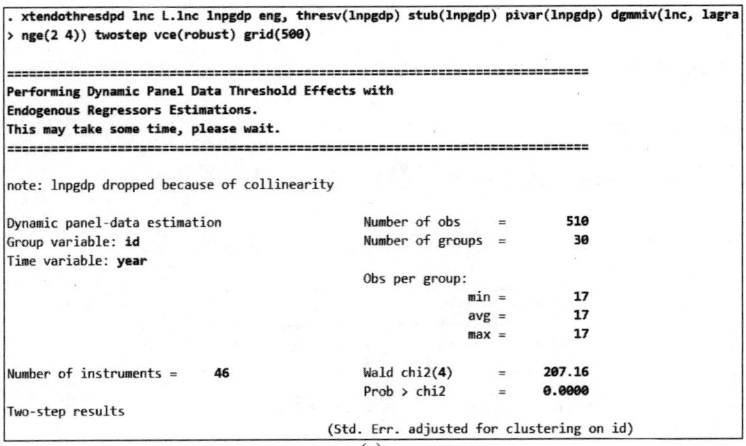

```
. xtendothresdpd lnc L.lnc lnpgdp eng, thresv(lnpgdp) stub(lnpgdp) pivar(lnpgdp) dgmmiv(lnc, lagra
> nge(2 4)) twostep vce(robust) grid(500)

==============================================================================
Performing Dynamic Panel Data Threshold Effects with
Endogenous Regressors Estimations.
This may take some time, please wait.
==============================================================================

note: lnpgdp dropped because of collinearity

Dynamic panel-data estimation                   Number of obs      =       510
Group variable: id                              Number of groups   =        30
Time variable: year
                                                Obs per group:
                                                             min =        17
                                                             avg =        17
                                                             max =        17

Number of instruments =     46                  Wald chi2(4)       =    207.16
                                                Prob > chi2        =    0.0000
Two-step results
                                          (Std. Err. adjusted for clustering on id)
```

(a)

图 4.10　动态面板门限回归结果

```
------------------------------------------------------------------------------------------
                 |             WC-Robust
             lnc |      Coef.  Std. Err.       z    P>|z|    [95% Conf. Interval]
-----------------+------------------------------------------------------------------------
             lnc |
             L1. |   .4296091    5.41914    0.08   0.937    -10.19171    11.05093
                 |
below_thres_lnpgdp |  .7724263    10.3939    0.07   0.941    -19.59925     21.1441
above_thres_lnpgdp |   .773499   10.07022    0.08   0.939    -18.96377    20.51077
             eng |  -.4272453   6.319081   -0.07   0.946    -12.81242    11.95793
           _cons |  -1.054346   38.04799   -0.03   0.978    -75.62704    73.51834
------------------------------------------------------------------------------------------
Instruments for differenced equation
        GMM-type: L(2/4).lnc
Instruments for level equation
        Standard: _cons

Threshold Parameter (level = 90)

-------------------------------------------------------
                Threshold        Lower        Upper
-------------------------------------------------------
Gamma_Hat        9.3056        9.29905      9.31238
-------------------------------------------------------
```

(b)

图 4.10　动态面板门限回归结果(续)

4.3　面板平滑转换回归模型

面板平滑转换回归模型是一个含有外生解释变量的固定效应模型。最基本的二机制面板平滑转换回归模型可表示为

$$y_{it}=\mu_i+\beta_0'\boldsymbol{x}_{it}+\beta_1'\boldsymbol{x}_{it}g(q_{it};\gamma,c)+u_{it},\quad i=1,2,\cdots,N,t=1,2,\cdots,T \tag{4.40}$$

式中,N 和 T 分别为面板数据中的个体数量和时间维度;被解释变量 y_{it} 为一个标量;$\boldsymbol{x}_{it}$ 为外生变量组成的 K 维向量;μ_i 为个体固定效应;u_{it} 为误差项;q_{it} 为转换变量,$g(q_{it};\gamma,c)$为 q_{it} 的一个连续函数,其取值范围为[0,1],当转换函数取两个极端值时,对应的回归系数分别为 β_0 和 $\beta_0+\beta_1$。q_{it} 的值决定了 $g(q_{it};\gamma,c)$的取值,因此,也决定了个体 i 在时间 t 的回归系数 $\beta_0+\beta_1 g(q_{it};\gamma,c)$。González 等(2005)采用的转换函数为 Logistic 函数:

$$g(q_{it};\gamma,\boldsymbol{c})=\left\{1+\exp\left[-\gamma\prod_{j=1}^{m}(q_{it}-c_j)\right]\right\}^{-1},\quad \gamma>0,c_1\leqslant c_2\leqslant\cdots\leqslant c_m \tag{4.41}$$

式中,$\boldsymbol{c}=(c_1,c_2,\cdots,c_m)'$为未知参数 m 维向量,斜率参数 γ 决定转换的平滑度。限制条件 $\gamma>0$ 和 $c_1\leqslant c_2\leqslant\cdots\leqslant c_m$ 保证了模型被识别。实际上,考虑 $m=1$ 和 $m=2$ 就已足够。当 $m=1$ 时,系数随着转换变量 q_{it} 的增加在 $\beta_0\sim\beta_0+\beta_1$ 单调变换,模型描述了从一种机制到另一种机制的平滑转换过程,模型参数围绕 c_1 变化。当 $\gamma\to\infty$ 时,$g(q_{it};\gamma,c)$变成一个指示函数 $I(q_{it}>c_1)$,当 $q_{it}>c_1$ 时,$I(q_{it}>c_1)$取值为 1,否则为 0。在这种情况下,式(4.40)中的面板平滑转换回归模型就成了 Hansen(1999a)提出的二机制面板门限模型。

当 $m=2$ 时,转换函数在$(c_1+c_2)/2$ 处有最小值,且在 q_{it} 较低或较高时取值均为 1。

当 $\gamma\to\infty$ 时，模型变为一个三机制的门限模型，且其外机制是相同的，但与中间机制不同。所以在通常情况下，当 $m>1,\gamma\to\infty$ 时，模型依旧具有两个不同的机制。此外，对任意的 m，当 $\gamma\to0$ 时，转换函数式(4.41)变为常数，此时模型变为具有固定效应的同质或线性面板回归模型。

二机制的面板平滑转换回归模型可扩展为如下多机制的面板平滑转换回归模型：

$$y_{it}=\mu_i+\beta_0'\boldsymbol{x}_{it}+\sum_{j=1}^{r}\beta_j'\boldsymbol{x}_{it}g_j(q_{it}^{(j)};\gamma_j,c_j)+u_{it} \tag{4.42}$$

式中，转换函数 $g_j(q_{it}^{(j)};\gamma_j,c_j),j=1,2,\cdots,r$ 就是式(4.41)所示的 Logistic 函数形式。如果 $m=1,q_{it}^{(j)}=q_{it}$，且对所有的 $j=1,2,\cdots,r$ 有 $\gamma_j\to\infty$，则模型(4.42)变为一个$(r+1)$机制的面板门限回归模型。因此，该模型可看作广义的 Hansen(1999a)多机制面板门限模型。$r=1$、$m=1$ 或 $m=2$ 的二机制面板平滑转换回归模型(4.41)是应用比较广泛的模型，而模型(4.42)在模型估计的评估中起着重要作用，尤其对无剩余异质性(no remaining heterogeneity)的诊断性检验。

4.3.1 同质性检验

当数据具有同质性时，面板平滑转换回归模型不能被识别。因此，在建立模型之前有必要对模型进行同质性检验。

面板平滑转换回归模型(4.40)具有同质性的原假设可设定为 H_0：$\gamma=0$ 或 H_0'：$\beta_1=0$。在两个原假设下，面板平滑转换回归模型均包含不能识别的参数。因此，González 等(2005)参照 Luukkonen 等(1988)的做法，使用原假设 H_0：$\gamma=0$。为避免识别问题，采用 $g(q_{it};\gamma,c)$ 在 $\gamma=0$ 处的一阶泰勒展开式对其进行替代，重新参数化后得到如下辅助回归方程：

$$y_{it}=\mu_i+\beta_0'^{*}\boldsymbol{x}_{it}+\beta_1'^{*}\boldsymbol{x}_{it}q_{it}+\cdots+\beta_m'^{*}\boldsymbol{x}_{it}q_{it}^{m}+u_{it}^{*} \tag{4.43}$$

式中，$\beta_0^*,\beta_1^*,\cdots,\beta_m^*$ 为 γ 与常量的乘积；$u_{it}^*=u_{it}+R_m\beta_1'\boldsymbol{x}_{it}$，$R_m$ 为泰勒展开式的剩余项。所以，检验式(4.40)中的原假设 H_0：$\gamma=0$ 等同于检验式(4.43)中的原假设 H_0^*：$\beta_1^*=\cdots=\beta_m^*=0$。注意到在原假设下，$\{u_{it}^*\}=\{u_{it}\}$，所以进行泰勒展开的近似处理不影响渐近分布。对原假设的检验可通过一个 LM 检验来完成，为了定义 LM 统计量，将式(4.43)写成矩阵形式：

$$\boldsymbol{y}=\boldsymbol{D}_{\mu}\boldsymbol{\mu}+\boldsymbol{X\beta}+\boldsymbol{W\beta}^*+\boldsymbol{u}^* \tag{4.44}$$

式中，$\boldsymbol{y}=(y_1',y_2',\cdots,y_N')'$；$\boldsymbol{y}_i=(y_{i1},y_{i2},\cdots,y_{iT})',i=1,2,\cdots,N$；$\boldsymbol{D}_{\mu}=(\boldsymbol{I}_N\otimes\boldsymbol{\tau}_T)$，$\boldsymbol{I}_N$ 为一个 N 维的单位矩阵，$\boldsymbol{\tau}_T$ 为一个 $T\times1$ 的单位向量，$\otimes$表示克罗内克积，$\boldsymbol{\mu}=(\mu_1,\mu_2,\cdots,\mu_N)'$；$\boldsymbol{X}=(X_1',X_2',\cdots,X_N')$，$\boldsymbol{X}_i=(x_{i1}',x_{i2}',\cdots,x_{iT}')'$；$\boldsymbol{W}=(W_1',W_2',\cdots,W_N')$，$\boldsymbol{W}_i=(w_{i1}',w_{i2}',\cdots,w_{iT}')'$，$\boldsymbol{w}_{it}=(x_{it}'q_{it},\cdots,x_{it}'q_{it}^{m})'$；$\boldsymbol{\beta}=\beta_0^*$，$\boldsymbol{\beta}^*=(\beta_1^{*\prime},\beta_2^{*\prime},\cdots,\beta_m^{*\prime})'$；$\boldsymbol{u}^*=(u_1'^{*},u_2'^{*},\cdots,u_N'^{*})'$为一个 $NT\times1$ 的向量，$\boldsymbol{u}_i^*=(u_{i1}^*,u_{i2}^*,\cdots,u_{iT}^*)'$。LM 检验统计量为

$$\mathrm{LM}_{\chi}=\hat{\boldsymbol{u}}^{0\prime}\widetilde{\boldsymbol{W}}\hat{\Sigma}^{-1}\widetilde{\boldsymbol{W}}'\hat{\boldsymbol{u}}^{0} \tag{4.45}$$

式中，$\hat{\boldsymbol{u}}^0=(\hat{u}_1^{0\prime},\hat{u}_2^{0\prime},\cdots,\hat{u}_N^{0\prime})'$是在原假设下得到的残差向量。$\widetilde{\boldsymbol{W}}=\boldsymbol{M}_\mu\boldsymbol{W}$，$\boldsymbol{M}_\mu=\boldsymbol{I}_{NT}-\boldsymbol{D}_\mu(\boldsymbol{D}_\mu'\boldsymbol{D}_\mu)^{-1}\boldsymbol{D}_\mu'$。$\hat{\Sigma}$是协方差矩阵的一致性估计量。当误差项同方差且服从相同分布时，$\hat{\Sigma}$为

$$\hat{\Sigma}^{\mathrm{ST}}=\hat{\sigma}^2(\widetilde{\boldsymbol{W}}'\widetilde{\boldsymbol{W}}-\widetilde{\boldsymbol{W}}'\widetilde{\boldsymbol{X}}(\widetilde{\boldsymbol{X}}'\widetilde{\boldsymbol{X}})^{-1}\widetilde{\boldsymbol{X}}'\widetilde{\boldsymbol{W}}) \tag{4.46}$$

式中，$\widetilde{\boldsymbol{X}}=\boldsymbol{M}_\mu\boldsymbol{X}$，$\hat{\sigma}^2$是原假设下误差项方差的估计量。当误差项异方差或自相关时，$\hat{\Sigma}$可表示为

$$\hat{\Sigma}^{\mathrm{HAC}}=[-\widetilde{\boldsymbol{W}}'\widetilde{\boldsymbol{X}}(\widetilde{\boldsymbol{X}}'\widetilde{\boldsymbol{X}})^{-1}:\boldsymbol{I}_l]\hat{\Delta}[-\widetilde{\boldsymbol{W}}'\widetilde{\boldsymbol{X}}(\widetilde{\boldsymbol{X}}'\widetilde{\boldsymbol{X}})^{-1}:\boldsymbol{I}_l]' \tag{4.47}$$

式中，$\boldsymbol{I}_l$为l维的单位矩阵，$l=\dim(\boldsymbol{W})-\dim(\boldsymbol{X})=k(m-1)$；$\hat{\Delta}=\sum_{i=1}^{N}\widetilde{\boldsymbol{Z}}_i'\hat{\boldsymbol{u}}_i^0\hat{\boldsymbol{u}}_i^{0\prime}\widetilde{\boldsymbol{Z}}$，$\widetilde{\boldsymbol{Z}}_i=\boldsymbol{M}_\mu\boldsymbol{Z}_i$，$\boldsymbol{Z}_i=[\boldsymbol{X}_i,\boldsymbol{W}_i]$，$i=1,2,\cdots,N$。对固定的$T$，当$N\to\infty$时，式(4.47)中的估计量是一致的。在原假设下，LM_χ统计量式(4.45)渐近服从$\chi^2(mk)$分布，$\mathrm{LM}_F=\mathrm{LM}_\chi/mk$的渐近分布为$F[mk,TN-N-m(k+1)]$。

同质性检验有两个用途：首先，该检验可用于为面板平滑转换回归模型选择合适的转换变量q_{it}。对一系列“候选”的转换变量执行该检验，其中对线性的拒绝性最强的变量被选为转换变量。其次，同质性检验也可用来确定 Logistic 转换函数式(4.41)中m的合适取值。对$m=1$和$m=2$的选择，González 等(2005)参照 Teräsvirta(1994)的研究，取$m=3$作为初始值对辅助回归(4.43)进行如下序贯检验：

$$\begin{cases}H_0^*:\beta_1^*=\beta_2^*=\beta_3^*=0\\H_{03}^*:\beta_3^*=0\\H_{02}^*:\beta_2^*=0/\beta_3^*=0\\H_{01}^*:\beta_1^*=0/\beta_2^*=\beta_3^*=0\end{cases}$$

先对原假设$H_0^*:\beta_1^*=\beta_2^*=\beta_3^*=0$进行检验，拒绝原假设时，即验证了模型的非线性，接着分别对H_{03}^*、H_{02}^*和H_{01}^*进行检验。如果对H_{02}^*的拒绝性最强，就选择$m=2$，否则选择$m=1$。

4.3.2　无剩余异质性检验

对二机制的面板平滑转换回归模型(4.40)具有异质性的假定进行检验有多种方式。在面板平滑转化回归模型框架下，一个很自然的想法就是采用$r=2$的多机制面板平滑转换回归模型(4.42)作为备选。因此：

$$y_{it}=\mu_i+\beta_0'\boldsymbol{x}_{it}+\beta_1'\boldsymbol{x}_{it}g_1(q_{it}^{(1)};\gamma_1,c_1)+\beta_2'\boldsymbol{x}_{it}g_2(q_{it}^{(2)};\gamma_2,c_2)+u_{it} \tag{4.48}$$

式中，转换变量$q_{it}^{(1)}$和$q_{it}^{(2)}$可能但不一定相同。二机制面板平滑转换回归模型的无剩余异质性原假设可表示为$H_0:\gamma_2=0$。该检验同样不可避免地遇到了原假设下参数不可识别的问题，采用$g_2(q_{it}^{(2)};\gamma_2,c_2)$在$\gamma_2=0$处的一阶泰勒展开式对其进行替代，可避免识别问题。辅助回归为

$$y_{it}=\mu_i+\beta_0^{*\prime}\boldsymbol{x}_{it}+\beta_1'\boldsymbol{x}_{it}g_1(q_{it}^{(1)};\hat{\gamma}_1,\hat{c}_1)+\beta_{21}^{*\prime}\boldsymbol{x}_{it}q_{it}^{(2)}+\cdots+\beta_{2m}^{*\prime}\boldsymbol{x}_{it}q_{it}^{(2)m}+u_{it} \tag{4.49}$$

式中，$\hat{\gamma}_1$ 和 $\hat{c}_1$ 为原假设下的估计值。无剩余异质性的原假设可重新表述为 H_0^*：$\beta_{21}^*=\cdots=\beta_{2m}^*=0$。

同质性检验和无剩余异质性检验为确定面板平滑转换回归模型机制的合适数量提供了很好的铺垫，具体方法如下。

（1）对线性（同质性）模型进行估计，然后在预先确定的显著性水平 α 下对模型进行同质性检验。

（2）如果同质性假设被拒绝，则选择一个二机制的面板平滑转换回归模型进行估计。

（3）对模型进行无剩余异质性检验，如果在显著性水平 $\tau\alpha\,(0<\tau<1)$ 下拒绝原假设，则对 $r=2$ 的多机制面板平滑转换回归模型进行估计。

（4）继续重复上述操作，直到第一次接受无剩余异质性假设。

4.3.3　参数估计

通过减去个体均值消去个体固定效应。将模型（4.40）改写为

$$y_{it}=\mu_i+\boldsymbol{\beta}'\boldsymbol{x}_{it}(\gamma,c)+u_{it} \tag{4.50}$$

式中，$\boldsymbol{x}_{it}(\gamma,c)=[\boldsymbol{x}_{it}',\boldsymbol{x}_{it}'g(q_{it};\gamma,c)]'$，$\boldsymbol{\beta}=(\beta_0',\beta_1')'$，从式（4.40）中减去个体均值，得到

$$\tilde{\boldsymbol{y}}_{it}=\boldsymbol{\beta}'\tilde{\boldsymbol{x}}_{it}(\gamma,c)+\tilde{\boldsymbol{u}}_{it} \tag{4.51}$$

式中，$\tilde{\boldsymbol{y}}_{it}=y_{it}-\bar{y}_i$，$\tilde{\boldsymbol{x}}_{it}(\gamma,c)=[\boldsymbol{x}_{it}'-\bar{\boldsymbol{x}}_i',\boldsymbol{x}_{it}'g(q_{it};\gamma,c)-\bar{w}_i'(\gamma,c)]'$，$\tilde{\boldsymbol{u}}_{it}=u_{it}-\bar{u}_i$。$\bar{y}_i$、$\bar{\boldsymbol{x}}_i$、$\bar{w}_i$ 和 $\bar{u}_i$ 为个体均值，$\bar{w}_i(\gamma,c)\equiv T^{-1}\sum_{t=1}^{T}\boldsymbol{x}_{it}g(q_{it};\gamma,c)$。因此，式（4.51）中的向量 $\tilde{\boldsymbol{x}}(\gamma,c)$ 同时通过水平项和个体均值受制于 γ 和 c。于是，在 NLS 最优化中，每次迭代均需对 $\tilde{\boldsymbol{x}}(\gamma,c)$ 进行重新计算。

由式（4.51）可知，当 γ 和 c 固定时，面板平滑转化回归模型中的参数 β 是线性的。因此，可采用 NLS 来求解参数 γ 和 c，即

$$Q^c(\gamma,c)=\underset{(\gamma,c)}{\arg\min}\sum_{i=1}^{N}\sum_{t=1}^{T}[\tilde{\boldsymbol{y}}_{it}-\hat{\boldsymbol{\beta}}(\gamma,c)\tilde{\boldsymbol{x}}_{it}(\gamma,c)]^2 \tag{4.52}$$

式中，$\hat{\boldsymbol{\beta}}(\gamma,c)$ 通过在 NLS 最优化的每次迭代中对式（4.51）进行最小二乘估计得到。

在面板平滑转化回归模型的估计中，值得特别注意的是初始值的选择。对平滑转换回归模型，常通过格点搜索（grid search）法来获取初始值，González 等（2005）通过模拟退火法选取初始值，该方法可优化初始值的相关性质。

4.3.4　案例三：能源使用与 CO_2 排放的非线性关系①

在过去的几十年里，能源和生态经济学文献对能源消费、收入和环境污染之间的动态

---

① BEN CHEIKH N，BEN ZAIED Y，CHEVALLIER J. On the nonlinear relationship between energy use and CO_2 emissions within an EKC framework：evidence from panel smooth transition regression in the MENA region[J]. Research in international business and finance，2021，55：101331.

联系进行了深入分析。随着全球变暖的威胁日益加剧，人们越来越关注主要由大量二氧化碳(CO_2)排放引起的全球环境恶化。学术界和实践者已经作出了重大努力，以了解环境质量恶化的原因(Quintero 和 Cohen，2019)。

在环境库兹涅茨理论假设下，环境退化与收入增长之间存在倒 U 形关系。随着收入的增加，碳排放量增加，直到达到收入的某个"门限值水平"(或拐点)，之后排放开始下降。产出增加对环境的负面影响往往主要产生在一个国家经济发展的早期阶段。然而，随着经济的增长，其生产结构可能会转向低污染活动。

现有的实证研究主要是使用标准的线性和二次形式来确定污染物排放的拐点。Grossman 和 Krueger(1991)是最早使用 EKC(环境库兹涅茨曲线)概念来估计 CO_2 排放与经济增长之间关系的人。他们证明了人均收入可能以线性形式正向影响 CO_2 排放，但其二次形式会损害 CO_2 排放，验证了 EKC 假设。继 Grossman 和 Krueger(1991)之后，一些论文使用不同的数据集和污染指标，以获得可以测试 EKC 假设的实证结果(例如，Bimonte 和 Stabile，2017；Fosten et al.，2012)。然而，在对 EKC 的全面调查中，Dinda(2004)认为，关于 EKC 路径的有效性，实证研究结果仍然不是结论性的，拐点的存在仍然存在争议。

案例提出了一种新的方法，即在标准经验 EKC 模型中引入非线性状态切换行为。这样做，经济发展改善环境质量的转折点的可能存在是由数据内生地确定的。此外，用于衡量能源对排放影响的现有文献并未考虑经济发展的跨国差异。同样，不考虑能源消耗的变化，估计了 CO_2 对经济增长的弹性。因此，案例的研究将遵循一种经验方法，以提供两种有用的碳排放估计。

1. 模型与数据

收入、能源消耗和环境污染物之间的标准关系已经通过以下简化形式(变量采用自然对数)得到了广泛的估计：

$$\mathrm{cd}_{it}=\mu_i+\beta_{01}\mathrm{ec}_{it}+\beta_{02}y_{it}+\beta_{03}y_{it}^2+\varepsilon_{it} \tag{4.53}$$

式中，cd_{it} 是二氧化碳排放量，人均公吨；ec_{it} 是能源消耗，人均公斤石油当量；y_{it} 是实际人均 GDP，2010 年不变美元；系数 β_{01}、β_{02} 和 β_{03} 分别表示能源消耗、人均实际 GDP 和人均实际 GDP 平方对 CO_2 排放的弹性估计。预计能源使用的增加会导致 CO_2 排放量的增加($\beta_{01}>0$)。根据 EKC 假设，环境退化水平与收入增长之间存在倒 U 形关系。在经济发展的早期阶段，碳排放量随着实际人均 GDP 的增加而增加，直到达到收入的转折点，之后环境的恶化开始下降。因此，CO_2 排放量相对于人均实际 GDP 和人均实际 GDP 的平方的弹性估计预计分别为正($\beta_{02}>0$)和负($\beta_{03}<0$)。

为了推断人均 GDP 的 CO_2 排放量估算中存在门限效应，本案例提出实施非线性框架。案例修改了标准模型，将二次项 y_{it}^2 代入逻辑转移函数 $g(q_{it};\gamma,c)$。在存在两个门限($m=2$)的情况下，g_i 指的是逻辑二次函数，其中过渡函数的形状可以用 U 形或倒 U 形曲线来描述。这与 EKC 假设相符，适合模拟人均排放量和实际人均 GDP 之间可能出现的倒 U 形模式。因此，将标准方法与 PSTR(面板平滑过渡回归)模型相结合(对于 $r=1$ 的情况)，模型可以写成

$$\mathrm{cd}_{it}=\mu_i+\beta_{01}\mathrm{ec}_{it}+\beta_{02}y_{it}+[\beta_{11}\mathrm{ec}_{it}+\beta_{12}y_{it}]\times g(q_{it};\gamma,c)+\varepsilon_{it} \tag{4.54}$$

允许 CO_2 排放的弹性，能源消耗和人均 GDP，根据过渡函数 $g(q_{it};\gamma,c)$ 的值非线性变化。案例的过渡变量 $q_{it}=(y_{it},\Delta\mathrm{ec}_{it})$。

此外，为了考虑长期动态的存在，案例估计了协整关系，并将误差校正项包含在非线性规范中。协整向量是使用面板 DOLS 估计器获得的(Mark 和 Sul，2003)。DOLS 估计器的优点是考虑了变量之间潜在的内生性。该方法包括用回归量差异的前导值和滞后值对协整回归进行增强，以减轻可能的内生反馈效应。因此，最终的非线性 PSTR 规范包括一个误差校正项，可以重写为

$$\Delta\,\mathrm{cd}_{it}=\mu_i+\beta_{01}\Delta\,\mathrm{ec}_{it}+\beta_{02}\Delta y_{it}+\theta \boldsymbol{z}_{i,t-1}+\sum_{j=1}^{r}[\beta_{j1}\Delta\,\mathrm{ec}_{it}+\beta_{j2}\Delta y_{it}]\times g_j(q_{it}^{(j)};\gamma_j,c_j)+\varepsilon_{it} \tag{4.55}$$

式中，$q_{it}^{(j)}=q_{it}$，协整向量 $\boldsymbol{z}_{i,t-1}$ 的滞后残差包含在内，以解释二氧化碳排放的长期动态。当序列被转换成自然对数后，变量可以在取第一个差分后以增长项来解释。

案例的非线性面板数据模型估计了 1980—2015 年的期间和 12 个中东和北非(MENA)国家：阿尔及利亚、巴林、埃及、约旦、科威特、黎巴嫩、摩洛哥、阿曼、卡塔尔、沙特阿拉伯、突尼斯和阿拉伯联合酋长国(阿联酋)。这里使用的数据来自国际能源署(IEA)统计数据、二氧化碳信息分析中心(CDIAC)、世界银行国民账户数据和 OECD 国民账户数据。与关键变量相关的汇总统计数据见表 4.5。

2. 实证回归

1) 线性检验

在估计 PSTR 之前，必须使用线性检验来检验状态切换效应是否具有统计显著性。如果拒绝线性，那么必须通过检查是否没有剩余的非线性来确定过渡函数的数量。在表 4.6 中，给出了 $m=1$ 和 $m=2$ 的线性检验结果。对于每个门限变量，分别对 $m=1$ 和 $m=2$ 进行线性检验，约束为 $r_{\max}=3$ 和 $r_{\max}=2$。根据两个标准对 logistic($m=1$)和 logistic($m=2$)面板平滑过渡函数进行了区分：首先选择线性检验中 P 值最低的函数。然后，选择了表现出最低 AIC 和 BIC 的一个。

当考虑收入水平作为过渡变量，$q_{it}=y_{it}$ 时，表 4.6 显示，在不同数量的位置参数($m=1,2$)下，三种检验均拒绝线性假设，这表明 MENA 地区的排放与收入水平之间确实存在非线性关系。同样，当考虑能源消耗变化作为过渡变量时，$q_{it}=\Delta\mathrm{ec}_{it}$，对于非线性 PSTR 模型，线性假设被显著拒绝，这证实了碳排放可能以非线性的方式受到能源使用变化的影响。一旦拒绝了线性假设，那么就可以确定转换函数 r 的数量，从而确定极端机制的数量。如表 4.6 所示，不能拒绝假设 H_0：$r=1$，这意味着存在一个转换函数。此外，关于逻辑过渡中门限的个数 m，根据 AIC 和 BIC，逻辑二次过渡函数($m=2$)更适合这两种情况。

表 4.5　1980—2015 年关键变量的表述性统计

国家	二氧化碳排放/(吨/人)					能源使用/(千克标准石油/人)					人均 GDP（以 2010 美元计算）				
	均值	最大值	最小值	标准差	年度变化比例均值/%	均值	最大值	最小值	标准差	年度变化比例均值/%	均值	最大值	最小值	标准差	年度变化比例均值/%
阿尔及利亚	3.09	3.72	1.91	0.37	2.11	913.65	1 321.10	579.45	166.11	2.49	3 834.37	4 675.89	3 164.90	452.49	0.70
巴林	24.18	29.99	19.65	2.77	0.59	10 594.28	12 406.71	7 794.79	1 144.08	0.68	20 579.38	22 955.09	16 571.43	1 973.69	0.25
埃及	1.75	2.53	1.03	0.47	2.50	634.92	896.79	342.30	161.11	2.74	1 861.05	2 608.38	1 192.58	452.25	2.49
约旦	2.99	3.69	1.99	0.33	2.00	949.95	1 168.40	641.13	104.79	1.75	3 075.65	3 786.53	2 357.23	401.27	0.85
科威特	24.39	34.04	5.01	7.15	−0.94	9 013.46	11 544.16	1 322.23	2 064.04	2.00	40 927.75	49 588.76	35 051.80	4 697.95	−0.51
黎巴嫩	3.88	5.35	2.32	0.91	2.13	1 201.15	1 710.08	678.58	326.23	1.97	6 757.50	8 858.28	3 376.71	1 179.57	1.79
摩洛哥	1.21	1.88	0.77	0.35	2.27	386.37	560.11	264.76	101.26	2.10	2 043.95	3 113.80	1 293.50	547.27	2.53
阿曼	9.56	17.08	4.45	4.30	2.95	3 386.97	6 832.83	802.92	1 926.99	7.64	16 370.60	19 408.63	9 907.34	2 423.22	1.69
卡塔尔	48.69	70.14	24.71	12.84	−0.09	17 069.83	21 959.44	13 698.29	2 176.81	1.07	65 858.58	72 670.96	60 460.42	3 923.20	0.87
沙特阿拉伯	15.17	19.53	10.45	2.50	1.50	4 821.56	6 937.23	3 192.87	1 034.56	3.43	19 894.70	36 518.05	15 608.75	4 386.77	−1.20
突尼斯	1.96	2.60	1.41	0.36	1.86	710.89	966.33	492.70	153.49	2.02	2 900.53	4 265.15	2 014.57	787.47	2.31
阿联酋	27.03	35.89	15.42	5.56	0.27	9 728.16	12 087.10	6 938.02	1 603.06	1.15	62 003.56	113 682.04	35 049.15	19 099.89	−2.43
总计	13.66	70.14	0.77	14.79	1.43	4 950.93	21 959.44	264.76	5 429.83	2.00	20 508.97	113 682.04	1 192.58	23 321.17	0.78

资料来源：国际能源署统计数据、二氧化碳信息分析中心、世界银行国民账户数据和经合组织国民账户数据。

表 4.6 非线性检验

模型	(1)		(2)	
门限变量(q_{it})	人均 GDP(y_{it})		能源使用变化(Δec_{it})	
门限数(m)	$m=1$	$m=2$	$m=1$	$m=2$
$H_0: r=0$ 和 $H_1: r=1$:				
LM_W	4.609	3.880	6.829	8.502
	(0.099)	(0.048)	(0.032)	(0.036)
LM_F	2.489	2.905	2.748	2.284
	(0.085)	(0.089)	(0.065)	(0.079)
LR	6.792	3.963	6.898	8.610
	(0.085)	(0.046)	(0.031)	(0.034)
$H_0: r=1$ 和 $H_1: r=2$:				
LM_W	0.486	1.900	2.636	4.735
	(0.485)	(0.593)	(0.451)	(0.578)
LM_F	0.372	0.475	0.671	0.599
	(0.542)	(0.699)	(0.570)	(0.730)
LR	0.486	1.907	2.648	4.772
	(0.485)	(0.591)	(0.449)	(0.573)
AIC	−4.702	−4.720	−4.405	−4.491
BIC	−4.615	−4.634	−4.338	−4.420

注：线性检验采用 LM_W, LM_F 和 LR 检验。对于每个模型，我们分别检验 $H_0: r=i$ 和 $H_1: r=i+1$($m=1$ 和 $m=2$)，直到至少在 10%的显著性水平下接受原假设。

下一步，使用 NLS 估计非线性 PSTR 模型，如 Gonzalez 等(2005)所述。如上所述，在案例中测试了两种不同的规范。在第一个模型中，通过考虑实际人均 GDP 作为过渡变量 $q_{it}=y_{it}$ 来估计能源消耗对收入水平的 CO_2 的影响。在第二个模型中，通过取能源消费变化的幅度，$q_{it}=\Delta ec_{it}$ 来衡量人均收入增长对能源使用变化的碳排放的影响。

2) 能源使用对收入水平的 CO_2 排放的影响

通过线性检验，估计以下非线性 PSTR 模型，得到能源对 CO_2 排放对实际 GDP 水平的非线性影响：

$$\Delta cd_{it}=\mu_i+\beta_{01}\Delta ec_{it}+\beta_{02}\Delta y_{it}+\theta z_{i,t-1}+\beta_{11}\Delta ec_{it}\times g(y_{it};\gamma,c_1,c_2)+\varepsilon_{it} \tag{4.56}$$

表 4.7 给出了式(4.56)中 PSTR 模型对应的参数估计值，括号内为标准误差。此外，根据 Gonzalez 等(2005)的建议，对估计的模型进行错误规范测试，以检查它是否提供了对数据的充分描述。除了表 4.6 中没有进行任何剩余的非线性检验外，我们应用参数常数的拉格朗日乘数检验作为诊断检查。如表 4.6 所示，我们估计的 PSTR 模型通过了诊断检验，因为参数常数假设的零不能被拒绝。我们还计算了线性面板固定效应模型与 PSTR 规范之间的残差平方和(SSR_{ratio})，这表明非线性 PSTR 模型更适合。

根据表 4.7 的弹性估计，能源消耗对 CO_2 排放有正向影响，与预期一致。对于低收

表 4.7　转换变量为人均 GDP 的 PSTR 模型估计

$$\Delta cd_{it}=\mu_i+\underset{(0.124)}{0.584^{***}}\Delta ec_{it}+\underset{(0.227)}{0.355^{*}}\Delta y_{it}-\underset{(0.064)}{0.272^{***}}z_{i,t-1}-\underset{(0.157)}{0.316^{**}}\Delta ec_{it}\times g(y_{it};\gamma,c_1,c_2)+\varepsilon_{it},$$

$$g(q_{it};\hat{\gamma},\hat{c}_1,\hat{c}_2)=[1+\exp(-\underset{(5.968)}{8.361}(y_{it}-\underset{(2.101)}{7.812^{***}})(y_{it}-\underset{(2.286)}{9.453^{***}}))]^{-1}$$

$NT=720$	$R^2=0.451$	$SSR_{ratio}=0.683$	$LM_F^C=0.259$	$LM_F^N=0.699$

二氧化碳排放弹性系数			
机制	低收入	中等收入	高收入
估计系数	0.268^{**} (0.097)	0.584^{***} (0.124)	0.268^{**} (0.097)

注：*、**、*** 分别表示 10%、5%、1%水平下的显著性。

入体制而言，人均能源使用量每增加 1%，人均排放量就会增加约 0.268%。随着人均收入增加并达到中等收入机制，这种影响变得更加关键，人均排放弹性达到 0.584%。然而，对于高收入体制，即超过的收入门限值，能源对污染物排放的影响不太显著，恢复到之前的 0.268%弹性。

碳排放和能源使用之间的关系在人均收入方面似乎遵循倒 U 形模式。环境污染水平随着收入的增加而增加，直到达到稳定点，然后下降。研究结果支持 EKC 假设。

为了说明问题，案例绘制了估计的收入水平逻辑二次函数和能源对 CO_2 排放的影响。如图 4.11 所示，图中证实了倒 U 形曲线的存在。能源消费与污染物之间的关联遵循非线性变化，从一种状态到另一种状态的转变是渐进的。对于低收入国家，如埃及、摩洛哥和突尼斯，随着人均产出的增加，能源对环境的影响是有害的，排放程度更高。例如，

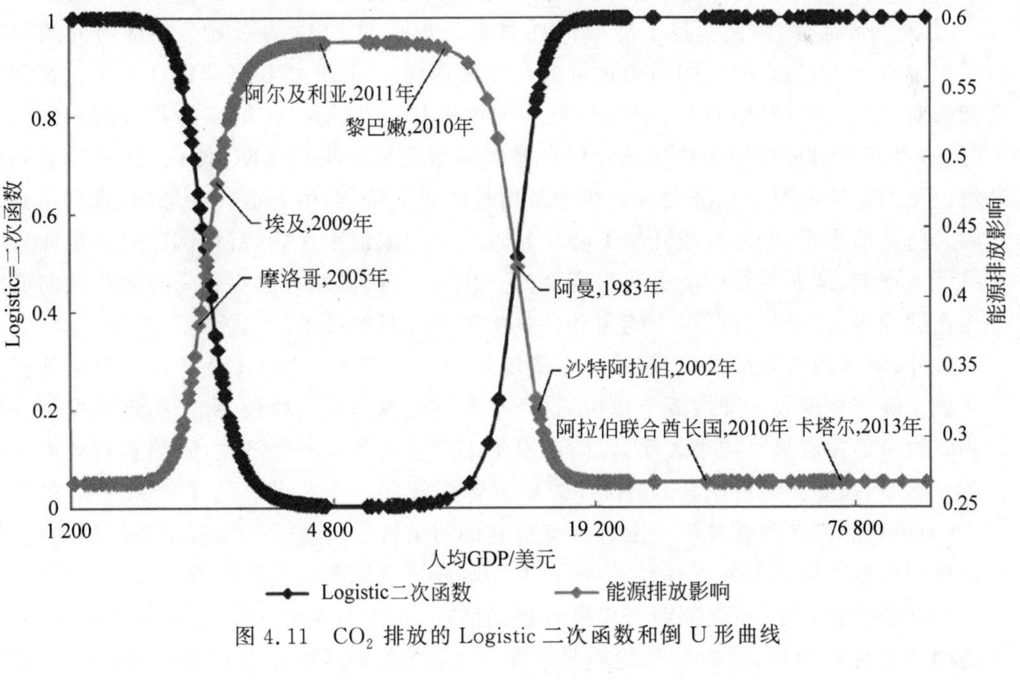

图 4.11　CO_2 排放的 Logistic 二次函数和倒 U 形曲线

从图 4.11 可以看出，摩洛哥和埃及的碳排放量分别在 2005 年和 2009 年上升，因为它们正在从低收入机制逐渐转向中等收入机制。多年来，能源密集型制造业生产从较富裕国家向中等收入和较贫穷国家迁移，这些国家的环境保护法律限制较少。发达国家正将其对污染密集型产品的需求从欠发达经济体外包出去，而欠发达经济体的高出口往往会促进其经济增长。

对于石油出口国，即 GCC(海湾阿拉伯国家合作委员会)集团，有趣的是，高收入导致污染物排放减少(如 2002 年的沙特阿拉伯)。尽管由于慷慨的能源补贴，该地区存在众所周知的能源密集型产品过度消费，但环境质量正在改善。随着经济的增长，它们的生产结构可能会转向能源密集度较低的活动和更多以服务为基础的经济。近年来，主要的 GCC 股票市场已经进行了几项结构改革，以使其经济多样化，减少对石油收入的依赖。目前的努力和政策，如逐步削减能源补贴，可能正在取得成果。

此外，其余 MENA 国家(不包括 GCC 集团)的收入水平低于第二个门限值 12 755.56 美元($c_2=9.45$)。这些国家尚未达到环境退化正在下降的高收入水平。与欠发达经济体相比，预计富裕国家更容易负担得起环境保护投资，并承担转向清洁和绿色能源的费用。

3. 结论

案例的目的是采用一种新的方法来研究 1980—2015 年期间 MENA 地区碳排放、能源消费和收入之间的动态关系。现有的实证文献在没有考虑经济发展的跨国差异的情况下测量了能源对排放的影响。然而，能源消耗水平相似的国家会有不同的能源强度水平(定义为每 GDP 的能源使用量)。同样，在以前的工作中，无论能源消耗的变化如何，都估计了 CO_2 对经济增长的弹性。

案例采用一个非线性面板平滑过渡回归框架。利用 MENA 地区样本在实际人均 GDP 方面的异质性，案例衡量了能源消耗对收入水平的 CO_2 的影响。实证研究结果支持了上述直觉，因为它们表明污染物排放与能源消耗和 GDP 增长呈非线性关系。案例发现能源对 CO_2 的影响呈倒 U 形模式，在某种意义上，环境退化在给定的收入门限值之后下降，这是在 PSTR 模型中内生估计的。案例的研究结果支持 EKC 假设，即能源消耗对环境退化的影响取决于经济发展。在经济增长的早期阶段，生态退化会加剧，直到达到某个收入门限值水平，之后排放开始下降。超过某个门限值水平后，富裕国家对环境质量的需求就会增加，从而导致环境退化程度降低。此外，富裕国家可以更容易地承担转向低污染生产的成本，比如投资可再生能源和替代肮脏和过时的技术。

此外，案例的研究结果强调，只有在能源使用增加的情况下，GDP 增长才会显著影响碳排放。碳排放的收入弹性等于单位，这意味着当能源消耗的增长更高时，经济增长会增加相同数量的排放量。结果表明，以能源密集型产业为基础的经济发展/增长对环境是有害的。然而，当能源消费增长较小时，碳排放弹性较弱且不显著。这个结果非常有吸引力，因为更高的经济增长并不一定意味着更高的污染排放。基于低能源密集型活动(主要是信息密集型产业和服务业)的经济增长不会对环境质量产生负面影响。

案例的研究表明，转向能源密集度较低的活动，如信息密集型产业和服务业，再加上关键的环境保护投资，将改善环境质量。虽然 MENA 地区国家在能源使用和收入水平方面有不同的经济状况，但它们近年来已经采取了一系列旨在减少环境退化的行动。节能政策(如逐步取消能源补贴)和环境保护投资(如开发可再生能源)都是当前环境保护的工具和举措。对于案例样本中的石油净出口国，即 GCC 国家，已经进行了几项结构性改革，以使其经济多样化并减少对石油收入的依赖。根据案例的实证结果，能源补贴改革是可行的，不会对经济增长产生破坏性影响。一条以低能源密集型活动为基础、以服务型经济为基础的可持续发展道路将有利于缓解环境压力。此外，GCC 国家等富裕国家更容易承担环保投资，并承担转向清洁和绿色能源的费用。

对于中东和北非地区的低收入国家，如埃及、摩洛哥和突尼斯，由于污染工业倾向于通过国际贸易向其经济迁移，因此需要制定更具限制性的环境保护法律。更严格的环境标准和更严格的环境法律执行应以减少二氧化碳排放为目标。此外，随着这些国家的人民越来越重视民主，对环境质量的需求应该会增加。有了更高程度的自由，公民可以获得有关其环境质量的信息，他们可能会增加环境保护和法规的压力，以减少环境退化。

4.3.5 软件实现

面板平滑转换模型的软件实现利用 MATLAB 软件进行。

第一步，在 MATLAB 中单击“浏览文件夹”，选择到 STAR_Panel，见图 4.12。

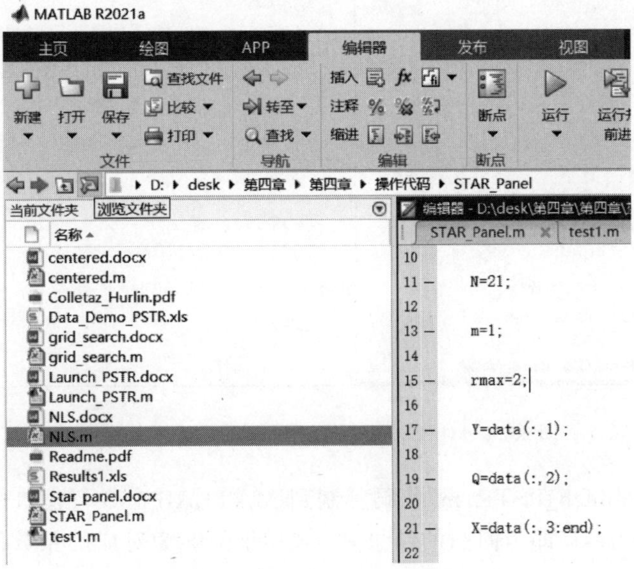

图 4.12　选择 MATLAB 目录

第二步，在 MATLAB 左侧当前文件夹中打开“Launch_PSTR.m”，见图 4.13。

第三步，对“Launch_PSTR.m”的内容进行修改，其中 Data_Demo_PSTR.xls 是储存数据，第 1 列为被解释变量，第 2 列为转换变量，第 3 列到最后一列是解释变量；N 是面板数据的个体数；m 是位置参数的数量，决定了转换函数的形式；rmax 是允许的最大转换函数数量，r 必须小于或等于 rmax，见图 4.14。

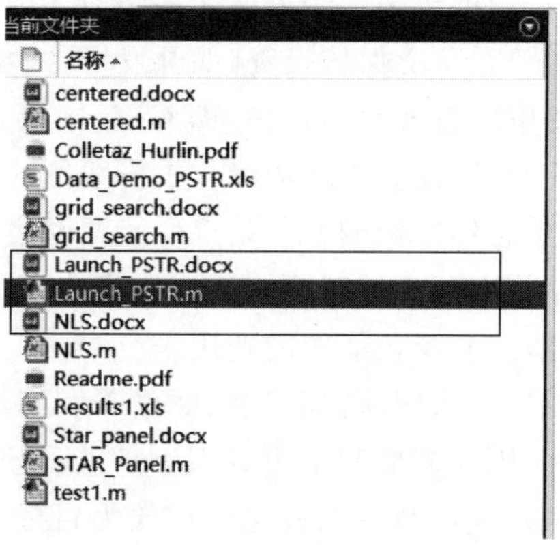

图 4.13　打开运行文件

```
5        %----------------------------
6        %--- Data and Transformations ---
7        %----------------------------
8
9        data=xlsread('Data_Demo_PSTR.xls');
10
11       N=21;
12
13       m=1;
14
15       rmax=2;
16
17       Y=data(:,1);
18
19       Q=data(:,2);
20
21       X=data(:,3:end);
22
23       % Estimation PSTR with m=1
24
25       res1=STAR_Panel(Y,Q,X,N,m,rmax);
```

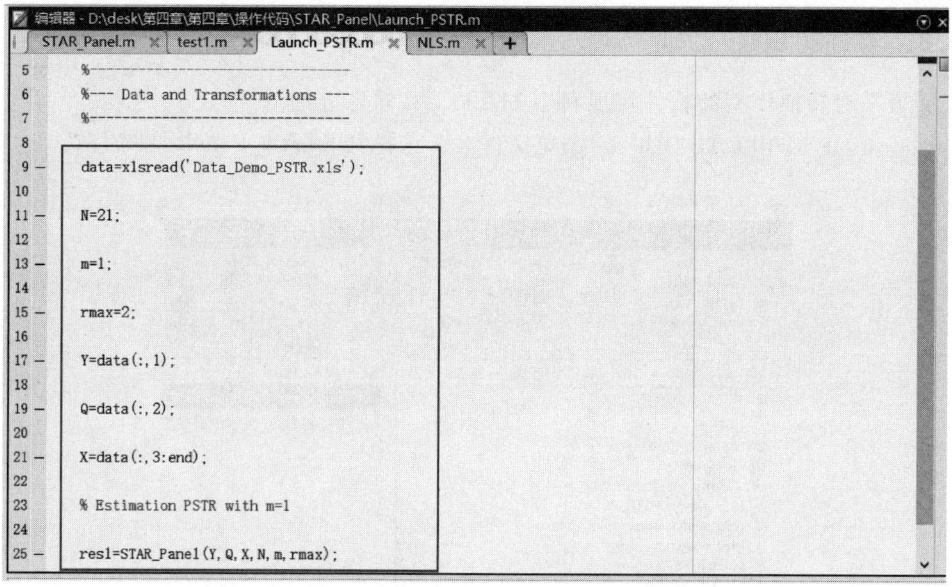

图 4.14　对"Launch_PSTR.m"的内容进行修改

　　第四步,将"Launch_PSTR.m"代码复制到 MATLAB 命令行窗口内,按回车键后运行,在工作区得到"res1"即为回归的结果,"res1"的 beta 为对应的系数值,beta_std 为对应标准误。

4.4　面板半参数趋势门限回归模型

　　大量的宏观经济序列数据显示,包含确定的时间趋势显示不平稳的数据,即由于体制变迁、技术升级、经济危机等外生冲击使数据生成过程发生变化。对于这类数据的建模,需要考虑数据生成过程发生变化是否会引起模型结构发生变化的问题。结构变化问题是由 Chow(1960)针对提高经典模型的预测精度提出的，他将结构变化点作为已知，利用经典模型的 OLS 残差而构造 F 统计量，判断该点是否为结构突变点。与此同时，Quandt(1960)将结构变化点作为未知也提出了检验统计量。

半参数趋势门限面板模型既可以估计变量自身包含的非线性时间趋势，以反映政策、法律、法规等对被解释变量的影响，又可以通过引入门限变量来反映因政策等因素引起模型参数发生变化的情况。模型不仅结合了参数模型和非参数模型的优点，合理利用样本信息，提高了模型参数估计的准确性，而且由于模型设定更符合实际，为宏观经济问题模型的建立提供了理论基础。进一步根据模型参数的变化特点，掌握变量影响程度的变化情况，为合理地制定相关政策提供了科学保障。

4.4.1　半参数趋势门限面板模型

半参数趋势门限面板模型表示如下：

$$Y_{it}=I(t\leqslant t_1)X_{it}\boldsymbol{\beta}+I(t>t_1)(X_{it}\boldsymbol{\varphi})+f_t+\alpha_i+e_{it} \tag{4.57}$$

$$X_{it}=g_t+x_i+\upsilon_{it} \tag{4.58}$$

式中，$i=1,2,\cdots,N$；$t=1,2,\cdots,T$ 分别表示横截面单元和时间维度；Y_{it} 是被解释变量；X_{it} 是解释变量，本节考虑由于政策变化引起结构突变，因此以时间变量 t 作为门限变量，t_1 表示门限值，若 t_1 已知，则表示结构突变的位置已知；若 t_1 未知，则表示结构突变的位置未知。本节在 t_1 未知的情况下，使用核估计的方法，确定 t_1 的取值范围，然后使用扩展的 PPLE(合并面板最小二乘估计)方法估计 t_1 及半参数门限面板模型的参数。$I(\cdot)$表示指示函数，$\boldsymbol{\beta}(\beta_1,\cdots,\beta_d)^{\mathrm{T}}$ 是 $t\leqslant t_1$ 的 d 维未知参数向量，$\boldsymbol{\varphi}(\varphi_1,\cdots,\varphi_d)^{\mathrm{T}}$ 表示 $t>t_1$ 时的未知参数向量。$f_t=f(t/T)$，$g_t=g(t/T)$是未知时间趋势函数，α_i，x_i 是个体效应，$\{e_{it}\}$，$\{\upsilon_{it}\}$是平稳的残差序列，允许存在截面相关。α_i 与 X_{it} 相关，被称作固定效应，这里假定：

$$\sum_{i=1}^{N}\alpha_i=0 \tag{4.59}$$

$$\sum_{i=1}^{N}x_i=\boldsymbol{0}_d \tag{4.60}$$

式中，$\boldsymbol{0}_d$ 表示 d 维零向量。

与半参数趋势面板模型相比，模型(4.57)和模型(4.58)考虑了现实经济变量本身存在的非线性时间趋势以及可能含有结构突变的情况，将非平稳和非线性结合起来，研究实际经济问题中的结构突变问题。考虑模型具有结构突变是一个很常见的约束，在现实社会经济体系中通常是成立的。Lee 和 Chang(2005)认为能源消费、能源价格的时间序列数据具有非线性调整的特征。能源政策和经济体制变迁、能源管制改革、制度变革等因素会引起经济结构的变化，导致能源消费结构突变，从而影响能源与经济增长之间的关系。隋建利和刘金全(2011)表明我国通货膨胀率序列在 1983 年 1 月至 2010 年 9 月之间存在一个显著的结构突变点，而该结构突变点发生在 1996 年 4 月，这与我国在 1996 年成功实现经济“软着陆”的事实相一致。所以说，在模型中考虑结构突变在现实经济问题的分析中通常是成立的。另外，保留 Chen 和 Gao(2012)的假设，即放松了解释变量和残差序列的相关性，使得面板数据更符合实际情况。在实际经济问题研究中，面板数据受到各种因素(如全球化趋势的加强，使得各个经济体之间存在显著的相关性)的影响，导致面板数据截面相关，因此，面板数据经济计量模型要比截面数据模型更能反映实际情况。总之，半参数趋势门限面板模型结合了半参数趋势面板模型、门限面板模型的优点，为实际经济问题的建模提供了一个较好的选择。

4.4.2 半参数趋势门限面板模型的估计方法

根据门限值 t_1，样本可以按 $t \leqslant t_1, t > t_1, t = T$ 进行分类，下面主要估计 $t \leqslant t_1, t > t_1$ 时的半参数趋势面板模型的参数。当 $t = T$ 时，即不存在门限值，EPPLE(估计的合并面板最小二乘估计)简化为 PPLE 方法(Chen 和 Gao，2012)。给出方法之前，先介绍变量的表达式：

$$\widetilde{\boldsymbol{Y}} = (Y_{11}, \cdots, Y_{1t_1}, \cdots, Y_{1T}, \cdots, Y_{N1}, \cdots, Y_{Nt_1}, \cdots, Y_{NT})^{\mathrm{T}}$$

$$\widetilde{\boldsymbol{X}} = (X_{11}, \cdots, X_{1t_1}, \cdots, X_{1T}, \cdots, X_{N1}, \cdots, X_{Nt_1}, \cdots, X_{NT})^{\mathrm{T}}$$

$$\boldsymbol{\alpha} = (\alpha_1, \cdots, \alpha_N)^{\mathrm{T}}, \boldsymbol{D} = (-i_{N-1}, I_{N-1})^{\mathrm{T}} \otimes i_T, \widetilde{\boldsymbol{f}} = i_N \otimes (f_1, \cdots, f_{t_1}, \cdots, f_T)^{\mathrm{T}}$$

$$\widetilde{\boldsymbol{f}}_1 = i_N \otimes (f_1, \cdots, f_{t_1})^{\mathrm{T}}, \widetilde{\boldsymbol{f}}_2 = i_N \otimes (f_{t_1+1}, \cdots, f_T)^{\mathrm{T}}$$

$$\widetilde{\boldsymbol{e}} = (e_{11}, \cdots, e_{1t_1}, \cdots, e_{1T}, \cdots, e_{N1}, \cdots, e_{Nt_1}, \cdots, e_{NT})^{\mathrm{T}}$$

$$\widetilde{\boldsymbol{e}}_1 = (e_{11}, \cdots, e_{1t_1}, \cdots, e_{N1}, \cdots, e_{Nt_1})^{\mathrm{T}}, \widetilde{\boldsymbol{e}}_2 = (e_{1t_1+1}, \cdots, e_{1T}, \cdots, e_{Nt_1+1}, \cdots, e_{NT})^{\mathrm{T}}$$

式中，$Y_{it}(i=1,\cdots,N；t=1,\cdots,T)$为被解释变量；$X_{it}$ 为解释变量；$\widetilde{\boldsymbol{X}}$ 和$\widetilde{\boldsymbol{Y}}$ 为变量向量；$\otimes$表示克罗内克积；$\boldsymbol{i}_k$ 表示 $k \times 1$ 维向量；$\boldsymbol{I}_k$ 表示 $k \times k$ 维单位矩阵，假定 $\sum_{i=1}^{N} \alpha_i = 0$，得到如下半参数趋势门限面板模型：

$$\widetilde{\boldsymbol{Y}} = I(t \leqslant t_1)\widetilde{\boldsymbol{X}}\beta + I(t > t_1)\widetilde{\boldsymbol{X}}\varphi + \widetilde{\boldsymbol{f}} + D\alpha + \widetilde{\boldsymbol{e}} \tag{4.61}$$

这是一个含有结构变化的半参数趋势面板模型，因为样本截取的门限值 t_1 是未知的，需要估计，便于模型的表示方便，我们暂定假定门限值 t_1 已知，记：$K(\cdot)$表示核函数，h 表示带宽，定义：

$$Z_1(\tau) = \begin{bmatrix} 1 & \dfrac{1 - \tau t_1}{t_1 h} \\ \vdots & \vdots \\ 1 & \dfrac{t_1 - \tau t_1}{t_1 h} \end{bmatrix}$$

$$Z_2(\tau)=\begin{bmatrix} 1 & \dfrac{1-\tau(T-t_1)}{(T-t_1)h} \\ \vdots & \vdots \\ 1 & \dfrac{(T-t_1)-\tau(T-t_1)}{(T-t_1)h} \end{bmatrix}$$

$$\widetilde{\boldsymbol{Z}}_1(\tau)=i_N \otimes Z_1(\tau),\widetilde{\boldsymbol{Z}}_2(\tau)=i_N \otimes Z_2(\tau),\widetilde{\boldsymbol{Z}}(\tau)=\begin{cases}\widetilde{\boldsymbol{Z}}_1(\tau), & t \leqslant t_1 \\ \widetilde{\boldsymbol{Z}}_2(\tau), & t > t_1\end{cases}$$

由于时间趋势函数是非线性的，本节对时间趋势函数在 τ 处进行一阶泰勒展开得

$$\widetilde{\boldsymbol{f}}=\widetilde{\boldsymbol{Z}}(\tau)\begin{pmatrix} f(\tau) \\ hf'(\tau)\end{pmatrix}$$

本节利用核函数作为权函数，构造损失函数，对其求最优解，得到 β,φ,α 和时间趋势函数 f_t 的一致估计量。令

$$W_1(\tau)=\operatorname{diag}\left(K\left(\frac{1-\tau t_1}{t_1 h}\right),\cdots,K\left(\frac{t_1-\tau t_1}{t_1 h}\right)\right)$$

$$W_2(\tau)=\operatorname{diag}\left(K\left(\frac{1-\tau(T-t_1)}{(T-t_1)h}\right),\cdots,K\left(\frac{(T-t_1)-\tau(T-t_1)}{(T-t_1)h}\right)\right)$$

$$W(\tau)=\begin{cases}W_1(\tau) & t \leqslant t_1 \\ W_2(\tau) & t > t_1\end{cases}$$

$$\widetilde{\boldsymbol{W}}_1(\tau)=I_N \otimes W_1(\tau),\quad \widetilde{\boldsymbol{W}}_2(\tau)=I_N \otimes W_2(\tau),\quad \widetilde{\boldsymbol{W}}(\tau)=\begin{cases}\widetilde{\boldsymbol{W}}_1(\tau) & t \leqslant t_1 \\ \widetilde{\boldsymbol{W}}_2(\tau) & t > t_1\end{cases}$$

则 EPPLE 估计量为以下损失函数的最小值点。

损失函数为

$$L(a,b)=[\widetilde{\boldsymbol{Y}}-I(t \leqslant t_1)\widetilde{\boldsymbol{X}}\beta-I(t > t_1)\widetilde{\boldsymbol{X}}\varphi-D\alpha-\widetilde{\boldsymbol{Z}}(\tau)(a,b)^{\mathrm{T}}]^{\mathrm{T}}\widetilde{\boldsymbol{W}}(\tau)\times$$
$$[\widetilde{\boldsymbol{Y}}-I(t \leqslant t_1)\widetilde{\boldsymbol{X}}\beta-I(t > t_1)\widetilde{\boldsymbol{X}}\varphi-D\alpha-\widetilde{\boldsymbol{Z}}(\tau)(a,b)^{\mathrm{T}}]$$

式中，$(a,b)=(f(\tau),hf'(\tau))$。

现在假设 α,β,φ 已知，利用损失函数的一阶条件，可以估计 $f(\tau)$，即用 α,β,φ 表示 $f(\tau)$。

$$\begin{aligned}\hat{f}_{\alpha,\beta,\varphi}&=(1,0)S(\tau)(\widetilde{\boldsymbol{Y}}-I(t \leqslant t_1)\widetilde{\boldsymbol{X}}\beta-I(t > t_1)\widetilde{\boldsymbol{X}}\varphi-D\alpha) \\ &=s(\tau)(\widetilde{\boldsymbol{Y}}-I(t \leqslant t_1)\widetilde{\boldsymbol{X}}\beta-I(t > t_1)\widetilde{\boldsymbol{X}}\varphi-D\alpha)\end{aligned} \tag{4.62}$$

式中，

$$S(\tau)=[\widetilde{\boldsymbol{Z}}^{\mathrm{T}}(\tau)\widetilde{\boldsymbol{W}}(\tau)\widetilde{\boldsymbol{Z}}(\tau)]^{-1}\widetilde{\boldsymbol{Z}}^{\mathrm{T}}(\tau)\widetilde{\boldsymbol{W}}(\tau),\quad s(\tau)=(1,0)S(\tau)$$

定义：

$$\tilde{\boldsymbol{f}}_{\alpha,\beta,\varphi}=i_N\otimes\left(\hat{f}_{\alpha,\beta,\varphi}\left(\frac{1}{t_1}\right),\cdots,\hat{f}_{\alpha,\beta,\varphi}\left(\frac{t_1}{t_1}\right),\hat{f}_{\alpha,\beta,\varphi}\left(\frac{1}{T-t_1}\right),\cdots,\hat{f}_{\alpha,\beta,\varphi}\left(\frac{T-t_1}{T-t_1}\right)\right)^{\mathrm{T}}$$
$$=\widetilde{\boldsymbol{S}}(\widetilde{\boldsymbol{Y}}-I(t\leqslant t_1)\widetilde{\boldsymbol{X}}\beta-I(t>t_1)\widetilde{\boldsymbol{X}}\varphi-D\alpha)$$

式中，$\widetilde{\boldsymbol{S}}=i_N\otimes(\boldsymbol{s}^{\mathrm{T}}(\tau))^{\mathrm{T}}$。

为了求参数的估计量 $\hat{\alpha},\hat{\beta},\hat{\varphi}$，令

$$\widetilde{\boldsymbol{Y}}_1=(Y_{11},\cdots,Y_{1t_1},\cdots,Y_{N1},\cdots,Y_{Nt_1})^{\mathrm{T}},\quad \widetilde{\boldsymbol{Y}}_2=(Y_{1t_1+1},\cdots,Y_{1T},\cdots,Y_{Nt_1+1},\cdots,Y_{NT})^{\mathrm{T}}$$
$$\widetilde{\boldsymbol{X}}_1=(X_{11},\cdots,X_{1t_1},\cdots,X_{N1},\cdots,X_{Nt_1})^{\mathrm{T}},\quad \widetilde{\boldsymbol{X}}_2=(X_{1t_1+1},\cdots,X_{1T},\cdots,X_{Nt_1+1},\cdots,X_{NT})^{\mathrm{T}}$$
$$\boldsymbol{D}_1=(-i_{N-1},I_{N-1})^{\mathrm{T}}\otimes i_{t_1},\quad \boldsymbol{D}_2=(-i_{N-1},I_{N-1})^{\mathrm{T}}\otimes i_{T-t_1},\quad \boldsymbol{D}_1^*=(I_{Nt_1}-\widetilde{\boldsymbol{S}})D_1$$
$$\boldsymbol{D}_2^*=(I_{N(T-t_1)}-\widetilde{\boldsymbol{S}})D_2,\quad \boldsymbol{D}^*=\begin{cases}D_1^*, & t\leqslant t_1\\ D_2^*, & t>t_1\end{cases}$$

将 $\tilde{\boldsymbol{f}}_{\alpha,\beta,\varphi}$ 代入损失函数，求其一阶条件，得到参数的估计量和固定效应估计量：

$$\hat{\beta}=(\widetilde{\boldsymbol{X}}_1^{*\mathrm{T}}M_1^*\widetilde{\boldsymbol{X}}_1^*)^{-1}\widetilde{\boldsymbol{X}}_1^{*\mathrm{T}}M_1^*\widetilde{\boldsymbol{Y}}_1^* \tag{4.63}$$
$$\hat{\varphi}=(\widetilde{\boldsymbol{X}}_2^{*\mathrm{T}}M_2^*\widetilde{\boldsymbol{X}}_2^*)^{-1}\widetilde{\boldsymbol{X}}_2^{*\mathrm{T}}M_2^*\widetilde{\boldsymbol{Y}}_2^* \tag{4.64}$$
$$\hat{\alpha}=(\boldsymbol{D}^{*\mathrm{T}}\boldsymbol{D}^*)^{-1}\boldsymbol{D}^{*\mathrm{T}}(\widetilde{\boldsymbol{Y}}^*-\widetilde{\boldsymbol{X}}_1^*\hat{\beta}-\widetilde{\boldsymbol{X}}_2^*\hat{\varphi}) \tag{4.65}$$

式中，$\widetilde{\boldsymbol{Y}}_1^*=(I_{Nt_1}-\widetilde{\boldsymbol{S}})\widetilde{\boldsymbol{Y}}_1$，$\widetilde{\boldsymbol{Y}}_2^*=(I_{N(T-t_1)}-\widetilde{\boldsymbol{S}})\widetilde{\boldsymbol{Y}}_2$，$\widetilde{\boldsymbol{Y}}^*=\begin{cases}\widetilde{\boldsymbol{Y}}_1^* & t\leqslant t_1\\ \widetilde{\boldsymbol{Y}}_2^* & t>t_1\end{cases}$，$\widetilde{\boldsymbol{X}}_1^*=(I_{Nt_1}-\widetilde{\boldsymbol{S}})\widetilde{\boldsymbol{X}}_1$，$\widetilde{\boldsymbol{X}}_2^*=(I_{N(T-t_1)}-\widetilde{\boldsymbol{S}})\widetilde{\boldsymbol{X}}_2$，$\widetilde{\boldsymbol{X}}^*=\begin{cases}\widetilde{\boldsymbol{X}}_1^* & t\leqslant t_1\\ \widetilde{\boldsymbol{X}}_2^* & t>t_1\end{cases}$，$M_1^*=I_{Nt_1}-\boldsymbol{D}_1^*(\boldsymbol{D}_1^{*\mathrm{T}}\boldsymbol{D}_1^*)^{-1}\boldsymbol{D}_1^{*\mathrm{T}}$，$M_2^*=I_{N(T-t_1)}-\boldsymbol{D}_2^*(\boldsymbol{D}_2^{*\mathrm{T}}\boldsymbol{D}_2^*)^{-1}\boldsymbol{D}_2^{*\mathrm{T}}$。

将式(4.59)、式(4.60)代入式(4.58)得到时间趋势的估计量：

$$\hat{f}(\tau)=s(\tau)(\widetilde{\boldsymbol{Y}}-I(t\leqslant t_1)\widetilde{\boldsymbol{X}}\hat{\beta}-I(t>t_1)\widetilde{\boldsymbol{X}}\hat{\varphi}-D\hat{\alpha}) \tag{4.66}$$

显然，这些估计量中都包含有未知参数 t_1，若 t_1 已知，则直接可估计未知参数向量 $\hat{\boldsymbol{\beta}}=\hat{\boldsymbol{\beta}}_{t_1}$，$\hat{\boldsymbol{\varphi}}=\hat{\boldsymbol{\varphi}}_{t_1}$，$\hat{f}=\hat{f}_{t_1}$。若 t_1 未知，则只有估计出了参数 t_1，半参数趋势面板模型的估计问题才能得到彻底解决。

本节结合 Hansen(1999)提出的门限面板模型突变点的识别方法，并考虑个体效应可能影响模型结构变化的情况，对面板数据按截面取平均得到的数据进行估计来识别突变点。因为 $\sum_{i=1}^{N}\alpha_i=0$，所以这样做可以消除个体效应对结构变化的可能影响，即估计模型：

$$\overline{Y}_t=I(t\leqslant t_1)\overline{\boldsymbol{X}}_t\beta+I(t>t_1)(\overline{\boldsymbol{X}}_t\varphi)+f_t+\bar{e}_t \tag{4.67}$$

$$\bar{\boldsymbol{X}}_t = g_t + \bar{v}_t \tag{4.68}$$

式中，$\bar{Y}_t = \frac{1}{N}\sum_{i=1}^{N} Y_{it}$，$\bar{\boldsymbol{X}}_t = \frac{1}{N}\sum_{i=1}^{N} X_{it}$，$\bar{e}_t = \frac{1}{N}\sum_{i=1}^{N} e_{it}$，参考上述方法，将估计量代回模型(4.63)得到拟合残差：

$$e_t(t_1) = \bar{Y}_t - \bar{\boldsymbol{X}}_t^{\mathrm{T}} I(t \leqslant t_1)\beta - \bar{\boldsymbol{X}}_t^{\mathrm{T}} I(t > t_1)\hat{\varphi} - f(t_1) \tag{4.69}$$

记：$R(t_1) = \hat{\boldsymbol{e}}(t_1)^{\mathrm{T}}\hat{\boldsymbol{e}}(t_1)$，于是 t_1 的估计为

$$\hat{t}_1 = \arg\min_{t_1 \in \Phi} R(t_1) \tag{4.70}$$

此时 t_1 的范围初步确定 $t_1 \subset \Phi \subset [n\pi]$，可以限定 $\pi \subset \Pi = [\pi_L, \pi_U] \subset (0,1)$，通常 $[\pi_L, \pi_U] \subset (0.15, 0.85)$。把式(4.64)中得到的估计 t_1 代回式(4.59)～式(4.61)，得到最终估计 $\hat{\boldsymbol{\beta}} = \hat{\boldsymbol{\beta}}_{t_1}$，$\hat{\boldsymbol{\varphi}} = \hat{\boldsymbol{\varphi}}_{t_1}$，$\hat{\boldsymbol{f}} = \hat{\boldsymbol{f}}_{t_1}$，从而半参数趋势面板模型的估计问题得到彻底的解决。

这里，虽然半参数趋势面板模型的估计问题得到了解决，但是从模型的形式和建立过程来看，由于结构变点 t_1 和非参数部分 $f(t_1)$ 的存在，这些估计量的性质显然不能在线性模型的框架下进行讨论。CsÄorgo 和 Horvah(1997)在其文献中对于含未知变点的结构变化模型的参数估计量的性质有比较全面的分析，但当我们在半参数趋势面板模型中引入门限变量后，其每一个分段在形式上是一个半参数回归模型。结合文献(CsÄorgo 和 Horvah，1997)和半参数回归模型估计量性质的讨论可以证明半参数趋势门限面板模型参数估计量的大样本性质。

第5章　面板门限空间模型

Hansen首次构建了门限回归模型，为非线性计量分析提供了有效工具。经典的线性模型和随机前沿模型假定生产单元相互独立，该假定相对严苛。相比于经典的线性模型，门限回归模型具有考虑生产单元的异质性、模型更符合实际、样本分割更有效等优势。门限回归模型无须分类回归，可有效地找到合适的外生门限变量或者内生门限变量分割样本。近年来，随着空间计量的发展，由于地理位置邻近、模仿、溢出效应等原因，相邻生产单元可能存在空间相关性，强制性使用独立性假设会掩盖空间效应，忽略空间效应导致估计量有偏且不一致，技术效率的估计也将不准确。将空间相关性引入门限模型，能够同时捕捉数据的空间相关信息和数据截断特征，拓展了研究视野。

5.1　面板空间模型

空间计量经济学模型的研究自2000年以来得到了迅速的发展，但传统固有的空间计量模型在实证研究的过程中也逐渐暴露出了一些不适用性，如截面数据空间计量模型只考虑了空间单元之间的相关性，而忽略了具有时空演变特征的时间尺度之间的相关性，在实证研究中就显得美中不足。当然很多学者通过将多个时期截面数据变量计算平均值的办法来综合消除时间波动的影响和干扰，但是这种做法仍然造成大量具有时间演变特征的信息损失，从而使人们无法科学和客观地认识与揭示具有时空特征的经济现象的研究。

面板数据分析(panel data analysis)作为前沿的统计学分析方法，可以有效克服时间序列分析多重共线性的困扰，因此，空间计量经济学理论方法和面板数据分析有机结合，构建综合考虑变量时空效应和空间信息的面板数据空间计量模型，是当下空间计量经济学理论研究的热点，在实证研究方面得到了广泛运用。

Elhorst(2003,2010)将面板空间模型分为如下几种不同的类型，即空间自回归模型、面板数据空间误差模型和面板数据空间杜宾模型，主要的估计方法分为两类，即空间面板的极大似然估计和广义矩估计方法。

5.1.1　面板空间模型的设定

面板空间模型的一般模型如下：

$$\begin{cases} y_{it} = \tau y_{i,t-1} + \rho \boldsymbol{w}'_i \boldsymbol{y}_t + \boldsymbol{x}'_{it}\boldsymbol{\beta} + \boldsymbol{d}'_i \boldsymbol{X}_t \boldsymbol{\delta} + \mu_i + \xi_t + \varepsilon_{it} \\ \varepsilon_{it} = \lambda \boldsymbol{m}'_i \boldsymbol{\varepsilon}_t + v_{it} \end{cases} \tag{5.1}$$

式中，$y_{i,t-1}$为解释变量的一阶滞后(即动态面板；当$\tau=0$时，为静态面板)；$\boldsymbol{d}'_i\boldsymbol{X}_t\boldsymbol{\delta}$表示解释变量的空间滞后；$\boldsymbol{w}'_i$为相应的空间权重矩阵$\boldsymbol{W}$的第$i$行；$\boldsymbol{y}_t=(y_{1t},\cdots,y_{Nt})'$；

$\boldsymbol{d}_i'$ 为相应的空间权重矩阵 $\boldsymbol{D}$ 的第 i 行；μ_i 为空间效应；ξ_t 为时间效应；$\boldsymbol{m}_i'$ 为扰动项空间权重矩阵 $\boldsymbol{M}$ 的第 i 行。

通常可考虑以下特殊情形：

(1) 如果 $\lambda=0$,则为“空间杜宾模型”；

(2) 如果 $\lambda=0$ 且 $\boldsymbol{\delta}=\boldsymbol{0}$,则为“空间自回归模型”；

(3) 如果 $\tau=0$ 且 $\boldsymbol{\delta}=\boldsymbol{0}$,则为“空间自相关模型”(Spatial Autocorrelation Model, SAC)；

(4) 如果 $\tau=\rho=0$ 且 $\boldsymbol{\delta}=\boldsymbol{0}$,则为“空间误差模型”。

5.1.2　空间自回归模型及估计

在空间因素存在的情况下,面板数据的空间自回归模型的基本设定为

$$y_{it}=\rho\sum_{j=1}^{N}w_{ij}y_{jt}+\boldsymbol{x}_{it}'\boldsymbol{\beta}+\mu_i+\xi_t+\varepsilon_{it},\quad i=1,2,\cdots,N,t=1,2,\cdots,T \tag{5.2}$$

式中,μ_i 为空间效应,ξ_t 为时间效应。

1. 固定效应

如果式(5.2)中的 μ_i 与 $\boldsymbol{x}_{it}'$ 相关,则该模型为固定效应的空间自回归模型,通常采用极大似然法对该模型进行估计。为简化对模型估计的说明,这里先忽略时间效应,首先将式(5.2)改写成矩阵形式：

$$\begin{aligned}\boldsymbol{y}&=\rho\boldsymbol{W}\boldsymbol{y}+\boldsymbol{X}\boldsymbol{\beta}+\boldsymbol{\mu}+\boldsymbol{\varepsilon}\\ \boldsymbol{\varepsilon}&=(\boldsymbol{I}-\rho\boldsymbol{W})\boldsymbol{y}-\boldsymbol{X}\boldsymbol{\beta}-\boldsymbol{\mu}\\ \boldsymbol{\varepsilon}&=\boldsymbol{A}\boldsymbol{y}-\boldsymbol{X}\boldsymbol{\beta}-\boldsymbol{\mu}\end{aligned} \tag{5.3}$$

式中,$\boldsymbol{A}=\boldsymbol{I}-\rho\boldsymbol{W}$,则 ρ、$\boldsymbol{\beta}$、σ 的极大似然估计的对数似然函数如式(5.4)所示：

$$\log L(y)=|\boldsymbol{A}|-\frac{NT}{2}\log(2\pi\sigma^2)-\left[-\frac{1}{2\sigma^2}(\boldsymbol{AY}-\boldsymbol{X}\boldsymbol{\beta}-\boldsymbol{\mu})'(\boldsymbol{AY}-\boldsymbol{X}\boldsymbol{\beta}-\boldsymbol{\mu})\right] \tag{5.4}$$

对式(5.4)中求有关 $\boldsymbol{\mu}$ 的偏导数,并依据最优化的一阶条件得到 $\boldsymbol{\mu}$ 的值：

$$\frac{\partial\log L}{\partial\boldsymbol{\mu}}=\frac{1}{\sigma^2}\sum_{t=1}^{T}(\boldsymbol{y}-\rho\boldsymbol{W}\boldsymbol{y}-\boldsymbol{X}\boldsymbol{\beta}-\boldsymbol{\mu})=\boldsymbol{0}$$

$$\boldsymbol{\mu}=\frac{1}{T}\sum_{t=1}^{T}(\boldsymbol{y}-\rho\boldsymbol{W}\boldsymbol{y}-\boldsymbol{X}\boldsymbol{\beta}) \tag{5.5}$$

将 $\boldsymbol{\mu}$ 的值代入式(5.4)并依据估计面板固定效应时通常采用的去平均化过程得到拟对数似然函数：

$$\log L=-\frac{NT}{2}\log(2\pi\sigma^2)+T\log|\boldsymbol{I}_N-\rho\boldsymbol{W}|-\frac{1}{2\sigma^2}\sum_{i=1}^{N}\sum_{t=1}^{T}\left(y_{it}^*-\rho\sum_{j=1}^{N}w_{ij}y_{jt}^*-\boldsymbol{x}_{it}'^*\boldsymbol{\beta}\right) \tag{5.6}$$

式中,$y_{it}^*=y_{it}-\frac{1}{T}\sum_{t=1}^{T}y_{it}$；$\boldsymbol{x}_{it}^*=\boldsymbol{x}_{it}-\frac{1}{T}\sum_{t=1}^{T}\boldsymbol{x}_{it}$。因此在得到空间面板固定效应模型的

拟似然函数的条件下，通过最大化一阶条件，得到参数的估计值 $\hat{\rho}$、$\hat{\beta}$、$\hat{\sigma}$，最后，得到$\hat{\boldsymbol{\mu}}=\frac{1}{T}\sum_{t=1}^{T}(\boldsymbol{y}-\hat{\rho}\boldsymbol{W}\boldsymbol{y}-\boldsymbol{X}\hat{\boldsymbol{\beta}})$。

2. 随机效应

参考张志强(2012)的研究，空间面板随机效应的对数似然函数如式(5.7)所示：

$$\log L=-\frac{NT}{2}\log(2\pi\sigma^2)+T\log|\boldsymbol{I}_N-\rho\boldsymbol{W}|-\frac{1}{2\sigma^2}\sum_{i=1}^{N}\sum_{t=1}^{T}(\hat{y}_{it}-\rho\hat{y}_{it}^{*}-\hat{\boldsymbol{x}}_{it}\boldsymbol{\beta})^2 \tag{5.7}$$

式中，$y_{it}^{*}=\sum_{j=1}^{N}w_{ij}y_{jt}$，$\hat{y}_{it}$、$\hat{y}_{it}^{*}$、$\hat{\boldsymbol{x}}_{it}$ 的表达式：

$$\hat{y}_{it}=y_{it}-(1-\theta)\frac{1}{T}\sum_{t=1}^{T}y_{it},\hat{y}_{it}^{*}=y_{it}^{*}-(1-\theta)\frac{1}{T}\sum_{t=1}^{T}y_{it}^{*},\hat{\boldsymbol{x}}_{it}=\boldsymbol{x}_{it}-(1-\theta)\frac{1}{T}\sum_{t=1}^{T}\boldsymbol{x}_{it} \tag{5.8}$$

θ 是基于面板的横截面 OLS 和固定效应估计样本标准差的加权。在给定参数 θ 的条件下，似然函数与固定效应的空间面板估计方法一致。θ 通过紧凑型的似然函数的一阶条件得到其一致估计量，其对数似然函数为

$$\begin{aligned}
&\log L=-\frac{NT}{2}\log[\boldsymbol{e}(\theta)'\boldsymbol{e}(\theta)]+\frac{N}{2}\log\theta^2\\
&\boldsymbol{e}(\theta)=y_{it}-(1-\theta)\frac{1}{T}\sum_{t=1}^{T}y_{it}-\rho\sum_{j=1}^{N}w_{ij}\left[y_{it}-(1-\theta)\frac{1}{T}\sum_{t=1}^{T}y_{jt}\right]-\\
&\qquad\left[\boldsymbol{x}_{it}-(1-\theta)\frac{1}{T}\sum_{t=1}^{T}\boldsymbol{x}_{it}\right]\boldsymbol{\beta}
\end{aligned} \tag{5.9}$$

显然，空间面板随机效应自回归模型的估计，是通过联合估计空间面板的固定效应与非空间面板的随机效应模型来实现。

5.1.3 面板数据空间误差模型及估计

1. 固定效应

空间面板误差模型的基本模型设定为

$$\begin{aligned}
y_{it}&=\boldsymbol{x}_{it}\boldsymbol{\beta}+\mu_i+\mu_{it}\\
\mu_{it}&=\lambda\sum_{j=1}^{N}w_{ij}\mu_{jt}+\varepsilon_{it}
\end{aligned} \tag{5.10}$$

与空间面板的自回归模型相类似，得到如下空间面板的误差模型的对数似然函数：

$$\begin{aligned}
&\log L=-\frac{NT}{2}\log(2\pi\sigma^2)+T\log|\boldsymbol{I}_N-\rho\boldsymbol{W}|-\\
&\qquad\frac{1}{2\sigma^2}\sum_{i=1}^{N}\sum_{t=1}^{T}\left[y_{it}^{*}-\lambda\sum_{j=1}^{N}w_{ij}y_{jt}^{*}-\left(\boldsymbol{x}_{it}^{*}-\lambda\sum_{j=1}^{N}w_{ij}\boldsymbol{x}_{jt}^{*}\right)\boldsymbol{\beta}\right]^2
\end{aligned} \tag{5.11}$$

对各参数求偏导，最后得到关于 λ 的紧凑型的似然函数：

$$\log L=-\frac{NT}{2}\log[\boldsymbol{e}(\lambda)'\boldsymbol{e}(\lambda)]+T\log|\boldsymbol{I}_N-\lambda\boldsymbol{W}|$$

$$\boldsymbol{e}(\lambda)=[\boldsymbol{Y}^*-\lambda(\boldsymbol{I}_T\otimes\boldsymbol{W})\boldsymbol{Y}^*]-[\boldsymbol{X}^*-\lambda(\boldsymbol{I}_T\otimes\boldsymbol{W})\boldsymbol{X}^*]\boldsymbol{\beta} \tag{5.12}$$

依据式(5.12)的一阶条件得到的 $\hat{\lambda}$，能够得到 $\hat{\beta}$、$\hat{\sigma}$，相应的空间面板固定效应的参数估计为 $\hat{\boldsymbol{\mu}}_i=\frac{1}{T}\sum_{t=1}^{T}(\boldsymbol{y}-\boldsymbol{x}_{it}\hat{\boldsymbol{\beta}})$。

2. 随机效应

如果模型(5.10)中的参数 μ_i 是随机的，$\mathrm{Var}(\mu_i)=\sigma_\mu^2$，$\mathrm{Var}(\varepsilon_{it})=\sigma^2$，那么它们的对数似然函数形式为

$$\log L=-\frac{NT}{2}\log(2\pi\sigma^2)-\frac{1}{2}\log|\boldsymbol{\varphi}|+(T-1)\sum_{i=1}^{N}\log|\boldsymbol{B}|-$$

$$\frac{1}{2\sigma^2}\boldsymbol{e}'\left(\frac{1}{T}\boldsymbol{l}_T\boldsymbol{l}'_T\otimes\boldsymbol{\varphi}^{-1}\right)\boldsymbol{e}-\frac{1}{2\sigma^2}\boldsymbol{e}'\left(\boldsymbol{I}_T-\frac{1}{T}\boldsymbol{l}_T\boldsymbol{l}'_T\otimes\boldsymbol{\varphi}^{-1}\right)\otimes(\boldsymbol{B}'\boldsymbol{B})\boldsymbol{e} \tag{5.13}$$

式中，$\boldsymbol{\varphi}=T\frac{\sigma_\mu^2}{\sigma^2}(\boldsymbol{B}'\boldsymbol{B})^{-1}$；$\boldsymbol{B}=\boldsymbol{I}_N-\lambda\boldsymbol{W}$；$\boldsymbol{e}=\boldsymbol{Y}-\boldsymbol{X}\boldsymbol{\beta}$，然而正是 $\boldsymbol{\varphi}$ 的存在使我们进行参数估计时面临更为复杂的计算过程。Elhorst(2003)提出使用替代的方法，使 φ 成为空间加权矩阵 $\boldsymbol{W}$ 的特征根的函数，从而简化了空间面板随机效应似然函数的估计得到 $\boldsymbol{\beta}$，σ，λ 的估计量，其转换后的似然函数如式(5.14)所示。

$$\log L=-\frac{T}{2}\log(2\pi\sigma^2)-\frac{1}{2}\sum_{i=1}^{N}\log\left[1+T\frac{\sigma_\mu^2}{\sigma^2}(1-\lambda\tilde{\boldsymbol{\omega}}_i)^2\right]+$$

$$T\sum_{i=1}^{N}\log(1-\lambda\tilde{\boldsymbol{\omega}}_i)-\frac{1}{2\sigma^2}\tilde{\boldsymbol{e}}'\tilde{\boldsymbol{e}} \tag{5.14}$$

$\tilde{\boldsymbol{\omega}}_i$ 是 $\boldsymbol{W}$ 的特征根，$\tilde{e}=\hat{\boldsymbol{Y}}-\hat{\boldsymbol{X}}\boldsymbol{\beta}$。通过一阶最优化条件得到 $\hat{\boldsymbol{\beta}}$、σ^2 的表达式并代入式(5.14)得到关于 λ 的紧凑型的似然函数：

$$\log L=C-\frac{T}{2}\log\left[\boldsymbol{e}\left(\lambda,\frac{\sigma_\mu^2}{\sigma^2}\right)'\boldsymbol{e}\left(\lambda,\frac{\sigma_\mu^2}{\sigma^2}\right)\right]-\frac{1}{2}\sum_{i=1}^{N}\log\left[1+T\frac{\sigma_\mu^2}{\sigma^2}(1-\lambda\tilde{\boldsymbol{\omega}}_i)^2\right]+$$

$$T\sum_{i=1}^{N}\log(1-\lambda\tilde{\boldsymbol{\omega}}_i) \tag{5.15}$$

5.1.4　面板数据空间杜宾模型及估计

1. 无固定效应模型

当 SAR 模型和 SEM 模型在一定的显著性水平下同时成立时，我们需要进一步考虑面板数据空间杜宾模型，即解释变量的空间滞后项影响被解释变量时，就应该考虑建立空间杜宾模型。使用空间杜宾模型的主要原因在于：①利用普通最小二乘法回归时，其扰动项存在空间相关性，导致回归结果产生偏误；②处理区域样本数据时，存在一些与模型中的解释变量的协方差不为零的解释变量被忽略的情况。空间杜宾模型的一般形式

如下：

$$\begin{aligned} &\boldsymbol{y}=\boldsymbol{\alpha}+\rho \boldsymbol{W}_1 \boldsymbol{y}+\boldsymbol{X\beta}+\boldsymbol{W}_1 \bar{\boldsymbol{X}}\boldsymbol{\gamma}+\boldsymbol{\varepsilon} \\ &\boldsymbol{\varepsilon}=\lambda \boldsymbol{W}_2 \boldsymbol{\varepsilon}+\boldsymbol{\mu} \\ &\boldsymbol{\mu} \sim N(\boldsymbol{0}, \sigma_\mu^2 \boldsymbol{I}) \end{aligned} \tag{5.16}$$

2. 空间固定效应模型

空间固定效应模型是指实验结果只想比较每个自变项之特定类目或类别间的差异及其与其他自变项之特定类目或类别间交互作用效果，而不想以此推论到同一自变项未包含在内的其他类目或类别的实验设计。空间固定效应模型是反映空间面板数据中随个体变化但不随时间变化一类变量的方法。面板数据空间杜宾固定效应模型一般形式如下：

$$\begin{aligned} &\boldsymbol{y}=\boldsymbol{\alpha}+\boldsymbol{\mu}_i+\rho \boldsymbol{W}_1 \boldsymbol{y}+\boldsymbol{X\beta}+\boldsymbol{W}_1 \bar{\boldsymbol{X}}\boldsymbol{\gamma}+\boldsymbol{\varepsilon} \\ &\boldsymbol{\varepsilon}=\lambda \boldsymbol{W}_2 \boldsymbol{\varepsilon}+\boldsymbol{\mu} \\ &\boldsymbol{\mu} \sim N(\boldsymbol{0}, \sigma_\mu^2 \boldsymbol{I}) \end{aligned} \tag{5.17}$$

3. 时点固定效应模型

与空间固定效应模型对应的是时点固定效应模型，这是反映空间面板数据中不随个体变化但随时间变化一类变量的方法。面板数据时点杜宾固定效应模型一般形式表示如下：

$$\begin{aligned} &\boldsymbol{y}=\boldsymbol{\alpha}+\boldsymbol{\lambda}_t+\rho \boldsymbol{W}_1 \boldsymbol{y}+\boldsymbol{X\beta}+\boldsymbol{W}_1 \bar{\boldsymbol{X}}\boldsymbol{\gamma}+\boldsymbol{\varepsilon} \\ &\boldsymbol{\varepsilon}=\lambda \boldsymbol{W}_2 \boldsymbol{\varepsilon}+\boldsymbol{\mu} \\ &\boldsymbol{\mu} \sim N(\boldsymbol{0}, \sigma_\mu^2 \boldsymbol{I}) \end{aligned} \tag{5.18}$$

4. 双固定效应模型

双固定效应模型，即同时考虑空间固定效应和时点固定效应，这是反映空间面板数据中既随个体变化又随时间变化一类变量的方法。面板数据双固定效应杜宾模型一般形式表示如下：

$$\begin{aligned} &\boldsymbol{y}=\boldsymbol{\alpha}+\boldsymbol{\mu}_i+\boldsymbol{\lambda}_t+\rho \boldsymbol{W}_1 \boldsymbol{y}+\boldsymbol{X\beta}+\boldsymbol{W}_1 \bar{\boldsymbol{X}}\boldsymbol{\gamma}+\boldsymbol{\varepsilon} \\ &\boldsymbol{\varepsilon}=\lambda \boldsymbol{W}_2 \boldsymbol{\varepsilon}+\boldsymbol{\mu} \\ &\boldsymbol{\mu} \sim N(\boldsymbol{0}, \sigma_\mu^2 \boldsymbol{I}) \end{aligned} \tag{5.19}$$

5.1.5 案例一：数字普惠金融对居民消费的影响

任蓉等(2022)的研究表明，数字普惠金融对居民消费具有异质性影响，数字金融的发展能够通过降低不确定性、缓解流动性约束和便利支付等途径影响居民消费，且数字普惠金融具有空间特征。因此，本案例就基于其研究，从空间视角研究数字普惠金融对居民消费支出的综合影响。

选取 2011—2020 年全国 30 个省区市(西藏、香港、澳门、台湾除外)的数据，以居民人均消费支出为被解释变量，数字普惠金融指数为主要解释变量，主要变量如表 5.1 所示。

表 5.1 主要变量

类别	变量	符号	说明
被解释变量	人均消费支出	lncon	取对数处理
解释变量	数字普惠金融指数	lnfi	《北京大学数字普惠金融指数(2011—2020)》
控制变量	人均 GDP	lnpgdp	对数处理
	产业结构	ind	二、三产业增加值/地区生产总值
	政府干预	gov	财政支出/地区生产总值
	城镇化率	ur	城镇人口/总人口
	开放程度	oe	进出口总额/地区生产总值

LM 检验结果表明选择空间杜宾模型更合适，Hauseman 检验选择固定效应模型，因此构建如下空间杜宾模型：

$$\mathbf{lncon} = \boldsymbol{\alpha} + \boldsymbol{\mu}_i + \boldsymbol{\lambda}_t + \rho \boldsymbol{W}\mathbf{lncon} + \boldsymbol{X\beta} + \boldsymbol{W\bar{X}\gamma} + \boldsymbol{\varepsilon}$$

式中，$\boldsymbol{X}$ 包含了主要解释变量，以及各控制变量，$\boldsymbol{\mu}_i$ 是个体固定效应，$\boldsymbol{\lambda}_t$ 是时间固定效应。$\boldsymbol{W}$ 为空间权重矩阵，选择邻接矩阵作为空间权重矩阵。

最后得到该模型的估计结果(表 5.2)。

表 5.2 估计结果

变量	(1) 个体固定效应	(2) 时间固定效应	(3) 双重固定效应
主效应			
lnfi	0.067 6**	0.079 0	0.070 0***
	(3.16)	(1.87)	(3.37)
lnpgdp	0.198***	0.455***	0.211***
	(4.12)	(13.69)	(4.52)
gov	0.497***	0.239***	0.431***
	(5.80)	(4.29)	(4.61)
ur	0.786***	0.612***	0.878***
	(4.78)	(5.03)	(5.32)
ind	0.091 2	−0.073 8	0.166
	(0.49)	(−0.60)	(0.85)
oe	0.019 3	0.221***	−0.003 57
	(0.58)	(6.34)	(−0.11)
空间溢出效应			
lnfi	−0.032 2	−0.080 3	−0.004 64
	(−1.46)	(−1.26)	(−0.15)
lnpgdp	−0.017 2	0.235**	0.014 7
	(−0.22)	(2.73)	(0.18)
gov	−0.498**	0.288**	−0.626**
	(−2.61)	(2.94)	(−2.59)

续表

变量	(1) 个体固定效应	(2) 时间固定效应	(3) 双重固定效应
空间溢出效应			
ur	0.790**	0.312	1.189**
	(2.65)	(1.61)	(3.12)
ind	2.240***	−0.661*	2.162***
	(7.01)	(−2.01)	(5.16)
oe	−0.204***	0.0131	−0.263***
	(−4.01)	(0.21)	(−4.48)
Rho	0.376***	−0.149	0.152
	(5.92)	(−1.62)	(1.87)
sigma2 e	0.000611***	0.00375***	0.000563***
	(12.09)	(12.14)	(12.22)
R^2	0.881	0.938	0.878
N	300	300	300

注：* $P<0.05$；** $P<0.01$；*** $P<0.001$。

表 5.2 显示了在个体固定效应、时间固定效应和双固定效应三种情况下的空间杜宾模型估计结果。由表中结果可知，无论是在哪一种情况下，数字普惠金融对当地居民消费都有着显著的正向影响，即某地区的数字金融发展水平的提高有利于促进该地的居民消费，这是由于数字普惠金融的发展使得支付更加便捷，刺激了居民消费；此外，数字普惠金融的发展使得不确定性下降，缓解了流动性约束，从而使得居民消费增加。

但同时从表 5.2 中的结果也可以看到，一地的金融发展可能会对周边地区的金融发展产生负向影响，这可能是由于当一地的数字金融发展水平较高时，其对于相关的人才和资源需求将会更大，从而吸引了附近地区的资源和人口流向该地区，造成虹吸效应。

5.1.6 软件实现

利用 Stata，命令如下：

```
use 1.dta              //导入数据
xtset id year          //将导入的数据设置为面板数据
spatwmat using w.dta,name(W) standardize//使用空间权重矩阵 W,并对其标准化
xsmle ly lx gov lpgdp ur ind oe,fe model(sdm) wmat(W) type(both) nolog noeffects
est store both                  //进行包含个体固定效应和时间固定效应的空间杜宾模型估计并保存
```

运行结果如图 5.1 所示。

```
xsmle ly lx lpgdp gov ur ind oe ,fe model(sdm) wmat(W) type(ind) nolog noeffects
est store ind          //进行只包含个体固定效应的空间杜宾模型估计并保存
```

运行结果如图 5.2 所示。

```
xsmle ly lx lpgdp gov ur ind oe ,fe model(sdm) wmat(W) type(time) nolog noeffects
est store time          //进行只包含时间固定效应的空间杜宾模型估计并保存(图 5.3)。
```

```
          overall = 0.8785

Mean of fixed-effects =  2.2118

Log-likelihood =    695.8359

------------------------------------------------------------------------------
          ly | Coefficient  Std. err.      z    P>|z|     [95% conf. interval]
-------------+----------------------------------------------------------------
Main         |
          lx |   .0699682   .0207497     3.37   0.001     .0292996    .1106369
         gov |   .4307938   .0935477     4.61   0.000     .2474437    .6141438
       lpgdp |    .211198   .0466785     4.52   0.000     .1197099    .3026861
          ur |    .878421   .1652332     5.32   0.000     .5545699    1.202272
         ind |   .1656611   .1943414     0.85   0.394     -.215241    .5465632
          oe |   -.003572   .0334087    -0.11   0.915    -.0690518    .0619078
-------------+----------------------------------------------------------------
Wx           |
          lx |  -.0046376   .0317465    -0.15   0.884    -.0668596    .0575845
         gov |  -.6263792   .2417575    -2.59   0.010    -1.100215   -.1525431
       lpgdp |   .0146541   .0832069     0.18   0.860    -.1484285    .1777367
          ur |   1.189171   .3808999     3.12   0.002     .4426212    1.935722
         ind |   2.161999   .4191827     5.16   0.000     1.340416    2.983582
          oe |  -.2631465   .0586774    -4.48   0.000    -.3781522   -.1481409
-------------+----------------------------------------------------------------
Spatial      |
         rho |   .1520377   .0812994     1.87   0.061    -.0073061    .3113815
-------------+----------------------------------------------------------------
Variance     |
    sigma2_e |   .0005629   .0000461    12.22   0.000     .0004726    .0006533
------------------------------------------------------------------------------

. est store both
```

图 5.1　运行结果(1)

```
          overall = 0.8809

Mean of fixed-effects =  0.9103

Log-likelihood =    678.8621

------------------------------------------------------------------------------
          ly | Coefficient  Std. err.      z    P>|z|     [95% conf. interval]
-------------+----------------------------------------------------------------
Main         |
          lx |   .0676024   .0214263     3.16   0.002     .0256077    .1095971
         gov |   .4966973   .0856934     5.80   0.000     .3287413    .6646533
       lpgdp |   .1977539   .0479588     4.12   0.000     .1037564    .2917514
          ur |    .785924   .1645602     4.78   0.000     .4633919    1.108456
         ind |   .0912088   .1864373     0.49   0.625    -.2742015    .4566191
          oe |   .0193375   .0330883     0.58   0.559    -.0455144    .0841894
-------------+----------------------------------------------------------------
Wx           |
          lx |  -.0321779   .0219741    -1.46   0.143    -.0752463    .0108906
         gov |  -.4975018   .1907674    -2.61   0.009     -.871399   -.1236046
       lpgdp |  -.0171622   .0764378    -0.22   0.822    -.1669775     .132653
          ur |   .7895551   .2977292     2.65   0.008     .2060166    1.373094
         ind |   2.240136   .3194859     7.01   0.000     1.613955    2.866317
          oe |  -.2040355   .0508616    -4.01   0.000    -.3037224   -.1043486
-------------+----------------------------------------------------------------
Spatial      |
         rho |   .3757762   .0634707     5.92   0.000     .2513758    .5001765
-------------+----------------------------------------------------------------
Variance     |
    sigma2_e |   .0006111   .0000506    12.09   0.000      .000512    .0007102
------------------------------------------------------------------------------

. est store ind

.
```

命令窗口

图 5.2　运行结果(2)

```
R-sq:     within  = 0.9506
          between = 0.9700
          overall = 0.9381

Mean of fixed-effects =  3.5643

Log-likelihood =    412.4081

------------------------------------------------------------------------------
          ly | Coefficient  Std. err.      z    P>|z|     [95% conf. interval]
-------------+----------------------------------------------------------------
Main         |
          lx |    .078959   .0422546     1.87   0.062    -.0038585    .1617766
         gov |   .2388597   .0556927     4.29   0.000      .129704    .3480154
       lpgdp |   .4551834   .0332444    13.69   0.000     .3900255    .5203413
          ur |   .6123526   .1216272     5.03   0.000     .3739677    .8507375
         ind |  -.0737624   .1239558    -0.60   0.552    -.3167113    .1691865
          oe |   .2212421   .0348886     6.34   0.000     .1528618    .2896225
-------------+----------------------------------------------------------------
Wx           |
          lx |  -.0803398   .0635417    -1.26   0.206    -.2048793    .0441996
         gov |   .2880881    .098118     2.94   0.003     .0957804    .4803958
       lpgdp |   .2354551   .0861413     2.73   0.006     .0666211     .404289
          ur |   .3115334   .1936742     1.61   0.108    -.0680611    .6911279
         ind |  -.6613329   .3295549    -2.01   0.045    -1.307249   -.0154172
          oe |   .0130985   .0617147     0.21   0.832    -.1078602    .1340571
-------------+----------------------------------------------------------------
Spatial      |
         rho |  -.1487373   .0918928    -1.62   0.106     -.328844    .0313693
-------------+----------------------------------------------------------------
Variance     |
    sigma2_e |   .0037495   .0003089    12.14   0.000     .0031442    .0043549
------------------------------------------------------------------------------

. est store time
```

图 5.3 运行结果(3)

```
local m"ind time both"
esttab 'm', mtitle('m')nogap s(r2 N)
logout, save(Descriptive2) word replace: esttab 'm', mtitle('m')nogap s(r2 N) //将得到的结果输出
```

利用以上命令可直接将结果输出到 Word 中。

5.2 外生变量具有门限效应的面板门限空间模型

门限模型能够较好地拟合具有截断特征的数据，因此将门限结构引入面板空间模型中，构建面板门限空间模型，该模型能够同时考虑面板数据的空间相关性以及数据截断特征，应用更加广泛。

5.2.1 模型的设定和估计

考虑当外生变量 $\boldsymbol{X}$ 具有门限效应的情况，构建面板门限空间模型，

$$y_{it}=\alpha_i+\sum_{m=1}^{M}(\rho_m y_{it}^*)+\varphi_0 S_{it}\cdot \boldsymbol{I}(q_{it}\in[\gamma_{m-1},\gamma_m])+\varphi_1 S_{it}^*+u_{it} \quad (5.20)$$

式中，q_{it} 为门限变量；γ 为门限值；$\boldsymbol{I}(\cdot)$为示性函数，双门限将数据划分为两个机制，在这两个机制中外生变量的系数存在显著差异，否则，模型退化为线性模型。

1. 固定效应

考虑一个简单的双门限空间模型：

$$\boldsymbol{Y}_i=\rho(\boldsymbol{WY})_i+\boldsymbol{I}_1(\boldsymbol{q}_i,\gamma)\boldsymbol{X}_i\beta_1+\boldsymbol{I}_2(q_i,\gamma)\boldsymbol{X}_i\beta_2+\boldsymbol{ec}_i+\boldsymbol{\varepsilon}_i,\quad i=1,\cdots,N \tag{5.21}$$

其中，$\boldsymbol{Y}_i=(y_{i1},\cdots,y_{iT})'$为被解释变量观测向量，$\boldsymbol{X}_i=[x_{i1},x_{i2},\cdots,x_{iT}]'$为解释变量观测矩阵，$\boldsymbol{q}_i=(q_{1t},q_{2t},\cdots,q_{Nt})'$为门限变量观测向量。$y_{it}$、$\boldsymbol{x}_{it}$、$q_{it}(t=1,\cdots,T)$分别为一维被解释变量、$k$ 维解释向量和一维门限变量在第 i 截面 t 时刻的观测值。$\boldsymbol{W}=\boldsymbol{W}_N\otimes\boldsymbol{I}_T$，$\boldsymbol{W}_N=(W_{ij})_{N\times N}$ 为预先设定空间权重矩阵，$\boldsymbol{I}_T$ 为 $T\times T$ 维单位阵，$(\boldsymbol{W}_NY_N)_i$ 是经过空间邻接矩阵加权的被解释变量向量的 i 个观测值，$\boldsymbol{I}(\cdot)$是示性函数对角矩阵，$\boldsymbol{I}_1(q_i,\gamma)=\mathrm{diag}\{\boldsymbol{I}(q_1\leqslant\gamma),\cdots,\boldsymbol{I}(q_n\leqslant\gamma)\}$，$\boldsymbol{I}_2(q_i,\gamma)=\mathrm{diag}\{\boldsymbol{I}(q_1>\gamma),\cdots,\boldsymbol{I}(q_n>\gamma)\}$。$\rho$ 为待估空间相关系数，随机误差向量$\boldsymbol{\varepsilon}_i=(\varepsilon_{i1},\varepsilon_{i2},\cdots,\varepsilon_{iT})'$，$\varepsilon_{it}$ 独立同分布地服从于均值为 0、方差为 σ^2 的未知分布；$\boldsymbol{ec}_i=\boldsymbol{e}_T\boldsymbol{c}_i$ 是个体效应向量，$\boldsymbol{c}_i$ 为第 i 个样本的一维个体固定效应，$\boldsymbol{e}_T$ 为 $T\times1$ 的全 1 矩阵。

参照 Hansen(1999)的表达方式，式(5.21)可以改写为

$$\boldsymbol{Y}_i=\rho(\boldsymbol{W}Y)_i+\boldsymbol{X}_i\theta+\boldsymbol{X}_{i,\gamma}\delta+\boldsymbol{ec}_i+\boldsymbol{\varepsilon}_i \tag{5.22}$$

式中，$\boldsymbol{X}_{i,y}=\boldsymbol{I}_1(q_i,\gamma)\boldsymbol{X}_i$，$\theta=\beta_2$，$\delta=\beta_1-\beta_2$。

记$\boldsymbol{\beta}=(\theta',\delta')'$，$\boldsymbol{X}_{i,\gamma}^*=[\boldsymbol{X}_i\boldsymbol{X}_{i,\gamma}]$，则上式可更简洁地表示为

$$Y_i=\rho(\boldsymbol{WY})_i+\boldsymbol{X}_{i,\gamma}^*\boldsymbol{\beta}+\boldsymbol{ec}_i+\boldsymbol{\varepsilon}_i \tag{5.23}$$

为方便证明和推导，写成矩阵形式：

$$\boldsymbol{Y}=\rho\boldsymbol{WY}+\boldsymbol{X}_\gamma^*\boldsymbol{\beta}+\boldsymbol{U}\boldsymbol{c}+\boldsymbol{\varepsilon} \tag{5.24}$$

式中，$\boldsymbol{Y}=\{Y_1',Y_2',\cdots,Y_N'\}'$，$\boldsymbol{X}_\gamma^*=\{\boldsymbol{X}_{1,\gamma}'',\cdots,\boldsymbol{X}_{N,\gamma}'^*\}'$，$\boldsymbol{U}=\boldsymbol{I}_N\otimes\boldsymbol{e}_T$，$\boldsymbol{c}=(c_1,\cdots,c_N)'$，$\boldsymbol{\varepsilon}=(\varepsilon_1',\cdots,\varepsilon_N')'$，$\otimes$为 Kronecker 乘积。

记共同参数向量$\boldsymbol{\tau}=(\rho,\gamma,\beta',\sigma^2)'$，$\boldsymbol{B}(\rho)=\boldsymbol{I}_{NT}-\rho\boldsymbol{W}$，$\boldsymbol{I}_{NT}$ 为 $NT\times NT$ 维单位矩阵，式(5.24)可以写为 $\boldsymbol{B}(\rho)\boldsymbol{Y}=\boldsymbol{X}_y^*\boldsymbol{\beta}+\boldsymbol{U}c+\boldsymbol{\varepsilon}$，易知$\partial\boldsymbol{\varepsilon}/\partial\boldsymbol{Y}=\boldsymbol{B}(\rho)$，由于 ε_{it} 独立同分布地服从于均值为 0、方差为 σ^2 的分布，协方差矩阵为$\boldsymbol{\Sigma}=E(\boldsymbol{\varepsilon\varepsilon}')=\sigma^2\boldsymbol{I}_{NT}$，$|\Sigma|=\sigma^{2N\times T}$，$\boldsymbol{\Sigma}^{-1}=\sigma^{-2}\boldsymbol{I}_{NT}$。

采用极大似然法估计共同的未知参数，样本的对数似然函数表示为

$$\ln L_{NT}(\tau,c)=-\frac{NT}{2}\ln(2\pi\sigma^2)+\ln|\boldsymbol{B}(\rho)|-\frac{1}{2\sigma^2}[\boldsymbol{B}(\rho)\boldsymbol{Y}-\boldsymbol{X}_\gamma^*\boldsymbol{\beta}-\boldsymbol{U}c]'[\boldsymbol{B}(\rho)\boldsymbol{Y}-\boldsymbol{X}_y^*\boldsymbol{\beta}-\boldsymbol{U}c] \tag{5.25}$$

具体拟极大似然估计量的估计步骤如下。

步骤 1：假定共同参数向量$\boldsymbol{\tau}$已知，记$\boldsymbol{\eta}=(\rho,\gamma,\beta')'$已知，对式(5.25)关于个体固定效应 c 求偏导，并令其为 0，获得 c 的极大似然估计为：$\hat{c}(\boldsymbol{\eta})=(\boldsymbol{U}'\boldsymbol{U})^{-1}\boldsymbol{U}'[\boldsymbol{B}(\rho)\boldsymbol{Y}-\boldsymbol{X}_\gamma^*\boldsymbol{\beta}]$，将其代入式(5.25)中，得到关于共同参数$\boldsymbol{\tau}$的对数似然函数：

$$\ln L_{NT}(\boldsymbol{\tau})=-\frac{NT}{2}\ln(2\pi\sigma^2)+\ln|\boldsymbol{B}(\rho)|-\frac{1}{2\sigma^2}[\boldsymbol{B}(\rho)Y-\boldsymbol{X}_r^*\boldsymbol{\beta}]'\boldsymbol{J}[\boldsymbol{B}(\rho)Y-\boldsymbol{X}_\gamma^*\boldsymbol{\beta}] \tag{5.26}$$

步骤 2：假定 ρ、γ 已知，再对新的似然函数求关于 $\boldsymbol{\beta}$、σ^2 的最大化一阶条件，得到的似然估计代入后得到：

$$\ln L_{NT}(\rho,\gamma)=\ln|\boldsymbol{B}(\rho)|-\frac{NT}{2}[\ln(2\pi)+1]-\frac{NT}{2}\hat{\sigma}^2(\gamma,\rho) \tag{5.27}$$

步骤 3：假定 ρ 已知，极大化对数似然函数(5.27)，得到未知参数 γ 的估计量：

$$\hat{\gamma}(\rho)=\arg\max_{\gamma}\ln L_{NT}(\rho,\gamma)=\arg\min_{\gamma}\hat{\sigma}^2(\rho,\gamma) \tag{5.28}$$

步骤 4：式(5.28)得到的估计值 $\hat{\gamma}(\rho)$ 代替式(5.27)，得到关于 ρ 的对数似然函数，求解极大值，得到估计表达式：

$$\hat{\rho}=\arg\max_{\rho}\ln L_{NT}(\rho) \tag{5.29}$$

步骤 5：用 $\hat{\rho}$、$\hat{\gamma}$ 来重新估计未知参数估计量，$\hat{\boldsymbol{\tau}}=(\hat{\rho},\hat{\gamma},\hat{\beta}',\hat{\sigma}^2)'$ 即为所求。

2. 随机效应

考虑一种简单的空间门限面板模型：

$$Y_i=\rho(\boldsymbol{W})_i+\boldsymbol{I}_1(q_i,\gamma)\boldsymbol{X}_i\beta_1+\boldsymbol{I}_2(\boldsymbol{q}_i,\gamma)\boldsymbol{X}_i\beta_2+\boldsymbol{\mu}_i,\quad \mu_i=\boldsymbol{c}_i+\varepsilon_i,i=1,\cdots,N \tag{5.30}$$

式中，$\boldsymbol{Y}_i=(y_{i1},\cdots,y_{iT})'$ 为被解释变量观测向量；$\boldsymbol{X}_i=[x_{i1},x_{i2},\cdots,x_{iT}]'$ 为解释变量观测矩阵；$\boldsymbol{q}_i=(q_{1t},q_{2t},\cdots,q_{Nt})'$ 为门限变量观测向量。y_{it}、$\boldsymbol{x}_{it}$、$q_{it}(t=1,\cdots,T)$ 分别为一维被解释变量、k 维解释向量和一维门限变量在第 i 截面 t 时刻的观测值。$\boldsymbol{W}=\boldsymbol{W}_N\otimes\boldsymbol{I}_T$，$\boldsymbol{W}_N=(W_{ij})_{N\times N}$ 为预先设定空间权重矩阵，$\boldsymbol{I}_T$ 为 $T\times T$ 维单位阵，$(\boldsymbol{W}_NY_N)_i$ 是经过空间邻接矩阵加权的被解释变量向量的 i 个观测值，$\boldsymbol{I}(\cdot)$ 是示性函数对角矩阵，$\boldsymbol{I}_1(q_i,\gamma)=\mathrm{diag}\{\boldsymbol{I}(q_{11}\leqslant\gamma),\cdots,\boldsymbol{I}(q_r\leqslant\gamma)\}$，$\boldsymbol{I}_2(q_i,\gamma)=\mathrm{diag}\{\boldsymbol{I}(q_n>\gamma),\cdots,\boldsymbol{I}(q_r>\gamma)\}$。$\rho$ 为待估空间相关系数，随机误差向量 $\boldsymbol{\mu}_i=(\mu_1,\mu_{i2},\cdots,\mu_{iT})'$，$\varepsilon_{it}$ 独立同分布地服从于均值为 0、方差为 σ_ε^2 的未知分布；$\boldsymbol{c}_i=\boldsymbol{e}_Tr_i$ 是个体随机效应向量，r_i 独立同分布地服从于均值为 0、方差为 σ_r^2 的未知分布，$\boldsymbol{e}_T$ 为 $T\times1$ 的全 1 矩阵，并且 r_i 和 ε_{it} 相互独立。

参照 Hansen(1999)的表达方式，式(5.20)可等价地表示为

$$Y_i=\rho(\boldsymbol{W}Y)_i+\boldsymbol{X}_i\theta+\boldsymbol{X}_{i,r}\delta+\mu_i \tag{5.31}$$

式中，$\boldsymbol{X}_{i,\gamma}=\boldsymbol{I}_1(q_i,\gamma)\boldsymbol{X}_i$；$\theta=\beta_2$，$\delta=\beta_1-\beta_2$。

记 $\boldsymbol{\beta}=(\theta',\delta')'$，$\boldsymbol{X}_{i,\gamma}^*=[\boldsymbol{X}_i,\boldsymbol{X}_{i,\gamma}]$，则式(5.31)可更简洁地表示为

$$Y_i=\rho(\boldsymbol{W}Y)_i+\boldsymbol{X}_{i,\gamma}^*\boldsymbol{\beta}+\mu_i \tag{5.32}$$

为方便证明和推导，写成矩阵形式：

$$\boldsymbol{Y}=\rho\boldsymbol{W}\boldsymbol{Y}+\boldsymbol{X}_\gamma^*\boldsymbol{\beta}+\boldsymbol{\mu} \tag{5.33}$$

式中，$\boldsymbol{Y}=\{Y_1',Y_2',\cdots,Y_N'\}'$；$\boldsymbol{X}_\gamma^*=\{\boldsymbol{X}_{1,\gamma}^{*'},\cdots,\boldsymbol{X}_{N,\gamma}^{*'}\}'$；$\boldsymbol{\mu}=\{\mu_1',\mu_2',\cdots,\mu_N'\}'$。

记共同参数向量 $\boldsymbol{\tau}=(\rho,\gamma,\beta',\sigma_\varepsilon^2,\sigma_r^2)'$，由于 $\varepsilon_{it}(r_i)$ 独立同分布地服从于均值为 0、方差为 $\sigma_s^2(\sigma_r^2)$ 的未知分布且序列间相互独立，参照 Breusch(1987)和 Elhorst(2003)的表达形式，将协方差矩阵表示为

$$\boldsymbol{\Sigma}=\sigma_\varepsilon^2\boldsymbol{\Omega}=E(\boldsymbol{U}c+\varepsilon)(\boldsymbol{U}c+\varepsilon)'=\sigma_\varepsilon^2\boldsymbol{I}_{NT}+\sigma_r^2\boldsymbol{I}_N\otimes(\boldsymbol{e}_T\boldsymbol{e}_T^t)$$

经计算，$|\boldsymbol{\Sigma}|=\sigma_{\varepsilon}^{2(NT-N)}(\sigma_{\varepsilon}^{2}+T\sigma_{r}^{2})^{N}$，$\boldsymbol{\Sigma}^{-1}=\frac{1}{\sigma_{\varepsilon}^{2}}\boldsymbol{I}_{NT}+\left(\frac{1}{\sigma_{\varepsilon}^{2}+T\sigma_{r}^{2}}-\frac{1}{\sigma_{\varepsilon}^{2}}\right)\boldsymbol{I}_{N}\otimes\left(\frac{1}{T}\boldsymbol{e}_{T}\boldsymbol{e}_{T}'\right)$，$\Omega_{\phi}^{-1}=\boldsymbol{J}+\phi\boldsymbol{H}$，$\Omega_{\phi}^{-1/2}=\boldsymbol{I}_{NT}-(1-\phi^{1/2})\boldsymbol{H}$，其中，$\boldsymbol{H}=\boldsymbol{I}_{N}\otimes\left(\frac{1}{T}\boldsymbol{e}_{T}\boldsymbol{e}_{T}'\right)$，$\boldsymbol{J}=\boldsymbol{I}_{NT}-\boldsymbol{H}$，$\phi=\sigma_{\varepsilon}^{2}/(\sigma_{s}^{2}+T\sigma_{r}^{2})$。观察 $\boldsymbol{H}$ 和 $\boldsymbol{J}$ 的构造，可知 $\boldsymbol{H}$ 和 $\boldsymbol{J}$ 具有两个重要性质：①对称性；②幂等性。

采用拟极大似然方法估计未知参数向量 $\boldsymbol{\tau}$。该方法假设样本服从高斯分布族，按照极大似然的求解方法求得对数似然函数得分最高时的参数值，即为拟似然估计量。因此，样本的对数似然函数表示为

$$\ln L_{NH}(\tau)=-\frac{N(T-1)}{2}\ln(\sigma_{\varepsilon}^{2})-\frac{1}{2(\sigma_{r}^{2}+T\sigma_{r}^{2})}[\boldsymbol{B}(\rho)\boldsymbol{Y}-\boldsymbol{X}_{\gamma}^{*}\boldsymbol{\beta}]'\boldsymbol{H}[\boldsymbol{B}(\rho)\boldsymbol{Y}-\boldsymbol{X}_{\gamma}^{*}\boldsymbol{\beta}]-\frac{N}{2}\ln(\sigma_{x}^{2}+T\sigma_{r}^{2})-\frac{1}{2\sigma_{t}^{2}}[\boldsymbol{B}(\rho)\boldsymbol{Y}-\boldsymbol{X}_{r}^{*}\boldsymbol{\beta}]'\boldsymbol{J}[\boldsymbol{B}(\rho)\boldsymbol{Y}-\boldsymbol{X}_{\gamma}^{*}\boldsymbol{\beta}]+\ln|\boldsymbol{B}(\rho)|+C_{0} \tag{5.34}$$

式中，$C_{0}=-\frac{NT}{2}\ln(2\pi)$；$\boldsymbol{B}(\rho)=\boldsymbol{I}_{NT}-\rho\boldsymbol{W}$，为了简化表达，将 $\phi=\sigma_{\varepsilon}^{2}/(\sigma_{\varepsilon}^{2}+T\sigma_{r}^{2})$ 代入公式中可得

$$\ln L_{NT}(\tau)=-\frac{NT}{2}\ln(\sigma_{c}^{2})+\frac{N}{2}\ln(\phi)-\frac{1}{2\sigma_{s}^{2}}[\boldsymbol{B}(\rho)\boldsymbol{Y}-\boldsymbol{X}_{r}^{*}\boldsymbol{\beta}]'\Omega_{\psi}^{-1}[\boldsymbol{B}(\rho)\boldsymbol{Y}-\boldsymbol{X}_{r}^{*}\boldsymbol{\beta}]+\ln|\boldsymbol{B}(\rho)|+C_{0} \tag{5.35}$$

具体地，拟极大似然估计量的估计步骤如下。

步骤 1：假定共同参数向量 $\boldsymbol{\eta}=(\rho,\gamma,\phi^{2})'$ 已知，关于 $\boldsymbol{\beta}$ 和 σ_{ε}^{2} 分别求偏导并令其为 0，则 $\boldsymbol{\beta}$ 和 σ_{ε}^{2} 的极大似然估计分别为

$$\hat{\beta}(\boldsymbol{\eta})=(\boldsymbol{X}_{r}^{*\prime}\Omega_{\phi}^{-1}\boldsymbol{X}_{\gamma}^{*})^{-1}\boldsymbol{X}_{\gamma}^{*\prime}\Omega_{\phi}^{-1}\boldsymbol{B}(\rho)\boldsymbol{Y}$$
$$\hat{\sigma}_{\varepsilon}^{2}(\eta)=[NT]^{-1}[\boldsymbol{B}(\rho)\boldsymbol{Y}-\boldsymbol{X}_{\gamma}^{*}\boldsymbol{\beta}]'\Omega_{\phi}^{-1}[\boldsymbol{B}(\rho)\boldsymbol{Y}-\boldsymbol{X}_{\gamma}^{*}\boldsymbol{\beta}] \tag{5.36}$$

步骤 2：代入即可得到关于 $\boldsymbol{\eta}$ 的集中对数似然(concentrated log likelihood)函数：

$$\ln L_{NT}(\eta)=C-\frac{NT}{2}\ln[\hat{\sigma}_{\varepsilon}^{2}(\eta)]+\frac{N}{2}\ln(\phi)+\ln|\boldsymbol{B}(\rho)| \tag{5.37}$$

式中，$C=-NT/2\times\ln(2\pi)-NT/2$ 为常数项。由于式(5.29)无法进一步获得 $\boldsymbol{\eta}$ 的解析表达式，因此用数值方法求解。

步骤 2 可以细分为两步。

步骤 2.1：假设 $(\rho,\phi)'$ 已知，求解式(5.29)关于 γ 的极大值，等价于求解：

$$\hat{\gamma}(\rho,\phi)=\arg\min_{\gamma}\hat{\sigma}_{\varepsilon}^{2}(\boldsymbol{\eta}) \tag{5.38}$$

步骤 2.2：将 $\hat{\gamma}(\rho,\phi)$ 代入式(5.28)中，得到关于 (ρ,ϕ) 的集中对数似然函数：

$$\ln L_{NT}(\rho,\phi)=C-\frac{NT}{2}\ln[\hat{\sigma}_{\varepsilon}^{2}(\rho,\phi)]+\frac{N}{2}\ln(\phi)+\ln|\boldsymbol{B}(\rho)| \tag{5.39}$$

用数值法求解以下极值条件：

$$(\hat{\rho},\hat{\phi}) = \arg\max_{\rho,\phi} \ln L_{NT}(\rho,\phi) \tag{5.40}$$

步骤 3：将步骤 2 中所得 $\hat{\eta}$ 代入步骤 1 中重新估计未知参数向量，最终即为所求。Breusch(1987)介绍了随机效应模型的极大似然估计方法，证明了迭代计算$(\beta,\sigma_\varepsilon^2)$和 ϕ 的估计值难以避免落入局部最优解。由于空间相关系数 ρ 在(−1,1)上取值，方差比 ϕ 在(0,1)上取值，我们在值域内给定几组初始值，按照步骤 1 至步骤 3 进行迭代，通过最大化似然函数可得近似最优解。

5.2.2 案例二：数字普惠金融对居民消费的影响续

研究数字普惠金融发展对居民消费的影响时，需要考虑到数字普惠金融的发展对于居民消费水平的影响程度可能并不是一成不变的。首先，随着时间推移，数字普惠金融解决了企业的融资困难问题，企业将会有更多资金投入新产品研发和技术创新中，促进企业创新水平的提高，从而提升社会生产率，增加社会总产出，促进居民消费水平提高。其次，数字普惠金融在社会全面铺开，渗透到社会生产生活的各个领域发挥作用，会带来社会生产力全方位的提高，产生规模效应。最后，数字普惠金融的发展使受惠企业更多地研究符合消费者需求的新产品，与时俱进，而不是企业生产什么消费者便购买什么，更多符合消费者需求的产品出现，会刺激居民的消费欲望，从而提升居民消费水平。综上，一方面增加居民收入水平提高的途径；另一方面，不断刺激居民消费，共同提高居民消费水平。因此，考虑将可以用来研究非线性关系的门限模型引入，构建以下空间面板门限模型(假设只存在单门限值)：

$$\mathbf{lncon} = \boldsymbol{\alpha} + \rho\mathbf{Wlncon} + \beta_1\mathbf{lnfi}(\mathbf{lnfi} \leqslant \gamma) + \lambda\mathbf{Wlnfi} + \beta_2\mathbf{lnfi}(\mathbf{lnfi} > \gamma) + \eta\boldsymbol{X} + \delta\boldsymbol{WX} + \boldsymbol{\varepsilon} \tag{5.41}$$

式中，**lnfi** 为模型的门限变量，***X*** 为控制变量，包括人均 GDP 的对数、城镇化率。

在模型估计过程中，由于存在 **Wlncon** 这样一个内生变量，普通的面板门限估计方法并不适用，因此我们考虑采用工具变量法进行估计。在经过一系列门限值检验(表 5.3)之后，确定该模型存在单门限，得到估计结果(表 5.4)。

表 5.3 门限检验结果 1

门限个数	三门限	双门限	单门限
P 值	0.680 0	0.393 3	0.006 7

表 5.4 模型估计结果

lncon			
wy_hat	0.024 8***	lnfi≤4.804 3	0.316 2***
	(2.827 8)		(10.747 7)
lpgdp	0.285 8***	lnfi>4.804 3	0.300 6***
	(4.645 9)		(10.845 0)
ur	1.199 7***	_cons	4.145 9***
	(4.551 3)		(7.630 7)

续表

lncon			
$W\times$lnfi	$-0.036\,2^{***}$ $(-3.290\,4)$	N	270
$W\times$ur	$-0.093\,1$ $(-0.396\,9)$	r2_a	0.972 9
$W\times$lpgdp	0.020 7 (0.311 6)		

注：* $P<0.10$；** $P<0.05$；*** $P<0.01$。

由表 5.3 和表 5.4 中的结果可知，在门限值前后，数字普惠金融对居民消费的影响程度不同。造成这一现象的原因可能是随着数字普惠金融的发展，覆盖范围和应用范围更广，其对于社会生产的影响更广、更深。例如数字普惠金融的发展能够有效缓解一些企业的融资约束问题，使企业的资金问题得到解决，有利于促进企业增加创新研发投入，从而提高创新水平，进一步促进我国经济的增长和产业结构升级等，对于居民消费的提升作用也将提高。

5.2.3 软件实现

使用 MATLAB 计算工具变量，命令如下：

```
W=[]
y_hat=[]
Wy_hat=reshape(W * reshape(y_hat,30,[]),[],1)
```

得到的 Wy_hat 是 wy 的工具变量，将其结果导入数据表中。

接下来使用 Stata 软件，将数据导入后执行如下命令：

```
xtset id year
xthreg ly wy_hat wlx lpgdp ur wur wlpgdp, rx(lx) qx(lx) thnum(3) grid(300) trim(0.01 0.01 0.01)bs(300 300 300) vce(robust) //三门限检验
```

运行上述三门限检验命令后，得到三门限值检验结果如图 5.4 所示。从图 5.4 中可以看到，三门限值的 P 值并不显著。

Threshold effect test (bootstrap = 300 300 300):

Threshold	RSS	MSE	Fstat	Prob	Crit10	Crit5	Crit1
Single	0.2779	0.0011	35.24	0.0033	19.9766	23.9792	32.4162
Double	0.2672	0.0010	10.40	0.4300	18.0220	22.0153	25.6443
Triple	0.2568	0.0010	10.60	0.6800	23.6686	28.2493	36.7405

图 5.4　三门限检验结果 1

继续做双门限值检验，在 Stata 中输入命令：

```
xthreg ly wy_hat wlx lpgdp ur wur wlpgdp ,rx(lx) qx(lx) thnum(2) grid(300) trim(0.01 0.01 ) bs(300 300) vce(robust) //双门限检验
```

运行上述双门限检验命令后，得到双门限值检验结果如图 5.5 所示。从图 5.5 可以

看到，双门限值的 P 值也不显著。

Threshold estimator (level = 95):

model	Threshold	Lower	Upper
Th-1	4.8043	4.7187	4.8119
Th-21	4.8043	4.7976	4.8119
Th-22	4.3290	.	.

Threshold effect test (bootstrap = 300 300):

Threshold	RSS	MSE	Fstat	Prob	Crit10	Crit5	Crit1
Single	0.2779	0.0011	35.24	0.0033	18.0774	22.9653	30.9344
Double	0.2672	0.0010	10.40	0.3933	17.3324	20.7217	25.3064

图 5.5 双门限检验结果 1

继续进行单门限检验，输入单门限检验命令如下：

xthreg ly wy_hat wlx lpgdp ur wur wlpgdp, rx(lx) qx(lx) thnum(1) grid(300) trim(0.01)bs(300) vce(robust)//单门限检验

输入单门限检验命令后得到估计结果如图 5.6 所示，从图 5.6 可以看出，单门限 P 值显著，且门限值为 4.804 3。

Threshold estimator (level = 95):

model	Threshold	Lower	Upper
Th-1	4.8043	4.7187	4.8119

Threshold effect test (bootstrap = 300):

Threshold	RSS	MSE	Fstat	Prob	Crit10	Crit5	Crit1
Single	0.2779	0.0011	35.24	0.0067	19.6425	22.5903	30.7571

图 5.6 单门限检验结果

设定存在单门限效应时，单门限模型估计结果如图 5.7 所示。

```
Fixed-effects (within) regression               Number of obs     =        270
Group variable: id                              Number of groups  =         30

R-sq:  Within  = 0.9737                         Obs per group: min =         9
       Between = 0.9514                                        avg =       9.0
       Overall = 0.9557                                        max =         9

                                                F(8,29)           =     488.08
corr(u_i, Xb)  = 0.3306                         Prob > F          =     0.0000

                                   (Std. err. adjusted for 30 clusters in id)
```

ly	Coefficient	Robust std. err.	t	P>|t|	[95% conf.	interval]
wy_hat	.0247928	.0087675	2.83	0.008	.0068612	.0427244
wlx	-.0361687	.0109923	-3.29	0.003	-.0586505	-.013687
lpgdp	.2857845	.0615133	4.65	0.000	.1599757	.4115932
ur	1.199678	.2635926	4.55	0.000	.6605709	1.738786
wur	-.0930983	.2345366	-0.40	0.694	-.5727794	.3865829
wlpgdp	.0207398	.0665639	0.31	0.758	-.1153988	.1568783
_cat#c.lx						
0	.3161861	.0294189	10.75	0.000	.2560176	.3763546
1	.3005946	.0277174	10.84	0.000	.2439061	.3572831
_cons	4.145897	.5433183	7.63	0.000	3.034687	5.257108
sigma_u	.07329553					
sigma_e	.0346072					
rho	.81770507	(fraction of variance due to u_i)				

图 5.7 单门限模型估计结果 1

5.3 外生变量具有门限效应的动态面板门限空间模型

由于宏观经济活动的惯性、微观经济行为的持续性和经济均衡的误差修正机制等原因，许多经济关系具有本质上的动态性，所以动态面板门限空间模型能够更好地理解主题相关行为的动态调整过程，也能更好地克服经济变量中信息不对称所造成的政策改变或调整的时间差。本节将介绍外生变量具有门限效应的动态面板门限空间模型。

5.3.1 模型设定和估计

构建如下动态面板门限空间模型：

$$y_{it}=\alpha_i+\sum_{m=1}^{M}(\beta_m y_{i,t-1}+\rho_m y_{it}^*+\eta_m y_{i,t-1}^*)\cdot I(y_{i,t-1}\in[\gamma_{m-1},\gamma_m])+\varphi_0 S_{it}+\varphi_1 S_{it}^*+\theta_0 S_{i,t-1}+\theta_1 S_{i,t-1}^*+u_{it} \tag{5.42}$$

模型(5.42)考虑被解释变量的时空间依赖关系的门限效应。

$$y_{it}=\alpha_i+\sum_{m=1}^{M}(\beta_m y_{i,t-1}+\varphi_{0m}S_{it}+\varphi_{1m}S_{it}^*+\theta_{0m}S_{i,t-1}+\theta_{1m}S_{i,t-1}^*)\cdot I(y_{i,t-1}\in[\gamma_{m-1},\gamma_m])+\rho_1 y_{it}^*+\eta_1 y_{i,t-1}^*+u_{it} \tag{5.43}$$

模型(5.43)考虑解释变量的时空间依赖关系的门限效应。

考虑只存在一个门限值的简单情况：

$$y_{it}=\alpha_i+(\beta_1 y_{i,t-1}+\rho_1 y_{it}^*+\eta_1 y_{i,t-1}^*)\cdot I(y_{i,t-1}\leqslant\gamma)+(\beta_2 y_{i,t-1}+\rho_2 y_{it}^*+\eta_2 y_{i,t-1}^*)\cdot I(y_{i,t-1}>\gamma)+\varphi_0 S_{it}+\varphi_1 S_{it}^*+\theta_0 S_{i,t-1}+\theta_1 S_{i,t-1}^*+u_{it} \tag{5.44}$$

使用工具变量法对该模型进行估计，估计步骤如下。

步骤 1：假定门限值 γ 已知，模型(5.44)参数分量 Θ 的工具变量估计为

$$\hat{\Theta}_{IV}(\gamma)=\left[\sum_{i=1}^{n}\sum_{t=1}^{T}\boldsymbol{H}_{\#it}(\boldsymbol{X}_{it})'\right]^{-1}\left[\sum_{i=1}^{n}\sum_{t=1}^{T}\boldsymbol{H}_{\#it}(Y_{it})\right] \tag{5.45}$$

式中，$\boldsymbol{H}_{\#it}=(H_{1it},\cdots,H_{2d_s+2,it})'$ 是工具变量向量。

步骤 2：为了得到最优的门限值 γ，参照 Chan (1993)的做法：

$$\hat{\gamma}=\arg\min_{\gamma}\hat{\boldsymbol{u}}(\gamma)'\hat{\boldsymbol{u}}(\gamma) \tag{5.46}$$

式中，$\hat{\boldsymbol{u}}(\gamma)=(\hat{u}_1(\gamma)',\cdots,\hat{u}_T(\gamma)')'$，$\hat{\boldsymbol{u}}_t(\gamma)=(\hat{u}_{1t}(\gamma),\cdots,\hat{u}_{Nt}(\gamma))$，$\hat{u}_{it}(\gamma)=y_{it}-X_{it}'(\gamma)\hat{\Theta}_{\mathrm{IV}}(\gamma)$。

步骤 3：将估计后的 $\hat{\gamma}$ 代入式(5.43)中，可估计出 $\hat{\Theta}_{\mathrm{IV}}=\hat{\Theta}_{\mathrm{IV}}(\hat{\gamma})$ 的具体参数值。基于修正的最小二乘思想，个体截距项估计表达式为

$$\hat{\alpha}_i=\tilde{\boldsymbol{y}}_i-\widetilde{\boldsymbol{X}}_i'(\hat{\gamma})\hat{\Theta}_{\mathrm{IV}} \tag{5.47}$$

5.3.2 案例三：数字普惠金融对居民消费的影响再续

数字普惠金融与居民消费的关系影响研究，控制变量人均 GDP 对居民消费的影响可能存在时间滞后，通常人的收入提升并不会在当期就促进消费增加，因此我们考虑人均 GDP

可能存在的滞后影响，将人均 GDP 的一阶滞后项代替人均 GDP 引入模型，构建动态模型。

$$\mathbf{lncon} = \boldsymbol{\alpha} + \rho \boldsymbol{W}\mathbf{lncon} + \delta \mathbf{lnpgdp\_}\boldsymbol{1} + \eta_1 \mathbf{lnfi}(\mathbf{lnfi} \leqslant \gamma) + \eta_1 \mathbf{lnfi}(\mathbf{lnfi} > \gamma) + \eta \boldsymbol{WX} + \varepsilon \tag{5.48}$$

式中，**lnpgdp_*1*** 为控制变量的一阶滞后项，用来表示上一年的人均 GDP 状况对当年的居民消费水平的影响，***X*** 表示控制变量，包括人均 GDP、对外开放程度、城镇化率、产业结构、政府干预。

同样利用工具变量法进行估计，在进行门限检验过程中，得到的门限检验结果如表 5.5 所示。

表 5.5 门限检验结果 2

门限个数	三门限	双门限	单门限
P 值	0.666 7	0.240 0	0.013 3

根据结果，该模型只存在一个门限值，因此选择单门限模型进行估计，得到的估计结果如图 5.8 所示。

由表 5.5 和图 5.8 可知，数字普惠金融在门限值前后对居民消费的影响水平不同，在跨过门限值后，数字普惠金融对居民消费水平的促进作用更加明显，可能是数字普惠金融覆盖范围和应用范围的扩大，能够解决一些企业的融资约束问题，企业资金问题的解决有利于促进企业增加创新研发投入，从而提高创新水平，进一步促进我国经济的增长和产业结构升级等，对于居民消费的提升作用也将高于前期。而数字普惠金融的空间项系数显著为负，可能是由于数字普惠金融发展水平较高的地区对相关资源的需求更大，会吸引更多相关资源流入，周边地区的数字普惠金融发展所需资源受限。此外，人均 GDP 的一阶滞后项显著为正，符合预期，说明前一年的人均 GDP 的增长将会提高该年的居民消费水平，即人均 GDP 对居民消费水平的影响存在滞后性。

	(1) ly
Wy_hat	0.0303***
	(3.1831)
lnpgdp_1	0.3019***
	(5.1257)
ind	0.5277
	(1.1591)
ur	1.2845***
	(4.1389)
gov	0.5250***
	(3.4561)
oe	−0.0332
	(−0.4932)
W * lx	−0.0559***
	(−3.3199)
W * ur	−0.3558
	(−1.5966)
W * oe	−0.0177
	(−0.3823)
W * lnpgdp_1	0.0876
	(1.3213)
W * ind	0.3221
	(1.2196)
W * gov	0.1678**
	(2.1762)
lx≤5.4238	0.1826***
	(7.1948)
lx>5.4238	0.1900***
	(7.1565)
_cons	3.1439***
	(4.2297)
N	270
r2_a	0.9731

z statistics in parentheses

图 5.8 模型估计结果

注：* $P<0.10$，** $P<0.05$，*** $P<0.01$。

5.3.3 软件实现

同 5.3.2 节，先生成工具变量，使用 MATLAB 计算工具变量，命令如下：

```
W=[]
y_hat=[]
Wy_hat=reshape(W * reshape(y_hat,30,[]),[],1)
```

得到的 Wy_hat 是 wy 的工具变量，将其结果导入数据表中。

接下来使用 Stata 软件，将数据导入后执行如下三门限值检验命令：

```
xtsetid year
xthreg ly wy_hat wlx lnpgdp ind ur gov oe wur woe wlnpgdp wind wgov, rx(lx) qx(lx) thnum(3)
grid(300) trim(0.01 0.01 0.01)bs(300 300 300) vce(robust)   //三门限值检验
```

得到估计结果如图 5.9 所示，可以看到，三门限值 Triple 的 P 值为 0.666 7，故不存在三门限值。

Threshold estimator (level = 95):

model	Threshold	Lower	Upper
Th-1	5.4238	5.4095	5.4328
Th-21	5.4238	5.4027	5.4328
Th-22	4.5874	4.5317	4.6054
Th-3	5.8790	5.8497	5.8823

Threshold effect test (bootstrap = 300 300 300):

Threshold	RSS	MSE	Fstat	Prob	Crit10	Crit5	Crit1
Single	0.2700	0.0010	25.16	0.0067	13.4314	16.5121	24.0844
Double	0.2579	0.0010	12.23	0.2633	16.5919	17.9726	20.6022
Triple	0.2488	0.0010	9.54	0.6667	21.0970	23.8834	28.3204

图 5.9　三门限检验结果 2

接下去继续做双门限值的检验，在 Stata 中输入命令：

```
xthreg ly   wy_hat wlx lnpgdp ind ur gov oe wur woe wlnpgdp wind wgov, rx(lx) qx(lx) thnum(2)
grid(300) trim(0.01 0.01 )bs(300 300) vce(robust)   //双门限值检验
```

双门限值检验结果如图 5.10 所示，双门限值检验的 P 值为 0.240 0，显然不存在双门限值。

Threshold estimator (level = 95):

model	Threshold	Lower	Upper
Th-1	5.4238	5.4095	5.4328
Th-21	5.4238	5.4027	5.4328
Th-22	4.5874	4.5317	4.6054

Threshold effect test (bootstrap = 300 300):

Threshold	RSS	MSE	Fstat	Prob	Crit10	Crit5	Crit1
Single	0.2700	0.0010	25.16	0.0167	15.5644	19.2940	28.0599
Double	0.2579	0.0010	12.23	0.2400	16.3123	18.5575	25.2646

图 5.10　双门限检验结果 2

继续做单门限值检验，输入如下命令：

```
xthreg ly wy_hat wlx lnpgdp_1 ind ur gov oe wur woe wlnpgdp wind wgov, rx(lx) qx(lx) thnum
(1) grid(300) trim(0.01)bs(300) vce(robust) //单门限值检验
```

从图 5.11 中可以看到,单门限检验的 P 值为 0.006 7,在 10%的显著水平下可以接受存在单门限值的情况。

Threshold estimator (level = 95):

model	Threshold	Lower	Upper
Th-1	5.4238	5.4095	5.4328

Threshold effect test (bootstrap = 300):

Threshold	RSS	MSE	Fstat	Prob	Crit10	Crit5	Crit1
Single	0.2700	0.0010	25.16	0.0067	15.8149	18.0037	22.9931

图 5.11 单门限检验结果

因此,最后选择单门限模型,得到模型估计结果如图 5.12 所示。

(Std. err. adjusted for 30 clusters in id)

ly	Coefficient	Robust std. err.	t	P>|t|	[95% conf.	interval]
wy_hat	.0302784	.0095121	3.18	0.003	.010824	.0497329
wlx	-.0558902	.0168349	-3.32	0.002	-.0903215	-.0214589
lnpgdp_1	.3018557	.0588909	5.13	0.000	.1814103	.4223011
ind	.5276692	.4552378	1.16	0.256	-.4033966	1.458735
ur	1.284488	.3103475	4.14	0.000	.6497565	1.91922
gov	.5249628	.151893	3.46	0.002	.2143067	.8356189
oe	-.0332357	.0673828	-0.49	0.626	-.171049	.1045775
wur	-.3557538	.2228225	-1.60	0.121	-.8114769	.0999693
woe	-.0176663	.046207	-0.38	0.705	-.1121703	.0768376
wlnpgdp	.087575	.066281	1.32	0.197	-.0479848	.2231348
wind	.3220534	.2640603	1.22	0.232	-.2180106	.8621174
wgov	.1677741	.0770945	2.18	0.038	.0100982	.32545
_cat#c.lx						
0	.1826189	.025382	7.19	0.000	.130707	.2345309
1	.1900133	.0265511	7.16	0.000	.1357103	.2443163
_cons	3.143935	.7433023	4.23	0.000	1.623711	4.664159
sigma_u	.09530835					
sigma_e	.03456452					
rho	.88376523	(fraction of variance due to u_i)				

图 5.12 单门限模型估计结果 2

5.4 内生变量具有门限效应的面板门限空间模型

空间计量模型通过引入空间权重矩阵在经济、管理、社会和教育等领域得到广泛应用,能够很好地解释因变量之间的空间依赖性,但其往往假定空间滞后项的系数是固定常数,从而忽视了由于个体异质性所导致的非对称空间互动关系。这种基于常数空间滞后项系数假设的空间计量模型由于无法解释复杂经济变量之间可能存在的非对称空间关系,因此在实证应用中具有一定的局限性。在此基础上,如果以某一经济社会特征作为门槛变量,在空间滞后项中引入门槛效应,构建门槛空间模型,则能够在一定程度上刻画不同地区因其经济社会特征不同所导致的非对称空间互动关系。继外生变量具有门限效应的面板空间模型之后，我们研究内生变量具有门限效应的面板门限空间模型。

5.4.1 模型构建

对于不同的样本点，解释变量与自己的随机误差项不再是互不相关，而是具有相关性，则认为该解释变量为内生解释变量，模型具有内生性。内生变量是“一种理论内所要解释的变量”，是由模型决定的。内生性常出现在被解释变量与解释变量互为因果、联立方程模型、遗漏解释变量三种情形中。本节构建内生变量具有门限效应的面板门限空间模型，其形式如下：

$$\boldsymbol{y}_{it}=\begin{cases}\rho_1\left(\sum_{j=1}^{n}\boldsymbol{w}_{ij}\boldsymbol{y}_{jt}\right)+\beta_1\boldsymbol{x}'_{it}+\theta_1\left(\sum_{j=1}^{n}\boldsymbol{w}_{ij}\boldsymbol{x}'_{jt}\right)+\boldsymbol{u}_i+\boldsymbol{e}_{it}, & \boldsymbol{q}_{it}\leqslant\gamma\\ \rho_2\left(\sum_{j=1}^{n}\boldsymbol{w}_{ij}\boldsymbol{y}_{jt}\right)+\beta_2\boldsymbol{x}'_{it}+\theta_2\left(\sum_{j=1}^{n}\boldsymbol{w}_{ij}\boldsymbol{x}'_{jt}\right)+\boldsymbol{u}_i+\boldsymbol{e}_{it}, & \boldsymbol{q}_{it}>\gamma\end{cases}\tag{5.49}$$

式中，$i=1,2,\cdots,n,t=1,2,\cdots,T$；下标 i 表示横截面单位(例如，国家、地区、城市、个人)；下标 t 表示时间；$\boldsymbol{y}_{it}$ 是个体 i 在时间 t 的标量因变量；$\boldsymbol{w}_{ij}$ 是外生空间权重矩阵 $\boldsymbol{W}$ 的第(i,j)个元素；$\boldsymbol{x}_{it}$ 是外生回归量 $k\times1$ 向量；ρ_1 和 ρ_2 是标量空间参数，反映了空间滞后因变量中的异质空间相互作用效应；β_1 和 β_2 反映了外生回归量中的门限效应；θ_1 和 θ_2 反映了异质外生相互作用效应；$\boldsymbol{q}_{it}$ 是将样本分成两个子组的外生连续门限变量；γ 是门限参数；$\boldsymbol{u}_i$ 表示固定效应，假设扰动项 $\boldsymbol{e}_{it}$ 在 i 和 t 上独立同分布，均值为 0，方差为 σ^2。

5.4.2 模型估计

本节使用空间两阶段最小二乘估计和面板门限空间模型的门槛检验。为了符号简单，我们首先以更紧凑的形式重写式(5.1)，定义

$$\boldsymbol{Y}_{nt}=(y_{1t},y_{2t},\cdots,y_{nt})',\boldsymbol{X}_{nt}=(x_{1t},x_{2t},\cdots,x_{nt})',\boldsymbol{e}_{nt}=(e_{1t},e_{2t},\cdots,e_{nt})',$$
$$\boldsymbol{u}_n=(u_1,u_2,\cdots,u_n)',\boldsymbol{q}_{\gamma t}=\mathrm{diag}(1(q_{1t}\leqslant\gamma),1(q_{2t}\leqslant\gamma),\cdots,1(q_{nt}\leqslant\gamma)),$$
$$\bar{q}_{\gamma t}=\mathrm{diag}(1(q_{1t}>\gamma),1(q_{2t}>\gamma),\cdots,1(q_{nt}>\gamma))$$

式中，1(・)是示性函数。将 $\boldsymbol{W}$ 表示为空间权重矩阵，第(i,j)个元素为 w_{ij}。模型(5.49)可以重写为

$$\boldsymbol{Y}_{nt}=\rho_1\boldsymbol{q}_{\gamma t}\boldsymbol{W}\boldsymbol{Y}_{nt}+\rho_2\bar{\boldsymbol{q}}_{\gamma t}\boldsymbol{W}\boldsymbol{Y}_{nt}+\beta_1\boldsymbol{q}_{\gamma t}\boldsymbol{X}_{nt}+\beta_2\bar{\boldsymbol{q}}_{\gamma t}\boldsymbol{X}_{nt}+\theta_1\boldsymbol{q}_{\gamma t}\boldsymbol{W}\boldsymbol{X}_{nt}+\theta_2\bar{\boldsymbol{q}}_{\gamma t}\boldsymbol{W}\boldsymbol{X}_{nt}+\boldsymbol{u}_n+\boldsymbol{e}_{nt}\tag{5.50}$$

为了消除个体固定效应，我们对模型(5.50)进行如下重组：

$$\begin{aligned}\widetilde{\boldsymbol{Y}}_{nt}=&\rho_1\widetilde{\boldsymbol{Y}}^{*}_{w,nt}(\gamma)+\rho_2\widetilde{\boldsymbol{Y}}^{**}_{w,nt}(\gamma)+\beta_1\widetilde{\boldsymbol{X}}^{*}_{nt}(\gamma)+\beta_2\widetilde{\boldsymbol{X}}^{**}_{nt}(\gamma)+\\&\theta_1\widetilde{\boldsymbol{X}}^{*}_{w,nt}(\gamma)+\theta_2\widetilde{\boldsymbol{X}}^{**}_{w,nt}(\gamma)+\tilde{\boldsymbol{e}}_{nt}\end{aligned}\tag{5.51}$$

其中，$\widetilde{\boldsymbol{Y}}_{nt}=\boldsymbol{Y}_{nt}-\frac{1}{T}\sum_{t=1}^{T}\boldsymbol{Y}_{nt}$，$\widetilde{\boldsymbol{Y}}^{*}_{w,nt}(\gamma)=\boldsymbol{q}_{\gamma t}\boldsymbol{W}\boldsymbol{Y}_{nt}-\frac{1}{T}\sum_{t=1}^{T}\boldsymbol{q}_{\gamma t}\boldsymbol{W}\boldsymbol{Y}_{nt}$，$\widetilde{\boldsymbol{Y}}^{**}_{w,nt}(\gamma)=\bar{\boldsymbol{q}}_{\gamma t}\boldsymbol{W}\boldsymbol{Y}_{nt}-\frac{1}{T}\sum_{t=1}^{T}\bar{\boldsymbol{q}}_{\gamma t}\boldsymbol{W}\boldsymbol{Y}_{nt}$，$\widetilde{\boldsymbol{X}}^{*}_{nt}(\gamma)=\boldsymbol{q}_{\gamma t}\boldsymbol{X}_{nt}-\frac{1}{T}\sum_{t=1}^{T}\boldsymbol{q}_{\gamma t}\boldsymbol{X}_{nt}$，$\widetilde{\boldsymbol{X}}^{*}_{nt}(\gamma)=\bar{\boldsymbol{q}}_{\gamma t}\bar{\boldsymbol{X}}_{nt}-\frac{1}{T}\sum_{t=1}^{T}\bar{\boldsymbol{q}}_{\gamma t}\boldsymbol{X}_{nt}$，$\widetilde{\boldsymbol{X}}^{*}_{w,nt}(\gamma)=\boldsymbol{q}_{\gamma t}\boldsymbol{W}\boldsymbol{X}_{nt}-\frac{1}{T}\sum_{t=1}^{T}\boldsymbol{q}_{\gamma t}\boldsymbol{W}\boldsymbol{X}_{nt}$，$\widetilde{\boldsymbol{X}}^{**}_{w,nt}(\gamma)=\bar{\boldsymbol{q}}_{\gamma t}\boldsymbol{W}\boldsymbol{X}_{nt}-\frac{1}{T}\sum_{t=1}^{T}\bar{\boldsymbol{q}}_{\gamma t}\boldsymbol{W}\boldsymbol{X}_{nt}$，$\tilde{\boldsymbol{e}}_{nt}=\boldsymbol{e}_{nt}-\frac{1}{T}\sum_{t=1}^{T}\boldsymbol{e}_{nt}$ ·$\widetilde{\boldsymbol{Y}}_{nT}$

$\tilde{\boldsymbol{e}}_{nT}$ 表示随时间堆叠的数据，如$\widetilde{\boldsymbol{Y}}_{nT}=(\widetilde{\boldsymbol{Y}}'_{n1},\widetilde{\boldsymbol{Y}}'_{n2},\cdots,\widetilde{\boldsymbol{Y}}'_{nT})'$，我们重新将式(5.51)写成以下形式：

$$\begin{aligned}\widetilde{\boldsymbol{Y}}_{nT}=&\rho_1\widetilde{\boldsymbol{Y}}^{*}_{w,nT}(\gamma)+\rho_2\widetilde{\boldsymbol{Y}}^{**}_{w,nT}(\gamma)+\beta_1\widetilde{\boldsymbol{X}}^{*}_{nT}(\gamma)+\beta_2\widetilde{\boldsymbol{X}}^{**}_{nT}(\gamma)+\\&\theta_1\widetilde{\boldsymbol{X}}^{*}_{w,nT}(\gamma)+\theta_2\widetilde{\boldsymbol{X}}^{**}_{w,nT}(\gamma)+\tilde{\boldsymbol{e}}_{nt}\end{aligned}\tag{5.52}$$

正如空间文献(例如，Kelejian&Prucha，1998；Drukker，2013；Guo&Qu，2020)所示，可以利用基于模型中外生变量的工具来处理由 $\boldsymbol{W}\boldsymbol{Y}_{nt}$ 引起的内生性。为此，我们进一步将等式(5.52)转换为矩阵形式：

$$\widetilde{\boldsymbol{Y}}_{nT}=\widetilde{\boldsymbol{K}}_{nT}(\gamma)\boldsymbol{\delta}+\tilde{\boldsymbol{e}}_{nT}\tag{5.53}$$

式中，

$$\begin{aligned}\widetilde{\boldsymbol{K}}_{nT}(\gamma)=&(\widetilde{\boldsymbol{Z}}_{nT}(\gamma),\widetilde{\boldsymbol{\chi}}_{nT}(\gamma)),\boldsymbol{\delta}=(\rho_1,\rho_2,\beta'_1,\beta'_2,\theta'_1,\theta'_2)',\widetilde{\boldsymbol{Z}}_{nT}(\gamma)\\=&(\widetilde{\boldsymbol{Y}}^{*}_{w,nT}(\gamma),\widetilde{\boldsymbol{Y}}^{**}_{w,nT}(\gamma)),\\\widetilde{\boldsymbol{X}}_{nT}(\gamma)=&(\widetilde{\boldsymbol{X}}^{*}_{nT}(\gamma),\widetilde{\boldsymbol{X}}^{**}_{nT}(\gamma),\widetilde{\boldsymbol{X}}^{*}_{w,nT}(\gamma),\widetilde{\boldsymbol{X}}^{**}_{w,nT}(\gamma))\end{aligned}$$

我们注意到$\widetilde{\boldsymbol{K}}_{nT}(\gamma)$中的$\widetilde{\boldsymbol{Z}}_{nT}(\gamma)$是由导致内生性的因变量的空间滞后构成的函数。

根据 Kelejian 和 Prucha (1998)，Drukker(2013)以及 Guo 和 Qu(2020)的研究，利用式(5.53)中的外生变量$\widetilde{\boldsymbol{X}}_{nT}(\gamma)$及其空间滞后作为估计处理内生性的工具。具体来说，对于任何给定的门限参数 γ，我们采用空间两阶段最小二乘法来估计式(5.53)中的斜率参数。在第一阶段，我们估计由式(5.54)给出的简化形式回归：

$$\widetilde{\boldsymbol{Z}}_{nT}(\gamma)=\boldsymbol{\alpha}\boldsymbol{H}_{nT}(\gamma)+\boldsymbol{v}_{\gamma}\tag{5.54}$$

式中，$\boldsymbol{H}_{nT}(\gamma)$是由$\widetilde{\boldsymbol{X}}_{nT}$，$\boldsymbol{W}_{nT}\widetilde{\boldsymbol{X}}_{nT}$，$\boldsymbol{W}^2_{nT}\widetilde{\boldsymbol{X}}_{nT}$等组成的 IV 矩阵；$\boldsymbol{\alpha}$ 是斜率系数的向量；$\boldsymbol{v}_{\gamma}$ 是$E(\boldsymbol{v}_{\gamma}\mid\boldsymbol{H}_{nT}(\gamma))=0$ 的误差项。获得第一阶段预测为

$$\hat{\widetilde{\boldsymbol{Z}}}_{nT}(\gamma)=\boldsymbol{H}_{nT}(\gamma)\hat{\boldsymbol{\alpha}}(\gamma)\text{ 和}\hat{\boldsymbol{\alpha}}(\gamma)=(\boldsymbol{H}'_{nT}(\gamma)\boldsymbol{H}_{nT}(\gamma))^{-1}\boldsymbol{H}'_{nT}(\gamma)\widetilde{\boldsymbol{Z}}_{nT}(\gamma)$$

在第二阶段，我们用$\widetilde{\boldsymbol{Z}}_{nT}(\gamma)$代替$\hat{\widetilde{\boldsymbol{Z}}}_{nT}(\gamma)$估计方程 (5.53)，得到以下估计量：

$$\hat{\boldsymbol{\delta}}(\gamma)=(\widetilde{\boldsymbol{K}}'_{nT}(\gamma)\boldsymbol{P}_{nT}(\gamma)\widetilde{\boldsymbol{K}}_{nT}(\gamma))^{-1}\widetilde{\boldsymbol{K}}'_{nT}(\gamma)\boldsymbol{P}_{nT}(\gamma)\widetilde{\boldsymbol{Y}}_{nT}\tag{5.55}$$

式中，$\boldsymbol{P}_{nT}(\gamma)=\boldsymbol{H}_{nT}(\gamma)(\boldsymbol{H}'_{nT}(\gamma)\boldsymbol{H}_{nT}(\gamma))^{-1}\boldsymbol{H}'_{nT}(\gamma)$。然后计算残差向量：$\hat{\boldsymbol{e}}_{nT}(\gamma)=\widetilde{\boldsymbol{Y}}_{nT}-\hat{\widetilde{\boldsymbol{K}}}_{nT}(\gamma)\hat{\boldsymbol{\delta}}(\gamma)$，其中$\hat{\widetilde{\boldsymbol{K}}}_{nT}(\gamma)=(\hat{\widetilde{\boldsymbol{Z}}}_{nT}(\gamma),\widetilde{\boldsymbol{X}}_{nT}(\gamma))$。根据 Hansen(1999)的研究，门限参数 γ 估计为

$$\hat{\gamma}=\arg\min_{\gamma\in\Gamma}\hat{\hat{e}}'_{nT}(\gamma)\hat{\hat{e}}_{nT}(\gamma) \tag{5.56}$$

式中，Γ 是参数空间，假设是严谨的。在实践中，按照 Hansen(1999)的研究我们可以将参数空间 Γ 指定为 q_{it} 的一组特定分位数，并采用网格搜索算法来获得最门限值参数 $\hat{\gamma}$。给定 $\hat{\gamma}$，可以直接计算$\hat{\boldsymbol{\alpha}}=\hat{\boldsymbol{\alpha}}(\hat{\gamma})$和$\hat{\boldsymbol{\delta}}=\hat{\boldsymbol{\delta}}(\hat{\hat{\gamma}})$。

5.4.3　案例四：环境规制对工业高质量发展的影响研究

1. 背景介绍

40 多年来，中国经济创造了人类历史上从未有过的增长奇迹，在快速成为“世界工厂”的背后，资源过度消耗、环境污染严重、产品低端锁定等系统性风险却不断累积，生态环境的承载力已逼近临界值。在这样的背景下，党的十九大报告作出“我国经济已由高速增长阶段转向高质量发展阶段”的重要论断，并提出“建立健全绿色低碳循环发展的经济体系”。传统的粗放式增长模式将被摒弃，高质量发展将作为经济发展的基础性思想取而代之。2021 年，“十四五”规划进一步提出要推动绿色发展，坚持绿水青山就是金山银山，实施可持续发展战略，推动经济社会发展全面绿色转型，并且强调要持续推动绿色低碳发展、从源头推进污染控制。面对日益严重的污染问题，环境规制是解决环境治理中市场失灵的有效手段，也是节能减排目标下的现实要求。面对中国经济新常态，在高质量发展理念的指导下，环境规制的实施能否促进工业企业绿色转型实现高质量发展，环境规制的强弱又是如何影响工业高质量发展的问题作为一个具有重要现实意义的研究主题日益引起各方关注。

2. 理论依据

关于环境规制对工业高质量发展的影响研究目前较少，多数学者从门槛调节效应、中介传导路径、时空尺度、异质性等角度出发，根据“成本假说”和“创新假说”分析不同环境规制对高质量发展的影响机制与作用效果。

传统学派认为，环境规制具有负外部性，政府的减排要求、排污权交易、污染税征收等都会增加企业的遵循成本，进而给工业高质量发展水平的提升带来负向的“遵循成本效应”。事实上，环境规制对企业技术创新既有负面的“抵消效应”，也有正面的“创新补偿效应”。根据“波特假说”，适当的环境规制水平会激励企业进行技术创新，带来社会层面的科技进步，从而促进工业高质量发展。因此，环境规制对高质量发展的影响取决于遵循成本效应和创新补偿效应作用程度的高低对比。另外，环境规制通过“三废”处理费用、排污税征收等手段改变企业资源配置和技术吸收情况，造成不同产业比较优势差异，从而导致产业结构调整。

对于环境规制与高质量发展的关系，不同的学者有不同看法。多数学者认为两者之间符合 U 形关系，陈浩(2021)、刘怡君(2021)利用空间模型分别从结构转换和科技创新两个角度进行研究，结果证明环境规制和经济高质量发展间存在 U 形动态规律，中国平均环境规制强度已经处在 U 形曲线的上升阶段。原伟鹏(2021)基于区域异质性效应进行实证研究，发现垂直型环境规制与经济高质量发展呈现 U 形关系特征。王玉燕

(2020)、杨仁发(2020)、武云亮(2021)认为环境规制通过技术创新对制造业高质量发展的影响为U形,在不同的技术创新水平下,环境规制对制造业高质量发展的影响存在异质性。

部分学者认为适度的环境规制可以产生创新补偿效应,从而弥补成本提高带来的损失,支持"强波特假说"观点。田丽芳、刘亚丽(2020)运用固定效应探讨双重环境规制下经济高质量发展的内在逻辑,结果表明:正式和非正式环境规制均促进经济高质量发展,其作用明显程度随地方政府竞争阶段不同而不同。吴慧(2021)认为环境规制和产业升级对黄河流域经济高质量发展均有显著提升作用,环境规制存在显著的负向空间溢出效应。石华平(2020)、上官绪明(2020)基于空间杜宾模型进行实证分析,研究发现环境规制对经济发展质量具有显著的直接提升效应,环境规制存在负向空间溢出效应;分区域显示,环境规制有利于提升经济发展质量,但存在区域异质性。

还有部分学者持其他观点,杨丹(2020)运用差分GMM法实证研究绿色创新、环境规制和产业高质量发展之间的关系,研究发现环境规制显著抑制产业高质量发展。叶娟惠(2021)采用空间杜宾模型和半参数空间滞后模型对环境规制与经济高质量发展的非线性关系进行实证检验,结果显示:经济高质量发展水平存在显著的正向空间溢出效应,环境规制与经济高质量发展存在M形的非线性关系。吴爱东(2021)根据PVAR模型的结果认为,环境规制对制造业高质量发展的影响具有动态效果,短期内环境规制有利于制造业的高质量发展,但是长期来看两者之间的关系具有不确定性。

3. 模型构建

"地理学第一定律"(Tobler,1979)认为事物之间存在普遍的相关性,且距离越近的事物相关性越强,因此,一个地区的工业经济发展不仅与自身有关,还受到周边城市空间溢出效应的影响。传统的计量模型无法反映空间效应的影响,需要借助空间计量方法进行分析。空间计量的两个基准模型为空间滞后模型和空间误差模型,分别描述了空间自相关和空间扰动相关,空间杜宾模型是二者的组合扩展形式,更具有一般性。为了减小异方差、极端值和度量单位等的影响,本书构造对数形式的空间杜宾模型进行实证分析。同时,为了检验环境规制对工业高质量发展是否存在门限效应,将环境规制作为门限变量纳入该模型,构建计量模型如下:

$$\begin{aligned}\mathrm{lnihqd}_{it} = {} & \alpha + \rho_1 W\mathrm{lnihqd\_inst}_{it}(\mathrm{lner}_{it} \leqslant \gamma) + \rho_2 W\mathrm{lnihqd\_inst}_{it}(\mathrm{lner}_{it} > \gamma) + \\ & \beta_1 \ln x_{it} + \theta_1 W\ln x_{it} + u_i + \varepsilon_{it}\end{aligned} \tag{5.57}$$

式中,ihqd_{it} 表示第 i 个省份第 t 年的工业高质量发展水平;er_{it} 表示第 i 个省份第 t 年的环境规制强度;x_{it} 表示控制变量,包括产业结构高级化(aind)、外商直接投资(fdi)和人均GDP(pgdp);Wlnihqd 用工具变量 $W\mathrm{lnihqd\_inst}_{it}$($W$lnpgdp)替换;$\rho$ 为空间自相关系数,反映工业高质量发展的空间溢出效应程度;u_i 为个体固定效应;γ 为门限值,ε_{it} 为满足正态独立分布的随机扰动项。

关于空间权重矩阵的设定,使用两个省份经济发展水平差距的倒数进行构建,具体公

式为：$W_{ij}=\frac{1}{|\overline{Y}_i-\overline{Y}_j|}$。其中，$\overline{Y}_i=\frac{1}{T}\sum_{t=1}^{T}Y_{it}(i\neq j)$，表示省份 i 在 T 时期内地区生产总值的平均值。在以上的经济距离矩阵中，两省份的经济发展水平越相近，二者之间的空间依赖性越高，权重也就越大。

4. 软件实现

(1) 计算 $W\text{lnihqd}_{it}$、$W\text{lner}_{it}$、$W\text{lnx}_{it}$；

(2) 将数据导入 Stata 中，进行门限效应检验，运行代码：

```
clear
cd"D:\"
use shuju5.4
xtset id year
xthreg lnihqd lnaind lnfdi wlner wlnaind wlnfdi, rx(wlnihqd_inst) qx(lner) thnum(3) trim(0.01
0.01 0.01) grid(300) bs(300 300 300)
```

结果如图 5.13、表 5.6 所示。

Threshold estimator (level = 95):

model	Threshold	Lower	Upper
Th-1	5.4173	5.3999	5.4176
Th-21	5.4173	5.4011	5.4176
Th-22	5.3699	5.3490	5.3721
Th-3	5.1759	5.1715	5.1798

Threshold effect test (bootstrap = 300 300 300):

Threshold	RSS	MSE	Fstat	Prob	Crit10	Crit5	Crit1
Single	4.9955	0.0133	20.31	0.0533	15.8367	20.6429	30.4270
Double	4.8526	0.0129	11.10	0.2333	16.9773	20.8592	29.0263
Triple	4.7971	0.0127	4.36	0.8333	20.9555	22.6989	32.4680

图 5.13　门限效应检验运行结果

表 5.6　门限效应检验结果 1

门限个数	三门限	双门限	单门限
P 值	0.833 3	0.233 3	0.053 3

结果表明，在门限检验中，F 统计量在 10% 显著性水平下通过了没有双门限和三门限的原假设，说明模型不存在双门限和三门限，单门限通过检验，表明应使用单门限空间门限模型进行研究。

(3) 单门限空间模型回归，运行代码：xthreg lnihqd lnaind lnfdi wlner wlnaind wlnfdi,rx(wlnihqd_inst) qx(lner) thnum(1) trim(0.01) grid(300) bs(300)，结果如图 5.14 所示。

(4) 结果分析：由图 5.14 知，首先，该模型在 5% 显著性水平下通过单门限检验，

Threshold estimator (level = 95):

model	Threshold	Lower	Upper
Th-1	**5.4173**	**5.3999**	**5.4176**

Threshold effect test (bootstrap = 300):

Threshold	RSS	MSE	Fstat	Prob	Crit10	Crit5	Crit1
Single	**4.9955**	**0.0133**	**20.31**	**0.0467**	**15.3038**	**19.6512**	**27.4614**

Fixed-effects (within) regression		Number of obs =	**390**
Group variable: **id**		Number of groups =	**30**
R-sq: Within = **0.1987**		Obs per group: min =	**13**
Between = **0.5365**		avg =	**13.0**
Overall = **0.4838**		max =	**13**
		F(7,353) =	**12.51**
corr(u_i, Xb) = **0.4710**		Prob > F =	**0.0000**

lnihqd	Coefficient	Std. err.	t	P>|t|	[95% conf.	interval]
lnaind	**.1162536**	**.0223139**	**5.21**	**0.000**	**.0723687**	**.1601384**
lnfdi	**.0424977**	**.0136133**	**3.12**	**0.002**	**.0157242**	**.0692712**
wlner	**.0022619**	**.019066**	**0.12**	**0.906**	**-.0352353**	**.0397592**
wlnaind	**-.0434044**	**.0314776**	**-1.38**	**0.169**	**-.1053116**	**.0185028**
wlnfdi	**.0014096**	**.0164986**	**0.09**	**0.932**	**-.0310383**	**.0338574**
_cat#c.wlnihqd_inst						
0	**.0929156**	**.0183982**	**5.05**	**0.000**	**.0567319**	**.1290994**
1	**.0863561**	**.0183204**	**4.71**	**0.000**	**.0503252**	**.122387**
_cons	**-2.68243**	**.2472239**	**-10.85**	**0.000**	**-3.168647**	**-2.196213**
sigma_u	**.32730247**					
sigma_e	**.11895975**					
rho	**.8833145**	(fraction of variance due to u_i)				

F test that all u_i=0: F(29, 353) = **60.78** Prob > F = **0.0000**

图 5.14 单门限空间模型回归结果

说明应用单门限空间门限模型进行研究较为合理；其次，当环境规制处于较低水平时(lner≤5.42)，相邻地区工业高质量发展对本地工业高质量发展水平存在负向的空间溢出效应。当环境规制水平跨越门槛值后(lner＞5.42)，工业高质量发展的空间溢出效应为正。这可能是因为，当环境政策刚实施时，企业为达到环境保护要求和排污标准，不得不购置治污设备和仪器，改进生产设备的技术和标准，缴纳一定的环境保护税费，导致企业生产成本增加，利润和收入减少，从而制约了工业高质量发展，而工业高质量发展具有时间惯性，前期的悲观预期也会影响到后期的工业发展。从长期来看，环境规制政策的实施在一定程度上激励企业进行技术创新，改进生产工艺和生产流程，减少了污染物和废弃物排放，提高了资源利用效率，使企业技术创新产生的收益抵消了因环境规制政策的实施而减少的利润，进而推动经济高质量发展。同时，环境规制政策的实施不仅激励企业进行技术创新，提高了企业创新能力和水平，而且有利于提高企业生产效率，增强企业竞争力，进而推动经济高质量发展。因此，长期环境规制对工业高质量发展发挥了正向引导作用。

5.5　内生变量具有门限效应的动态面板门限空间模型

经济增长是一个动态的、持续的过程，当前的经济增长会受到当期因素和前期因素的影响。因此，在计量经济模型中引入被解释变量的一阶滞后是对经济增长连续性的考虑，并使影响经济增长的潜在因素得以分离，从而修正静态空间面板模型的偏差，提高估计结果的准确性和可靠性(Elhorst，2012)。通过这种方式，我们修正了静态门限空间面板模型的偏差，提高了估计的准确性和可靠性。本节将介绍内生变量具有门限效应的动态面板门限空间模型。

5.5.1　模型构建

内生变量具有门限效应的面板门限空间模型中增加被解释变量的时间滞后项或时空滞后项，模型就扩展为内生变量具有门限效应的动态面板门限空间模型，表达式为

$$y_{it}=\begin{cases}\lambda_1\sum_{j=1}^{N}w_{ij}y_{jt}+\rho_1 y_{i,t-1}+\mu_1\sum_{j=1}^{N}w_{ij}y_{j,t-1}+\boldsymbol{x}'_{it}\boldsymbol{\beta}+c_i+\alpha_t+\varepsilon_{it}, & q_{i,t-d}\leqslant\gamma\\ \lambda_2\sum_{j=1}^{N}w_{ij}y_{jt}+\rho_2 y_{i,t-1}+\mu_2\sum_{j=1}^{N}w_{ij}y_{j,t-1}+\boldsymbol{x}'_{it}\boldsymbol{\beta}+c_i+\alpha_t+\varepsilon_{it}, & q_{i,t-d}>\gamma\end{cases} \tag{5.58}$$

$i=1,2,\cdots,N \quad t=1,2,\cdots,T$

式中，y_{it} 是被解释变量；$\sum_{j=1}^{N}w_{ij}y_{jt}$，$y_{i,t-1}$，$\sum_{j=1}^{N}w_{ij}y_{j,t-1}$ 分别表示被解释变量的空间滞后项、时间滞后项和时空滞后项；w_{ij} 是基本空间权重矩阵元素，表示个体 i 和个体 j 之间的空间相关关系；$q_{i,t-d}$ 是门限变量，其中 d 为滞后阶数；γ 是未知门限值。门限变量的引入是式(5.58)被称为门限空间模型的原因。λ_1,ρ_1,μ_1 和 λ_2,ρ_2,μ_2 分别表示当门限变量小于或者大于门限值时，个体 i 对空间滞后项、时间滞后项和时空滞后项的反应系数。$\boldsymbol{x}_{it}=(x_{it}^1,x_{it}^2,\cdots,x_{it}^k)'$ 是 k 维外生解释变量，$\boldsymbol{\beta}=(\beta_1,\beta_2,\cdots,\beta_k)'$ 是外生解释变量对应的 k 维系数向量。c_i 表示不随时间变化的个体固定效应，α_t 表示不随个体变化的时间固定效应，用来捕捉每个时期的宏观冲击和宏观政策效应，忽视这些冲击和政策效应可能导致伪空间效应。ε_{it} 表示随机扰动项，本节假定 $\varepsilon_{it}\sim \text{i.i.d.}\ N(0,\sigma^2)$。

为了分析方便，令

$$\boldsymbol{D}_x=\begin{bmatrix} I(q_{1,t-d}\gamma) & & \\ & \ddots & \\ & & I(q_{N,t-d}\gamma)\end{bmatrix}$$

$\bar{\boldsymbol{D}}_n=\boldsymbol{I}_N-\boldsymbol{D}_n$；$\boldsymbol{Y}_t=(y_{1t},y_{2t},\cdots,y_{Nt})'$；$\boldsymbol{X}_t=(x_{1t},x_{2t},\cdots,x_{Nt})'$

$\boldsymbol{C}=(c_1,c_2,\cdots,c_N)'$；$\boldsymbol{l}_N=(1,1,\cdots,1)'$；$\boldsymbol{W}=[w_{ij}]_{N\times N}$；$\boldsymbol{\varepsilon}_t=(\varepsilon_{1t},\varepsilon_{2t},\cdots,\varepsilon_{Nt})'$。

式(5.58)的矩阵形式可以表示为

$$\boldsymbol{Y}_t = \lambda_1 \boldsymbol{D}_n \boldsymbol{W}\boldsymbol{Y}_t + \lambda_2 \bar{\boldsymbol{D}}_n \boldsymbol{W}\boldsymbol{Y}_t + \rho_1 \boldsymbol{D}_n \boldsymbol{Y}_{t-1} + \rho_2 \bar{\boldsymbol{D}}_n \boldsymbol{Y}_{t-1} + \mu_1 \boldsymbol{D}_n \boldsymbol{W}\boldsymbol{Y}_{t-1} + \mu_2 \bar{\boldsymbol{D}}_n \boldsymbol{W}\boldsymbol{Y}_{t-1} + \boldsymbol{X}_t \boldsymbol{\beta} + \boldsymbol{C} + \boldsymbol{l}_N \boldsymbol{\alpha}_t + \boldsymbol{\varepsilon}_t \tag{5.59}$$

假定式(5.59)中的基本空间权重矩阵$\boldsymbol{W}$是外生且不随时间变化的。如果将$\boldsymbol{D}_{\gamma t}$,$\bar{\boldsymbol{D}}_{\gamma t}$和基本权重矩阵$\boldsymbol{W}$看作一个整体,则式(5.59)中的空间权重矩阵$\boldsymbol{D}_{\gamma t}\boldsymbol{W}$,$\bar{\boldsymbol{D}}_{\gamma t}\boldsymbol{W}$广义上来讲是随时间而改变的。时变空间权重矩阵的引入在一定程度上增加了模型的估计难度。

5.5.2 稳定性条件

门限空间动态面板模型中,既包含空间滞后项、时间滞后项和时空滞后项,又包含未知门限值,因此模型参数的稳定性条件包含两个方面:一是施加在空间滞后项系数、时间滞后项系数和时空滞后项系数上的稳定性条件。由于引入动态项,模型可能会出现单位根,因此,需要同时对空间滞后项系数、时间滞后项系数和时空滞后项系数施加稳定性条件,以保证模型的简约形式(reduced form)存在。二是施加在门限值上面的约束性条件,以保证门限值的选取合理并且具有意义。

一方面,考虑施加在空间滞后项系数、时间滞后项系数和时空滞后项系数上的稳定性条件。令

$$\boldsymbol{S}_t(\lambda_1,\lambda_2,\gamma) = \boldsymbol{I}_N - \lambda_1 \boldsymbol{D}_n \boldsymbol{W} - \lambda_2 \bar{\boldsymbol{D}}_n \boldsymbol{W}$$

$$\boldsymbol{A}_t(\lambda_1,\lambda_2,\gamma,\rho_1,\rho_2,\mu_1,\mu_2) = \boldsymbol{S}_t^{-1}(\lambda_1,\lambda_2,\gamma)(\rho_1 \boldsymbol{D}_n + \rho_2 \bar{\boldsymbol{D}}_n + \mu_1 \boldsymbol{D}_n \boldsymbol{W} + \mu_2 \bar{\boldsymbol{D}}_n \boldsymbol{W})$$

如果$\boldsymbol{S}_t(\lambda_1,\lambda_2,\gamma)$可逆且$\|\boldsymbol{A}_t(\lambda_1,\lambda_2,\gamma,\rho_1,\rho_2,\mu_1,\mu_2)\|_\infty<1$,其中$\|\cdot\|_\infty$为矩阵的行和范数,即对矩阵的每行的绝对值求和再求其中的最大值,则式(5.59)的简约式可以表示为

$$\boldsymbol{Y}_t = \boldsymbol{A}_t(\lambda_1,\lambda_2,\gamma,\rho_1,\rho_2,\mu_1,\mu_2)\boldsymbol{Y}_{t-1} + \boldsymbol{S}_t^{-1}(\lambda_1,\lambda_2,\gamma)(\boldsymbol{X}_t \boldsymbol{\beta} + \boldsymbol{C} + \boldsymbol{l}_N \boldsymbol{\alpha}_t + \boldsymbol{\varepsilon}_t) \tag{5.60}$$

因此,需要对参数$\lambda_1,\lambda_2,\gamma,\rho_1,\rho_2,\mu_1,\mu_2$施加稳定性条件来保证式(5.60)存在。根据 Horn 和 Johnson(1985)的研究,本书需要设定$\|\lambda_1 \boldsymbol{D}_n \boldsymbol{W} + \lambda_2 \bar{\boldsymbol{D}}_n \boldsymbol{W}\|_\infty<1$来保证$\boldsymbol{S}_t(\lambda_1,\lambda_2,\gamma)$的可逆性。同时,本书还需要设定$\|\boldsymbol{A}_t(\lambda_1,\lambda_2,\gamma,\rho_1,\rho_2,\mu_1,\mu_2)\|_\infty<1$来保证动态模型的稳定性。

对于第一个式子:

$$\|\lambda_1 \boldsymbol{D}_n \boldsymbol{W} + \lambda_2 \bar{\boldsymbol{D}}_n \boldsymbol{W}\|_\infty \max(\|\lambda_1 \boldsymbol{D}_n \boldsymbol{W}\|_\infty, \|\lambda_2 \bar{\boldsymbol{D}}_n \boldsymbol{W}\|_\infty)$$

$$\max(|\lambda_1| \times \|D_{\gamma t}\|_\infty \times \|\boldsymbol{W}\|_\infty, |\lambda_2| \times \|\bar{D}_{\gamma t}\| \times \|\boldsymbol{W}\|_\infty)$$

$$\max(|\lambda_1| \times \|\boldsymbol{W}\|_\infty, |\lambda_2| \times \|\boldsymbol{W}\|_\infty) = \max(|\lambda_1|, |\lambda_2|) \times \|\boldsymbol{W}\|_\infty < 1 \tag{5.61}$$

当$\boldsymbol{W}$是行标准化矩阵时,上述稳定性条件简化为

$$\max(|\lambda_1|, |\lambda_2|) < 1 \tag{5.62}$$

对于第二个式子:

$$\|\boldsymbol{A}_t(\lambda_1,\lambda_2,\gamma,\rho_1,\rho_2,\mu_1,\mu_2)\|_\infty = \|\boldsymbol{S}_t^{-1}(\lambda_1,\lambda_2,\gamma)(\rho_1 \boldsymbol{D}_n + \rho_2 \bar{\boldsymbol{D}}_n + \mu_1 \boldsymbol{D}_x \boldsymbol{W} + \mu_2 \bar{\boldsymbol{D}}_n \boldsymbol{W})\|_\infty$$

$$\|\boldsymbol{S}_t^{-1}(\lambda_1,\lambda_2,\gamma)\|_\infty \times \|\rho_1 \boldsymbol{D}_x + \rho_2 \bar{\boldsymbol{D}}_x + \mu_1 \boldsymbol{D}_x \boldsymbol{W} + \mu_2 \bar{\boldsymbol{D}}_x \boldsymbol{W}\|_\infty$$

$$\frac{1}{1 - \max(|\lambda_1|, |\lambda_2|) \times |\boldsymbol{W}|_\infty} \times \max(|\rho_1| + |\mu_1| \cdot \|\boldsymbol{W}\|_\infty, |\rho_2| + |\mu_2| \cdot \|\boldsymbol{W}\|_\infty) \tag{5.63}$$

式中，

$$\| \boldsymbol{S}_t^{-1}(\lambda_1,\lambda_2,\gamma) \|_\infty = \| \boldsymbol{I}_N + (\lambda_1 \boldsymbol{D}_n \boldsymbol{W} + \lambda_2 \bar{\boldsymbol{D}}_n \boldsymbol{W}) + (\lambda_1 \boldsymbol{D}_n \boldsymbol{W} + \lambda_2 \bar{\boldsymbol{D}}_n \boldsymbol{W})^2 + \cdots \|_\infty$$

$$\| \boldsymbol{I}_N \|_\infty + \| \lambda_1 \boldsymbol{D}_{\gamma t} \boldsymbol{W} + \lambda_2 \bar{\boldsymbol{D}}_{\gamma t} \boldsymbol{W} \|_\infty + \| \lambda_1 \boldsymbol{D}_{\gamma t} \boldsymbol{W} + \lambda_2 \bar{\boldsymbol{D}}_{\gamma t} \boldsymbol{W} \|_\infty^2 + \cdots$$

$$\| \boldsymbol{I}_N \|_\infty + \max(|\lambda_1|,|\lambda_2|) \times \| \boldsymbol{W} \|_\infty + (\max(|\lambda_1|,|\lambda_2|) \times \| \boldsymbol{W} \|_\infty)^2 + \cdots$$

$$\frac{1}{1-\max(|\lambda_1|,|\lambda_2|) \times \| \boldsymbol{W} \|_\infty}$$

$$\| \rho_1 \boldsymbol{D}_{\gamma t} + \rho_2 \bar{\boldsymbol{D}}_{\gamma t} + \mu_1 \boldsymbol{D}_{\gamma t} \boldsymbol{W} + \mu_2 \bar{\boldsymbol{D}}_{\gamma t} \boldsymbol{W} \|_\infty \max(\| \rho_1 \boldsymbol{D}_{\gamma t} + \mu_1 \boldsymbol{D}_{\gamma t} \boldsymbol{W} \|_\infty,$$

$$\| \rho_2 \bar{\boldsymbol{D}}_{\gamma t} + \mu_2 \bar{\boldsymbol{D}}_{\gamma t} \boldsymbol{W} \|_\infty)$$

$$\max(|\rho_1| + |\mu_1| \cdot \| \boldsymbol{W} \|_\infty, |\rho_2| + |\mu_2| \cdot \| \boldsymbol{W} \|_\infty)$$

根据式(5.63)，可以得到

$$\max(|\lambda_1|,|\lambda_2|) \times \| \boldsymbol{W} \|_\infty + \max(|\rho_1| + |\mu_1| \cdot \| \boldsymbol{W} \|_\infty,$$
$$|\rho_2| + |\mu_2| \cdot \| \boldsymbol{W} \|_\infty) < 1$$

当 $\boldsymbol{W}$ 是行标准化矩阵时，上述稳定性条件简化为

$$\max(|\lambda_1|,|\lambda_2|) + \max(|\rho_1| + |\mu_1|, |\rho_2| + |\mu_2|) < 1 \tag{5.64}$$

另一方面，考虑施加在门限值上面的约束性条件。门限值的选取应该在门限变量的取值范围内，并且应该尽可能保证落入两个区制中的样本个数相差不大，因此，如果设定 $\bar{\gamma}$ 和 $\underline{\gamma}$ 为门限变量 $\boldsymbol{Q}_{it}=(q_{1t},q_{2t},\cdots,q_{Nt})'$ 按从小到大排序后的 $\eta\%$ 上下分位数，那么施加在门限值上的约束性条件应该为 $\underline{\gamma} \leqslant \gamma \leqslant \bar{\gamma}$，这样的取法能够保证门限值是在门限变量中的合理取值(Koop 和 Potter，1999)。

综上所述，当 $\boldsymbol{W}$ 是行标准化矩阵时，式(5.21)的稳定性条件可以表示为 $\max(|\lambda_1|,|\lambda_2|)+\max(|\rho_1|+|\mu_1|,|\rho_2|+|\mu_2|)<1$ 和 $\underline{\gamma} \leqslant \gamma \leqslant \bar{\gamma}$。

5.5.3　贝叶斯估计及抽样设计

目前，讨论门限空间模型估计的研究相对比较匮乏。Deng(2018)使用空间杜宾项作为工具变量，采用空间两阶段最小二乘方法对截面门限空间自回归模型进行估计。Zhu(2020)采用贝叶斯方法对未知门限值和空间系数同时进行估计，结果表明贝叶斯方法比 S2SLS 估计更有效。况明(2020)采用拟极大似然方法和 MCMC 方法来估计空间面板平滑转移门限模型，但其建立的空间门限模型相当于在外生解释变量上引入了转移函数，空间系数仍然是常数，并且模型是静态的，未涉及动态性。本部分介绍门限空间动态面板模型的估计方法及抽样设计过程。首先推导得到模型的极大似然函数，然后在给定参数先验分布的基础上，通过贝叶斯定理推导得到参数的后验分布，最后详细说明参数的抽样设计过程。

1. 贝叶斯估计方法

为了分析方便，令 $\boldsymbol{\lambda}=(\lambda_1,\lambda_2)'$，$\boldsymbol{\rho}=(\rho_1,\rho_2)'$，$\boldsymbol{\mu}=(\mu_1,\mu_2)'$，$\boldsymbol{\psi}=(\boldsymbol{\lambda}',\boldsymbol{\rho}',\boldsymbol{\mu}',\gamma)'$，$\boldsymbol{\theta}=(\boldsymbol{\psi}',\beta',\sigma^2)'$，$\bar{\boldsymbol{A}}_t(\gamma,\rho_1,\rho_2,\mu_1,\mu_2)=\rho_1 \boldsymbol{D}_{rt}+\rho_2 \bar{\boldsymbol{D}}_{rt}+\mu_1 \boldsymbol{D}_{rt} W+\mu_2 \bar{\boldsymbol{D}}_n \boldsymbol{W}$，$\boldsymbol{H}_t(\boldsymbol{\theta},C,\alpha_t)=\boldsymbol{S}_t(\lambda_1,\lambda_2,\gamma)Y_t-\bar{\boldsymbol{A}}_t(\gamma,\rho_1,\rho_2,\mu_1,\mu_2)\boldsymbol{Y}_{t-1}-\boldsymbol{X}_t\beta-C-l_N\alpha_t$。则式(5.59)的似然

函数可以表示为

$$f(\{\boldsymbol{Y}_t\} \mid \boldsymbol{\theta}, C, \{\alpha_t\}) \propto \prod_{t=1}^{T} (\sigma^2)^{-\frac{N}{2}} \times |\boldsymbol{S}_t(\lambda_1, \lambda_2, \gamma)| \times \exp\left[-\frac{\boldsymbol{H}_t'(\boldsymbol{\theta}, C, \alpha_t)\boldsymbol{H}_t(\boldsymbol{\theta}, C, \alpha_t)}{2\sigma^2}\right] \quad (5.65)$$

本书对参数设定如下先验分布：

$$\lambda_j \sim U(-1,1);\ \rho_j \sim U(-1,1);\ \mu_j \sim U(-1,1), j=1,2;\ \gamma \sim U(\bar{\gamma}, \bar{\gamma});$$

$$\beta \sim N_k(\beta_0, \sigma^2 C_\beta I_k);\ \sigma^2 \sim IG\left(\frac{a}{2}, \frac{b}{2}\right);\ C \sim N_N\left(C_0, \sum_{c_0}\right);$$

$$\alpha_t \sim N(\alpha_0, \sigma_\alpha^2), t=2,3,\cdots,T \quad (5.66)$$

式中，$U(-1,1)$表示在$(-1,1)$上的均匀分布；$N_k(\beta_0, \sigma^2 C_\beta I_k)$和$N_N\left(C_0, \sum_{c_0}\right)$分别表示均值为$\beta_0$、方差为$\sigma^2 C_\beta I_k$和均值为$C_0$、方差为$\sum_{c_0}$的多元正态分布，$C_\beta$是一个常数。$N(\alpha_0, \sigma_\alpha^2)$表示均值为$\alpha_0$、方差为$\sigma_\alpha^2$的一元正态分布。$IG\left(\frac{a}{2}, \frac{b}{2}\right)$是逆伽马分布，$a$和$b$分别表示形式（shape）和尺度（scale）参数。同 LeSage 和 Pace(2009)的研究，本书设置λ_j, ρ_j, μ_j的上下界分别为-1和1。根据 Geweke 和 Terui(1993)，本书设定门限值γ的先验分布为$U(\underline{\gamma}, \bar{\gamma})$，其中$\bar{\gamma}$和$\underline{\gamma}$分别表示门限变量$\boldsymbol{Q}_{it} = (q_{1t}, q_{2t}, \cdots, q_{Nt})'$按从小到大排序后的$\eta\%$上下分位数，以保证门限值是在门限变量中的合理取值。需要强调的是，本书通过 MH(Metropolis-Hastings)算法而不是先验设定来对空间参数施加稳定性条件。

结合似然函数和未知参数的先验分布，可以得到未知参数的后验分布：

$$p(\boldsymbol{\theta}, C, \{\alpha_t\} \mid \{Y_t\}) \propto \pi(\boldsymbol{\theta}) \times \pi(C) \times \pi(\{\alpha_t\}) \times f(\{Y_t\} \mid \boldsymbol{\theta}, C, \{\alpha_t\}) \quad (5.67)$$

在假定的先验分布下，参数$\beta, \sigma^2, C, \alpha_t$的后验分布形式已知，呈正态或者逆伽马分布，能够直接通过 Gibbs 抽样得到。由于空间参数和未知门限值$\boldsymbol{\psi} = (\boldsymbol{\lambda}', \boldsymbol{\rho}', \boldsymbol{\mu}', \gamma)'$的分布形式未知，因此需要通过 MH 抽样得到。

2. 抽样设计

基于式(5.67)，根据贝叶斯定理能够得到每个未知参数的条件后验分布，则整个 MCMC 抽样过程可以表述如下。

第一步，使用 MH 算法从后验分布$p(\psi \mid \{Y_t\}, \beta, \sigma^2, C, \{\alpha_t\})$中抽取$\psi$；

第二步，使用 Gibbs 算法从后验分布$p(\beta \mid \{Y_t\}, \psi, \sigma^2, C, \{\alpha_t\})$中抽取$\beta$；

第三步，使用 Gibbs 算法从后验分布$p(\sigma^2 \mid \{Y_t\}, \psi, \beta, C, \{\alpha_t\})$中抽取$\sigma^2$；

第四步，使用 Gibbs 算法从后验分布$p(C \mid \{Y_t\}, \psi, \beta, \sigma^2, \{\alpha_t\})$中抽取$C$；

第五步，使用 Gibbs 算法从后验分布$p(\alpha_t \mid \{Y_t\}, \psi, \beta, \sigma^2, C)$中抽取$\alpha_t, t=2, \cdots, T$。

具体地，第一步，使用 MH 算法从后验分布$p(\psi \mid \{Y_t\}, \beta, \sigma^2, C, \{\alpha_t\})$中抽取$\psi$。根据贝叶斯定理可以得到参数$\psi$的条件后验分布：

$$p(\psi \mid \{Y_t\},\beta,\sigma^2,C,\{\alpha_t\}) \propto \pi(\psi) \times f(\{Y_t\} \mid \psi,\beta,\sigma^2,C,\{\alpha_t\}) \quad (5.68)$$

本书采用 Haario(2001)、Roberts 和 Rosenthal(2009)提出的 AM(Adaptive-Metropolis)算法来抽取 ψ，与通常使用随机游走正态分布作为提议分布(proposal distribution)的 MH 算法不同，AM 算法利用 MCMC 抽样的历史信息作为正态分布的方差。具体而言，在第 j 次抽样时，ψ 的历史样本为$(\psi^{(0)},\psi^{(1)},\cdots,\psi^{(j-1)})$，则 AM 算法的提议分布如下：

$$\Omega(\psi \mid \psi^{(0)},\psi^{(1)},\cdots,\psi^{(j-1)}) = \begin{cases} N_p(\psi^{(j-1)},0.1^2 I_p/p), & j \leqslant j_0 \\ N_p(\psi^{(j-1)},\boldsymbol{Var}_\psi), & j > j_0 \end{cases} \quad (5.69)$$

其中，

$$\mathrm{Var}_\psi = (1-\delta)^2 \times 2.38^2 \times \mathrm{cov}(\psi^{(0)},\psi^{(1)},\cdots,\psi^{(j-1)})/p + \delta^2 \times 0.1^2 I_p/p$$

令 $\bar{\psi}^{(j-1)} = \frac{1}{j}\sum_{i=0}^{j-1}\psi^{(i)}$，$\mathrm{cov}(\psi^{(0)},\psi^{(1)},\cdots,\psi^{(j-1)}) = \frac{1}{j}\sum_{i=0}^{j-1}\psi^{(i)}\psi^{(i)\prime} - \bar{\psi}^{(j-1)}\bar{\psi}^{(j-1)\prime}$ 表示基于历史信息得到的方差协方差。p 是 ψ 中待抽样参数的数目。j_0 代表初始样本长度，2.38^2 是在高斯提议分布(Gaussian proposal)中进行 Metropolis 搜寻的最优参数(Gelman 等，1996)。当 $j>j_0$ 时，方差-协方差矩阵 $\boldsymbol{Var}_\psi$ 中的 $\delta^2 \times 0.1^2 I_p/p$ 主要起预防作用，阻止由于$(\psi^{(0)},\psi^{(1)},\cdots,\psi^{(j-1)})$的计算问题而生成奇异的协方差矩阵。本书参照 Roberts 和 Rosenthal(2009)的研究，设置参数 $\delta=0.05$。需要指出的是，本书只在燃烧期(burn-in)使用 AM 算法抽取样本，燃烧期之后，本书将固定协方差矩阵 $\boldsymbol{Var}_\psi$，使用 MH 算法继续抽样。令 j_b 表示燃烧期长度，$j_0 \leqslant j_b$，对 ψ 的详细抽样步骤如下。

(1) 燃烧期内。对于 $j<j_b$，从 $\Omega(\psi|\psi^{(0)},\psi^{(1)},\cdots,\psi^{(j-1)})$中抽取候选样本 $\tilde{\psi}$，然后检验 $\tilde{\psi}$ 是否满足稳定性条件，如果不满足，则重新抽取直至满足。满足以后再按照式(5.70)计算接受概率：

$$\Pr(\psi^{(j-1)},\tilde{\boldsymbol{\psi}}) = \min\left\{1, \frac{f(\{Y_t\} \mid \tilde{\boldsymbol{\psi}},\beta^{(j-1)},\sigma^{2^{(j-1)}},C^{(j-1)},\{\alpha_t\}^{(j-1)})}{f(\{Y_t\} \mid \psi^{(j-1)},\beta^{(j-1)},\sigma^{2^{(j-1)}},C^{(j-1)},\{\alpha_t\}^{(j-1)})} \times \frac{\pi(\tilde{\boldsymbol{\psi}})}{\pi(\psi^{(j-1)})}\right\} \quad (5.70)$$

如果接受，令 $\psi^{(j)}=\tilde{\boldsymbol{\psi}}$；否则，令 $\psi^{(j)}=\psi^{(j-1)}$。

(2) 燃烧期后。对于 $j>j_b$，固定方差-协方差矩阵 $\boldsymbol{Var}_\psi$，然后从正态分布 $N_P(\psi^{(j-1)},\boldsymbol{Var}_\psi)$中抽取$\tilde{\boldsymbol{\psi}}$，并检验抽取值是否满足稳定性条件，如果不满足，则重新抽取直至满足。满足以后再按照式(5.70)计算接受概率。剩下步骤同燃烧期阶段。

第二步，使用 Gibbs 算法从后验分布 $p(\beta \mid \{Y_t\},\psi,\sigma^2,C,\{\alpha_t\})$中抽取 β。

根据贝叶斯定理可以得到参数 β 的条件后验分布：

$$p(\beta \mid \{Y_t\},\psi,\sigma^2,C,\{\alpha_t\}) \propto \pi(\beta \mid \sigma^2) \times f(\{Y_t\} \mid \psi,\beta,\sigma^2,C,\{\alpha_t\}) \propto$$

$$\exp\left(-\frac{1}{2C_\beta\sigma^2}(\beta-\beta_0)'(\beta-\beta_0)\right) \times$$

$$\exp\left(-\frac{1}{2\sigma^2}\sum_{t=1}^{T}\boldsymbol{H}'_t(\theta,C,\alpha_t)\boldsymbol{H}_t(\theta,C,\alpha_t)\right)\sim N\left(T_\beta,\sum_\beta\right)$$

其中，

$$\sum_\beta=\left(\frac{I_k}{C_\beta\sigma^2}+\sum_{t=1}^{T}\frac{\boldsymbol{X}'_t\boldsymbol{X}_t}{\sigma^2}\right)^{-1}$$

$$T_\beta=\sum_\beta\left(\frac{\beta_0}{C_\beta\sigma^2}+\sum_{t=1}^{T}\boldsymbol{X}'_t\frac{(\boldsymbol{S}_t(\lambda_1,\lambda_2,\gamma)\boldsymbol{Y}_t-\bar{A}_t(\gamma,\rho_1,\rho_2,\mu_1,\mu_2)\boldsymbol{Y}_{t-1}-C-l_N\alpha_t)}{\sigma^2}\right)$$

第三步，使用 Gibbs 算法从后验分布 $p(\sigma^2 \mid \{Y_t\},\psi,\beta,C,\{\alpha_t\})$ 中抽取 σ^2。

根据贝叶斯定理可以得到参数 σ^2 的条件后验分布：

$$p(\sigma^2 \mid \{Y_t\},\psi,\beta,C,\{\alpha_t\})\propto\pi(\sigma^2)\times\pi(\beta\mid\sigma^2)\times f(\{Y_t\}\mid\psi,\beta,\sigma^2,C,\{\alpha_t\})\propto$$

$$(\sigma^2)^{-\left(\frac{a}{2}+1\right)}\times\exp\left(-\frac{b}{2\sigma^2}\right)\times\exp\left(-\frac{1}{2C_\beta\sigma^2}(\beta-\beta_0)'(\beta-\beta_0)\right)\times$$

$$(\sigma^2)^{-\frac{NT}{2}}\times\exp\left(-\frac{1}{2\sigma^2}\sum_{t=1}^{T}\boldsymbol{H}'_t(\theta,C,\alpha_t)\boldsymbol{H}_t(\theta,C,\alpha_t)\right)\sim IG\left(\frac{a_p}{2},\frac{b_p}{2}\right)$$

第四步，使用 Gibbs 算法从后验分布 $p(C \mid \{Y_t\},\psi,\beta,\sigma^2,\{\alpha_t\})$ 中抽取 C。

根据贝叶斯定理可以得到参数 C 的条件后验分布：

$$p(C \mid \{Y_t\},\psi,\beta,\sigma^2,\{\alpha_t\})\propto\pi(C)\times f(\{Y_t\}\mid\psi,\beta,\sigma^2,C,\{\alpha_t\})\propto$$

$$\exp\left(-\frac{1}{2}(C-C_0)'\sum_{c_0}^{-1}(C-C_0)\right)\times$$

$$\exp\left(-\frac{1}{2\sigma^2}\sum_{t=1}^{T}H'_t(\theta,C,\alpha_t)H_t(\theta,C,\alpha_t)\right)\sim N\left(T_C,\sum_C\right)$$

式中，

$$\sum_C=\left(\sum_{c_0}^{-1}+\frac{\sum_{t=1}^{T}\boldsymbol{I}_N}{\sigma^2}\right)^{-1}$$

$$T_C=\sum_c\left(\sum_{c_0}^{-1}C_0+\frac{\sum_{t=1}^{T}\boldsymbol{S}_t(\lambda_1,\lambda_2,\gamma)\boldsymbol{Y}_t-\bar{\boldsymbol{A}}_t(\gamma,\rho_1,\rho_2,\mu_1,\mu_2)\boldsymbol{Y}_{t-1}-\boldsymbol{X}_t\beta-l_{N\alpha_t}}{\sigma^2}\right)$$

第五步，使用 Gibbs 算法从后验分布 $p(\alpha_t \mid \{Y_t\},\psi,\beta,\sigma^2,C)$ 中抽取 α_t，$t=2,\cdots,T$。根据贝叶斯定理可以得到参数 α_t 的条件后验分布：

$$p(\alpha_t \mid \{Y_t\},\psi,\beta,\sigma^2,C)\propto\pi(\alpha_t)\times f(\boldsymbol{Y}_t\mid\psi,\beta,\sigma^2,C,\alpha_t)\propto$$

$$\exp\left(-\frac{(\alpha_t-\alpha_0)^2}{2\sigma_a^2}\right)\times\exp\left(-\frac{1}{2\sigma^2}\sum_{t=1}^{T}\boldsymbol{H}'_t(\theta,C,\alpha_t)\boldsymbol{H}_t(\theta,C,\alpha_t)\right)\sim$$

$$N\left(T_{\alpha_t},\sum_{\alpha_t}\right)$$

式中，

$$\sum_{a_t} = \left(\frac{1}{\sigma_\alpha^2} + \frac{\boldsymbol{l}'_N \boldsymbol{l}_N}{\sigma^2}\right)^{-1}$$

$$T_{a_t} = \sum_{a_t}\left(\frac{\alpha_0}{\sigma_\alpha^2} + \frac{\boldsymbol{l}'_N(S_t(\lambda_1,\lambda_2,\gamma)\boldsymbol{Y}_t - \bar{\boldsymbol{A}}_t(\gamma,\rho_1,\rho_2,\mu_1,\mu_2)\boldsymbol{Y}_{t-1} - \boldsymbol{X}_t\beta - C)}{\sigma^2}\right)$$

5.5.4　案例五：环境规制对工业高质量发展的影响研究续

1. 模型构建

使用 5.4.3 节“环境规制对工业高质量发展的影响研究”的数据，在原模型的基础上加入被解释变量的时空滞后项，构建新模型如下：

$$\begin{aligned}\text{lnihqd}_{it} &= \alpha + \rho_1 W\text{lnihqd\_inst}_{it}(\text{lner}_{it} \leqslant \gamma) + \rho_2 W\text{lnihqd}_{it}(\text{lner}_{it} > \gamma) + \\ &\quad \alpha\,\text{lnihqd}_{i,t-1} + \beta_1 \ln x_{it} + \theta_1 W\ln x_{it} + u_i + \varepsilon_{it}\end{aligned} \tag{5.71}$$

式中，ihqd_{it} 表示第 i 个省份第 t 年的工业高质量发展水平；er_{it} 表示第 i 个省份第 t 年的环境规制强度；x_{it} 表示控制变量，包括产业结构高级化(aind)、外商直接投资(fdi)和人均 GDP(pgdp)；Wlnihqd 用工具变量 $W\text{lnihqd\_inst}_{it}$(wlnaind)替换；ρ 为空间自相关系数，反映工业高质量发展的空间溢出效应程度；u_i 为个体固定效应；γ 为门限值，ε_{it} 为满足正态独立分布的随机扰动项。

2. 软件实现

(1) 使用 shuju5.5 数据，首先进行门限效应检验，运行代码：

```
clear
cd"D:\"
use shuju5.5
xtset id year
gen lnihqd_1=L.lnihqd
gen wlnihqd_1=L.wlnihqd
xthreg lnihqd lnihqd_1 wlnihqd_1 lnpgdp lner lnaind wlner wlnfdi wlnpgdp, rx(wlnihqd_inst) qx
(lnfdi) thnum(3) trim(0.01 0.01 0.01) grid(300) bs(300 300 300)
```

，结果如图 5.15、表 5.7 所示。

Threshold estimator (level = 95):

model	Threshold	Lower	Upper
Th-1	-2.4073	-2.4096	-1.8999
Th-21	-2.4073	.	.
Th-22	-3.0726	-3.2158	-2.1069
Th-3	0.2552	0.0935	0.2602

Threshold effect test (bootstrap = 300 300 300):

Threshold	RSS	MSE	Fstat	Prob	Crit10	Crit5	Crit1
Single	2.8149	0.0081	22.76	0.0267	14.9526	19.7920	28.1286
Double	2.5124	0.0072	41.90	0.0067	17.8076	21.6833	38.6959
Triple	2.4364	0.0070	10.87	0.7933	66.6390	75.2405	107.1414

图 5.15　运行结果

表 5.7 门限效应检验结果 2

门限个数	三门限	双门限	单门限
P 值	0.793 3	0.006 7	0.026 7

表 5.7 所示结果表明，在门限检验中，*F* 统计量在 10%显著性水平下通过了没有三门限的原假设，说明模型不存在三门限，单门限和双门限通过检验，表明使用单门限或双门限空间模型或许可行。

（2）进行双门限空间模型回归，输入代码：xthreg lnihqd lnihqd_1 wlnihqd_1 lnpgdp lner lnaind wlner wlnfdi wlnpgdp，rx(wlnihqd_inst) qx(lnfdi) thnum(2) trim(0.01 0.01) grid(300) bs(300 300)，结果如图 5.16 所示。

```
            |
   Th-1     |    -2.4073        -2.4096       -1.8999
   Th-21    |    -2.4073           .             .
   Th-22    |    -3.0726        -3.2158       -2.1069

Threshold effect test (bootstrap = 300 300):

 Threshold |      RSS       MSE      Fstat   Prob   Crit10    Crit5    Crit1
-----------+--------------------------------------------------------------
    Single |   2.8149    0.0081      22.76 0.0333  17.2267  19.5601  30.4933
    Double |   2.5124    0.0072      41.90 0.0067  18.3040  24.5465  34.5059

Fixed-effects (within) regression               Number of obs     =        360
Group variable: id                              Number of groups  =         30

R-sq:  Within  = 0.4706                         Obs per group: min =        12
       Between = 0.8973                                        avg =      12.0
       Overall = 0.8384                                        max =        12

                                                F(11,319)         =      25.78
corr(u_i, Xb)  = 0.7401                         Prob > F          =     0.0000

        lnihqd | Coefficient  Std. err.      t    P>|t|     [95% conf. interval]
---------------+----------------------------------------------------------------
      lnihqd_1 |   .5647677    .048142    11.73   0.000     .4700517    .6594837
     wlnihqd_1 |  -.0698436    .092461    -0.76   0.451    -.2517539    .1120668
        lnpgdp |   .1142114   .0286359     3.99   0.000     .0578722    .1705505
          lner |  -.0090801   .0081294    -1.12   0.265     -.025074    .0069138
        lnaind |   -.007844   .0215847    -0.36   0.717    -.0503104    .0346223
         wlner |   .0043957   .0162993     0.27   0.788     -.027672    .0364634
        wlnfdi |  -.0175288   .0158979    -1.10   0.271    -.0488068    .0137493
       wlnpgdp |  -.0109523    .020389    -0.54   0.592    -.0510663    .0291617
               |
_cat#c.wlnihqd_inst |
             0 |  -.1089926   .0402675    -2.71   0.007     -.188216   -.0297693
             1 |   -.137097   .0369187    -3.71   0.000    -.2097318   -.0644621
             2 |  -.0908204   .0318513    -2.85   0.005    -.1534856   -.0281553
               |
         _cons |  -2.311341   .4117384    -5.61   0.000    -3.121407   -1.501275
---------------+----------------------------------------------------------------
       sigma_u |   .2188172
       sigma_e |  .09574295
           rho |  .83931489   (fraction of variance due to u_i)
--------------------------------------------------------------------------------
F test that all u_i=0: F(29, 319) = 3.45                    Prob > F = 0.0000
```

图 5.16 双门限空间模型回归结果

图5.16显示，前两个门限值几乎相同，应舍弃双门限，使用单门限空间模型更为合理。

(3) 进行双门限空间模型回归，输入代码：xthreg lnihqd lnihqd_1 wlnihqd_1 lnpgdp lner lnaind wlner wlnfdi wlnpgdp, rx(wlnihqd_inst) qx(lnfdi) thnum(1) trim(0.01) grid(300) bs(300)，结果如图5.17所示。

```
        Th-1      -2.4073     -2.4096     -1.8999

Threshold effect test (bootstrap = 300):

 Threshold        RSS        MSE      Fstat    Prob    Crit10     Crit5     Crit1

    Single     2.8149     0.0081      22.76  0.0367   16.9256   21.0378   32.3699

Fixed-effects (within) regression               Number of obs     =        360
Group variable: id                              Number of groups  =         30

R-sq:  Within  = 0.4679                         Obs per group: min =        12
       Between = 0.8973                                        avg =      12.0
       Overall = 0.8402                                        max =        12

                                                F(10,320)         =      28.14
corr(u_i, Xb)  = 0.7350                         Prob > F          =     0.0000

         lnihqd   Coefficient  Std. err.      t    P>|t|     [95% conf. interval]

       lnihqd_1     .5812201   .0464569    12.51   0.000     .4898206    .6726196
      wlnihqd_1    -.0496863   .0912144    -0.54   0.586     -.229142    .1297695
         lnpgdp     .1162316   .0286219     4.06   0.000     .0599207    .1725425
           lner    -.0085119   .0081256    -1.05   0.296    -.0244983    .0074745
         lnaind    -.0126833   .0212755    -0.60   0.552    -.0545408    .0291743
          wlner     .0040391   .0163136     0.25   0.805    -.0280562    .0361345
         wlnfdi    -.0203232   .0157646    -1.29   0.198    -.0513386    .0106923
        wlnpgdp    -.0149561   .0201703    -0.74   0.459    -.0546392     .024727

_cat#c.wlnihqd_inst
              0    -.1306438    .036613    -3.57   0.000    -.2026765   -.0586111
              1    -.0966528   .0315586    -3.06   0.002    -.1587414   -.0345643

          _cons    -2.249369   .4093231    -5.50   0.000    -3.054673   -1.444065

        sigma_u    .21515764
        sigma_e    .09584051
            rho    .83443226   (fraction of variance due to u_i)

F test that all u_i=0: F(29, 320) = 3.39                     Prob > F = 0.0000
```

图5.17　单门限空间模型回归结果

由图5.17知：首先，工业高质量发展滞后一期系数为0.581，在1%显著性水平下通过检验，说明上期工业高质量发展水平对本期影响为正，表明工业高质量发展具有时间惯性。其次，当外商直接投资处于较低水平时(lnfdi≤2.81)，相邻地区工业高质量发展对本地工业高质量发展水平存在负向的空间溢出效应。当外商直接投资水平跨越门槛值后(lnfdi>2.81)，工业高质量发展的负向空间溢出效应减弱。

第 6 章　门限空间向量自回归模型

20 世纪 70 年代末，传统的大型联立方程模型（SEM）由于在预测和政策分析方面的表现不佳，遭到了计量经济学家的广泛质疑。SEM 模型的一个主要缺陷是，它将变量人为地划分为内生变量和外生变量，而这种划分可能与经济系统的真实情况不一致。此外，SEM 模型还需要施加一些结构限制，但这些限制往往缺乏理论依据或者统计证据。为了克服 SEM 模型的局限性，向量自回归（VAR）模型应运而生，成为宏观经济分析的一种有效的替代方法。VAR 模型的优势在于，它不需要对变量的内生性或外生性做任何假设，估计过程简单方便，拟合效果良好，适应性和灵活性强，能够较好地描述少量变量之间的数据生成过程，因此常被用作预测或者模型评价的基准模型。

近年来，VAR 模型的理论和方法不断完善和创新，出现了一些结合其他计量模型的扩展形式，以适应更复杂和更一般的实证问题。其中，两种重要的发展方向：一是将空间计量模型与 VAR 模型相结合，构建了空间向量自回归模型。SpVAR 模型在 VAR 模型的基础上，引入了空间权重矩阵，用来刻画不同地区或个体之间的空间依赖关系。SpVAR 模型可以有效地解决空间异质性和空间自相关等问题，提高模型的拟合度和预测能力，适用于分析空间数据的动态特征和空间效应。二是将门限模型与 VAR 模型相结合，构建了门限向量自回归模型。TVAR 模型是在 VAR 模型的基础上，引入了一个或多个门限变量，用来划分不同的门限区间，使模型的参数可以随着门限变量的取值而发生变化。TVAR 模型可以有效地捕捉非线性和不对称等现象，反映模型的结构变化和状态转换，适用于分析具有分段特征或阈值效应的时间序列数据。

本章将介绍空间向量自回归模型、门限向量自回归模型及门限空间向量自回归模型，通过广义脉冲响应函数将模型应用到具体实例分析中。

6.1　空间向量自回归模型

传统的经济计量方法是以经济理论为基础来描绘变量之间关系。但是，经济理论通常并不足以为变量之间的动态关系提供一个严密的说明，而且内生变量的存在使估计和推断变得更加复杂。向量自回归模型是基于数据和统计性质建立的模型，VAR 模型能把系统中每一个内生变量作为系统中所有内生变量的滞后值的函数来构造模型，从而将单变量自回归模型推广到多元时间序列变量组成的“向量”自回归模型，能够很好地解决上述问题。然而，VAR 模型也有其局限性，其中之一是忽略了空间因素的影响。在实际的经济现象中，不同的地区或个体之间往往存在着空间依赖和空间异质性，即一个地区或个体的变量会受到其他地区或个体的变量的影响，而且这种影响的强度和方向可能会随着空间距离的变化而变化。如果不考虑空间因素，VAR 模型可能会产生偏误或无效的结果。为了克服这一缺陷，空间向量自回归模型被提出。

6.1.1 空间向量自回归模型的构建

首先，简单回顾一下 VAR 模型：

$$\boldsymbol{y}_t = \boldsymbol{A}_1 \boldsymbol{y}_{t-1} + \cdots + \boldsymbol{A}_p \boldsymbol{y}_{t-p} + \boldsymbol{B}\boldsymbol{x}_t + \boldsymbol{\varepsilon}_t, \quad t = 1,2,\cdots,T \tag{6.1}$$

式中，$\boldsymbol{y}_t$ 是 k 维内生变量向量；$\boldsymbol{x}_t$ 是 d 维外生变量向量；p 是滞后阶数；T 是样本个数。$k\times k$ 维矩阵 $\boldsymbol{A}_1,\cdots,\boldsymbol{A}_p$ 和 $k\times d$ 维矩阵 $\boldsymbol{B}$ 是要被估计的系数矩阵。$\boldsymbol{\varepsilon}_t$ 是 k 维扰动向量，它们可以同期相关，但不与自己的滞后期相关，即不与等式右边的变量相关，假设 $\boldsymbol{\Sigma}$ 是 $\boldsymbol{\varepsilon}_t$ 的协方差矩阵，$\boldsymbol{\Sigma}$ 是一个 $k\times k$ 维的正定矩阵。在向量自回归模型的基础上，引入空间维度，就演变为空间向量自回归模型。SpVAR 模型一般没有弱外生变量，主要注重内生变量的相互影响。SpVAR 模型在面板数据下的数学表达式为

$$\boldsymbol{Y}_{it} = \boldsymbol{A}_{0i} + \boldsymbol{A}_{1i}\boldsymbol{t} + \Phi_{1i}\boldsymbol{Y}_{it-1} + \cdots + \Phi_{pi}\boldsymbol{Y}_{it-p} + \boldsymbol{\rho}_{0i}\boldsymbol{Y}^*_{it} + \boldsymbol{\rho}_{1t}\boldsymbol{Y}^*_{it-1} + \cdots + \boldsymbol{\rho}_{qi}\boldsymbol{Y}^*_{it-q} + \boldsymbol{\varepsilon}_{it} \tag{6.2}$$

在模型(6.2)中，$\boldsymbol{Y}_{it} = (y_{1i}, y_{2it}, \cdots, y_{Kti})'$ 是 $K\times 1$ 阶内生变量，$\boldsymbol{Y}^*_{it} = (y^*_{1it}, y^*_{2it}, \cdots, y^*_{Kit})'$ 是 $K\times 1$ 阶外生空间滞后变量，$\boldsymbol{t}$ 是确定性的时间趋势。$\Phi_{ji}\boldsymbol{Y}_{it-j}$ 代表时间动态，$\boldsymbol{\rho}_{0i}\boldsymbol{Y}^*_{it}$ 代表空间动态，$\boldsymbol{\rho}_{ji}\boldsymbol{Y}^*_{it-j}\,(j=1,\cdots,q)$ 代表时间空间动态，且 $\boldsymbol{Y}^*_{it} = \sum_{j=1}^{N} w_{ij}\boldsymbol{Y}_{jt}$，$w_{ij}$ 为空间权重。

6.1.2 空间向量自回归模型的估计

借鉴郭国强(2013)提出的空间动态面板 SpVAR 模型的差分 GMM 方法，思路如下：

$$\begin{cases} Y_{1it} = -(\alpha_{12}Y_{2it} + \cdots + \alpha_{1K}Y_{Kit}) + (\beta_{11}Y_{1it-1} + \cdots + \beta_{1K}Y_{Kit-1}) + \\ \qquad (\lambda_{11}Y^*_{1it-1} + \cdots + \lambda_{1K}Y^*_{Kit-1}) + \mu_{1i} + \varepsilon_{1it} \\ Y_{2it} = -(\alpha_{21}Y_{1it} + \alpha_{23}Y_{3it} + \cdots + \alpha_{2K}Y_{Ki}) + (\beta_{21}Y_{1it-1} + \cdots + \beta_{2K}Y_{Kit-1}) + \\ \qquad (\lambda_{21}Y^*_{1it-1} + \cdots + \lambda_{2K}Y^*_{Kit-1}) + \mu_{2i} + \varepsilon_{2it} \\ \cdots \\ Y_{Kit} = -(\alpha_{K1}Y_{1it} + \cdots + \alpha_{KK-1}Y_{K-1it}) + (\beta_{K1}Y_{1it-1} + \cdots + \beta_{KK}Y_{Kit-1}) + \\ \qquad (\lambda_{K1}Y^*_{1it-1} + \cdots + \lambda_{KK}Y^*_{Kit-1}) + \mu_{Ki} + \varepsilon_{Kit} \end{cases} \tag{6.3}$$

令 $\boldsymbol{Y}_{it} = \begin{bmatrix} Y_{1it} \\ \vdots \\ Y_{Kit} \end{bmatrix}$，$\boldsymbol{Y}^*_{it} = \begin{bmatrix} Y^*_{1it} \\ \vdots \\ Y^*_{Kit} \end{bmatrix}$，$Y^*_{kit} = w_{i1}Y_{k1t} + \cdots + w_{iN}Y_{kNt}$，$\boldsymbol{\mu}_i = \begin{bmatrix} \mu_{1i} \\ \vdots \\ \mu_{Ki} \end{bmatrix}$ 是固定效应截距项，$\boldsymbol{\varepsilon}_i = \begin{bmatrix} \varepsilon_{1i} \\ \vdots \\ \varepsilon_{Ki} \end{bmatrix}$ 是残差扰动项，则得到

$$\begin{bmatrix} 1 & \cdots & \alpha_{1K} \\ \vdots & \cdots & \vdots \\ \alpha_{K1} & \cdots & 1 \end{bmatrix} \boldsymbol{Y}_{it} = \begin{bmatrix} \beta_{11} & \cdots & \beta_{1K} \\ \vdots & \cdots & \vdots \\ \beta_{K1} & \cdots & \beta_{KK} \end{bmatrix} \boldsymbol{Y}_{it-1} + \begin{bmatrix} \lambda_{11} & \cdots & \lambda_{1K} \\ \vdots & \cdots & \vdots \\ \lambda_{K1} & \cdots & \lambda_{KK} \end{bmatrix} \boldsymbol{Y}^{*}_{it-1} + \boldsymbol{\mu}_i + \boldsymbol{\varepsilon}_{it} \tag{6.4}$$

再令$\boldsymbol{\alpha} = \begin{bmatrix} 1 & \cdots & \alpha_{1K} \\ \vdots & \cdots & \vdots \\ \alpha_{K1} & \cdots & 1 \end{bmatrix}, \boldsymbol{\beta} = \begin{bmatrix} \beta_{11} & \cdots & \beta_{1K} \\ \vdots & \cdots & \vdots \\ \beta_{K1} & \cdots & \beta_{KK} \end{bmatrix}, \boldsymbol{\lambda} = \begin{bmatrix} \lambda_{11} & \cdots & \lambda_{1K} \\ \vdots & \cdots & \vdots \\ \lambda_{K1} & \cdots & \lambda_{KK} \end{bmatrix}$,

$$\boldsymbol{\alpha} \boldsymbol{Y}_{it} = \boldsymbol{\beta} \boldsymbol{Y}_{it-1} + \boldsymbol{\lambda} \boldsymbol{Y}^{*}_{it-1} + \boldsymbol{\mu}_i + \boldsymbol{\varepsilon}_{it} \tag{6.5}$$

将式(6.5)左右两边再左乘$\boldsymbol{\alpha}^{-1}$：

$$\begin{aligned} \boldsymbol{Y}_{it} &= \boldsymbol{\alpha}^{-1} \boldsymbol{\beta} \boldsymbol{Y}_{it-1} + \boldsymbol{\alpha}^{-1} \boldsymbol{\lambda} \boldsymbol{Y}^{*}_{it-1} + \boldsymbol{\alpha}^{-1} \boldsymbol{\mu}_i + \boldsymbol{\alpha}^{-1} \boldsymbol{\varepsilon}_{it} \\ &= \Gamma \boldsymbol{Y}_{it-1} + \Lambda \boldsymbol{Y}^{*}_{it-1} + \boldsymbol{\varphi}_i + \boldsymbol{u}_{it} \end{aligned} \tag{6.6}$$

对式(6.6)进行一阶差分得到

$$\Delta \boldsymbol{Y}_{it} = \boldsymbol{Y}_{it} - \boldsymbol{Y}_{it-1} = \Gamma (\boldsymbol{Y}_{it} - \boldsymbol{Y}_{it-1}) + \Lambda (\boldsymbol{Y}^{*}_{it-1} - \boldsymbol{Y}^{*}_{it-2}) + (\boldsymbol{u}_{it} - \boldsymbol{u}_{it-1}) \tag{6.7}$$

差分 GMM 估计的工具变量矩阵如下：

$$\boldsymbol{Q}_i = \begin{bmatrix} [\boldsymbol{Y}'_{i1}, \boldsymbol{Y}'_{i2}, \boldsymbol{Y}^{*\prime}_{i1}, \boldsymbol{Y}^{*\prime}_{i2}]' & 0 & \cdots & 0 \\ 0 & [\boldsymbol{Y}'_{i1}, \boldsymbol{Y}'_{i2}, \boldsymbol{Y}'_{i3}, \boldsymbol{Y}^{*\prime}_{i1}, \boldsymbol{Y}^{*\prime}_{i2}, \boldsymbol{Y}^{*\prime}_{i3}]' & \cdots & 0 \\ \vdots & \vdots & \ddots & \vdots \\ 0 & 0 & \cdots & \begin{matrix} [\boldsymbol{Y}'_{i1}, \boldsymbol{Y}'_{i2}, \cdots, \boldsymbol{Y}'_{iT-2}, \\ \boldsymbol{Y}^{*\prime}_{i1}, \boldsymbol{Y}^{*\prime}_{i2}, \cdots, \boldsymbol{Y}^{*\prime}_{iT-2}]' \end{matrix} \end{bmatrix} \tag{6.8}$$

在式(6.7)两边同时乘以工具变量矩阵$\boldsymbol{Q}_i$，则

$$\boldsymbol{Q}_i \Delta \boldsymbol{Y}_{it} = \boldsymbol{Q}_i \Delta \boldsymbol{Y}_{it-1} \boldsymbol{\Gamma}' + \boldsymbol{Q}_i \Delta \boldsymbol{Y}^{*}_{it-1} \boldsymbol{\Lambda}' + \boldsymbol{Q}_i \Delta \boldsymbol{u}_{it} = \boldsymbol{Q}_i \Delta \boldsymbol{X}_{it} \boldsymbol{\Pi} + \boldsymbol{Q}_i \Delta \boldsymbol{u}_{it} \tag{6.9}$$

$$\Delta \boldsymbol{X}_{it} = [\Delta \boldsymbol{Y}_{i-1} \quad \Delta \boldsymbol{Y}^{*}_{it-1}], \quad \boldsymbol{\Pi} = \begin{bmatrix} \boldsymbol{\Gamma}' \\ \boldsymbol{\Lambda}' \end{bmatrix}$$

对上面的模型(6.9)应用向量化算子，vec 用表示该算法，可以将方程化为

$$(\boldsymbol{Q}_i \otimes \boldsymbol{I}_K) \mathrm{vec}(\Delta \boldsymbol{Y}'_{it}) = (\boldsymbol{Q}_i \Delta \boldsymbol{X}_{it} \otimes \boldsymbol{I}_K) \mathrm{vec}(\boldsymbol{\Pi}') + (\boldsymbol{Q}_i \otimes \boldsymbol{I}_K) \mathrm{vec}(\Delta \boldsymbol{u}'_{it}) \tag{6.10}$$

计算方差-协方差矩阵：

$$E\{[\mathrm{vec}(\Delta \boldsymbol{u}'_{it})][\mathrm{vec}(\Delta \boldsymbol{u}'_{it})]'\} = E\left\{ \begin{bmatrix} (\Delta \boldsymbol{u}_{i4}) \\ (\Delta \boldsymbol{u}_{i5}) \\ \vdots \\ (\Delta \boldsymbol{u}_{iT}) \end{bmatrix} [\Delta \boldsymbol{u}'_{i4} \quad \Delta \boldsymbol{u}'_{i5} \quad \cdots \quad \Delta \boldsymbol{u}'_{iT}] \right\}$$

$$= \begin{bmatrix} E(\Delta \boldsymbol{u}_{i4} \Delta \boldsymbol{u}'_{i4}) & E(\Delta \boldsymbol{u}_{i4} \Delta \boldsymbol{u}'_{i5}) & \cdots & E(\Delta \boldsymbol{u}_{i4} \Delta \boldsymbol{u}'_{iT}) \\ E(\Delta \boldsymbol{u}_{i5} \Delta \boldsymbol{u}'_{i4}) & E(\Delta \boldsymbol{u}_{i5} \Delta \boldsymbol{u}'_{i5}) & \cdots & E(\Delta \boldsymbol{u}_{i5} \Delta \boldsymbol{u}'_{iT}) \\ \vdots & \vdots & \ddots & \vdots \\ E(\Delta \boldsymbol{u}_{iT} \Delta \boldsymbol{u}'_{i4}) & E(\Delta \boldsymbol{u}_{iT} \Delta \boldsymbol{u}'_{i5}) & \cdots & E(\Delta \boldsymbol{u}_{iT} \Delta \boldsymbol{u}'_{iT}) \end{bmatrix}$$

$$=\begin{bmatrix} 2\Omega_1 & -\Omega_1 & 0 & \cdots & 0 & 0 & 0 \\ -\Omega_1 & 2\Omega_1 & -\Omega_1 & \cdots & 0 & 0 & 0 \\ 0 & -\Omega_1 & 2\Omega_1 & \cdots & 0 & 0 & 0 \\ \vdots & \vdots & \vdots & \ddots & \vdots & \vdots & \vdots \\ 0 & 0 & 0 & \cdots & -\Omega_1 & 2\Omega_1 & -\Omega_1 \\ 0 & 0 & 0 & \cdots & 0 & -\Omega_1 & 2\Omega_1 \end{bmatrix}=\boldsymbol{\Sigma} \tag{6.11}$$

$$E\{[\mathrm{vec}(\Delta\boldsymbol{u}'_{it})][\mathrm{vec}(\Delta\boldsymbol{u}'_{jt})]'\} = E\left\{\begin{bmatrix}(\Delta\boldsymbol{u}_{i4}) \\ (\Delta\boldsymbol{u}_{i5}) \\ \vdots \\ (\Delta\boldsymbol{u}_{iT})\end{bmatrix}[\Delta\boldsymbol{u}'_{j4} \quad \Delta\boldsymbol{u}'_{j5} \quad \cdots \quad \Delta\boldsymbol{u}'_{jT}]\right\}= 0 \tag{6.12}$$

差分 GMM 估计步骤为：首先是用 $\Delta\boldsymbol{Y}_{it-1}$ 对所有的工具变量 $Y_{i1},Y_{i2},\cdots,Y_{it-2}$，$Y^*_{i1},Y^*_{i2},\cdots,Y^*_{it-2}$ 回归；其次，利用回归得到的残差序列 $\hat{e}_i$，计算方差-协方差矩阵$\hat{\boldsymbol{\Sigma}}$；根据协方差矩阵$\hat{\boldsymbol{\Sigma}}$ 最小化，得到参数估计值，从而产生新的残差序列；重复上述步骤，直到最终估计的参数达到收敛条件；得到最终收敛的参数估计值$\hat{\boldsymbol{\Pi}}=\begin{bmatrix}\hat{\boldsymbol{\Gamma}}' \\ \hat{\boldsymbol{\Lambda}}'\end{bmatrix}$之后，就能得到残差序列的最终值，从而得到方差-协方差矩阵$\hat{\boldsymbol{\Omega}}$；对矩阵$\hat{\boldsymbol{\Omega}}$ 进行分解，得到$\hat{\boldsymbol{\Omega}}$ 和$\hat{\boldsymbol{\alpha}}^{-1}$，从而得到$\hat{\boldsymbol{\alpha}}$，于是就可以通过计算得到$\hat{\boldsymbol{\beta}}=\hat{\boldsymbol{\alpha}}\hat{\boldsymbol{\Gamma}}$，$\hat{\boldsymbol{\lambda}}=\hat{\boldsymbol{\alpha}}\hat{\boldsymbol{\Lambda}}$，同时还可以计算得到截距项的估计值。

6.1.3　空间向量自回归模型的脉冲响应

在 SpVAR 模型中将模拟外生冲击的时空动态效应。显然在 SpVAR 模型中脉冲响应分析将比在 VAR 模型中更加复杂。其主要原因是：冲击将在时间和空间两个维度上传播。先从一个空间变量($K=1,P=0$)的情况下开始，它的冲击在空间不具有相关性，此时的 SpVAR 模型为

$$Y_{nt}=\beta Y_{nt-1}+\theta\sum_{i\neq n}^{N}w_{ni}Y_{it}+\lambda\sum_{i\neq n}^{N}w_{ni}Y_{it-1}+\varepsilon_{nt} \tag{6.13}$$

空间滞后阶数由 θ 和 λ 描述，如果这两个参数为 0，方程(6.13)则变成自回归过程。将方程(6.13)写成矩阵形式为

$$\boldsymbol{Y}_t=\beta\boldsymbol{I}_N\boldsymbol{Y}_{t-1}+\theta\boldsymbol{W}\boldsymbol{Y}_t+\lambda\boldsymbol{W}\boldsymbol{Y}_{t-1}+\boldsymbol{\varepsilon}_t \tag{6.14}$$

式中，$\boldsymbol{Y}$ 是 $N\times1$ 的向量。方程(6.14)写成时间滞后算子的形式为

$$\begin{gathered}(\boldsymbol{A}+\boldsymbol{B}\boldsymbol{L})\boldsymbol{Y}_t=\boldsymbol{\varepsilon}_t \\ \boldsymbol{A}=\boldsymbol{I}_N-\theta\boldsymbol{W} \\ \boldsymbol{B}=-(\beta\boldsymbol{I}_N+\lambda\boldsymbol{W})\end{gathered} \tag{6.15}$$

脉冲响应分析是源于方程(6.15)的 VMA 表达式(vector moving average representation)，也就是说，根据$\boldsymbol{\varepsilon}$ 的当期值和滞后值来表达 $\boldsymbol{Y}_t$。将方程(6.15)两边同时

除以 $\boldsymbol{C}=\boldsymbol{A}+\boldsymbol{BL}$ 得

$$\boldsymbol{Y}_t=\boldsymbol{C}^{-1}\boldsymbol{\varepsilon}_t+\sum_{i=1}^{N}\boldsymbol{a}_i r_i^t \tag{6.16}$$

式中，特征值被表示为 r，$\boldsymbol{a}$ 是由初始条件决定的任意常数。假设数据是平稳的，则 $|r|<1$，在这种情况下 $\sum_{i=1}^{N}\boldsymbol{a}_i r_i^t$ 项是趋于 0 的。N 个特征值的将由方程(6.17)得到：

$$|\boldsymbol{C}^{-1}-r\boldsymbol{I}_N|=0 \tag{6.17}$$

由于 $\boldsymbol{A}$、$\boldsymbol{B}$ 是由 θ 和 λ 决定的，不可避免地，SpVAR 模型的特征值是由空间滞后系数确定的。这也意味着，SpVAR 模型的平稳条件不同于 VAR 模型的平稳条件。更一般地，特征值的个数为 NKq。因此在一个典型的 SpVAR 模型中特征值的个数是庞大的。根据定义，在 VAR 模型中 $N=1$，因此在 SpVAR 模型中特征值的个数是 VAR 模型的 N 倍。假如，在实证的例子中，$N=1$，$K=4$，$q=1$ 则有 36 个特征值。举例来说，令 $N=2$，$K=q=1$ 还有 $w_{12}=w_{21}=1$，在这个模型中：

$$\begin{aligned}Y_{1t}&=\beta Y_{1,t-1}+\theta Y_{2t}+\lambda Y_{2,t-1}+\varepsilon_{1t}\\Y_{2t}&=\beta Y_{2,t-1}+\theta Y_{1t}+\lambda Y_{1t-1}+\varepsilon_{2t}\end{aligned} \tag{6.18}$$

特征方程为

$$\begin{aligned}&ar^2+br+c=0\\&a=1-\theta^2\\&b=-2(\beta+\theta\lambda)\\&c=\beta^2-\lambda^2\end{aligned} \tag{6.19}$$

方程(6.19)有两个特征值 r_1 和 r_2：

$$r_1=\frac{(1-\theta)(\beta-\lambda)}{1-\theta^2},\quad r_2=\frac{(1+\theta)(\beta+\lambda)}{1-\theta^2} \tag{6.20}$$

由于平稳性的要求 $|r_1|<1$ 和 $|r_2|<1$。很明显，平稳性并不是简单地取决于 β，事实上 β 的绝对值可能都小于 1，而 Y 仍然是不平稳的。假设是平稳的，则有

$$Y_{1t}=\frac{\varepsilon_{1t}-\pi\varepsilon_{1t-1}+(\theta\varepsilon_{2t}+\lambda)\varepsilon_{2t-1}}{(1-r_1L)(1-r_2L)}+A_1r_1^t+A_2r_2^t \tag{6.21}$$

式中，A 取决于初始条件，因为根在单位圆内的，这些项趋于 0。将(6.21)分解成部分分式之和：

$$Y_{1t}=\frac{1}{r_1-r_2}\sum_{\tau=0}^{\infty}[r_1^{1+\tau}(\varepsilon_{1,t-1}-\beta\varepsilon_{1,t-\tau-1})-r_2^{1+\tau}(\theta\varepsilon_{2,t-1}-\lambda\varepsilon_{1,t-\tau-1})]+C_1r_1^t+C_2r_2^t \tag{6.22}$$

式中，C 是由初始条件决定的任意常数。由方程(6.22)，空间 2 当期和滞后的冲击会影响到空间 1。如果没有空间影响，即 $\theta=\lambda=0$，方程(6.22)将简化为

$$Y_{1t}=\sum_{\tau=0}^{\infty}\beta^i\varepsilon_{1,t-\tau}+C_1\beta^t \tag{6.23}$$

6.1.4　案例一：研发投入、技术创新与产业结构升级

技术创新是一国经济增长的主要决定因素，内生经济增长理论正是从技术创新角度分析经济增长的原因。技术创新离不开研发资金的投入和研发人员的投入；R&D(科学研究与试验发展)正的外部效应会促进地区技术创新的发展。李婧等(2010)建立了静态和动态的面板数据模型，分析 1998—2007 年中国 30 个省级区域创新的空间相关性。研究表明，中国区域创新存在显著的正向空间相关性；静态和动态的面板模型均显示出创新投入与产出之间存在显著的正向空间相关。吴燕(2017)利用空间向量自回归模型分析了 R&D 投入与技术创新之间的关系，认为技术创新变量的正向冲击，会对本地区技术创新变量产生正向影响，而对其他地区技术创新变量产生负向影响。从上述研究可以看出，技术创新具有很强的空间外溢性，R&D 投入与技术创新之间关系密切且相互影响。

产业结构升级在研发投入与技术创新相互影响之中发挥重要作用。国内众多学者对研发投入与产业结构升级的关系进行了研究，如王海涛等(2014)以我国和美国为例，运用 Granger 因果检验研究得出研发强度的加大可以促进产业结构的高级化；王伟龙等(2019)采用广义最小二乘法和 Bootstrap 中介效应检验分析了研发投入、风险投资对产业结构升级的影响，实证结果表明，研发投入对地区产业结构升级具有明显的促进作用，风险投资在这一过程中发挥了显著的中介作用；颜婧媛(2017)认为研发投入通过促进技术进步来驱动产业结构升级，其主要表现为提高全要素生产率；王钊等(2019)运用面板数据联立方程探索研发投入、产业结构升级与碳排放之间的相互关系，结果表明研发投入增加虽提高了碳排放量，但显著促进了产业结构升级；饶萍等(2017)运用 2005—2015 年的面板数据系统分析了融资结构和研发投入与产业结构升级之间的关系，实证研究结果显示，融资结构和研发投入均可推动产业结构升级，且研发投入的影响大于融资结构的影响。此外，众多研究指出技术创新与产业结构升级之间存在相互影响。国内学者周叔莲和王伟光(2001)指出产业结构调整和科技创新是相互影响、相互制约的，产业结构可以影响需求，需求会反过来拉动技术创新。刘启华等(2005)对技术科学发展时间序列特征曲线和梅兹经济长波曲线进行深入研究，发现产业结构升级与科技进步有内在相关性。黄茂兴和李军军(2009)的研究得出技术选择对产业结构升级具有促进作用，进而有助于经济增长。王慧艳等(2019)通过构建创新驱动产业结构升级概念模型，并对传统 C-D 生产函数模型进行改进和扩展，建立产业升级函数模型和科技创新函数模型，结果表明，两者有互相促进作用。

通过对以往学者的研究进行总结可以发现，大多数学者对研发投入、技术创新和产业结构升级任意两者之间关系的研究较多，但将三者放置于同一系统内进行研究的较少。结合上述研究成果，为验证创新、研发投入与产业结构升级三者之间的相互关系，构建空间向量自回归模型如下：

$$\boldsymbol{Y}_{it}=\boldsymbol{\alpha}_i+\boldsymbol{B}\boldsymbol{Y}_{i,t-1}+\boldsymbol{C}\boldsymbol{Y}^{*}_{i,t-1}+\boldsymbol{u}_{it} \tag{6.24}$$

式中，$\boldsymbol{Y}_{it}=\begin{bmatrix}CX\\RD\\INS\end{bmatrix}$；$\boldsymbol{Y}_{it}^{*}=\begin{bmatrix}CX^{*}\\RD^{*}\\INS^{*}\end{bmatrix}$；$\boldsymbol{\alpha}_i$ 是固定效应截距项；$\boldsymbol{u}_{it}$ 是随机扰动项；CX 表示创新产出；RD 表示研发投入；INS 表示产业结构升级。CX^{*}、RD^{*} 和 INS^{*} 分别表示 CX、RD 和 INS 的空间滞后项。变量选取说明如表 6.1 所示。

表 6.1　变量选取说明

变量	名称	说明	定义
CX	创新	每亿元专利授权数	$\frac{\text{国内专利申请授权数(件)}}{\text{地区生产总值(亿元)}}$
RD	研发投入	每百元 R&D	$\frac{\text{规模以上工业企业研发经费支出(百万元)}}{\text{地区生产总值(亿元)}}$
INS	产业结构升级	加权三次产业占 GDP 比重	第一产业占比×1＋第二产业占比×2＋第三产业占比×3

利用 2011—2020 年中国 31 个省、区、市(不含港、澳、台)的面板数据建立包含创新、研发投入和产业结构升级在内的面板空间向量自回归模型，分析三个内生变量之间的冲击时空传导。

面板空间向量自回归模型结合了空间面板以及 VAR 模型，在估计之前需要对变量的平稳性、因果关系及空间相关性进行相应检验。平稳性检验结果表明，创新和研发投入都是一阶单整序列，且两者之间存在着长期的协整关系；D-H 面板 Granger 检验表明，创新、研发投入和产业结构升级都至少在 5% 显著水平下拒绝自身不是对方的 Granger 原因的原假设，即三者之间确实存在着互为因果的关系。同时，我们也进行了空间相关性检验，检验结果表明，这三个内生变量存在显著的空间相关关系，具体检验数值结果省略。

空间向量自回归模型系数估计结果如表 6.2 所示。

表 6.2　空间向量自回归模型系数估计结果

变量	CX	RD	INS
$CX_{(-1)}$	−0.465	−0.212	8.525
$RD_{(-1)}$	−0.018 5	−0.051 1	−0.726
$INS_{(-1)}$	−0.002 45	0.007 73	0.208
$CX^{*}_{(-1)}$	−0.481	1.369	3.120
$RD^{*}_{(-1)}$	−0.019 5	0.353	0.789
$INS^{*}_{(-1)}$	0.008 60	0.007 11	0.483

根据以上结果，进行脉冲响应分析。本节选择北京、天津以及河北三个地区进行分析。选择这三个地区的原因是：北京是我国首都，是除了上海和广东之外创新的高地，其产业结构程度位于国内前列；而天津和河北与北京相邻，便于分析脉冲响应对邻近地区的影响。

通过脉冲响应函数，得到对于北京地区不同变量的冲击后，所有地区所有变量的脉冲响应结果。图 6.1 是给北京技术创新变量一个正向标准差的冲击时，北京、天津和河北三个地区的研发投入和产业结构升级变量随时间的广义脉冲响应的变化情况。

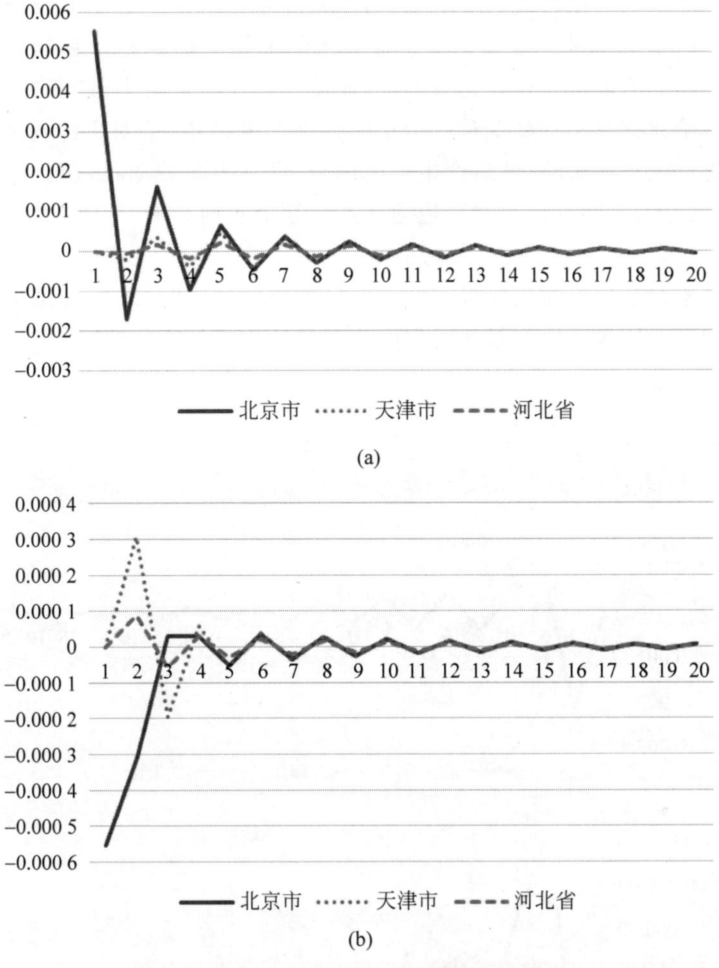

图 6.1　北京创新冲击对其他地区的影响

(a) 研发投入变量的响应函数；(b) 产业结构升级变量的响应函数

从图 6.1(a)可知，给北京技术创新变量一个正向标准差的冲击，会对北京研发投入变量 RD 第 1 期产生正向影响，随即第 2 期产生负向影响，第 3 期产生正向影响，然后不断波动收敛到 0。而冲击对天津和河北地区的影响很小。技术创新对研发投入的影响来自对研发投入产出效益的评估。首先，技术创新后，要将知识产权应用到实际生产领域，并产生经济效益，具有不确定性。刚开始需要将知识产权根据市场需求不断完善，需要持续研发投入，一旦成功应用到生产上，同类研发费用就会降低。所以，某些技术创新后，该地区同类研发投入会经历先增后减的过程。其次，取得知识产权后，不能转化成产出，那么研发投入会减少。最后，技术创新的空间外溢性越强，模仿越容易，就越会抑制其他地区的技术创新，继而使得研发投入降低。

从图 6.1(b)可知,给北京技术创新变量一个正向标准差的冲击,会对北京的产业结构升级前 2 期产生负面影响,第 3、4 期产生正面影响,然后不断波动收敛到 0。这可能是因为北京的产业结构程度较高,以第三产业为主,第一产业比重极小(不到 1%),第二产业占比不到 20%。而技术创新给以制造业为主的工业企业带来的正向促进作用最大,所以创新冲击使得北京的第二产业比重增大,而第三产业比重减小,带来短暂的产业结构程度下降影响。给北京技术创新变量一个正向标准差的冲击,会对天津与河北地区的产业结构升级会先产生正面影响,然后产生负面影响,最后不断波动收敛到 0。创新具有空间溢出效应,当地重大发明创新会对周边地区产生积极正向影响,从而促进周边地区产业结构优化升级。

图 6.2 是给北京研发投入变量一个正向标准差的冲击时,北京、天津和河北 3 个地区的技术创新和产业结构升级变量随时间的广义脉冲响应的变化情况。

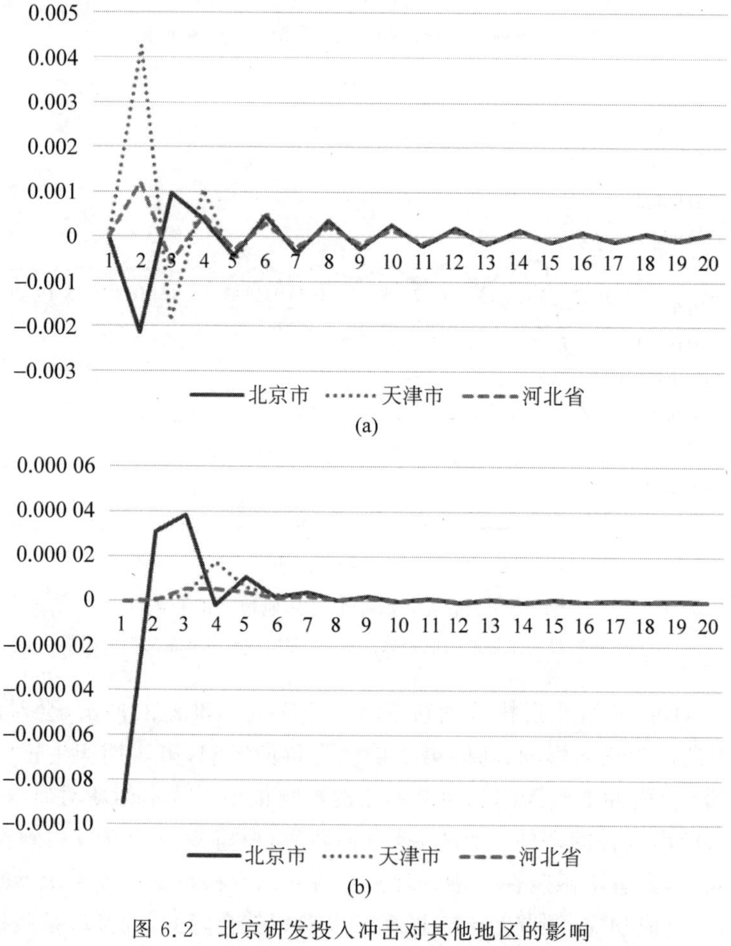

图 6.2 北京研发投入冲击对其他地区的影响

(a) 创新变量的响应函数;(b) 产业结构升级变量的响应函数

从图 6.2(a)可知,给北京研发投入变量一个正向标准差的冲击,会对北京创新产出变量 CX 第 2 期产生负向影响，然后第 3、4 期产生一个正向影响，最后不断波动收敛到 0。这可能是因为北京地区的研发投入水平已经较高了，将研发投入转化为创新成果需要时间，所以北京的创新产出短期内下降，而后又增加。给北京技术创新变量一个正向标准差的冲击，会对天津市和河北研发投入变量第 2 期产生较大正向影响，然后第 3 期产生负向影响，第 4 期产生正向影响，最后不断波动收敛到 0。这表明研发投入对邻近地区具有正向空间溢出的特征，短期内可以促进邻近地区的创新产出增加。由于技术创新具有垄断性，在重大创新之后会有更多企业开始模仿，在一定时期内反而抑制了创新产出，因此创新产出会在研发投入冲击之后不断波动。

从图 6.2(b)可知，给北京研发投入变量一个正向标准差的冲击，会对北京产业结构第 1 期产生较大的负向影响，然后第 2、3 期产生正向影响，最后不断波动收敛到 0。这可能是因为北京的产业结构程度较高，以第三产业为主(占比超过 80%)。而研发投入增加给以制造业为主的工业企业带来的正向促进作用最大，所以研发投入冲击使得北京的第二产业比重增大，而第三产业比重减小，带来短暂的产业结构程度下降影响。给北京研发投入变量一个正向标准差的冲击，对河北省的产业结构升级影响很小，而对天津市在第 4 期会产生一个相对明显的正向影响。这说明本地研发投入的增加对周围地区产业结构升级的影响不明显，但还是存在一定的积极作用。

图 6.3 是给北京产业结构升级变量一个正向标准差的冲击时，北京、天津和河北 3 个地区的技术创新和研发投入变量随时间的广义脉冲响应的变化情况。

由图 6.3(a)可知，给北京产业结构升级变量一个正向标准差的冲击，会对北京创新产出变量 CX 第 2 期产生正向影响，然后第 3 期产生负向影响，最后不断波动收敛到 0。整体上看，正向影响会远大于负向影响。这是因为，产业结构升级必然会导致分工不断细致深化和专业化水平不断上升，进而产生更多第二产业的新产品以及第三产业的新服务，所以在产业结构升级过程中将不断带动自主创新的产生。给北京产业结构升级变量一个正向标准差的冲击，会对河北省和天津市的技术创新变量第 1 期产生正向影响，第 2 期产生负向影响，然后第 3 期产生正向影响，之后不断波动收敛到 0。同样从整体上看，正向影响要大于负向影响。这可能是因为区产业结构优化提升有助于科技人才的聚集，从而助推邻近地区的科技人才聚集，推动近邻地区的创新发展。

由图 6.3(b)可知，给北京产业结构升级变量一个正向标准差的冲击，会对北京研发投入变量第 2、3 期产生负向影响，之后逐渐收敛到 0。这可能是因为北京市的产业结构程度已经很高了，正向的产业结构升级的冲击意味着以服务业为主的第三产业的比重继续提升，导致以工业为主的第二产业的比重下降，而工业企业是研发投入的重地，从而使得研发投入降低。给北京产业结构升级变量一个正向标准差的冲击，会对河北省和天津的研发投入第 2 期产生正向影响，然后第 3 期产生负向影响，之后逐渐收敛到 0。这可能是因为区产业结构优化提升有助于邻近地区的科技人才聚集，从而短期内增加研发投入。

6.1.5　案例二：资本积累、经济增长和能源碳排放的空间冲击效应

自 18 世纪第一次工业革命以来，以煤炭和石油为代表的传统化石能源，即使在科技

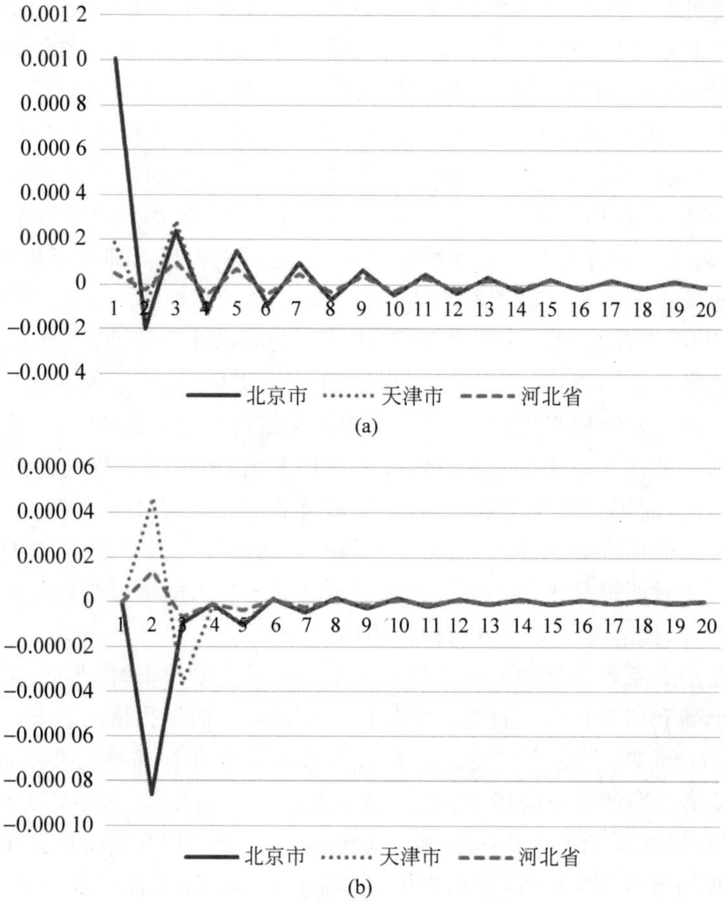

图 6.3　北京产业结构升级冲击对其他地区的影响

(a) 创新变量的响应函数；(b) 研发投入变量的响应函数

迅速发展的当今社会，依然占据人类能源消费的主导地位。在清洁能源技术尚未成熟之前，此种现状将维持相当长的一段时间，尤其对发展中国家而言。朱永彬(2009)和 Yuan 等(2014)的研究结果表明，中国能源碳排放将于 2043 年或 2030—2035 年间达到峰值。换言之，至少在 2030 年之前，中国能源的碳排放将表现出持续增长的趋势。比较上述两组数据，若未来 10 年内，中国经济始终维持 6%～8%的增速，能源的需求量将会持续增加，由此造成的碳排放压力也会进一步上升。因此，未来中国碳排放目标的实现，将面临巨大的现实阻力和压力。虽有不少学者将降低能源碳排放的希望寄托于人力资本的累积和技术创新，但是人力资本的累积是一个相对较为漫长的过程，而技术进步又具有“双重性”，即技术创新既能够抑制能源碳排放等污染物的产生，也能够带动经济规模的扩大，促进能源消费量的上升，继而引发新一轮的能源碳排放的增加。随着区域经济联系的日趋紧密，资本积累(人力和物资资本)、经济增长和能源碳排放存在较为明显的空间效应，且具体表现为三者在空间层面的异质性、依赖性和交互性。这就对现有的环境政策和经济政策提出了更高的要求，即政策的制定既需要考虑经济变量之间的内在关系，也要考虑各经济变量之间存在的空间交互作用。

实际上，资本大致可以划分为物资资本、固定资本和 R&D 资本。以往的研究表明，资本积累、经济增长和环境存在错综复杂的关系。Aghion 和 Howitt(1998)认为创新的技术比有形的资本更为“清洁”，并指出人类社会的持续发展需要建立在一个持续的创新流基础之上。魏翔等(2007)的研究表明，环境污染将会导致人力资本和固定产出弹性下降，并指出清洁的技术和知识积累将是人类社会持续发展的动力。沈小波(2010)则认为经济的持续增长必须建立在技术进步的基础之上，而技术进步必须克服有限资源的制约。同时，经济系统的产出规模效应会导致环境质量的下降。因此，控制环境污染的技术进步所带来产出的效率必须超越规模效应才能够降低污染。此外，Zuo 等(2011)认为，在环境和能源的双重约束下，经济的增长离不开人力资本的积累、环境保护投资和环境结构的调整；增加对环境的投资同样有助于经济增长；经济的可持续发展需要建立在环境投资对产出贡献率超过能源和环境的共同产出贡献率的前提下才能够实现。

根据 2013 年 IPCC(联合国政府间气候变化专门委员会)发布的报告可知，化石燃料的使用是导致大气层二氧化碳上升的重要原因。因此，把问题具体到资本积累、经济增长和能源碳排放三者的相互作用关系，将更具现实意义。目前，虽然已有学者开展了这方面问题的探讨，但是研究要么停留于空间结构属性方面的描述，要么侧重探讨经济增长、技术进步与碳排放在时间维度的关系。同时，研究的问题也以反映全局性的数量关系为主，缺乏对局部邻近(具体)经济区域的探索。例如，赵雲泰等(2011)应用 Moran 指数、Theil 指数和 G 系数对中国能源碳排放的空间差异性和相关性进行了研究。他们指出中国能源碳排放与经济发展、产业结构和技术进步存在密切的关系。李博(2013)的空间滞后模型的估计结果显示，技术创新不仅能够有效抑制人均碳排放，还能够对周边地区产生积极的空间溢出效应，并由此指出未来中国经济的可持续发展，仍然需要依靠技术创新。杜慧滨等(2013)应用空间滞后模型和空间误差模型对影响碳排放绩效的因素进行了分析，并指出在考虑空间异质性的情况下，技术进步对促进碳排放绩效的显著性有所降低，而经济增长过程的产业结构调整则有助于提高碳排放绩效。

综合上述几个方面的研究，在遵循前人研究的基础之上，本案例侧重探讨资本积累、经济增长和能源碳排放三者在空间维度的内在关系。在空间向量自回归的基础之上，构建了半参数空间向量自回归(semi-parameter spatial vector autoregression，SSpVAR)模型，应用时空脉冲响应函数模拟了空间个体及属性的动态“冲击—响应”过程。

1. 平稳性检验和实证模型构建

根据前文的分析，构建以人力资本(lc_{it})、物资资本(kc_{it})、经济增长(gdp_{it})和能源碳排放(CO_{2it})为参数项，以 R&D 资本(tech_{it})为非参数的半参数空间向量自回归的实证模型。为了避免伪回归的现象，还必须对各变量的平稳性进行检验。在假设存在截距项的条件下，根据 LLC(Lagrange Multiplier test for a Unit Root)单位根检验方法的检验结果(表 6.3)，发现各变量均在 1%的显著性水平下，拒绝了“单位根存在”的原假设。由此，可以认定各个变量具有良好的平稳性。

表 6.3 各变量平稳性检验

变量	统计值	观测值	P 值
CO_2	$-6.788\,68^{***}$	330	0.000 0
gdp	$-5.208\,27^{***}$	330	0.000 0
kc	$-28.756\,8^{***}$	330	0.000 0
lc	$-3.779\,97^{***}$	330	0.000 1

注：*** 表示 1%的显著性水平；各变量在检验时均进行了对数化处理。

在上述检验的基础上，此处构建出时间滞后和空间滞后均为一阶的半参数空间向量自回归模型，该模型的内生变量不仅受到内生变量时间滞后项的影响，还受到空间滞后的影响。同时，回归关系既包括一部分已知的线性关系，还包含一部分未知的非参数关系。

$$\begin{bmatrix} \mathrm{CO}_{2it} \\ \mathrm{gdp}_{it} \\ \mathrm{kc}_{it} \\ \mathrm{lc}_{it} \end{bmatrix} = \begin{bmatrix} \theta_{11} & \theta_{12} & \cdots & \theta_{14} \\ \theta_{21} & \theta_{22} & \cdots & \theta_{24} \\ \cdots & \cdots & \cdots & \cdots \\ \theta_{41} & \theta_{42} & \cdots & \theta_{44} \end{bmatrix} \times \begin{bmatrix} \mathrm{CO}_{2i,t-1} \\ \mathrm{gdp}_{i,t-1} \\ \mathrm{kc}_{i,t-1} \\ \mathrm{lc}_{i,t-1} \end{bmatrix} + \begin{bmatrix} \delta_{11} & \delta_{12} & \cdots & \delta_{14} \\ \delta_{21} & \delta_{22} & \cdots & \delta_{24} \\ \cdots & \cdots & \cdots & \cdots \\ \delta_{41} & \delta_{42} & \cdots & \delta_{44} \end{bmatrix} \times \begin{bmatrix} \mathrm{CO}^{*}_{2i,t-1} \\ \mathrm{gdp}^{*}_{i,t-1} \\ \mathrm{kc}^{*}_{i,t-1} \\ \mathrm{lc}^{*}_{i,t-1} \end{bmatrix} + G_k(\mathrm{tech}_{it}) + \alpha_k + \alpha_{ki} + \psi_{it} + u_{it} \tag{6.25}$$

式中，CO_{2it} 表示各省份能源消费的碳排放量；gdp_{it} 表示各个省份生产总值；kc_{it} 表示各省份物资资本存量；lc_{it} 表示各省份人力资本存量；$tech_{it}$ 表示各省份的 R&D 资本水平。需要说明的是，在估计过程中均对上述变量进行了对数化处理。此外，CO^{*}_{2it}，gdp^{*}_{it}，kc^{*}_{it}，lc^{*}_{it} 分别为空间滞后项，$G_k(tech_{it})$为非参数项，α_k 为常数项，α_{ki} 为个体效应，ψ_{it} 为时间效应，u_{it} 为误差项。

其中，人力资本存量采用教育年限法计算获得(Jone and Ramchand，2013)；物资资本存量的数据根据单豪杰(2008)的核算方法进行计算得出；R&D 存量则采用永续盘存法计算获得(王孟欣，2011)。此外，空间关系权重 w_{ij} 则根据 Queen 准则确定。上述变量数据可以分别从《中国统计年鉴》《中国劳动统计年鉴》《中国人口和就业统计年鉴》《中国能源统计年鉴》和《中国科技统计年鉴》获得。

2. 估计结果

根据半参数空间向量自回归的估计思想，在选用高斯核密度函数的基础之上，运用局部线性估计理论和 GMM 估计理论(李子奈和叶阿忠，2002)，估算出各内生变量的系数值，具体结果见表 6.4。

表 6.4 基于半参数空间向量自回归模型的估计结果

变量	CO_2	gdp	kc	lc
$CO_2(-1)$	0.971 9	0.009 8	−0.005 2	−0.019 7
	0.019 6	0.017 9	0.006 1	0.010 6
	49.677 9	0.546 8	−0.845 7	−1.858 0

续表

变量	CO_2	gdp	kc	lc
gdp(−1)	0.041 9	0.934 5	0.021 1	0.015 6
	0.018 8	0.020 4	0.008 7	0.013 7
	2.227 3	45.834 6	2.412 6	1.137 5
kc(−1)	−0.004 1	−0.008 3	0.936 9	−0.028 9
	0.021 0	0.018 0	0.013 7	0.014 9
	−0.197 8	−0.460 6	68.525 6	−1.934 8
lc(−1)	−0.100 2	−0.128 6	0.004 7	0.190 0
	0.049 0	0.055 8	0.033 4	0.048 3
	−2.045 9	−2.304 7	0.142 3	3.931 3
$W\times CO_2(-1)$	0.039 0	0.025 9	0.009 7	0.061 7
	0.031 8	0.027 0	0.010 8	0.017 5
	1.228 9	0.958 6	0.903 9	3.527 0
$W\times$gdp(−1)	−0.057 4	0.011 6	−0.074 4	−0.094 1
	0.021 2	0.022 7	0.011 1	0.018 9
	−2.711 8	0.513 8	−6.719 0	−4.980 1
$W\times$kc(−1)	0.023 1	−0.044 4	0.073 6	0.053 7
	0.028 7	0.023 9	0.011 9	0.019 7
	0.803 0	−1.858 0	6.161 1	2.731 3
$W\times$lc(−1)	−0.015 6	0.016 5	−0.006 2	−0.111 0
	0.015 3	0.015 8	0.007 4	0.014 4
	−1.018 0	1.042 5	−0.842 7	−7.685 0
R^2	0.971 9	0.948 7	0.988 7	0.965 3

注：各变量所对应的第 1 行的数字为估计系数，第 2 行中的数值为估计标准差，第 3 行中的数值为 Z 统计量。

同时，通过运用局部线性估计技术，还可以估算出各方程中的内生变量对技术进步 $tech_{it}$ 非参数拟合的偏导数。非参数的偏导数可以应用散点图的形式表达，具体可以参见吴继贵和叶阿忠(2014)的研究。

3. 时空脉冲响应分析——以京津冀地区为例

传统的向量自回归模型的脉冲响应函数，主要从时间层面反映变量间"冲击—响应"模式。与之不同的是，无论是半参数空间向量自回归模型，还是参数空间向量自回归模型，均反映个体属性在空间层面上的"冲击—响应"模式。因此，后两者的脉冲响应能够挖掘更多的隐含信息。由于空间个体较多且数据量较大，因而无法对 30 多个地区的响应模式进行一一分析。此处选择京津冀地区作为研究对象，探讨资本积累、经济增长与能源碳排放在该区域的空间"冲击—响应"模式。

由表 6.5 可知，在北京地区能源碳排放(CO_2)一个标准差的正向冲击下，北京、天津和河北地区的能源碳排放均产生了正向的响应。从响应的敏感度看，北京地区的敏感度最高(6.426 0%)，天津次之(0.417 0%)，河北最弱(0.135 0%)。该结果表明，北京地区的能源碳排放不仅能够对其自身的能源碳排放产生影响，同时，还能够刺激天津和河北地区能源碳排放量的增加。冲击对三地经济增长的影响效果也有所不同。北京地区的经济增长表现出正向的响应过程,而河北和天津地区则表现出负向的响应过程,累计响应值分别为1.469 0%、-0.346 0%和0.111 0%。这表明,虽然北京地区的能源碳排放能够促进自身的经济发展,但是却不利于天津和河北地区的经济发展。该结果进一步显示,河北和天津地区在"拱卫"北京地区的发展过程中,需要承受来自北京地区经济和环境的双重压力。在北京能源碳排放的冲击下,天津(-0.056 0%)和河北(-0.010 0%)地区的物资资本出现了"流失"现象。这可能是由于北京地区的能源碳排放造成天津和河北两地的环境压力上升,导致投资吸引能力和保有能力下降,从而引发物资资本存量的"流失"。北京地区的能源碳排放削弱了其自身的人力资本水平,累计响应值为-0.874 0%。这可能是由于能源消费所导致的环境质量下降造成地区自身人口质量的下降和优质人才的外流,继而诱发北京地区人力资本的"逸散"。与之相反的是,此种冲击却有助于天津(0.017 0%)和河北(0.005 0%)地区人力资本的积累。

表 6.5　北京地区 CO_2 冲击下其他地区各变量的响应情况　　%

冲击—响应	第 1 期	第 2 期	第 3 期	第 4 期	第 5 期	第 6 期	累计响应值
北京 CO_2—北京 CO_2	1.133 0	1.104 0	1.080 0	1.057 0	1.036 0	1.016 0	6.426 0
北京 CO_2—天津 CO_2	0.000 0	0.035 0	0.063 0	0.089 0	0.103 0	0.127 0	0.417 0
北京 CO_2—河北 CO_2	0.000 0	0.011 0	0.019 0	0.027 0	0.035 0	0.043 0	0.135 0
北京 CO_2—北京 gdp	0.186 0	0.217 0	0.241 0	0.260 0	0.276 0	0.289 0	1.469 0
北京 CO_2—天津 gdp	0.000 0	-0.034 0	-0.056 0	-0.072 0	-0.086 0	-0.098 0	-0.346 0
北京 CO_2—河北 gdp	0.000 0	-0.010 0	-0.017 0	-0.023 0	-0.028 0	-0.033 0	-0.111 0
北京 CO_2—北京 kc	-0.212 0	-0.204 0	-0.192 0	-0.178 0	-0.164 0	-0.151 0	-1.101 0
北京 CO_2—天津 kc	0.000 0	0.000 0	-0.005 0	-0.011 0	-0.017 0	-0.023 0	-0.056 0
北京 CO_2—河北 kc	0.000 0	0.000 0	-0.001 0	-0.002 0	-0.003 0	-0.004 0	-0.010 0
北京 CO_2—北京 lc	-0.035 0	-0.145 0	-0.167 0	-0.174 0	-0.176 0	-0.177 0	-0.874 0
北京 CO_2—天津 lc	0.000 0	-0.007 0	0.002 0	0.006 0	0.008 0	0.008 0	0.017 0
北京 CO_2—河北 lc	0.000 0	-0.002 0	0.001 0	0.002 0	0.002 0	0.002 0	0.005 0

根据表 6.6 可知,在北京地区经济增长(gdp)一个标准差的正向冲击下,河北、天津及北京地区自身的能源碳排放均产生了不同幅度的正向响应,累计响应值分别为0.191 0%,0.239 0%和0.078 0%。该结果表明,北京地区的经济增长不仅导致自身环境质量下降,还能够对周边地区的环境产生负面传导效应,加剧周边地区的碳排放。同时,在此种冲击下,北京、天津和河北地区经济增长的响应幅度也存在一定的差异,具体表现为,北京地区的响应幅度较大,而天津和河北地区的响应幅度依次减弱。北京地区的经济增长对天津(0.234 0%)的带动作用明显大于对河北(0.075 0%)。这主要是由于河北地区的产业结构、市场发育程度及城镇化水平与京津地区存在较大差距,导致北京对河北地区经济增长的外溢影响有限。对于来自北京地区的经济增长的冲击,天津(-0.546 0%)和河北(-0.175 0%)地区的物资资本均表现出较为明显的负响应,而北京(0.085 7%)地区则表现出正向响应。此外,北京(-0.785 0%)地区的人力资本对其自身的经济增长的

冲击表现出负响应。然而，天津（0.094 0%）和河北（0.026 0%）地区则表现出正响应，且天津地区的响应幅度大于河北地区。

表 6.6　北京地区 gdp 冲击下其他地区各变量的响应情况　%

冲击—响应	第 1 期	第 2 期	第 3 期	第 4 期	第 5 期	第 6 期	累计响应值
北京 gdp—北京 CO_2	0.000 0	0.011 0	0.025 0	0.039 0	0.052 0	0.064 0	0.191 0
北京 gdp—天津 CO_2	0.000 0	0.025 0	0.038 0	0.049 0	0.059 0	0.068 0	0.239 0
北京 gdp—河北 CO_2	0.000 0	0.007 0	0.012 0	0.016 0	0.020 0	0.023 0	0.078 0
北京 gdp—北京 gdp	1.180 0	1.103 0	1.029 0	0.962 0	0.901 0	0.847 0	6.022 0
北京 gdp—天津 gdp	0.000 0	0.009 0	0.029 0	0.049 0	0.066 0	0.081 0	0.234 0
北京 gdp—河北 gdp	0.000 0	0.003 0	0.009 0	0.015 0	0.021 0	0.027 0	0.075 0
北京 gdp—北京 kc	0.010 8	0.000 3	0.006 6	0.013 6	0.022 2	0.032 2	0.085 7
北京 gdp—天津 kc	0.000 0	−0.038 9	−0.079 1	−0.114 5	−0.144 4	−0.169 1	−0.546 0
北京 gdp—河北 kc	0.000 0	−0.011 8	−0.024 3	−0.036 0	−0.046 7	−0.056 2	−0.175 0
北京 gdp—北京 lc	0.020 0	−0.148 0	−0.172 0	−0.170 0	−0.162 0	−0.153 0	−0.785 0
北京 gdp—天津 lc	0.000 0	0.013 0	0.025 0	0.024 0	0.019 0	0.013 0	0.094 0
北京 gdp—河北 lc	0.000 0	0.004 0	0.007 0	0.007 0	0.005 0	0.003 0	0.026 0

表 6.7 为北京地区的物资资本（kc）对天津、河北和北京地区各内生变量的冲击的响应过程。在北京地区物资资本一个标准差的正向冲击下，天津和河北地区的能源碳排放均表现出正向响应过程，而北京地区则表现出负向响应过程，累计响应值分别为−0.059 0%、0.064 0%和 0.018 0%。该结果表明，北京地区物资资本的投入能够在不同程度上导致河北和天津地区环境质量的下降，即刺激两地碳排放量的上升。在此种冲击下，河北和天津地区的经济增长表现出负向的响应，而北京地区则表现出正向的响应，累计响应值分别为−0.202 0%、−0.610 0%和 0.161 0%。这表明北京地区物资资本的投入能够促进地区自身的经济发展，而对周边地区产生不良影响。通过比较上述冲击—响应过程，可以发现北京地区的物资资本投入存在“马太效应”，即通过资源垄断将周边地区的优质资源向北京地区聚集，将不利于地区发展的要素分散到周边地区，进而实现北京地区经济和环境协调发展。虽然，北京地区的物资资本的投入无法有效促进天津和河北地区的经济发展，但是却能够促进天津和河北地区物资资本存量的增加。同时，天津、河北和北京地区的物资资本则表现出反向响应过程。该结果表明，天津和河北地区的物资资本和北京地区的物资资本存在负相关关系。此外，北京地区的人力资本对其自身物资资本的冲击表现出以负向为主的响应，然而天津地区表现出明显的正向响应，河北地区的正向响应则较为微弱。这表明虽然北京地区的物资资本水平的提高会阻碍其自身人力资本的积累，但却有助于提高天津和河北地区人力资本的累积水平。

表 6.7　北京地区 kc 冲击下其他地区各变量的响应情况　%

冲击—响应	第 1 期	第 2 期	第 3 期	第 4 期	第 5 期	第 6 期	累计响应值
北京 kc—北京 CO_2	0.000 0	−0.003 0	−0.008 0	−0.012 0	−0.016 0	−0.020 0	−0.059 0
北京 kc—天津 CO_2	0.000 0	0.004 0	0.009 0	0.014 0	0.017 0	0.020 0	0.064 0

续表

冲击—响应	第1期	第2期	第3期	第4期	第5期	第6期	累计响应值
北京 kc—河北 CO_2	0.000 0	0.001 0	0.003 0	0.004 0	0.005 0	0.005 0	0.018 0
北京 kc—北京 gdp	0.000 0	0.018 0	0.030 0	0.037 0	0.039 0	0.037 0	0.161 0
北京 kc—天津 gdp	0.000 0	−0.047 0	−0.091 0	−0.128 0	−0.159 0	−0.185 0	−0.610 0
北京 kc—河北 gdp	0.000 0	−0.014 0	−0.028 0	−0.041 0	−0.054 0	−0.065 0	−0.202 0
北京 kc—北京 kc	0.889 0	0.835 0	0.787 0	0.747 0	0.713 0	0.686 0	4.657 0
北京 kc—天津 kc	0.000 0	0.049 0	0.093 0	0.132 0	0.167 0	0.198 0	0.639 0
北京 kc—河北 kc	0.000 0	0.015 0	0.029 0	0.044 0	0.058 0	0.071 0	0.217 0
北京 kc—北京 lc	−0.056 0	−0.006 0	0.000 0	−0.002 0	−0.004 0	−0.005 0	−0.073 0
北京 kc—天津 lc	0.000 0	0.001 0	0.003 0	0.008 0	0.014 0	0.019 0	0.045 0
北京 kc—河北 lc	0.000 0	0.000 0	0.001 0	0.002 0	0.004 0	0.005 0	0.012 0

表6.8为北京地区人力资本(lc)一个标准差的正向冲击下，其周边地区内生变量的响应情况。在北京地区人力资本标准差的正向冲击下，河北和天津地区的能源碳排放表现出正向响应过程，而北京地区则相反，累计响应值分别为0.070 0%、0.243 0%和−0.116 0%。该结果表明，在空间层面，北京地区人力资本积累对环境可能产生负向的溢出影响。虽然，目前有不少学者认为人力资本的积累和技术进步是解决环境污染的重要构成因素，但是现有的研究更多地局限于时间维度的思考(黄菁，2009；彭水军和包群，2006)。因此，在增加空间维度后，也可能得出新的结论。与之相反的是，天津和河北对北京地区人力资本的冲击呈现出负向的响应路径，而北京自身则表现出正向的响应过程，累计响应值分别为−0.313 0%、−0.101 0%和0.038 0%。从响应的幅度看，天津地区的响应幅度较为明显，而河北地区则相对较弱。这表明，北京地区人力资本的增加能够对天津和河北地区的经济增长产生不同程度的负面影响。在北京地区人力资本一个标准差的正向冲击下，河北、天津与北京的物资资本的响应表现出负相关关系，即北京地区人力资本水平的上升，能够促进天津和河北地区物资资本水平的上升，但是却不利于北京地区自身物资资本的积累。此外，北京地区人力资本积累存在自我增强效应，其能够对自身人力资本积累产生较为明显的正向促进作用。然而，在短期内，天津和河北地区均表现出了不同程度的负向响应。这表明，在京津冀一体化进程中，作为中心城市的北京，凭借其在经济、文化和基础设施方面的优势，对周边的人才形成巨大的吸引力，造成天津和河北地区的人力资本流失。此种现象符合区域一体化进程中的"虹吸"现象(杜明军，2012)，即在区域一体化进程中，中心地区凭借其特定区位优势，能够将周边地区的投资、人才和消费吸引过来，从而减缓周边地区的发展，加速自身的发展；对"抽夺"地区的发展，产生促进作用，而对被"抽夺"地区则产生抑制作用。根据脉冲响应函数模拟的结果，此种现象同样存在于京津冀地区。

表6.8 北京地区 lc 冲击下其他地区各变量的响应情况 %

冲击—响应	第1期	第2期	第3期	第4期	第5期	第6期	累计响应值
北京 lc—北京 CO_2	0.000 0	−0.018 0	−0.025 0	−0.026 0	−0.024 0	−0.023 0	−0.116 0
北京 lc—天津 CO_2	0.000 0	0.045 0	0.052 0	0.051 0	0.049 0	0.046 0	0.243 0

续表

冲击—响应	第 1 期	第 2 期	第 3 期	第 4 期	第 5 期	第 6 期	累计响应值
北京 lc—河北 CO_2	0.000 0	0.014 0	0.015 0	0.014 0	0.014 0	0.013 0	0.070 0
北京 lc—北京 gdp	0.000 0	0.015 0	0.016 0	0.010 0	0.002 0	−0.005 0	0.038 0
北京 lc—天津 gdp	0.000 0	−0.068 0	−0.073 0	−0.066 0	−0.057 0	−0.049 0	−0.313 0
北京 lc—河北 gdp	0.000 0	−0.021 0	−0.022 0	−0.021 0	−0.019 0	−0.018 0	−0.101 0
北京 lc—北京 kc	0.000 0	−0.027 0	−0.028 0	−0.022 0	−0.015 0	−0.008 0	−0.100 0
北京 lc—天津 kc	0.000 0	0.039 0	0.045 0	0.042 0	0.039 0	0.036 0	0.201 0
北京 lc—河北 kc	0.000 0	0.012 0	0.014 0	0.015 0	0.015 0	0.015 0	0.071 0
北京 lc—北京 lc	0.935 0	0.178 0	0.039 0	0.008 0	0.001 0	0.000 0	1.161 0
北京 lc—天津 lc	0.000 0	−0.081 0	−0.025 0	−0.003 0	0.003 0	0.003 0	−0.103 0
北京 lc—河北 lc	0.000 0	−0.024 0	−0.006 0	−0.001 0	0.001 0	0.001 0	−0.029 0

4. 结论和启示

在空间向量自回归参数模型的基础上，构建了以 R&D 资本为非参数项，资本积累、经济增长和能源碳排放的半参数空间向量自回归模型。同时，在半参数空间向量自回归估计的基础之上，以京津冀地区为研究对象，应用脉冲响应函数模拟了北京、天津和河北三地之间的资本积累、经济增长和能源碳排放的空间冲击和响应路径。通过模拟计算和分析，得出了以下两个方面的结论。

(1) R&D 资本的作用机制具有明显的非线性特点。具体而言，R&D 资本和能源二氧化碳排放、经济增长、人力资本和物资资本均存在显著的非线性关系。因此，在空间向量自回归参数模型的基础之上，引入非参数因素，解决了空间经济系统中外生变量存在非线性影响的情况。

(2) 应用脉冲方程对北京、天津和河北地区的响应路径进行模拟，也获得一些有意思的发现：①北京地区能源碳排放不仅能够刺激天津和河北地区能源碳排放的增加，还能够在不影响自身经济增长的情况下，抑制天津和河北地区的经济增长。其还能够在不同程度上导致自身人力资本的“逸散”和周边地区物资资本的“流失”。②北京地区的经济增长能够刺激天津和河北地区能源碳排放的增加，即北京地区经济增长空间外溢性不存在碳减排效应。北京地区经济增长的外溢效应明显，能够在不同程度上促进津、冀两地的经济增长和人力资本水平的提高，但是，却对津、冀两地的物资资本积累产生负向的空间外溢效应。③北京地区的物资资本积累存在“马太效应”，即北京地区物资资本积累并不会对自身的环境产生显著的负面影响，但是却能够造成河北和天津地区能源碳排放的上升，导致两地环境质量的下降。北京地区的物资资本水平的提高，能够拉动天津和河北地区物资和人力资本水平的上升，但是却会对其自身的人力资本积累产生一定的负面影响。④在空间层面，北京地区人力资本水平的提高，有助于改善当地的环境质量，促进自身的经济发展，但是却能够对周边地区的环境和经济发展产生负向的外溢影响。北京地区人力资本水平的提高也有助于促进津、冀两地物资资本的积累。此外，北京对周边地区的人力资本存在“虹吸”现象，即其人力资本水平的提高反而会引起天津和河北地区人力资本的流失。

上述研究结论表明，在我国区域经济一体化的大背景下，地区间社会经济活动和往来日趋频繁，导致地区资本、经济、能源和环境的相互影响具有普遍的空间外溢性。通过探讨京、津、冀三地的资本、经济、能源和环境相互作用大致可以获得以下几个方面的政策启示：①在环境方面，京津冀在发展过程中需要控制北京地区碳排放所产生的外溢影响，降低环境污染的内外部效应；②在经济增长方面，需协调京、津、冀三地的资本配置，综合权衡地区间资本配置比例和空间结构，优化区域发展格局和探索协同发展的合作模式，进一步扩大北京区域经济增长所产生的外溢性；③在战略规划方面，需做好京津冀地区发展的顶层设计，权衡区域间经济、环境和能源的配比情况和效率，打造出各具特色、层次分明和协作的空间发展格局，防止区域发展的分异现象过于明显。

6.1.6　具体操作

具体空间向量自回归模型操作步骤如下。

第一步，在 SPVAR. m 文件中，对变量进行命名并以数据对其赋值。其中，空间权重命名为 w，变量命名为 pc，将数据填入 w 与 pc。pc 的数据填入规则如下：横轴对应 31 个不同省份，纵轴对应递增的时期(2011—2020 年，例如第一行的数据是 2011 年，第二行的数据是 2012 年，以此类推)，数据的 1～10 行是创新变量的数据，11～20 行是研发投入变量的数据，如图 6.4 所示。

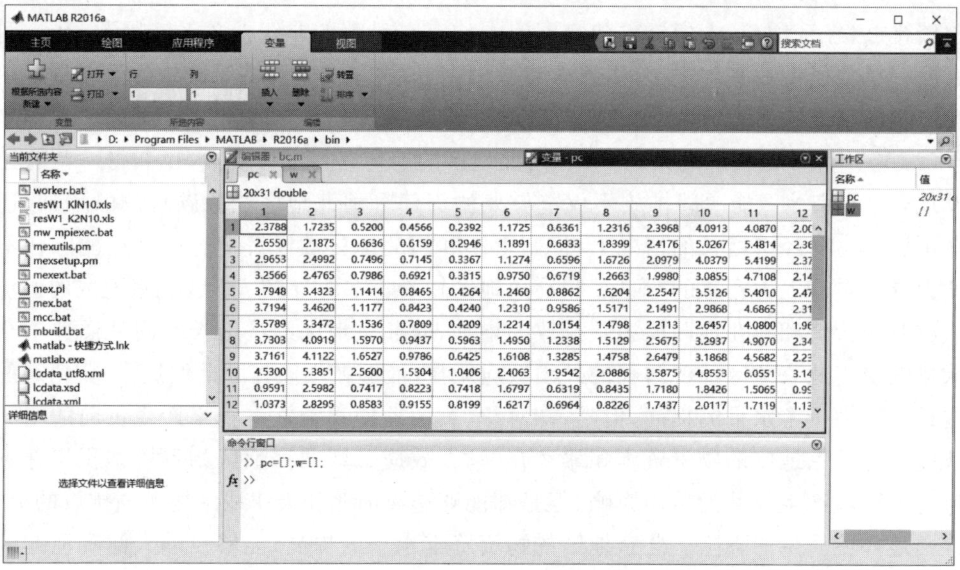

图 6.4　变量命名及赋值

第二步，对 SPVAR 文件中全局变量参数进行设置，对 y0 做相应调整(这里只用到两个变量，所以将 y0(:,:,3)删除，若有更多变量则添加，见图 6.5)。

第三步，在 SPVAR 程序中，对保存估计结果的 Excel 文件命名，见图 6.6。

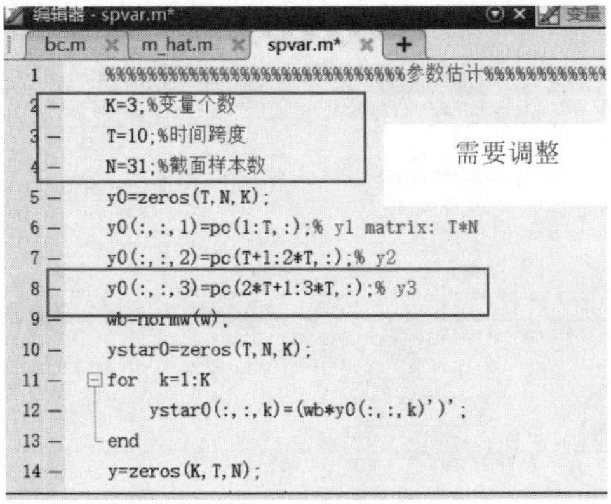

图 6.5　设定全局变量参数

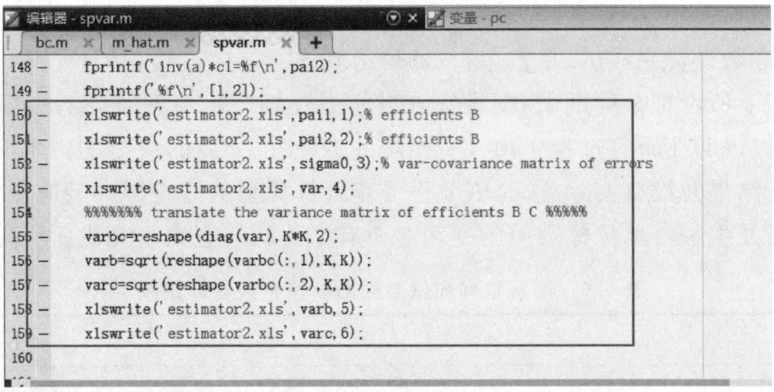

图 6.6　对保存估计结果的 Excel 文件命名

第四步，在 SPVAR 程序中，选择需要进行脉冲分析的省份及脉冲分析的变量并赋值，其中 ind 为省份参数，imp 为脉冲分析的变量，见图 6.7。

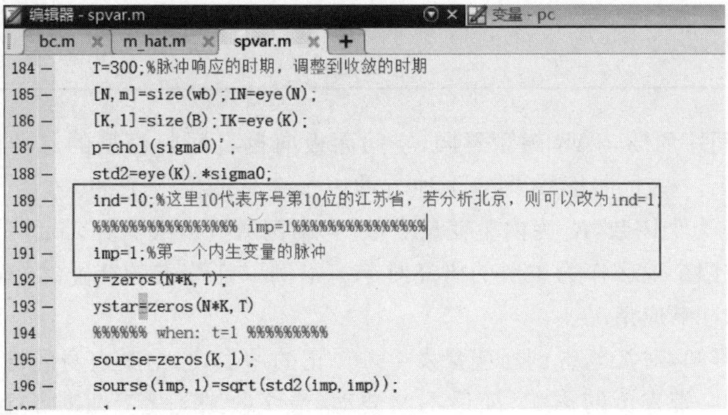

图 6.7　选择需要进行脉冲分析的省份及脉冲分析的变量并赋值

第五步，在 SPVAR 程序中，对脉冲估计结果的 Excel 文件命名，见图 6.8。

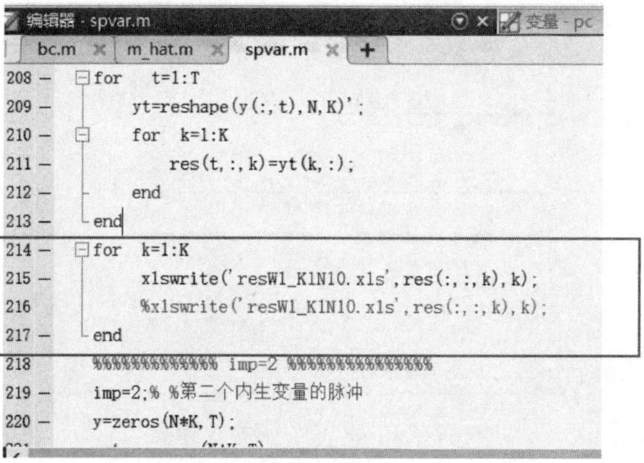

图 6.8 对脉冲估计结果的 Excel 文件命名

第六步，参数设置完成后，单击运行，即可得到 SPVAR 模型，估计结果以 Excel 文档存储。从表 6.9 所示拟合优度来看，模型解释能力较好。从模型时空滞后项系数的显著性来看，也足以说明在研究过程中加入空间项的合理性。然而，模型的内生变量系统导致解释参数估计结果并没有实际意义，因此进一步计算模型的时空脉冲响应函数，来分析个体的一个变量发生一个单位标准差的变动对所有个体的所有内生变量所产生的冲击。

表 6.9 面板空间向量自回归模型参数估计结果

变　量	CX	RD
CX(−1)	−0.513 (0.185)	−0.339 (0.308)
RD(−1)	−0.015 2 (0.067 9)	−0.069 0 (0.112)
CX* (−1)	−0.423 (0.210)	1.667 (0.599)
RD* (−1)	−0.015 6 (0.076 8)	0.346 (0.219)

与传统时间序列的 VAR 模型不同，空间面板向量自回归模型的脉冲体现在时间与空间两个维度上。一个冲击源（即一个地方的一个变量产生一个冲击）会产生 $N\times K$ 幅脉冲响应图（N 为个体数，K 为内生变量个数）。本例通过多次试算，最终选取了上海、江苏、浙江和安徽四个地区作为主要的研究对象。本例以江苏省的产业结构高级化程度为冲击源，分析脉冲响应情况。

由图 6.9 可知，对江苏省创新变量发生一个正的冲击，会给其自身的创新带来一个正的影响，紧接着会带来负的影响，随后不断波动，最终收敛到零；而对于上海、浙江和安徽，都是最先产生负向的影响，然后在第二期产生正向的影响，随后不断波动最终收敛到零。技术创新成果，作为知识产权，会在一定时间一定区域内具有垄断性，因此，本地区技术创新短期内会抑制其他地区的技术创新，但是很快产生正向影响，促进其他地区技术创新，这种影响并不大，因为比起技术创新，模仿可能更容易，并且节约成本。

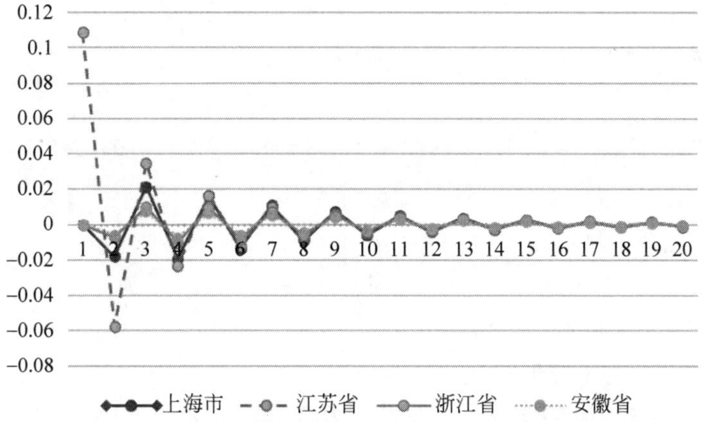

图 6.9　江苏省 CX 冲击对安徽等 CX 的影响

6.2　门限向量自回归模型

门限向量自回归模型是对线性 VAR 模型的扩展，可以刻画非线性关系，融合了 TAR 模型和 VAR 模型的优点。1983 年 Tong 提出门限向量自回归模型，此后基于 TAR 模型的表征时间序列的非线性特征的各类模型得到长足发展。门限向量自回归模型成为目前研究变量间非线性关系的重要方法。这种方法把全局时间序列变量分为若干机制，在不同的机制采用不同的线性逼近，其中机制的分割就是以门限值来划分。线性逼近在非线性研究中具有很重要的地位，而门限向量自回归模型由于刻画出了时间序列在不同机制中呈现的不同动态特征，在时间序列分析中也具有重要实际意义。

6.2.1　一般表达式

门限向量自回归模型的一般表示为

$$\boldsymbol{Y}_t = \sum_{i=1}^{q} \Big(\boldsymbol{\mu}_i + \sum_{j=1}^{p} \boldsymbol{\Phi}_{ij} \boldsymbol{Y}_{t-j}\Big) I(\gamma_{i-1} < z_{t-d} \leqslant \gamma_i) + \boldsymbol{\varepsilon}_t \tag{6.26}$$

式中，$\boldsymbol{Y}_t$ 与$\boldsymbol{\varepsilon}_t$ 是 $m\times1$ 向量；$\boldsymbol{\mu}_i$ 表示 $m\times1$ 阶截距向量；$i=1,\cdots,q$；$\boldsymbol{\Phi}_{ij}$ 表示 $m\times m$ 阶系数矩阵；误差项$\boldsymbol{\varepsilon}_t$ 均值为 0；I 表示示性函数；z_{t-d} 为门限变量；d 为门限变量的延迟参数；γ_i 为门限值；p 表示滞后阶数。

早期的 TVAR 模型假设门限 VAR 模型中的所有方程的门限变量均为 z_t。Tena 和 Tremaye(2009)放松了这一假设，并表示 TVAR 中每一方程可以有不同的门限变量，而且个别方程可以是线性的，进一步拓展了 TVAR 模型的应用范围。

6.2.2　模型估计与检验

模型估计部分借鉴刘汉中(2008)的研究，引进 Gonzalo 和 Pitarakis(2005)的方法，并

采用 Hansen(1996)自助法对该方法进行改进。简单起见,采用考虑滞后1期的二机制 TVAR 模型来介绍该方法:

$$\begin{bmatrix} Y_{1,t} \\ Y_{2,t} \\ \vdots \\ Y_{k,t} \end{bmatrix} = \begin{bmatrix} \pi_{11} & \pi_{12} & \cdots & \pi_{1k} \\ \pi_{21} & \pi_{22} & \cdots & \pi_{2k} \\ \vdots & \vdots & \ddots & \vdots \\ \pi_{k1} & \pi_{k2} & \cdots & \pi_{kk} \end{bmatrix} \begin{bmatrix} Y_{1,t-1} \cdot I(Z_{t-d} \leqslant \gamma) \\ Y_{2,t-1} \cdot I(Z_{t-d} \leqslant \gamma) \\ \vdots \\ Y_{k,t-1} \cdot I(Z_{t-d} \leqslant \gamma) \end{bmatrix} + \begin{bmatrix} \phi_{11} & \phi_{12} & \cdots & \phi_{1k} \\ \phi_{21} & \phi_{22} & \cdots & \phi_{2k} \\ \vdots & \vdots & \ddots & \vdots \\ \phi_{k1} & \phi_{k2} & \cdots & \phi_{kk} \end{bmatrix}$$

$$\begin{bmatrix} Y_{1,t-1} \cdot I(Z_{t-d} > \gamma) \\ Y_{2,t-1} \cdot I(Z_{t-d} > \gamma) \\ \vdots \\ Y_{k,t-1} \cdot I(Z_{t-d} > \gamma) \end{bmatrix} + \begin{bmatrix} \mu_{1t} \\ \mu_{2t} \\ \vdots \\ \mu_{kt} \end{bmatrix} \tag{6.27}$$

将式(6.27)改写为矩阵形式:

$$\boldsymbol{Y}_t = \boldsymbol{\Pi}_1 \boldsymbol{Y}_{t-1} \cdot I(Z_{t-d} \leqslant \gamma) + \boldsymbol{\Pi}_2 \boldsymbol{Y}_{t-1} \cdot I(Z_{t-d} > \gamma) + \boldsymbol{U}_t \tag{6.28}$$

式中,$\boldsymbol{Y}_t$ 是 K-维被解释变量向量;$\boldsymbol{Y}_{t-1} = (\boldsymbol{Y}_{1,t-1}, \boldsymbol{Y}_{2,t-1}, \cdots, \boldsymbol{Y}_{k,t-1})'$;$I(\cdot)$是示性函数,当括号中成立时取1,反之取0;$\boldsymbol{U}_t$ 是 K-维随机列向量;$\boldsymbol{\Pi}_1$、$\boldsymbol{\Pi}_2$ 为自回归参数矩阵。进一步简化表示表达式:

$$\boldsymbol{Y} = \boldsymbol{\Pi}_1 \boldsymbol{Y}_1 + \boldsymbol{\Pi}_2 \boldsymbol{Y}_2 + \boldsymbol{U} \tag{6.29}$$

式中,$\boldsymbol{Y}$ 是 $K \times T$ 阶矩阵;$\boldsymbol{Y}_1$、$\boldsymbol{Y}_2$ 是 $K \times T$ 矩阵;T 表示样本容量。如果 TVAR 模型包含常数项和其他解释变量,则矩阵只要做简单扩展包含这些解释变量就可以了。$\boldsymbol{U}$ 也是 $K \times T$ 阶矩阵。因为解释变量正交,参数 OLS 估计为:$\hat{\boldsymbol{\Pi}}_1(\gamma) = \boldsymbol{Y}\boldsymbol{Y}'_1(\boldsymbol{Y}_1\boldsymbol{Y}'_1)^{-1}$,$\hat{\boldsymbol{\Pi}}_2(\gamma) = \boldsymbol{Y}\boldsymbol{Y}'_2(\boldsymbol{Y}_2\boldsymbol{Y}'_2)^{-1}$,$\hat{\boldsymbol{\Omega}}_\mu = \hat{\boldsymbol{U}}\hat{\boldsymbol{U}}'/T$ 即方程系统的 OLS 估计残差的方差-协方差矩阵,引入向量化算子 Vec,并设 $\hat{\pi}_1 = \mathrm{Vec}(\hat{\boldsymbol{\Pi}}_1)$、$\hat{\pi}_2 = \mathrm{Vec}(\hat{\boldsymbol{\Pi}}_2)$、$\hat{\boldsymbol{\Pi}}_1$、$\hat{\boldsymbol{\Pi}}_2$ 分别是自回归参数 OLS 估计量。原假设为不存在门限效应,备择假设为存在门限效应。那么,原假设和备择假设分别为

$$H_0: \pi_1 = \pi_2, \quad H_1: \pi_1 \neq \pi_2 \tag{6.30}$$

Gonzalo 和 Pitarakis(2005)针对式(6.30)假设的检验构造如下 Wald 统计量:

$$W_T(\gamma) = (\hat{\pi}_1 - \hat{\pi}_2)'[(\boldsymbol{Y}_2\boldsymbol{Y}'_2)(\boldsymbol{X}\boldsymbol{X}')^{-1}(\boldsymbol{Y}_1\boldsymbol{Y}'_1) \otimes \hat{\boldsymbol{\Omega}}_\mu^{-1}](\hat{\pi}_1 - \hat{\pi}_2) \tag{6.31}$$

式中,$\boldsymbol{X} = \boldsymbol{Y}_1\boldsymbol{Y}'_1 + \boldsymbol{Y}_2\boldsymbol{Y}'_2$,由于通常情况下门限未知,所以构造 Sup-类统计量:

$$\mathrm{SupW} = \mathop{\mathrm{Sup}}_{\gamma \in \Gamma} W_T(\gamma) \tag{6.32}$$

为了求得统计量渐近分布,Gonzalo 和 Pitarakis(2005)提出如下定理。

定理 6.1:满足假设条件(1)~(3),并且 $\boldsymbol{Y}_t$ 是 K 维 $I(0)$ 向量。

(1) K-维随机干扰项都是独立同分布的,且都存在有界密度函数,方差-协方差矩阵 $\boldsymbol{\Omega}_\mu > 0$,$E|\mu_{it}|^{2\delta} < +\infty$ 对于任何 $\delta > 2$ 都成立,$i = 1, 2, \cdots, K$。

(2) 门限变量 Z_{t-d} 是严平稳和遍历的,且与随机干扰项相互独立,并存在处处连续的分布函数。

(3) 门限范围 Γ 是门限变量的有界闭子集。

则式(6.32)的渐近分布为

$$\mathrm{Sup}W \Rightarrow \mathrm{Sup}_{\lambda \in \Lambda} \boldsymbol{G}(\lambda)' V(\lambda)^{-1} G(\lambda) \tag{6.33}$$

式中，$\lambda \in \Lambda = (\lambda_L, \lambda_U)$，$\lambda = F(\gamma_L)$、$\lambda_U = F(\gamma_U)$，$F(x)$是转换变量的分布函数；$\boldsymbol{G}(\lambda)$是$K$-维 0 均值正态分布随机向量，并具有方差-协方差矩阵：

$$E[\boldsymbol{G}(\lambda_1)\boldsymbol{G}(\lambda_2)] = V(\lambda_1 \wedge \lambda_2),\quad V(\lambda) = \lambda(1-\lambda)(Q \otimes \Omega_\mu),\quad Q = E(\boldsymbol{YY}')。$$

对于门限值γ和滞后参数d的估计，Gonzalo 和 Pitarakis(2005)认为可以通过式(6.34)计算而得

$$\gamma \& d = \underset{\gamma \in \Gamma, d \in D}{\arg\min} |\hat{\boldsymbol{U}}(\gamma, d)\hat{\boldsymbol{U}}'(\gamma, d)| \tag{6.34}$$

式中，$\hat{\boldsymbol{U}}(\gamma,d) = \boldsymbol{Y} - \hat{\boldsymbol{\Pi}}_1 \boldsymbol{Y}_1(\gamma,d) - \hat{\boldsymbol{\Pi}}_2 \boldsymbol{Y}_2(\gamma,d)$，并且 Gonzalo 和 Pitarakis 也证明在满足上述假设(1)~(3)情况下，门限值和滞后参数估计量一定是真实参数γ和d的一致估计量(当样本容量$T \to +\infty$时)。Gonzalo 和 Pitarakis 指定的门限值区间是$\Gamma \in (\gamma_L, \gamma_U)$，其中区间上下界根据下式确定：$P(Z_{t-d} \leqslant \gamma_L) = \theta_1$，$P(Z_{t-d} > \gamma_U) = 1 - \theta_1$，$\theta_1$通常取10%或15%。

6.2.3 广义脉冲响函数

在门限向量自回归的基础上，本书采用脉冲响应与方差分解进一步分析变量间的动态关系。在非线性的 TVAR 模型中，传统的脉冲响应分析冲击是有偏差的。因为在计算过程中外生的冲击可能导致机制的转换，不仅脉冲响应的对称性、线性、历史独立性以及独立跨期信息等优良性质不会存在，在非线性的情况下模型的方差-协方差矩阵不再保持不变，进而使方差-协方差矩阵无法进行全局分解，同时非线性的模型其脉冲响应也受到初始值的影响，因此，Koop 等(1996)建议采用广义脉冲函数进行分析：

$$\mathrm{GIRF}_y(n, \boldsymbol{v}_i, \boldsymbol{w}_{t-1}^s) = E[Y_{t+k} \mid v_i, \boldsymbol{w}_{t-1}^s] - E[Y_{t+n} \mid \boldsymbol{w}_{t-1}^s],\quad n = 0,1,2\cdots \tag{6.35}$$

式中，$\boldsymbol{v}_i$表示产生响应的冲击变量；i则代表冲击的种类；w_{t-1}^s是模型$t-1$时期历史信息；机制s则表示了冲击达到系统的时刻；n是预测水平；$E[\cdot]$则表示期望算子。从式(6.35)来看，可以按照机制把矩阵$\boldsymbol{w}_{t-1}^s$分为两个部分以分别计算广义脉冲响应函数。根据 Koop 等(1996)的描述，可以知道$\mathrm{GIRF}_y(n, v_i, \boldsymbol{w}_{t-1}^s)$的计算方法如下。

(1) 向量$\boldsymbol{v}_i$应为取协方差矩阵的对角线元素组成的对角阵开方的第i列，一单位冲击，即为$\boldsymbol{v}_i$中第i个元素为协方差矩阵第i个方差的开方，即标准误差，$\boldsymbol{v}_i$中其他元素为0，此即第i行冲击。

(2) 从$\boldsymbol{w}_{t-1}^s$中选取一行。

(3) 采用前面两个步骤中选取的向量计算冲击$\boldsymbol{v}_i$所引起的反应，其中$\boldsymbol{\theta}$是模型中已经估计参数构成的向量：$y_t^{sn,m} = f(\boldsymbol{w}_{i,t-1}^s, \boldsymbol{\theta}) + \boldsymbol{v}_i$。

(4) 通过采用 Bootstrap 的方法，从 TVAR 模型的残差ε中提取出一个大小为$n \times 1$的子样本ε^*。

(5) 用ε^*和估计到的 TVAR 模型计算$y_t^{sn,m}, \cdots, y_{t+n}^{sn,m}$，这是冲击不存在的情况下系统动态。

(6) 用 $y_t^{sn,m}$ 和 ε^* 的前 n 个观测值和估计到的 TVAR 模型计算 $y_t^{sn,m},\cdots,y_{t+n}^{sn,m}$，这是冲击存在的情况下系统动态。

(7) 将步骤(3)～(6)重复 $M(M=1\,000)$次，就可以得到条件期望：

$$E[Y_{t+n}\mid v_t,w_{i,t-1}^s]=1/M\sum_{m=1}^{M}y_{t+n}^{sn,m} \text{ 和 } E[Y_{t+n}\mid w_{i,t-1}^s]=1/M\sum_{m=1}^{M}y_{t+n}^{ns,m}$$

(8) 从 $w_{i,t-1}^s$ 中再选取一行新的重复步骤(3)～(7)，一直到所有的行向量都被选到过。

(9) 通过条件期望平均得到 $E[Y_{t+k}|\boldsymbol{v}_i,w_{t-1}^s]$和 $E[Y_{t+n}|w_{t-1}^s]$。然后根据式(6.35)可以得到 $\text{GIRF}_y(n,\boldsymbol{v}_i,w_{t-1}^s)$。

(10) 选取冲击$\boldsymbol{v}_i$ 和 w_{t-1}^s 子集的另一个组合，然后重复步骤(6)～(9)，一直到取完了所有的可能途径。

通过上述十个步骤，就分别得到了两种不同机制下，经济波动对于各冲击变量 1 单位和 2 单位正负冲击的反应。

6.2.4 广义方差分解

理论上，众所周知传统的正交化的基于乔勒斯基分解的预测误差方差对变量的顺序十分敏感，所以考虑不受变量顺序影响的广义方差分解。正如 Pesaran 和 Shin(1998) 所展示的向量 $\boldsymbol{Z}_t=\sum_{i=0}^{\infty}C_i\varepsilon_{t-i}$，其中 $\boldsymbol{Z}_t=(X_t,Y_t)$。广义预测误差方差分解：

$$\theta_{ij}^{g}(n)=\frac{\sigma_{ii}^{-1}\sum_{l=0}^{n}\left(\boldsymbol{e}'_iC_l\sum\boldsymbol{e}_j\right)^2}{\sum_{l=0}^{n}\left(\boldsymbol{e}'_iC_l\sum C'_l\boldsymbol{e}_j\right)^2},\quad i,j=1,2,\cdots,p \tag{6.36}$$

式中，σ_{ii} 为方差-协方差矩阵中第 ii 个元素；$\boldsymbol{e}_i$ 为 $P\times1$ 维的向量，其中第 i 列为 1，其余为 0，C_l 为 Z_t 中移动平均项的系数。

6.2.5 案例三：国际原油价格对中国通货膨胀的非线性冲击

国际原油价格变化会对通货膨胀造成深刻的影响。国际油价大幅上涨时，会导致生产成本上升，进而导致商品和服务价格上涨。因此，国际原油价格的剧烈上涨会引起消费价格上涨，进而引致通货膨胀，这将为货币政策的执行带来困难。将通货膨胀控制在适度范围被认为是宏观经济政策调控的主要目标，因为这样可以促进经济增长和就业、保护国民收入和财富、促进资源配置和社会公平。当物价波动过大或不可预测时，市场主体会缩减或推迟投资和消费计划，作出低效甚至错误的决策，导致经济萎缩、失业人数增加、资源浪费与错配。因此，研究国际原油价格与通货膨胀之间的关系是十分有必要的。

中国能源结构以煤炭为主，但随着经济结构调整和环境保护要求越来越高，煤炭的消费比重逐渐下降，天然气、石油和其他清洁能源的消费比重逐渐上升。中国能源价格虽然受到政府管制，但近些年来正在逐步推进市场化改革，增强了与国际油价挂钩的灵活性。

中国在未来很长一段时间内都会是世界上最大的原油净进口国，据美国战略与国际问题研究中心(CSIS)估计，至 2040 年 1 月，中国约 80%的石油需求将来自国外。中国对原油进口的高度依赖意味着国际油价波动对中国通货膨胀的传导效应将越来越强。

探讨不同国际油价水平、不同通胀环境等条件的国际油价冲击对通货膨胀的传导机制，可以丰富和完善国际油价冲击及通胀传导机制的相关理论，为构建适合中国国情的宏观经济体系提供理论支持，有利于政策制定者正确判断国际油价冲击对通胀的影响方向和大小，制定合适的政策目标和工具，有效应对国际油价冲击带来的通胀压力或滞胀风险，维护经济稳定增长。因此，深入了解不同类型的国际油价波动对中国通胀冲击有重要意义。

1. 理论分析与研究假设

1）国际油价影响中国通货膨胀的数理模型构建

分析石油价格波动对中国通货膨胀冲击的一种方法是使用微观基础的一般均衡模型，我们在 Álvarez 等(2011)的 DSGE 模型上进行拓展，具体构建模型如下。考虑了两个经济体：中国和世界其他国家。假设中国根据 Taylor 规则设定名义利率，该规则以中国整体 CPI(居民消费价格指数)通胀(包括消费能源价格)和产出增长为特征，同时具有一定程度的利率平滑。不同的经济体通过贸易活动联系在一起。假设中国具有两个活动部门：可贸易部门和不可贸易部门。假设中国是石油进口国，石油的美元价格是外生的。家庭的一篮子消费 c_t 是可贸易部门商品 $c_{T,t}$ 和不可贸易部门商品 $c_{N,t}$ 的 CES 函数。家庭的成本最小化意味着名义消费支出等于 $P_t^C c_t$，则消费者价格指数为

$$P_t^C = [\omega_N P_{N,t}^{1-\varepsilon^C} + \omega_T P_{T,t}^{1-\varepsilon^C}]^{1/(1-\varepsilon^C)} \tag{6.37}$$

式中，$P_{N,t}$ 是不可贸易部门商品的价格指数；$P_{T,t}$ 是可贸易部门商品的价格指数；$\{\omega_N, \omega_T\}$是相应的权重；ε^C 是两种消费之间的替代弹性。可贸易部门商品表示为一篮子商品的 CES 函数形式，可贸易部门商品价格为

$$P_{T,t} = [\omega_H P_{H,t}^{1-\varepsilon^T} + \omega_F P_{F,t}^{1-\varepsilon^T} + \omega_{\text{oil}} P_{\text{oil},t}^{1-\varepsilon^T}]^{1/(1-\varepsilon^T)} \tag{6.38}$$

式中，$P_{H,t}$ 为国内可贸易商品价格指数；$P_{F,t}$ 是世界其他地区商品的价格指数；$P_{\text{oil},t}$ 是国际石油价格；ε^T 是不同类型可贸易商品之间的替代弹性；ω_{oil} 衡量一篮子可贸易商品中石油消费的比重。

石油价格冲击的间接影响将取决于消费篮子其他组成部分的价格。国内生产的非贸易消费品和可贸易消费品的价格指数分别由 $P_{N,t} = \pi_t^N P_{N,t-1}$ 和 $P_{H,t} = \pi_t^T P_{H,t-1}$ 给出，其中 π_t^S 是各部门的生产者价格的通货膨胀 $S = \{N, T\}$。S 部门的公司以每个时期的概率 θ^S 最优地重置价格，而不管自上次调整以来的时间长短。无法重置价格的企业的比例根据指数化规则最优地调整价格，以赶上滞后的部门通货膨胀。在该模型的对数线性近似中，S 部门的生产者价格通货膨胀为

$$\pi_t^S - \psi^S \pi_{t-1}^S = \frac{(1-\theta^S)(1-\beta\theta^S)}{\theta^S} mc_t^S + \beta E_t(\pi_{t+1}^S - \psi^S \pi_t^S) \tag{6.39}$$

式中，β 是一个贴现因子；ψ^S 是反向指数化的程度；mc_t^S 是 S 部门的实际边际成本。参

数 ψ^S 允许不考虑标准 Calvo 模型中的无价格指数化($\psi^S=0$)或全价格指数化($\psi^S=1$)的情形。实际边际成本由企业的成本最小化问题决定。S 部门产出为 CES 生产函数形式：

$$y_{S,t}=\{\chi_S^{1/\varphi^S}o_{S,t}^{(\varphi^S-1)/\varphi^S}+(1-\chi_S)^{1/\varphi^S}[(cu_{S,t}k_{S,t})^{\alpha^S}n_{S,t}^{1-\alpha^S}]^{(\varphi^S-1)/\varphi^S}\}^{\varphi^S/(\varphi^S-1)} \tag{6.40}$$

式中，$o_{S,t}$，$k_{S,t}$ 和 $n_{S,t}$ 分别是石油、资本和劳动力投入；$cu_{S,t}$ 是资本利用率(在稳态下等于 1)；α^S 是资本在价值增加中的份额；φ^S 是生产函数中石油和其他投入之间的替代弹性；χ_S 是权重参数，用于衡量石油在生产过程中重要性。根据生产函数，企业成本最小化意味着实际边际成本的表达式如下：

$$mc_t^S=\frac{p_t^{\text{oil}}}{\partial y_{S,t}/\partial o_{S,t}} \tag{6.41}$$

式中，p_t^{oil} 为石油的实际价格；$\partial y_{S,t}/\partial o_{S,t}$ 为石油投入的边际生产率。由式(6.39)和式(6.41)可知，在其他条件不变的情况下，石油实际价格波动将影响实际边际成本，从而影响生产者价格通胀。

2）油价对通货膨胀非对称效应

油价波动对通货膨胀的影响可以分为直接影响和间接影响，而油价的不对称效应主要是通过间接渠道产生的。可能导致石油进口国通货膨胀非对称反应的机制主要有四种：实际收入效应、不确定性效应、预防性储蓄效应和成本调整效应。

(1) 实际收入效应。当油价上涨时，消费者的实际收入会减少，因为他们需要支付更多的能源费用，从而降低了他们的可支配收入，并可能调整他们的消费结构和预算。当油价下跌时，这一过程会被弱化，因为消费者可能不会立即增加他们的消费支出，而是将节省下来的收入用于储蓄或偿还债务。

(2) 不确定性效应。当油价波动时，会影响经济主体对未来物价水平和经济政策的预期，从而导致经济活动和投资决策的变化，进而影响总需求和总供给的平衡，最终反映在通货膨胀的波动上。这一效应是否会表现出非对称反应，取决于油价变动的原因(需求冲击或供给冲击)、经济主体的适应性以及预期形成机制。

(3) 预防性储蓄效应。当油价波动时，会影响消费者对未来收入和支出的不确定性，从而导致消费者增加储蓄以应对可能的风险，进而影响消费需求和总需求的变化，最终反映在通货膨胀的波动上。这一效应是否会表现出非对称反应，取决于油价变动的原因、消费者的风险厌恶程度和预期形成机制。

(4) 成本调整效应。当国际油价上涨时，国内石油企业面临着进口成本增加压力，为了维持一定的利润，它们会迅速提高成品油的批发与零售价格。进一步地，成品油作为工业生产和居民生活的重要投入和消费品，就会推动相关各种产品和服务的成本和价格上升，从而推高 PPI(工业品出厂价格指数)和 CPI。然而，当国际油价下跌时，国内石油企业不愿放弃已经获得的高额利润，它们会利用垄断优势，小幅降低成品油价格。这意味着 PPI 和 CPI 的下降幅度也较小。

上述多数效应认为油价上涨时对通货膨胀的影响要大于油价下跌时。但到目前为止，油价对通货膨胀的传导还没有统一的结论，上述效应并不适用于所有经济体。对于中国而言，其石油市场属于寡头垄断结构，这更有可能产生成本调整效应导致不对称的价格传递。因此，提出假说 1。

H_1：国际原油价格波动对中国通货膨胀存在非对称效应。

3）油价水平导致冲击的非线性效应

多数关于油价冲击的非线性影响的研究关注于油价正向与负向冲击之间的非对称性。实际上，油价水平的高低也会影响冲击大小。以油价上涨为例，当油价处于低位时，石油加工、化工等行业的利润率较低，从而压缩产能和供应。此时若油价上涨，这些行业会迅速恢复生产和销售。同时，油价低位上涨意味着需求增加，那么它也会刺激居民消费信心和预期，从而拉高整体物价水平。而当油价在较高水平时，则油价上涨对通胀的冲击较弱。这是因为高油价会导致石油加工、化工等行业的成本增加，从而抑制需求和消费。当油价上涨时，这些行业会减少生产和销售，从而抵消物价上涨的压力。此外，中国设置了成品油价格调控的上下限，即调控上限为每桶 130 美元、下限为每桶 40 美元。由于国内能源产品调价机制有这一限制性，当油价处于高位时，原油价格上涨不会完全传导到国内成品油等能源产品上。同时，当油价处于高位时，需求受到抑制，所以居民消费信心和预期也较低。

一些不同的观点认为，当油价处于低位时，油价上涨造成的通货膨胀是暂时性的，因为油价上涨会抑制需求，从而降低油价与通货膨胀上行压力。当油价处于高位时，油价上涨会导致居民预期通货膨胀加剧，从而提高工资要求和消费支出，形成需求拉动型通货膨胀。这种通货膨胀一般更为持久，因为油价上涨会刺激供给，从而维持油价与通货膨胀水平。总之，随着国际原油价格水平的提升，油价波动对通货膨胀的冲击会表现出非线性特征。因此，提出假说 2。

H_2：国际原油价格波动对中国通货膨胀冲击是非线性的，受原油价格水平的影响。

4）通货膨胀导致冲击的非线性效应

不同的通货膨胀水平和现行的通货膨胀趋势会影响原油价格和通胀之间的传导机制和强度。通货膨胀水平反映了经济体的总体价格水平，而油价冲击会直接或间接地影响生产和消费的成本，从而导致总体价格水平的变化。如果一个经济体的通货膨胀水平本身就很高，那么油价冲击所带来的价格变化可能会更加显著。通货膨胀水平较高意味着通胀预期较高，消费者和企业对未来价格的上涨更敏感，因此原油价格上涨会引发更强烈的预期效应，导致其他商品和服务价格的上涨。并且当通货膨胀处于较高水平时，说明市场需求旺盛，供需紧张，生产者和经销商有更大的议价能力和动力将成本转嫁给消费者，此时原油价格波动冲击对通货膨胀造成的影响较大。因此，提出假说 3。

H_3：国际原油价格波动对中国通货膨胀冲击是非线性的，受通货膨胀水平的影响。

2. 模型设定与数据来源

1）模型设定

为了区分国际原油不同价格水平、不同通胀水平下国际油价对通胀的冲击，构建了门限向量自回归模型进行分析，其中向量 $\boldsymbol{Y}_t$ 包含国际原油价格、通货膨胀、汇率水平、经济

增长和货币供应量 5 个变量。一个 p 阶滞后的 TVAR 模型可以表示为

$$\boldsymbol{Y}_t = \sum_{m=1}^{M}(\boldsymbol{A}_{c,m} + \boldsymbol{A}_{0,m}t + \boldsymbol{A}_{1,m}Y_{t-1} + \boldsymbol{A}_{2,m}Y_{t-2} + \cdots + \boldsymbol{A}_{p,m}Y_{t-p})I(z_{t-d} \in (r_{m-1}, r_m)) + \boldsymbol{U}_t \tag{6.42}$$

式中，t 表示时期；$\boldsymbol{A}_{0,m}t$ 表示时间趋势向量；$\boldsymbol{A}_{c,m}$ 为第 m 机制的常数向量；$\boldsymbol{A}_{1,m}$，$\boldsymbol{A}_{2,m}$，…，$\boldsymbol{A}_{p,m}$ 表示第 m 机制系数矩阵；z_{t-d} 表示门限变量；d 表示门限变量的滞后时期数，且 $d \leqslant p$，d 与 p 均为正整数；r_m 表示门限值($m=1,2,\cdots,M-1$)，r_0 为 $-\infty$，r_M 为 $+\infty$；M 为机制数，等于门限值的个数加 1；$I(\cdot)$为示性函数，当 $z_{t-d} \in (r_{m-1}, r_m)$ 成立时取值为 1，否则取值为 0；$\boldsymbol{U}_t$ 为随机误差向量，满足零期望，协方差矩阵为 Ω 的独立同分布随机变量。

2）数据来源

选取 2005 年 7 月至 2022 年 6 月中国的月度数据(2005 年 7 月 21 日，中国人民银行宣布，中国开始实行以市场供求为基础、参考一篮子货币进行调节、有管理的浮动汇率制度，此后人民币兑美元的汇率开始浮动。因此选取的数据从 2005 年 7 月开始)。所有数据来自 RESSET 数据库、国家统计局和国际清算银行(BIS)网站。

国际原油价格变量(Oil)采用的是北海布伦特原油期货收盘价的对数，单位：美元/桶，数据来自 RESSET 数据库。对于通货膨胀水平变量，分别采用两个指标即工业品出厂价格指数 PPI 同比增长率和居民消费价格指数 CPI 同比增长率，数据来自国家统计局。

此外还选取了影响通胀水平的三个其他变量，包括经济增长、汇率和货币供应量。

经济增长变量(IVA)。由于国家统计局没有公布 GDP 增长月度数据，故采用工业增加值同比增长率月度数据来替代经济增长变量，数据来自国家统计局。

汇率变量(Ex)。采用人民币实际有效汇率月度数据代替汇率变量，数据来自国际清算银行网站。

货币供应量(M_2)。相比于 M_0 与 M_1，M_2 能够更全面地反映货币供应量情况，故采用 M_2 供应量同比增长替代货币供应量变量，数据来自国家统计局。

所有变量描述性统计与相关性分析如表 6.10、表 6.11 所示。

表 6.10 变量的描述性统计

变量	含义	样本量	均值	标准差	最小值	最大值
Oil	布伦特国际原油价格的对数	204	4.234	0.361	2.871	4.877
CPI	消费者价格同比增长率	204	2.493	1.903	−1.8	8.7
PPI	工业品出厂价格同比增长率	204	1.707	4.341	−6.5	9.054
IVA	工业增加值同比增长率	204	9.849	6.627	−20.7	35.1
Ex	人民币实际有效汇率	204	89.548	11.838	67.15	106.39
M_2	货币供应量同比增长率	204	14.079	4.953	8.0	29.7

表 6.11　变量相关性分析

相关性	Oil	CPI	PPI	IVA	Ex	M_2
Oil	1.000 0					
CPI	0.415 9	1.000 0				
PPI	0.301 5	0.394 0	1.000 0			
IVA	0.244 0	0.143 5	0.162 7	1.000 0		
Ex	−0.243 4	−0.310 9	−0.272 6	0.583 2	1.000 0	
M_2	0.119 6	−0.032 7	−0.127 6	0.434 9	−0.728 8	1.000 0

3. 单位根检验与模型滞后阶数选择

首先,在进行回归之前对各个变量进行平稳性检验。如果变量不平稳,那么模型的估计结果将不具有最小方差性和一致性,且非平稳序列较可能出现伪回归现象。采用 ADF 检验进行平稳性检验,检验结果表明除 Ex 变量之外其他变量均为平稳序列或趋势平稳序列,而 Ex 变量一阶差分之后平稳。后续回归分析中,采用 H-P 滤波(Hodrick-Prescott Filter)对 Ex 变量原序列进行处理,以分解时间序列中的趋势和周期成分,从而消除短期波动,揭示长期趋势。通过 ADF 检验,H-P 滤波处理后的 Ex 序列是平稳的,具体变量采用的检验形式与检验结果如表 6.12 所示。其次,滞后阶数的确定是向量自回归模型构建过程中一个非常重要的问题,如果滞后阶数非常大,虽然有利于完整反映所构造模型的动态特征,但所需要顾及的参数也更多,模型的自由度就减少,从而影响模型参数估计的有效性。通过 AIC、BIC 判断模型的最佳滞后阶数为 2。

表 6.12　变量序列 ADF 检验结果

变　量	检验形式	统计量	P 值	检验结果
Oil	$(c,0,1)$	−3.194	0.022	平稳
CPI	$(c,t,3)$	−3.662	0.027	趋势平稳
PPI	$(0,0,1)$	−2.503	0.012	平稳
IVA	$(c,t,0)$	−9.181	0.000	趋势平稳
Ex	$(c,0,1)$	−2.414	0.370	不平稳
ΔEx	$(c,0,0)$	−9.990	0.000	平稳
M_2	$(c,t,4)$	−3.489	0.043	趋势平稳

注：Δ 表示对变量进行一阶差分；检验形式(c,t,n)中,c 表示有截距项,t 表示有时间趋势项,n 表示滞后阶数。

4. 国际原油价格的门限效应

由于 TVAR 模型涉及多方程的非线性结构,因此估计和检验都比较复杂。其中一个关键问题是如何确定最优的门限值。如果选择了不恰当的门限值,就会导致模型失真。网格搜索法是一种常用的搜寻门限值的方法,它可以避免人为设定机制的主观性。为了保证每个机制下都有足够的数据用于模型估计,将门限值的搜寻范围设定在 15%分位数至 85%分位数的样本区间。本节选取国际原油价格(未取对数)作为门限变量,使用 R 软件门限效应检验可知,单门限模型与双门限模型都显著优于线性模型,且双门限模型优于单门限模型,故选择双门限模型进一步分析。通过网格搜索,门限值为 56.98 和 87.19。

此外，为防止冲击与机制之间潜在的内生性问题，TVAR模型一般假设门限变量具有一定的滞后期数。通过R软件计算，门限变量最佳滞后阶数为1。门限效应检验结果如表6.13所示。

表 6.13 门限效应检验结果 1

门限变量	检验形式	LR统计量	P值
Oil	单门限 vs 线性	167.84	0.011
	双门限 vs 线性	446.84	0.000
	单门限 vs 双门限	279.32	0.000

1）一个标准差的冲击

许多研究在实证分析中都对国际油价冲击的非对称性进行了检验。具体来说，非对称性意味着国际油价上涨和下跌产生的影响是不相同的，可能存在方向、幅度、时滞等方面的差异。为了考察国际油价冲击的非对称性，利用广义脉冲响应函数观察Oil正向和负向一个标准差冲击对PPI和CPI的影响(图6.10)。

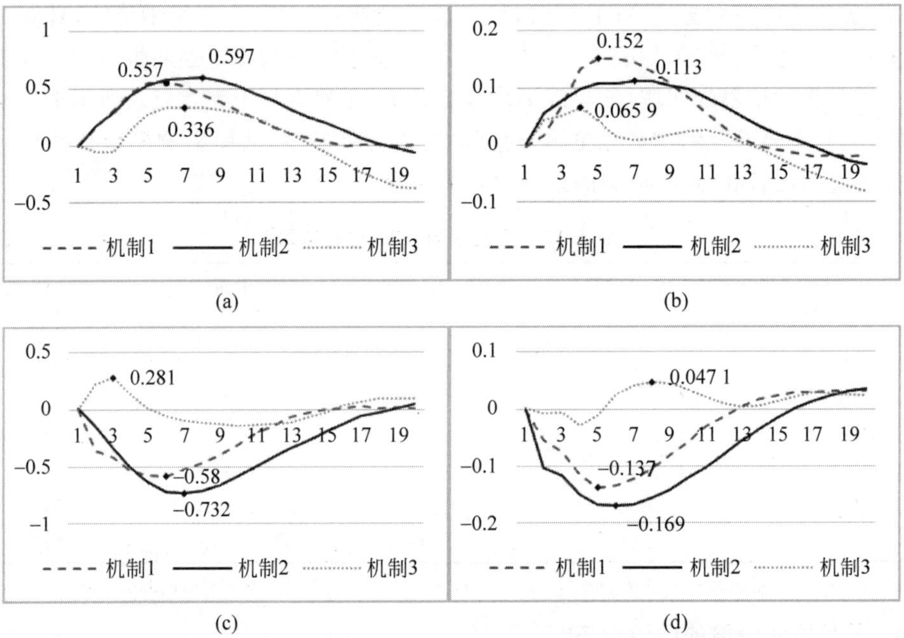

图 6.10 国际油价一个标准差波动对PPI(a,c)和CPI(b,d)的冲击动态

(a) Oil↑→PPI；(b) Oil↑→CPI；(c) Oil↓→PPI；(d) Oil↓→CPI

注：图中黑点以及对应数值为峰值。

由图6.10可知，在不同国际原油价格水平区间，国际油价冲击造成PPI与CPI的变化趋势是显著不同的。尤其在高国际油价区间(机制3)，正负冲击造成了显著的非对称特征，这初步验证了假说 H_1 和 H_2。

相对于高国际油价区间，当国际原油价格处于中低区间时(机制1与机制2)，国际油价波动对 PPI 和 CPI 的影响较大。这是因为，当国际原油价格处于中低区间时，石油开采和加工行业的利润率较低，对国际油价变动更敏感，所以国际油价波动会导致这些行业的出厂价格大幅调整，并进一步影响到物价水平。当国际原油价格处于高水平时，会导致石油加工、化工等行业的成本上升，从而抑制需求和消费。同时，高国际油价也可能促进能源效率的提升和替代能源的发展，降低对原油的依赖，从而减少国际油价波动对通货膨胀的传导。

在高国际油价区间，国际油价负向冲击使得短期内 PPI 和 CPI 的下跌并不明显，反而出现小幅上升，这可能与预期因素有关。由于国际原油市场仍然存在很大的不确定性，人们对未来国际油价走势的预期并不明朗。在高国际油价区间，人们对未来国际油价下跌的预期并不强烈，从而不会对消费和投资行为产生显著影响，也就不会对 CPI 和 PPI 产生显著影响。

相对于 PPI，国际油价对 CPI 的冲击要小得多。一方面，CPI 中能源的占比较小，而 PPI 中原油及其相关产品的占比较大；另一方面，CPI 中非能源分项受到国际原油价格的间接传导影响，而 PPI 中生产资料受到国际原油价格的直接传导影响。因此，国际原油价格波动对 PPI 的影响要强于对 CPI 的影响。此外，CPI 和 PPI 之间存在传导关系，一般来说，PPI 上涨会推高 CPI，而 PPI 下降会拖累 CPI。但是这种传导关系并不稳定，而是取决于市场供求、汇率、政策等多重因素的变化。

2) 3 个标准差的冲击

前文的广义脉冲响应是基于一个标准差冲击产生的影响。进一步地，考虑 3 个标准差冲击造成的影响(图 6.11)。在正态分布中，有 31.7%的数据会偏离平均值超过 1 倍标准差，只有 0.3%的数据会偏离平均值超过 3 倍标准差。所以 1 个标准差冲击代表常见的冲击，而 3 个标准差冲击能够代表极端情况下的冲击。由于 TVAR 模型不是线性的，广义脉冲响应函数可能不是与冲击成比例的，即 3 倍的冲击可能会导致大于或小于 3 倍的响应。

由图 6.11(a)可知，从 PPI 变化的峰值看，3 个标准差冲击并不能造成 3 倍的影响，尤其在高国际油价区间，上涨冲击造成的影响较小，这与前文分析类似。

由图 6.11(b)可知，从 CPI 变化的峰值看，在机制 1 中，3 个标准差冲击造成 CPI 上升要显著超过 3 倍；在机制 2 中，3 个标准差冲击造成 CPI 上升大约能造成 3 倍的影响；在机制 3 中，3 个标准差冲击不能造成 3 倍的影响。这可能是当国际原油价格小幅上涨时，直接影响和间接影响都不太明显；而当国际原油价格大幅上涨时，虽然直接影响仍然有限，但间接影响会放大，且可能引发预期效应和传导效应，从而使 CPI 更加敏感地反映出国际原油价格的变化。但在国际原油价格较高的时候，中国成品油价格受到宏观调控的力度可能会更大。因此，即使国际原油价格大幅上涨，也不一定能够完全传导到国内成品油价格上。

由图 6.11(c)可知，在机制 1 与机制 2 中，国际原油价格下跌 3 个标准差造成 PPI 短期内下跌的峰值略大于 1 个标准差峰值的 3 倍。由于原油加工产业链较长、影响面较广，其价格波动将在不同程度上影响整个产业链的产品价格。而在国际原油价格低位运行

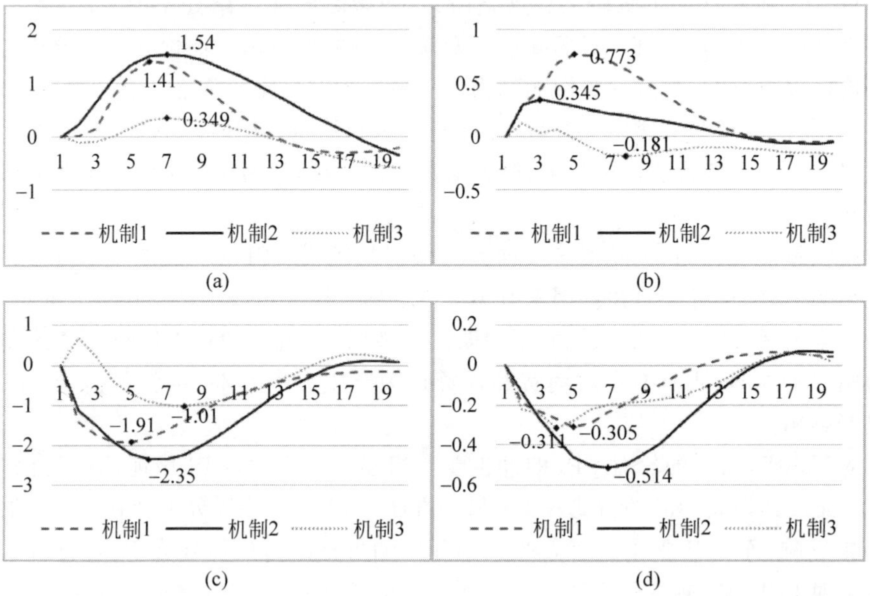

图 6.11　国际油价三个标准差波动对 PPI[(a)(c)]和 CPI[(b)(d)]的冲击动态

(a) Oil↑→PPI；(b) Oil↑→CPI；(c) Oil↓→PPI；(d) Oil↓→CPI

注：图中黑点以及对应数值为峰值。

时，预期效应和传导效应可能会加强，因为市场对未来国际原油价格走势存在不确定性和悲观情绪。当国际原油价格处于中低区间时，国际油价冲击对 PPI 的影响可能更多取决于国际市场波动和产业链传导，当国际油价高位运行时，则更多受到政策调控和供需关系的制约。

由图 6.11(d)可知，在机制 1 中，国际原油价格下跌 3 个标准差造成 CPI 短期下跌的峰值要显著小于 1 个标准差造成冲击峰值的 3 倍；在机制 2 中，两者接近；在机制 3 中，国际原油价格的大幅下跌冲击造成了 CPI 显著下降，而小幅下跌的冲击则不存在这一影响。当国际原油价格处于高区间时，国内成品油价格更容易受到政策调控和供需关系的制约，国际原油价格波动对国内成品油价格的影响会相对减弱。因此，当国际原油价格大幅下跌时，才能显著拉低国内汽油、柴油等能源产品的价格，从而直接降低 CPI。

5. 通货膨胀的门限效应

通货膨胀不同水平可能反映了经济运行的不同状态，如高通胀可能意味着需求过热或供给紧张，低通胀可能意味着需求不足或供给过剩。这些状态会影响国际原油价格和通胀之间的传导机制与强度。因此，本节进一步以 PPI、CPI 为门限变量，探究不同通胀水平下国际原油价格波动对中国通胀的冲击。通过检验，以 PPI 和 CPI 为门限变量时，模型中均存在显著的单门限效应，但未通过双门限检验，这初步验证了假说 H_3。通过 R 软件计算，门限变量的最佳滞后阶数均为 1，具体门限效应检验结果如表 6.14 所示。

表 6.14　门限效应检验结果 2

门限变量	检验形式	LR 统计量	P 值
PPI	单门限 vs 线性	176.48	0.009
	双门限 vs 线性	338.53	0.000
	单门限 vs 双门限	162.05	0.354
CPI	单门限 vs 线性	373.36	0.000
	双门限 vs 线性	594.70	0.000
	单门限 vs 双门限	221.33	0.139

1）以 PPI 为门限变量

通过网格搜索，PPI 最佳门限值为 6.0。因此，可以将 PPI 分为两个区间，即低 PPI 水平区间（PPI<6.0，机制 1）和高 PPI 水平区间（PPI≥6.0，机制 2），如图 6.12 所示。

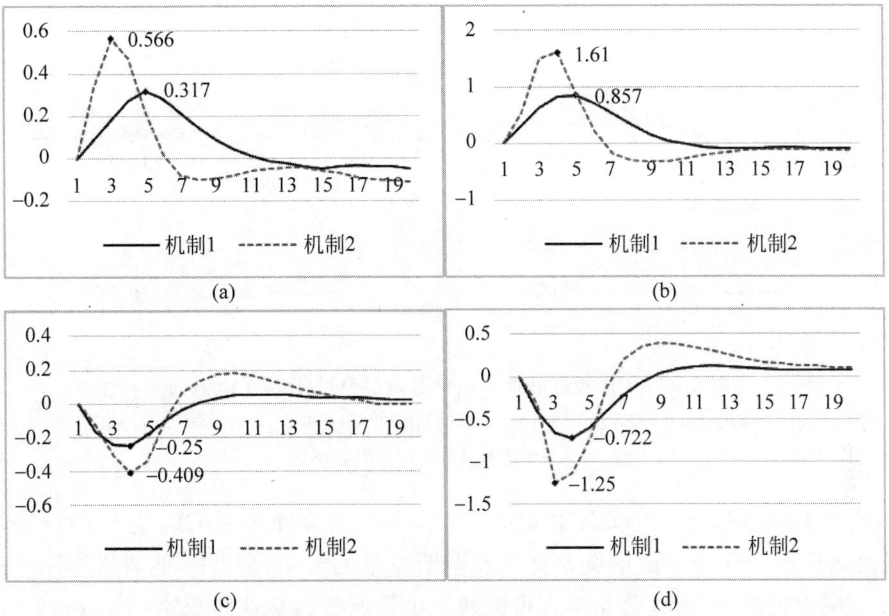

图 6.12　PPI 受 Oil 冲击的动态响应（以 PPI 为门限变量）

（a）Oil↑→PPI(1SD)；（b）Oil↑→PPI(3SD)；（c）Oil↓→PPI(1SD)；（d）Oil↓→PPI(3SD)

注：图中黑点以及对应数值为峰值。

由图 6.12 可知，无论是正向冲击还是负向冲击，机制 2 的波动峰值都要大于机制 1，说明当 PPI 处于较高水平时，国际原油价格波动造成的影响较大。PPI 反映的是生产资料价格水平，也是生产成本的重要组成部分。当 PPI 处于较高水平时，说明生产成本较高，生产者的利润空间较小，对国际原油价格的波动更加敏感，会更快地将成本变化转嫁到产品价格上，从而放大国际原油价格波动对 PPI 的影响。相反，当 PPI 处于较低水平时，说明生产成本较低，生产者的利润空间较大，对国际原油价格的波动相对不那么敏感，会更慢地将成本变化转嫁到产品价格上，从而减弱国际原油价格波动对 PPI 的影响。

2）以 CPI 为门限变量

同样地，通过网格搜索，CPI 最佳门限值为 1.2。因此，可以将 CPI 分为两个区间，即低 CPI 水平区间（CPI＜1.2，机制 1）和中高 CPI 水平区间（CPI≥1.2，机制 2）。国际上通常把 CPI 涨幅达到 3％作为通货膨胀的警戒线。故本节将 CPI＜1.2 视为低通胀，将 CPI≥1.2 视为中高通胀，如图 6.13 所示。

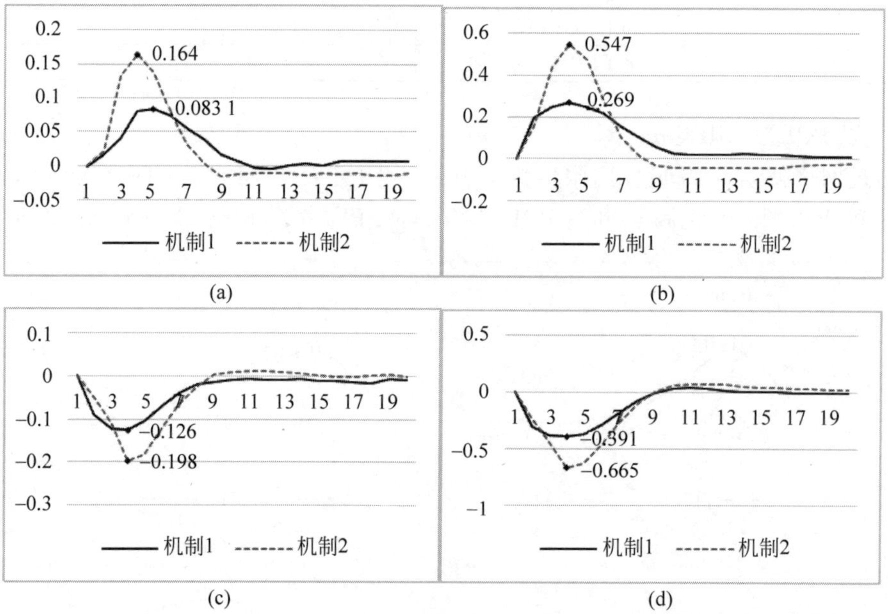

图 6.13　CPI 受 Oil 冲击的动态响应（以 CPI 为门限变量）

（a）Oil↑→CPI(1SD)；（b）Oil↑→CPI(3SD)；（c）Oil↓→CPI(1SD)；（d）Oil↓→CPI(3SD)

注：图中黑点以及对应数值为峰值。

由图 6.13 可知，当 CPI 处于较高水平时，国际油价冲击对 CPI 造成的波动峰值较大；反之则较小。在一个价格设置交错和垄断竞争的经济环境中，低通货膨胀的成本冲击被公司视为暂时的，因此公司不太可能通过价格调整转移这些成本（Taylor，2000）。按照这种思路，如果企业更新价格的频率是通货膨胀环境的内生因素，当通货膨胀水平较高时，企业更新价格的频率会加大，则在高水平通货膨胀环境中，随着更多的企业更频繁地更新价格，国际油价冲击对通货膨胀的传导将更大，企业更有意愿通过调整价格来转嫁这些更高的成本（Garzon and Hierro，2021）。

同时，在不同 CPI 水平下，国际油价负向冲击造成的峰值均大于正向冲击，国际原油价格波动对 CPI 的影响具有非对称性。这可以从以下两方面来进行解释：一是传导效应。当国际油价下跌时，其对 CPI 的传导幅度较大，会引致相关行业和企业主动降低产品售价以提高市场份额；当国际油价上涨时，其对 CPI 的传导幅度较小，因为其会遭遇相关行业和企业抵抗提高产品售价以保持市场份额。二是替代效应。当国际油价下跌时，其对 CPI 的替代效应较小，因为消费者不太可能因为交通工具用燃料等价格下降而增加消费；而当国际油价上涨时，其对 CPI 的替代效应较大，因为消费者可能因为交通工具用燃料等价格上涨而减少消费或转向其他替代品，从而降低国际油价上涨的通胀效应。

6. 结论

随着中国经济发展，对进口原油的需求不断增加，国际油价波动将更大程度影响中国通货膨胀的变化。本节着重考虑了国际原油价格与中国通货膨胀关系中潜在的不对称和非线性问题，并使用门限向量自回归模型，对不同国际原油价格、PPI 和 CPI 水平下国际原油价格波动对中国 PPI 和 CPI 的冲击进行了实证研究。

研究显示：首先，在门限变量分别为国际原油价格、PPI 和 CPI 的情况下，均通过了门限效应检验，表明国际原油价格对 PPI 和 CPI 存在非线性影响。不同国际原油价格水平下，国际油价冲击对 PPI 和 CPI 的影响各有不同。相对于低通货膨胀环境，高通货膨胀放大了国际油价冲击对 CPI 和 PPI 的传导效应。这是因为在较高通货膨胀环境中，企业对未来通胀和国际油价冲击的预期持续加剧，在更大程度上将这些更高的成本转移到其价格上。其次，国际原油价格对 PPI 和 CPI 的冲击存在非对称性。在冲击规模相同的条件下，国际原油价格上涨传导到中国通货膨胀的冲击并非总是大于下跌的冲击，而是在不同情形下表现出不同的非对称特征。因此，在分析国际油价对通货膨胀的影响时，必须同时考虑它们发生通货膨胀的环境以及当时的国际原油价格水平。

全球国际油价涨跌对中国 PPI 或 CPI 的影响不同。本节的研究结论有利于政府预测国际油价冲击导致通胀的变化趋势，政府应采取相应的政策措施来应对国际油价波动冲击，为经济社会健康发展保驾护航。

6.2.6　具体操作

门限向量自回归模型具体操作如下。

第一步，利用 Stata 确定滞后阶数。将数据 6.2 导入 Stata 后，设置成时间序列格式(图 6.14)，代码如下：

```
rename time monthdate                          //重命名 time 为 monthdate
gen monthdate2=monthly( monthdate ,"ym") // 生成月度数据
tsset monthdate2                               //设置时间序列
```

然后计算时间滞后阶数，最大滞后阶数设置为 12，利用 AIC 与 BIC 判断滞后阶数为 10(图 6.15)，代码如下：

```
varsoc ppi ep ,max(12)              //max 为最大滞后阶数
```

第二步，利用 R 软件，下载 tsDyn 包与 tvarGIRF 包。在 R 软件“程序包”里选择“安装软件包”，选择任意中国的 CRAN 镜像，然后找到 tsDyn，即可安装。而 tvarGIRF 包需要利用代码下载，具体如下(需要说明的是，由于软件包来自外国编程网站 github，存在链接不稳定情形，请推荐尝试多种网络进行下载)：

```
library(remotes)
install_github("angusmoore/tvarGIRF", ref = "v0.1.4")
```

	time	ppi	ep
1	2001m01	101.4	-.290095
2	2001m02	100.9	5.61097
3	2001m03	100.2	-6.72963
4	2001m04	99.9	2.8692
5	2001m05	99.8	7.67022
6	2001m06	99.4	-.571429
7	2001m07	98.7	-9.08046
8	2001m08	98	3.07627
9	2001m09	97.1	-.695012
10	2001m10	96.9	-19.1437

	monthdate	ppi	ep	monthdate2
1	2001m01	101.4	-.290095	492
2	2001m02	100.9	5.61097	493
3	2001m03	100.2	-6.72963	494
4	2001m04	99.9	2.8692	495
5	2001m05	99.8	7.67022	496
6	2001m06	99.4	-.571429	497
7	2001m07	98.7	-9.08046	498
8	2001m08	98	3.07627	499
9	2001m09	97.1	-.695012	500

图 6.14 设置时间序列 monthdate

注：左边为原始数据，右边设置 monthdate2 为时间序列。

```
varsoc ppi ep ,max(12)   //确定滞后阶数为10

Selection-order criteria
Sample:  504 - 749                          Number of obs     =       246
```

lag	LL	LR	df	p	FPE	AIC	HQIC	SBIC
0	-1640.13				2153.55	13.3506	13.3621	13.3791
1	-1217.95	844.36	4	0.000	71.8834	9.9508	9.98522	10.0363
2	-1118.26	199.37	4	0.000	33.0202	9.17286	9.23024	9.31535*
3	-1108.44	19.638	4	0.001	31.495	9.12555	9.20588	9.32504
4	-1103.06	10.769	4	0.029	31.1435	9.11429	9.21757	9.37078
5	-1099.78	6.5596	4	0.161	31.3281	9.12015	9.24638	9.43363
6	-1095.13	9.3056	4	0.054	31.1647	9.11484	9.26402	9.48532
7	-1090.96	8.3348	4	0.080	31.1256	9.11348	9.28561	9.54096
8	-1084.79	12.338	4	0.015	30.5857	9.09585	9.29092	9.58032
9	-1069.8	29.97	4	0.000	27.9775	9.00654	9.22456	9.54801
10	-1058.86	21.896*	4	0.000	26.4467*	8.95005*	9.19103*	9.54852
11	-1056.39	4.9341	4	0.294	26.7854	8.96251	9.22644	9.61798
12	-1052.4	7.9707	4	0.093	26.7969	8.96263	9.24951	9.6751

图 6.15 计算滞后阶数

或者代码：

```
library(remotes)
install_github("angusmoore/tvarGIRF")
```

	A	B	C
1	1	101.4	-0.2901
2	2	100.9	5.610973
3	3	100.2	-6.72963
4	4	99.9	2.869198
5	5	99.8	7.670221
6	6	99.4	-0.57143
7	7	98.7	-9.08046
8	8	98	3.076275
9	9	97.1	-0.69501
10	10	96.9	-19.1437
11	11	96.3	-10.1324
12	12	96	-0.67989
13	13	96	4.563605

图 6.16 保存为 R 软件可读数据形式

第三步，在 R 软件默认读取的文件夹下创建 rdata. csv 文件，将数据存入文件。一般默认读取的文件位于“我的电脑”的“文档”文件夹。数据保存的形式如下，第 1 列为序列，第 2 列为变量 1 的数据，第 3 列为变量 2 的数据，如图 6.16 所示。

第四步，调用 tsDyn 软件包进行估计。在 tsDyn 包中，门限 VAR 模型回归的函数是 TVAR() 函数，需要设定的参数包括：data，数据集，必须为多变量矩阵，类型为 ts 时间序列，这里令 data 为 rdata 的第 2 列和第 3 列；lag，滞后期，滞后期可以使用时不变的 VAR 模型进行识别，门限 VAR 模型本身就是多个时不变 VAR 估计结果；include，确定项的类型，none 为不包含确定项，const 为截距项，trend 为趋势项，both 为同时包含趋势项和截距项；model，门限变量的设定形式，TAR 为变量水平值作为门限变量，MTAR 为变量差分作为门限变量；mTh，门限变量代号，在 data 数据集中，如果第一个变量为门限变量，则 mTh＝1，如果第二个变量为门限变量，则 mTh＝2，以此类推，门限变量只能设置 1 个，不能设置多个；nthresh，门限值个数，最小设置为 1，最大设置为 2，分别对应两个区制以及 3 个区制；trim，修剪比例，剔除掉序列两端的离群值的比例，建议设置在 0.1，trim 过大将导致样本量过小；thVar，外生门限变量；max.iter，估计值的最大迭代次数，一般不需要迭代，因为门限变量用作"分段"，所以实际回归时依然采取的是 CLS 回归。代码如下：

```
library(tsDyn)
rdata <- read.csv("rdata.csv", stringsAsFactors=FALSE, header=F)
rdata <- as.matrix(rdata)
tv <- TVAR(data=rdata[,c(2,3)], lag=10, include="both", model="TAR",
nthresh=2, mTh=2, trim=0.1, max.iter=5)
```

也可用 summary 函数调用全部估计结果(图 6.17)。

```
> tv <- TVAR(data=rdata[,c(2,3)],lag=10,include="both",model="TAR",
+ nthresh=2,mTh=2,trim=0.1,max.iter=5)
Best unique threshold -10.13238
Second best: 9.893993 (conditionnal on th= -10.13238 and Delay= 1 )      SSR/AIC: 11586.03
Second best: -9.998339 (conditionnal on th= 9.893993 and Delay= 1 )      SSR/AIC: 11597.59

Second step best thresholds -10.13238 9.893993              SSR: 11586.03
```

图 6.17　TVAR 门限值估计

第五步，对门限效应进行检验。这里用 R 自带的数据进行举例，data 是时间序列数据；lag 是时间滞后；thDelay 是门限变量的时间延迟；mTh 指定门限变量；nboot 是 bootstrap 的个数；plot 是否应该显示网格搜索结果的绘图；test 是假设的类型，具体指 Test 1vs2：线性 VARvs 单门限 TVAR；Test 1vs3：线性 VAR vs 双门限 TVAR；Test 2vs3：单门限 TVAR vs 双门限 TVAR，见图 6.18。代码如下：

```
data(zeroyld)
data <-zeroyld
TVAR.LRtest(data, lag=2, mTh=1, thDelay=1:2, nboot=3, plot=FALSE, trim=0.1, test
="1vs")
```

第六步，计算广义脉冲响应。这里用 R 自带的数据进行举例(由于计算量大，运行速度较慢)，广义脉冲响应函数是 GIRF 函数；GIRF 给出了一个简化形式的冲击，在下面的例子中只有第二个变量 $c(0,1)$的冲击。如果想使用正交化冲击，应该自己计算正交化，并提供与选择的结构冲击相对应的简化形式冲击；如果需要计算某个机制内的脉冲响应利用 restrict.to 设定机制，见图 6.19。代码如下：

```
library(tsDyn)
library(tvarGIRF)
data(zeroyld)
exampleTVAR <- TVAR(zeroyld, lag=2, nthresh=1, thDelay=1, mTh=1, plot=FALSE)
```

```
> TVAR.LRtest(data, lag=2, mTh=1,thDelay=1:2, nboot=3, plot=FALSE, trim=0.1, test="lvs")
Warning: the thDelay values do not correspond to the univariate implementation in tsdyn
$bestDelay
Var1
   1

$LRtest.val
    lvs2     lvs3
30.27935 42.97058

$Pvalueboot
     lvs2      lvs3
0.0000000 0.3333333

$CriticalValBoot
          90%      95%    97.5%      99%
lvs2 18.77418 18.79793 18.80980 18.81692
lvs3 43.89947 44.64991 45.02513 45.25026

$type
[1] "lvs"

attr(,"class")
[1] "TVARtest"
```

图 6.18 TVAR 门限检验结果

```
girfs <- GIRF(exampleTVAR, c(0,1))
conditional_girf_bdown <- GIRF(exampleTVAR, c(0,1), restrict.to = 1)
```

```
> summary(girfs)
GIRF of tvar exampleTVAR (2 variables)
Calculated over 200 horizons (each history replicated 500 times)

# A tibble: 20 x 2
   short.run long.run
       <dbl>    <dbl>
 1  0.000728    1.00
 2  0.0226      0.952
 3  0.0453      0.907
 4  0.0701      0.874
 5  0.0909      0.840
 6  0.109       0.812
 7  0.126       0.781
 8  0.141       0.750
 9  0.153       0.721
10  0.165       0.694
11  0.177       0.670
12  0.188       0.647
13  0.199       0.629
14  0.205       0.610
15  0.213       0.588
16  0.220       0.570
17  0.224       0.547
18  0.232       0.533
19  0.237       0.520
20  0.242       0.505
```

图 6.19 广义脉冲响应结果

6.3 门限空间向量自回归模型理论及应用

门限空间向量自回归模型是门限向量自回归模型与空间向量自回归模型的结合。它能够同时考虑变量之间的相互关系、区域之间的相互关系、外生变量的影响以及变量之间的非线性关系。与传统的 ARIMA、VAR 模型相比，TSpVAR 模型能够更好地捕捉到经济数据中的复杂关系和非线性特征。

6.3.1　一般表达式

门限空间向量自回归模型的一般表达式为

$$\boldsymbol{Y}_{it}=\boldsymbol{\alpha}_i+\sum_{m=1}^{q}\left(\sum_{j=1}^{p_i}\boldsymbol{\delta}_{m,i,j}\boldsymbol{Y}_{i,t-j}\right)I(\gamma_{m-1}<z_{i,t}\leqslant\gamma_m)+\boldsymbol{\rho}\boldsymbol{Y}_{it}^{*}+\boldsymbol{u}_{it}\tag{6.43}$$

由于在空间向量自回归模型中对几个门限变量的多机制情形进行估算具有较大难度，并且在 TVAR 模型应用中经常出现过多的机制数使模型实证结果难以解释，设定最简单的二机制门限回归模型。二机制面板数据门限空间向量自回归模型如下：

$$\boldsymbol{Y}_{it}=\boldsymbol{\alpha}_i+\left(\sum_{j=1}^{p_i}\delta_{1,i,j}\boldsymbol{Y}_{i,t-j}\right)I(z_{i,t}\leqslant\gamma)+\left(\sum_{j=1}^{p_i}\delta_{2,i,j}\boldsymbol{Y}_{i,t-j}\right)I(z_{i,t}>\gamma)+\rho\boldsymbol{Y}_{it}^{*}+\boldsymbol{u}_{it}\tag{6.44}$$

式中，$\boldsymbol{Y}_{it}$ 由 $K\times 1$ 维内生向量组成，$\boldsymbol{Y}_{it}=(y_{1it},y_{2it},\cdots,y_{Kit})'$，$\boldsymbol{Y}_{it}^{*}=(y_{1it}^{*},y_{2it}^{*},\cdots,y_{Kit}^{*})'$为$\boldsymbol{Y}_{it}$ 的空间滞后向量；$\boldsymbol{\alpha}_i$ 是常数向量；$z_{i,t}$ 为门限变量；p_i 为第 i 个空间个体的时间滞后阶数(假设滞后阶数对所有变量和机制都是一样的)，可用 AIC 确定。设 Y_{Kit} 是第 k 个内生变量，模型(6.44)中第 k 个内生变量的方程为

$$Y_{Kit}=\alpha_{Ki}+\left(\sum_{j=1}^{p_i}\delta_{K,1,i,j}Y_{i,t-j}\right)I(z_{i,t}\leqslant\gamma)+\left(\sum_{j=1}^{p_i}\delta_{K,2,i,j}Y_{i,t-j}\right)I(z_{i,t}>\gamma)+\rho_K Y_{Kit}^{*}+u_{Kit}\tag{6.45}$$

6.3.2　模型的估计及理论研究

相比于单方程模型，将空间向量自回归模型与门限向量自回归模型结合具有更大的估计难度。对于模型(6.44)，已预设了机制数为 2(只存在一个门限值 γ)，假设门限变量 $z_{i,t}$ 已知，若门限值 γ 已知，该模型就可以在不同的机制内通过空间向量自回归模型的估计的方法得到估计值。但一般情形下，门限值 γ 是未知的，需要对门限值首先进行估计与检验。基于 Hansen(2000)提出的针对 TAR 模型的三步法思想和周德才等(2018)提出的适用于 MR-TVAR 模型的新三步法，拟采用搜索法估计门限值对模型(6.44)进行估计，具体如下。

利用广义矩估计方法获得参数 $\delta_{K,1,i,j}$、$\delta_{K,2,i,j}$、ρ_K 的估计 $\hat{\delta}_{K,1,i,j}(\gamma)$、$\hat{\delta}_{K,2,i,j}(\gamma)$、$\hat{\rho}_K(\gamma)$。将参数估计代入模型(6.44)，方程两边对 t 求平均，就可以得到 α_{Ki} 的估计 $\hat{\alpha}_{Ki}(\gamma)$。然后获得模型(6.44)随机误差项 u_{Kit} 的估计 $\hat{u}_{Kit}(\gamma)$，记

$$\hat{\boldsymbol{u}}_{it}(\gamma)=(\hat{u}_{1it}(\gamma),\hat{\boldsymbol{u}}_{2it}(\gamma),\cdots,\hat{u}_{Kit}(\gamma))'$$

$$\hat{\boldsymbol{u}}_{i}(\gamma)=(\hat{\boldsymbol{u}}_{i1}(\gamma)',\hat{\boldsymbol{u}}_{i2}(\gamma)',\cdots,\hat{\boldsymbol{u}}_{iT}(\gamma)')'$$

$$\hat{\boldsymbol{u}}(\gamma)=(\hat{\boldsymbol{u}}_{1}(\gamma)',\hat{\boldsymbol{u}}_{2}(\gamma)',\cdots,\hat{\boldsymbol{u}}_{n}(\gamma)')'$$

此时，最优门限值为使残差平方和达到最小，有

$$\hat{\gamma}=\arg\min_{\gamma}\hat{u}(\gamma)'\hat{u}(\gamma) \tag{6.46}$$

对于模型(6.45)，设定了只有一个门限值的情况，故直接选择使方差-协方差矩阵的行列式值最小的门限值。若设定存在多个门限值，也可以采用类似的估计方法对模型进行估计。在个体数 N 和时期数 T 都很大的情况下研究参数估计和非参数估计大样本性质。

利用模型(6.45)的估计可以获得在各个机制下的脉冲响应函数估计，在各个机制下，利用 Cholesky 分解技术对 $\boldsymbol{u}_{it}$ 进行线性变换，转换为正交化"新息"$\boldsymbol{v}_{it}$，这样 $\mathrm{cov}(v_{kit},v_{ljt})=0, i\neq j$ 或 $i=j, k\neq l$。继而获得正交化的脉冲响应函数$\partial Y_{l,j,t+q}/\partial v_{kit}$，它反映 t 期来自第 i 个地区的第 k 个内生变量"新息"的一个标准化误差冲击对第 $t+q$ 期第 j 个地区第 i 个内生变量的影响，可用 Φ 中的元素表示。因为 Cholesky 分解既依赖于每个地区内生变量的顺序，也依赖于地区的排序。因此，在实际应用中内生变量可采用经典的处理方法进行排序。可依据每个地区的生产总值来排序。在实际应用中，为了避免区域排序和变量排序的主观性，也可以采用广义脉冲响应函数的方法。

模型(6.45)已经预设了机制数为 2，更普遍的情况下，除了对二机制门限效应的显著性进行检验，还需要进一步检验三机制、四机制的门限效应是否显著才能证明使用二机制模型在统计意义上的合理性。检验借鉴周德才等(2018)的思路，对门限效应和机制数进行检验。

从模型(6.45)开始，该模型为最简单的二机制模型，检验门限效应的原假设：

$$H_0: \delta_{1,i,j}=\delta_{2,i,j}$$

此时模型(6.45)的时间滞后项不存在门限效应。检验原假设 $H_0: \delta_{1,i,j}=\delta_{2,i,j}$ 的似然比统计量为

$$L_{1,2}(\hat{\gamma})=(nT-k_2)(\log|\boldsymbol{\Sigma}_1|-\log|\boldsymbol{\Sigma}_2(\hat{\gamma})|) \tag{6.47}$$

式中，$\boldsymbol{\Sigma}_1=\sum_{i=1}^{n}\sum_{t=1}^{T}\hat{\boldsymbol{u}}'_{(1)it}\hat{\boldsymbol{u}}_{(1)it}/(nT-k_1)$ 和$\boldsymbol{\Sigma}_2(\hat{\gamma})=\sum_{i=1}^{n}\sum_{t=1}^{T}\hat{\boldsymbol{u}}'_{(2)it}\hat{\boldsymbol{u}}_{(2)it}/(nT-k_2)$，$\hat{\boldsymbol{u}}_{(1)it}(\hat{\gamma})$ 和$\hat{\boldsymbol{u}}_{(2)it}(\hat{\gamma})$ 分别为面板数据空间向量自回归模型和二机制门限面板数据空间向量自回归模型的残差向量。k_1 和 k_2 为面板数据空间向量自回归模型和二机制门限面板数据空间向量自回归模型中每个回归方程需估计的参数个数。由于似然比统计量 $L_{1,2}(\hat{\gamma})$的渐近分布不是标准分布，拟使用自举法来检验门限效应，此方法是基于异方差下一致估计来获得门限变量的渐近分布，并通过渐近分布进而确定 $L_{1,2}(\hat{\gamma})$的 P 值(周德才等，2018)。

若拒绝原假设，则可认为存在门限效应，但仍不能判断机制数是否为 2，理论上机制数可以任意大，因此需构造一系列似然比统计量判定三机制门限面板数据空间向量自回归模型、四机制门限面板数据空间向量自回归模型等是否合理。一般门限向量自回归模型在经济研究中最多出现四机制，极少出现更多机制，故只检验至四机制模型是否合理，更多机制数的模型检验方法与此类似。为判定三机制门限面板数据空间向量自回归模型是否合理，作出原假设 $H_0: \delta_{1,i,j}=\delta_{2,i,j}=\delta_{3,i,j}$，此时模型的时间滞后项不存在门限效

应。检验该假设的似然比统计量为

$$L_{1,3}(\hat{\gamma}_2)=(nT-k_3)(\log|\boldsymbol{\Sigma}_1|-\log|\boldsymbol{\Sigma}_3(\hat{\gamma}_2)|) \tag{6.48}$$

式中，$\boldsymbol{\Sigma}_3(\hat{\gamma}_2)=\sum_{i=1}^{n}\sum_{t=1}^{T}\hat{\boldsymbol{u}}'_{(3)it}(\hat{\gamma}_2)\hat{\boldsymbol{u}}_{(3)it}(\hat{\gamma}_2)/(nK-k_3)$，$\hat{\boldsymbol{u}}_{(3)it}(\hat{\gamma}_2)$ 是三机制门限面板数据空间向量自回归模型的残差向量，k_3 为模型中每个回归方程需估计的参数个数。统计量 $L_{1,3}(\hat{\gamma}_2)$ 的 P 值估计与统计量 $L_{1,2}(\hat{\gamma}_1)$ 的 P 值估计方法相同。同理，可检验四机制门限面板数据空间向量自回归模型的门限效应。

第7章　半参数门限空间滞后模型

7.1 引　言

20世纪70年代以后，计量经济学进入现代计量经济学阶段，各种计量经济模型被提出，研究成果呈爆炸式增长。这一时期，在传统模型基础上引入空间效应而发展的空间计量模型成为现代计量经济学的新分支，在理论研究和应用方面都取得了极大的成就(Anselin，2010)。至今，空间计量经济的参数模型已经构建了较为完整的理论框架，并在国内外实证研究中得到了广泛应用(马倩丽和侯鑫，2021；颜琼和陈绍珍，2015；叶阿忠等，2015)。尽管空间计量经济的参数模型具有估计收敛速度快、简明而易于处理等优点，但是普遍存在设定误差问题，导致估计效果经常不理想。造成这一困境有两个原因：其一，现有大多数空间面板参数模型预先假设了因变量的条件期望是某种形式已知的线性参数结构，而经济理论及经济现象均表明许多时间序列具有非线性特征；其二，无论是多么精于理论分析和实证建模的学者，面对现实经济变量间的复杂性，预设模型形式也会存在较高的误设风险。

经过多年的发展，空间计量经济模型的理论研究已经在空间模型与非参数模型和半参数模型的结合上取得了可喜的研究成果(Su，2012；陈泓等，2016；方丽婷和钱争鸣，2013；李坤明和陈建宝，2020)，近年也有文献关注了空间计量经济模型与参数非线性回归模型的结合(LeSage and Chil，2016；方丽婷和李坤明，2019；陶长琪和徐茉，2020)，但在空间计量经济模型与参数非线性回归模型和半参数回归模型的结合上，由于模型理论研究具有一定难度，此方面的理论研究还很稀缺，而引入参数非线性回归模型和半参数模型对在空间计量经济模型中同时考虑非对称的空间依赖性和部分变量的复杂性影响具有很重要的意义。

本章把经典的参数非线性时间序列模型——门限回归模型与半参数空间滞后模型相结合，构建半参数门限空间滞后模型。STSAR模型研究理论意义体现在：①延伸了空间计量经济模型的研究领域，空间相关性处理不当可能导致有缺陷的参数估计，在半参数空间滞后模型引入门限效应的估计指定了不同机制下的空间依赖关系，能够解释估计参数未知的非对称性，允许研究者同时处理空间依赖性、模型不确定性和参数异质性；②丰富了空间计量经济模型估计方法，半参数门限空间滞后模型需在工具变量估计方法、局部线性估计方法以及门限回归经典估计方法的基础上提出更具综合性的模型估计方法，证明参数估计和非参数估计的大样本性质，并用蒙特卡罗模拟得出模型参数估计值的小样本性质。

7.2　半参数门限空间滞后模型及其估计

7.2.1　半参数门限空间滞后模型的构建

在一般形式门限空间滞后模型基础上加入非参项后，得到一般形式的半参数门限面板空间滞后模型：

$$y_{it}=\alpha_i+\sum_{m=1}^{M}(\rho_m y_{it}^{*})I(z_m\in[r_{m-1},r_m])+\boldsymbol{S}'_{it}\boldsymbol{\varphi}_0+\boldsymbol{S}_{it}^{*\prime}\boldsymbol{\varphi}_1+g(\boldsymbol{P}_{it})+u_{it}\quad(7.1)$$

式中，y_{it} 为被解释变量；$y_{it}^{*}=\sum_{j\neq i}w_{ij}y_{jt}$ 为 y_{it} 的空间滞后项。$I(z_m\in[r_{m-1},r_m])$ 为示性函数，$z_m\in[r_{m-1},r_m]$ 成立时取值为1，否则为0。$\boldsymbol{S}_{it}=(S_{1it},\cdots,S_{d_s it})'$ 是解释变量向量，$\boldsymbol{S}_{it}^{*}=\sum_{j\neq i}w_{ij}S_{jt}$ 为 $\boldsymbol{S}_{it}$ 的空间滞后项，$\boldsymbol{\varphi}_0$、$\boldsymbol{\varphi}_1$ 为 $d_s\times1$ 列向量。$\boldsymbol{P}_{it}=(P_{1it},\cdots,P_{d_p it})'$ 为非参数部分解释变量向量，α_i 为个体影响，ρ_m 为空间效应系数，下标 m 表示不同机制，ρ_m 为不同机制下对应的空间效应系数，分割机制由门限变量 z_{it} 指定，r_m 为门限值。$g(\cdot)$是未知函数，u_{it} 是均值为零、方差为 σ^2 且相互独立的随机变量。该模型的被解释变量除了受个体行为 α_i 和解释变量的影响，还受被解释变量和解释变量的空间滞后项的影响。模型(7.1)考察了空间滞后系数 ρ 在不同机制下是否发生变化，考虑最简单的情况，设定只存在单一门限值，则模型(7.1)可写为

$$y_{it}=\alpha_i+\rho_1 y_{it}^{*}I(z_{it}\leqslant r)+\rho_2 y_{it}^{*}I(z_{it}>r)+\boldsymbol{\varphi}_0\boldsymbol{S}_{it}+\boldsymbol{\varphi}_1\boldsymbol{S}_{it}^{*}+g(\boldsymbol{P}_{it})+u_{it}\quad(7.2)$$

模型(7.1)和模型(7.2)的主要优点在于可以对空间依赖关系的不对称性进行研究。典型的空间自回归模型的一个隐含假设是经济体之间的空间依赖程度是相同的，而在空间计量经济模型经常使用的经济问题中可能并非如此。例如，贫穷国家和富裕国家经济间的相互影响往往是非对称的，创新主体间的知识溢出也会因为知识吸收能力不同存在非对称性。为了在这些经典SAR模型的应用实例中考虑非对称性，研究者必须确定导致非对称性的变量，如贫富差距、知识存量差距等。通过融合门限回归模型，研究者可以在SAR模型中测算非对称性及其影响，也可以在空间滞后模型中考虑解释变量空间依赖的非对称性，构造外生解释变量具有门限效应的半参数门限面板空间滞后模型如下：

$$y_{it}=\alpha_i+\sum_{m=1}^{M}(\boldsymbol{\varphi}_{0m}\boldsymbol{S}_{it}+\boldsymbol{\varphi}_{1m}\boldsymbol{S}_{it}^{*})I(z_m\in[r_{m-1},r_m])+\rho y_{it}^{*}+g(\boldsymbol{P}_{it})+u_{it}\quad(7.3)$$

7.2.2　半参数门限空间滞后模型的工具变量估计

情形一：机制数已知而门限值未知

针对机制数已知而门限值未知情形下的半参数门限面板空间滞后模型，参照叶阿忠、吴继贵、陈生明(2015)所著《空间计量经济学》中半参数静态面板空间滞后模型的工具变量估计方法，结合门限回归模型估计方法进行参数估计。下面仅以模型(7.1)的单门限形

式为例对估计方法进行说明，半参数单门限面板空间滞后模型可表示为

$$y_{it}=\begin{cases}\alpha_i+\rho_1 y_{it}^*+\boldsymbol{\varphi}_0\boldsymbol{S}_{it}+\boldsymbol{\varphi}_1\boldsymbol{S}_{it}^*+g(\boldsymbol{P}_{it})+u_{it}, & z_{it}\leqslant r\\ \alpha_i+\rho_2 y_{it}^*+\boldsymbol{\varphi}_0\boldsymbol{S}_{it}+\boldsymbol{\varphi}_1\boldsymbol{S}_{it}^*+g(\boldsymbol{P}_{it})+u_{it}, & z_{it}>r\end{cases}\tag{7.4}$$

若 $Eg(\boldsymbol{P}_{it})\neq 0$，则可将其归入 α_i，所以，设 $Eg(\boldsymbol{P}_{it})=0$。模型(7.4)可改写为

$$y_{it}=\alpha_i+\boldsymbol{X}'_{it}(r)\boldsymbol{\Theta}+g(\boldsymbol{P}_{it})+u_{it}\tag{7.5}$$

式中，$\boldsymbol{X}_{it}(r)=(y_{it}^*\cdot I(z_{it}\leqslant r), y_{it}^*\cdot I(z_{it}>r);\ \boldsymbol{S}'_{it},\boldsymbol{S}_{it}^{*\prime})'$，$\boldsymbol{\Theta}=(\rho_1,\rho_2,\varphi_0,\varphi_1)'$，$\{S_{1t},P_{1t},y_{1t}\},\cdots,\{S_{nt},P_{nt},y_{nt}\}$是在 $R^{d_s+d_p+1}$ 上取值的随机变量向量序列，解释变量向量 $\boldsymbol{X}_{it}$ 中 y_{it}^* 是内生变量，且与随机误差项相关。

由于个体截距项未知，当个体数量趋于无穷时，个体截距项个数也趋于无穷，待估参数个数趋于无穷。选用组内变化消除参数 α_i：

$$\tilde{\boldsymbol{y}}_i=T^{-1}\sum_{t=1}^{T}y_{it};\ \widetilde{\boldsymbol{X}}_i(r)=T^{-1}\sum_{t=1}^{T}X_{it}(r)$$

$$\check{y}_{it}=y_{it}-\tilde{\boldsymbol{y}}_i;\ \check{X}_{it}(r)=X_{it}(r)-\widetilde{\boldsymbol{X}}_i(r)$$

消除个体截距项 α_i 后得到

$$\check{y}_{it}=\check{X}'_{it}(r)\boldsymbol{\Theta}+g(\boldsymbol{P}_{it})+\check{u}_{it}\tag{7.6}$$

设 $H_{1t},\cdots,H_{nt}$ 是 R^{2d_s+2} 上与 y_{it}^* 相关的随机变量向量，假设 $E(\boldsymbol{H}_{it}u_{it})=0$，$E(\boldsymbol{H}_{it}u_{it}|\boldsymbol{X}_{it},\boldsymbol{P}_{it})=0$，称 $\boldsymbol{H}_{it}$ 为工具变量向量。

消除个体截距项后，工具变量估计过程具体如下。

步骤 1：假定门限值 r 已知，模型(7.6)参数分量$\boldsymbol{\Theta}$ 的工具变量估计为

$$\hat{\Theta}_{\mathrm{IV}}(r)=\left[\sum_{i=1}^{n}\sum_{t=1}^{T}\boldsymbol{H}_{\#it}(\check{X}_{it}(r)-\hat{m}_1(\boldsymbol{P}_{it};r))'\right]^{-1}\left[\sum_{i=1}^{n}\sum_{t=1}^{T}\boldsymbol{H}_{\#it}(\check{y}_{it}-\hat{m}_2(\boldsymbol{P}_{it}))\right]\tag{7.7}$$

式中，$\boldsymbol{H}_{\#it}=(H_{1it},\cdots,H_{2d_s+2,it})'$，$\hat{m}_1(p;r)$ 和 $\hat{m}_2(p)$ 分别是 $m_1(p;r)=E[\check{X}_{it}(r)|\boldsymbol{P}_{it}=p]$ 和 $m_2(p)=E[\check{y}_{it}|\boldsymbol{P}_{it}=p]$的局部线性估计。

非参数分量的工具变量估计为

$$\hat{g}_{\mathrm{IV}}(p;r)=\hat{m}_2(p)-\hat{m}_1{}'(p;r)\hat{\Theta}_{\mathrm{IV}}(r)\tag{7.8}$$

步骤 2：根据式(7.9)估计最优的门限值 r：

$$\hat{r}=\arg\min_{r}\hat{\boldsymbol{u}}(r)'\hat{\boldsymbol{u}}_t(r)\tag{7.9}$$

式中，$\hat{\boldsymbol{u}}(r)=(\hat{u}_1(r)',\cdots,\hat{u}_T(r)')'$，$\hat{\boldsymbol{u}}_t(r)=(\hat{u}_{1t}(r),\cdots,\hat{u}_{Nt}(r))'$，$\hat{u}_{it}(r)=\check{y}_{it}-\check{X}'_{it}(r)\hat{\Theta}_{\mathrm{IV}}(r)-\hat{g}_{\mathrm{IV}}(P_{it};r)$。

步骤 3：将估计后的 $\hat{r}$ 分别代入式(7.7)、式(7.8)中，可估计出 $\hat{\Theta}_{\mathrm{IV}}=\hat{\Theta}_{\mathrm{IV}}(\hat{r})$，$\hat{g}_{\mathrm{IV}}(p)=\hat{g}_{\mathrm{IV}}(p;\hat{r})$的具体参数值。基于修正的最小二乘思想，个体截距项 α_i 估计表达式为

$$\hat{\alpha}_i = \tilde{\boldsymbol{y}}_i - \widetilde{\boldsymbol{X}}'_i(\hat{r})\hat{\Theta}_{\mathrm{IV}} \tag{7.10}$$

情形二：机制数与门限数均未知

针对机制数与门限值均未知情形下的半参数门限面板空间滞后模型，我们以模型(7.3)为例阐述估计方法。模型(7.3)中解释变量向量 $\boldsymbol{S}_{it}$ 及空间滞后项向量 $\boldsymbol{S}_{it}^*$ 均基于门限变量存在未知机制数的门限效应，故需判断 $\boldsymbol{S}_{it}$ 及 $\boldsymbol{S}_{it}^*$ 中变量的机制数。机制数判定参照 Hansen(1999) 提出的用假设检验确定机制数的思路。在模型实证研究的初始阶段，为减小模型的偏差，可以选择较大的机制数。某些门限值 r_m 不必要，则可以进行合并，因此真实机制数通常少于初始选择的机制数。例如，模型(7.1)机制数未知情形下，可先在一个较多机制数下计算门限值，再逐次判断模型(7.1)的第 $m+1$ 段机制与第 m 段机制是否具有门限效应。判断方法为对机制对应的系数作出线性原假设 H_0：$\rho_m = \rho_{m+1}$，若线性原假设 H_0 成立，则 r 是多余的门限值，第 $m+1$ 段机制与第 m 段机制可以合并。逐次对每个相邻机制作出线性假设检验，筛除全部额外的门限值，从而确定必需的机制数。

对模型(7.3)，原假设为模型机制数为 M(门限数为 $M-1$)，待检假设为在第 m 个机制 $[r_{m-1}, r_m)$ 存在额外门限，门限值为 τ_m。依据已知的门限值将原机制分为两个部分：$(\varphi_{0m-1}S_{it} + \varphi_{1m-1}S_{it}^*)I(z_m \in [r_{m-1}, \tau_m])$ 在机制 $[r_{m-1}, \tau_m]$ 中，$(\varphi_{0m}S_{it} + \varphi_{1m}S_{it}^*)I(z_m \in [\tau_m, r_m])$ 在机制 $[\tau_m, r_m)$ 中，即

$$I(z_m \in [r_{m-1}, \tau_m]) = \begin{cases} 1, z_m \in [r_{m-1}, \tau_m] \\ 0, \text{else} \end{cases}, I(z_m \in [\tau_m, r_m]) = \begin{cases} 1, z_m \in [\tau_m, r_m] \\ 0, \text{else} \end{cases}$$

机制 $[r_{m-1}, \tau_m]$ 对应的条件期望 $E_{r_{m-1},\tau_m}(\boldsymbol{X})$ 定义如下：

$$E_{r_{m-1},\tau_m}(\boldsymbol{X}) = E(y_{it} \mid \boldsymbol{X}_{it} = \boldsymbol{X}, I(z_m \in [r_{m-1}, \tau_m]) = 1) = \int y \frac{f_{r_{m-1},\tau_m}(\boldsymbol{X}, y)}{f_{r_{m-1},\tau_m}(\boldsymbol{X})} \mathrm{d}x \tag{7.11}$$

式中，

$$f_{r_{m-1},\tau_m}(\boldsymbol{X}, y) = \int f(\boldsymbol{X}, y, z) I(z_m \in [r_{m-1}, \tau_m]) \mathrm{d}z$$

$$f_{r_{m-1},\tau_m}(\boldsymbol{X}) = \int f(\boldsymbol{X}, z) I(z_m \in [r_{m-1}, \tau_m]) \mathrm{d}z$$

机制 $[\tau_m, r_m)$ 对应的条件期望 $E_{\tau_m, r_m}(\boldsymbol{X})$ 与此类似。

基于此，容易得到回归模型的条件数学期望。记 $E(\boldsymbol{X}, \boldsymbol{P}; r_1, \cdots, r_M)$ 为回归模型不存在额外门限时的条件期望，并记 $E(\boldsymbol{X}, \boldsymbol{P}; r_1, \cdots, r_{m-1}, \tau_m, \cdots, r_M)$ 为回归模型存在额外门限时的条件均值。

检验机制 $[r_{m-1}, r_m)$ 是否存在额外的门限值的零假设写为

$$H_0: Pr[E(\boldsymbol{X}_{it}, \boldsymbol{P}_{it}; r_1, \cdots, r_M) = E(\boldsymbol{X}_{it}, \boldsymbol{P}_{it}; r_1, \cdots, r_{m-1}, \tau_m, \cdots, r_M)] = 1 \tag{7.12}$$

借鉴周德才等(2018)的做法构建原假设 H_0 的似然比统计量为

$$L_{m,m+1}(\hat{\tau}_m) = (nT - k_{m+1})\left(\log\left|\sum\nolimits_m\right| - \log\left|\sum\nolimits_{m+1}(\hat{\tau}_m)\right|\right) \tag{7.13}$$

式中，$\sum_m = \sum_{i=1}^{n}\sum_{t=1}^{T} \hat{u}'_{it,m}\hat{u}_{it,m}/(nT - k_m)$；$\sum_{m+1}(\hat{\tau}_m) = \sum_{i=1}^{n}\sum_{t=1}^{T} \hat{u}'_{it,m+1}(\hat{\tau}_m)\hat{u}_{it,m+1}(\hat{\tau}_m)/(nT - k_{m+1})$；$n$ 为样本容量；k_m 和 k_{m+1} 表示机制数分别为 m 和 $m+1$ 时需要估计的参数的个数；$\hat{u}_{it,m}$ 为机制数为 m 时回归方程的残差；$\hat{u}_{it,m+1}(\hat{\tau}_m)$ 为增加额外门限值 τ_m 使机制数为 $m+1$ 时回归方程的残差；$\hat{\tau}_m$ 为按照情形一估计方法获得的 τ_m 的估计。完成似然比统计量的构造后，需要计算其 P 值以确定 τ_m 的门限效应在统计上的显著性。由于似然比统计量 $L_{m,m+1}(\hat{\tau}_m)$ 的渐近分布不是标准分布，使用自举法来检验门限效应，此方法是基于异方差下的一致估计来获得门限变量渐近分布，并通过渐近分布进而确定 P 值。

模型(7.3)的估计步骤类似于模型(7.1)的估计步骤。模型(7.1)和模型(7.3)是半参数门限面板空间滞后模型的一般形式。在具体研究过程中，研究者需要根据研究问题选择合适的估计模型。接下来讨论几种具体的模型。

7.3 内嵌的半参数门限空间杜宾模型

7.3.1 模型简介

当模型(7.1)中各项系数均不为 0 时，模型实际上是内嵌的半参数门限空间杜宾模型，即被解释变量的空间滞后项具有门限效应。空间杜宾模型是目前空间计量经济学最为常见的模型，能够同时捕捉被解释变量和解释变量的空间效应。模型(7.1)的半参数门限空间杜宾模型在完整保留空间杜宾模型优势的基础上，设定被解释变量的空间效应存在非对称性，使用门限模型的估计方法对被解释变量的空间滞后项进行处理，并设定存在部分外生解释变量的影响具有非线性，使用半参数模型的估计方法进行处理。

当研究问题的核心在于验证被解释变量的空间效应是否因门限变量变化而发生变化，并且需要捕捉解释变量的空间效应和非线性影响，理应采用半参数门限空间杜宾模型进行研究。典型问题如城市集聚的非对称空间效应。

7.3.2 模型设定与估计方法

半参数门限空间杜宾模型形式为模型(7.1)，估计方法可采用工具变量估计，具体内容已在 7.2.2 节进行详述，这里不再重复。

7.3.3 案例一：信息通信技术进步对城市创新产出的非线性影响

提升欠发达地区的创新和技术能力是实现经济赶超的关键，但从发达地区引入先进技术促进创新受到诸多因素的制约。信息通信技术(ICT)革命以来，ICT 被寄予厚望成为帮助欠发达地区在创新能力上实现追赶的关键助力。然而，自 20 世纪 70 年代 ICT 革命爆发至今，只有少数发展中国家能够把握这一机遇，发展 ICT 提升本国创新能力并获得国际知识溢出，从而缩小与发达国家的创新差距。整体而言，大多数发展中国家与发达国家存在普遍的数字鸿沟，创新差距甚至有所扩大。相比于国家层面，中国国内城市之间创新能力和 ICT 发展不平衡的特征同样明显，创新能力和 ICT 应用的空间累积造成发达城市和欠发达城市利用 ICT 提升创新能力和获取空间知识溢出的异质性，很可能重新塑造中国城市创新格局。那么，ICT 究竟会如何重塑中国创新的城市分布格局？准确回答这一问题，对于针对性地制定数字化基础设施建设和创新发展的城市政策，发挥欠发达城市创新潜力、缩小城市间经济发展分异具有重要的现实意义。

1. 研究假设提出

集聚经济理论认为，人口集聚有利于面对面交流和本地的知识流动，累积推动发达城市创新活动的集聚。然而，人口集聚作为城市创新能力提升的决定因素存在局限性：即使城市人口规模相同，城市创新能力也会因 ICT 用户规模差异而存在异质性，尤其 ICT 成为知识流动的主要渠道时，高度的人口集聚并不绝对是创新城市的象征。根据梅特卡夫法则，网络的价值以用户数量的平方速度增长，因此城市 ICT 用户集聚可能成为信息时代下影响创新能力的集聚因素。集聚经济的本质在于经济效应随集聚程度提升而递增，ICT 在以下方面对城市创新能力具有非线性的提升作用。

(1) ICT 优化创新环境的非线性机制。在城市 ICT 发展初期，网络规模较小，只有少部分信息网络节点之间能够通过 ICT 快速传递信息，网络中创新信息传递处于相对低速的阶段。创新城市需要企业快速作出创新决策，用较长时间获取的支持创新决策的信息可能会过时，因此 ICT 发展初期对创新环境的优化作用较为有限。随着 ICT 向城市各个创新主体的快速渗透，城市原有的创新主体快速完成信息化，并且 ICT 的创新示范效应会吸引越来越多的本地企业加入创新网络，带来了城市信息网络规模的扩大和信息化程度的提高。信息网络的优化使技术需求信息由技术应用部门发布快速传递给技术网络中研发部门，技术信息的及时发布和接收极大提高创新主体创新决策的效率和质量。触发信息传播的正反馈机制后，技术信息传递效率提升，ICT 对创新环境的优化作用越来越大。此时，城市中创新主体整体的创新决策效率和质量因信息网络随 ICT 用户规模扩大呈现“边际递增效应”的非线性变化。

(2) ICT 提高知识吸收能力的非线性机制。作为企业知识管理的重要技术手段，ICT 首先加速了个体间的知识交流，在员工间形成多点知识连接，提高知识共享。在 ICT 发展初期，ICT 对企业吸收能力的提升主要来自企业率先掌握信息技能的个体员工的吸收能力。伴随 ICT 发展让越来越多的个体员工具备信息技能，个体间的知识共享得到大幅度强化。个体基于吸收能力获得的外部知识快速在组织内扩散，形成组织的知识储存和记忆，并使个体在深层思维和行为方式上达成共识，形成组织知识吸收的惯例。企业知识吸收受到历史相关性和路径依赖的影响，基于 ICT 的知识吸收惯例反馈加强企业信息技术吸收，不断利用信息化克服组织知识吸收的学习壁垒。当城市 ICT 发展使掌握信息技能的个体达到足以形成组织吸收能力的“阈值”以后，城市企业的知识吸收由个体的吸收能力上升为组织的吸收能力，并在组织中形成利用 ICT 吸收知识的惯例，加强企业信息技术吸收。最终，城市企业吸收能力随 ICT 用户规模扩大呈现“边际递增”的非线性增长。

(3) ICT 促进开放式创新的非线性机制。开放式创新形成的重要前提是创新主体的创新成果各不相同且具有互补性。如果创新主体的研发指向相同的技术且具有替代性，则创新主体间最可能形成创新竞赛，而“赢家通吃”的创新竞赛模式极不利于开放式创新。实际上，创新成果互补性和替代性常常是共存的。ICT 应用的特点是信息流通，该特点也容易导致信息泄露。一旦创新主体知晓竞争对手正在研发具有替代性的技术，则会加剧创新竞赛的激烈程度。因此 ICT 发展初期创新主体间很可能会隐瞒研发活动，直到研发完全成功。伴随 ICT 的长期应用，城市创新主体间的创新决策信息将逐渐开放，因为创新主体更愿意增强彼此创新成果的互补性结成创新联盟而不是成为创新竞赛对手，以此减少创新竞赛给各方带来的风险并达成协同创新。随着 ICT 应用普及，城市创新主体有意识地增强创新成果的互补性，促进创新主体频繁和高质量的开放式创新，又会对城市 ICT 发展水平提出更高需求，拉动 ICT 应用的深入和普及，形成正向循环机制。上述正向循环机制下，城市开放式创新水平随 ICT 应用程度也会出现“边际效应递增”的非线性变化。

基于以上分析，提出待检验的理论假说 1：ICT 用户规模对城市创新能力的提升作用具有“边际效应递增”的非线性特征。

空间知识溢出对欠发达城市分享创新红利，缩小城市间的知识缺口，进而实现发展质量的赶超非常重要。关于 ICT 是否有利于欠发达城市获得更大的空间知识溢出，存在“促进赶超论”和“抑制赶超论”两种对立的论点。

“促进赶超论”的分析原点是：城市间的知识缺口是空间知识溢出的必要非充分条件。由于能够以低成本复制发达城市研发的知识，欠发达城市省去了高昂的研发成本，意味着欠发达城市可以通过获得更大空间知识溢出来弥补与发达城市的知识缺口。欠发达城市与发达城市的知识缺口越大，知识扩散速度越快，追赶效果越明显。那么，为什么城市间的知识缺口未能自发地消弭呢？一个关键的原因在于两个存在知识缺口的城市并不足以自行发生空间知识溢出，“距离专制”阻碍了欠发达城市获得空间知识溢出。ICT 和交通运输技术进步让信息传播和扩散变得更容易、更全面、更快速，有利于扩大空间知识溢出的地理范围，克服“地理专制”对空间知识溢出的阻碍，并使欠发达城市获得更大空间知识溢出。

按照知识分类的两分法，知识可以划分为显性知识(explicit knowledge)和隐性知识(tacit knowledge)。一般性观点认为，显性知识能够完整、清晰地编码为图像、文字，能够借助 ICT 实现跨时空的传播，且传播的边际成本为零；隐性知识与编码化相悖，需要通过观察、模仿、纠错及重复的实践学习过程进行传播，因此最好的隐性知识传播方式是面对面交流。隐性知识空间溢出的地理范围似乎只存在于城市内部或与城市紧邻地区，偏远的欠发达城市很难获得隐性知识的空间溢出。伴随 ICT 进步，以往认为是“不言自明的真相”的前分析观点的有效性受到了质疑，隐性知识只能在本地范围产生知识溢出“若非虚假，至少也是有缺陷的提法”。ICT 发展至今，视频会议这类促进面对面交流的信息技术在隐性知识的远程交流方面起到了积极作用。

与“促进赶超论”对立，“抑制赶超论”的分析原点是：知识缺口决定了发达城市和欠发达城市学习能力或知识吸收能力的差距。当知识缺口很大时，欠发达城市的知识吸收能力很差，导致了欠发达城市能够获得的空间知识溢出很小，发达城市反而依靠强大的知识吸收能力获得更大的空间知识溢出。考虑到 ICT 用户规模对城市知识吸收能力的关键作用，当 ICT 用户空间非均衡分布引发城市集聚力量差距扩大，更具集聚力量的发达城市将获得更大的空间知识溢出。

根据区域知识吸收能力理论，城市知识吸收能力是城市获取空间知识溢出的基本因素，城市知识吸收能力越强，越有利于获得空间知识溢出。信息时代，数据是知识的重要载体，无处不在的数据是创新的关键输入，积累、处理、使用大量数据的能力成为城市知识吸收能力的核心，ICT 规模又与城市的数据能力高度相关。ICT 劳动力高度集聚的城市掌握了创新机遇，而缺乏 ICT 劳动力规模的欠发达城市可能因此失去数字红利。同时，发达城市更高的 ICT 用户集聚程度决定城市具有更高水平的知识吸收能力，发达城市将获得更大的空间知识溢出。

根据上述分析，ICT 对发达城市和欠发达城市获取空间知识溢出存在一种矛盾性的影响：一方面，ICT 有助于克服长距离对空间知识溢出的阻碍作用，帮助偏远地区的欠发达城市广泛地与发达城市达成研发合作和技术交流，更有利于欠发达城市获取空间知识溢出；另一方面，发达城市和欠发达城市 ICT 劳动力集聚程度的差距意味着城市间知识吸收能力的差距，ICT 劳动力集聚程度更高的发达城市因此获得更大的空间知识溢出。据此提出两项关于非对称空间知识溢出的对立理论假说。

理论假说 2：欠发达城市利用 ICT 增加接触来自发达城市的高技术产品的机会，有利于通过学习和仿造最新的技术更大程度地获得空间知识溢出。

理论假说 3：ICT 用户集聚意味着发达城市与欠发达城市更大的知识吸收能力差距，发达城市更高的知识吸收能力将使其获得更大的空间知识溢出。

2. 模型构建：从线性空间杜宾模型到半参数门限空间杜宾模型

从 Griliches 最早提出的知识生产函数出发，假设用 Cobb-Douglas 函数形式确定创新投入和创新产出的关系。将知识生产函数两边取对数后，得到双对数线性形式的知识生产函数模型：

$$y_{it}=\alpha+\beta_1 l_{it}+\beta_2 k_{it}+\mu_{it} \tag{7.14}$$

式中，y_{it} 为城市 i 在时间 t 的创新产出，使用发明专利授权量表征；l_{it} 和 k_{it} 为知识生产函数中常见的投入要素——人力投入和资金投入；μ_{it} 为误差项。变量进行了对数化处理。

学界普遍认为外部知识是知识生产不可或缺的因素，而模型(7.14)的一个重大缺陷是忽略了外部知识对本地创新的作用，引入空间滞后项构建空间模型是估算外部知识作用的主要计量方法。从知识生产函数推导空间杜宾模型，通过引入自变量和因变量的空间滞后项估计空间知识溢出对城市创新的作用，可构建如下空间杜宾模型：

$$y_{it}=\rho y_{it}^{*}+\beta'\boldsymbol{control}_{it}+\gamma'\boldsymbol{control}_{it}^{*}+\varepsilon_i+\mu_{it} \tag{7.15}$$

模型(7.15)是从知识生产函数而来的空间杜宾模型。为了避免遗漏变量导致的估计错误，模型中加入了城市层面可能影响创新产出的控制变量向量$\boldsymbol{control}_{it}$；$\varepsilon_i$ 为城市 i 不可观察的个体固定效应；μ_{it} 为随机扰动项。模型(7.15)中引入了被解释变量和控制变量的空间滞后项 $y_{it}^{*}=\sum_{j=1}^{N}W_{ij}y_{jt}$ 和$\boldsymbol{control}_{it}^{*}=\sum_{j=1}^{N}W_{ij}\,\boldsymbol{control}_{jt}$，$N$ 为样本中截面个数，选择中国 268 个城市作为分析对象，故 $N=268$。W_{ij} 是空间权重矩阵 $\boldsymbol{W}$ 的元素，可以用于描述：①城市 i 能够获得哪些外部城市的知识溢出；②城市 i 获得某一外部城市 j 知识溢出占城市 i 获得全部外部城市知识溢出的比例。空间知识溢出来自城市间的互动，因此假设知识溢出程度是每组城市距离差异的函数。使用两城市间直线地理距离的倒数构建空间权重矩阵。

基于地理距离构建空间权重矩阵描述空间知识溢出的方法是空间实证分析的经典方法，线性空间模型(7.15)通过被解释变量空间滞后项系数测算空间知识溢出效应的大小。假定城市外部知识以空间知识溢出的形式影响本地知识生产，空间模型的优势体现在：①通过空间相关性检验来判断空间知识溢出的存在性；②空间权重矩阵设置的灵活性便于计算不同维度邻近下知识溢出；③通过空间自相关系数测算空间知识溢出的大小。空间模型的一个先验假设是空间知识溢出随地理距离的减弱是一个连续变化过程。然而，当空间知识溢出同时受到地理维度以外的其他维度邻近的影响时，这一先验假设可能变得不合乎现实。例如，城市间的 ICT 发展差异可能使空间知识溢出随地理距离的衰减发生突变，空间知识溢出的线性假设将因此失效。为了描述这种非线性的空间知识溢出，需要构造非线性的空间模型。

借鉴门限模型处理非线性问题的思路，在空间杜宾模型中引入门限变量构建二机制门限空间杜宾模型(Threshold Spatial Durbin Model，TSDM 模型)：

$$y_{it}=\begin{cases}\rho_1 y_{it}^{*}+\beta'\boldsymbol{control}_{it}+\gamma'\boldsymbol{control}_{it}^{*}+\varepsilon_i+\mu_{it}, & \text{ict}_{it}\leqslant\theta\\ \rho_2 y_{it}^{*}+\beta'\boldsymbol{control}_{it}+\gamma'\boldsymbol{control}_{it}^{*}+\varepsilon_i+\mu_{it}, & \text{ict}_{it}>\theta\end{cases}\tag{7.16}$$

式中，ict_{it} 为门限变量，θ 为待估计的门限值；机制划分依靠门限变量 ict_{it} 与门限值 θ 的大小，机制数已预设为二机制，但门限值 θ 未知。ρ_1 和 ρ_2 为机制一和机制二的空间自相关系数，用来估算欠发达城市和发达城市获得空间知识溢出的大小。依靠门限变量 ict_{it} 与门限值 θ 对欠发达城市和发达城市进行划分，避免了人为划分样本机制造成的主观偏差。为使 β' 和 γ' 在不同机制下的估计结果相同，模型(7.16)可重写为

$$y_{it}=\rho_1 y_{it}^{*}\cdot I(\text{ict}_{it}\leqslant\theta)+\rho_2 y_{it}^{*}\cdot I(\text{ict}_{it}>\theta)+\beta'\boldsymbol{control}_{it}+\gamma'\boldsymbol{control}_{it}^{*}+\varepsilon_i+\mu_{it}\tag{7.17}$$

式中，$I(\cdot)$为示性函数，括号内命题为真，取值为 1；否则，取值为 0。定义 $d_{\theta t}=\text{diag}(1(\text{ict}_{1t}\leqslant\theta),1(\text{ict}_{2t}\leqslant\theta),\cdots,1(\text{ict}_{Nt}\leqslant\theta))$，$\bar{d}_{\theta t}=I_N-d_{\theta t}=\text{diag}(1(\text{ict}_{1t}>\theta),1(\text{ict}_{2t}>\theta),\cdots,1(\text{ict}_{Nt}>\theta))$。模型(7.17)可写为

$$y_{it}=\rho_1 d_{\theta it}y_{it}^{*}+\rho_2\bar{d}_{\theta it}y_{it}^{*}+\beta'\boldsymbol{control}_{it}+\gamma'\boldsymbol{control}_{it}^{*}+\varepsilon_i+\mu_{it}\tag{7.18}$$

门限模型的非线性检验为门限空间模型与线性空间模型的区分提供了思路。若$\rho_1=\rho_2=\rho$，那么二机制空间模型退化为线性空间杜宾模型，表明 ICT 用户规模构建的虚拟空

间并未使发达城市和欠发达城市获得非对称的空间知识溢出。为了验证 ICT 是否能够对本地创新能力产生非线性的促进作用,进一步在模型(7.18)中引入半参数方法,衡量 ICT 用户规模对城市创新产出的非线性影响。半参数方法是计量经济学针对非线性问题的常见建模方法,可对未知函数形式的变量关系进行估计,并可以有效避免非参数模型的"维度诅咒"限制。将核心解释变量作为非参项引入模型(7.18)可得半参数门限空间杜宾模型如下:

$$y_{it}=\rho_1 d_{\theta it} y_{it}^{*}+\rho_2 \bar{d}_{\theta it} y_{it}^{*}+\beta' \boldsymbol{control}_{it}+\gamma' \boldsymbol{control}_{it}^{*}+g(\boldsymbol{ict}_{it})+\varepsilon_i+\mu_{it} \quad (7.19)$$

半参数门限空间杜宾模型对经典的线性空间模型进行了扩展。除了具备线性空间模型的优点,STSDM 模型具有两大明显的优势:一是可以测算非对称的空间依赖关系;二是可以借助半参数方法刻画解释变量与被解释变量之间的非线性关系。

实证研究样本选择 2013—2018 年中国 268 个地级城市(剔除了西藏、港澳台以及数据缺失较多的城市样本)。城市专利数据来自国家知识产权局网站的爬虫数据,其他基础数据主要来自历年的《中国城市统计年鉴》及各省区市年鉴。STSDM 模型中的变量说明和理论预期如表 7.1 所示。

表 7.1　变量说明和理论预期

变量名称	经济含义	理论预期
y_{it}	城市 i 第 t 年创新活动产出(发明专利授权量)(件)	
y_{it}^{*}	邻近城市第 t 年对城市 i 的空间知识溢出	+/非对称性
ict_{it}	城市 i 第 t 年的 ICT 发展水平(互联网用户数)(万户)	+/非线性
edu_{it}	城市 i 第 t 年本专科在校学生数(人)	+
industry_{it}	规模以上工业企业数	+
gdp_{it}	城市 i 第 t 年经济总产出(万元)	+
gov_rd_{it}	城市 i 第 t 年政府财政科学支出(万元)	+
$\boldsymbol{control}_{it}^{*}$	邻近城市第 t 年的创新投入对城市 i 的空间知识溢出	+

3. 实证结果分析

首先对线性面板空间模型(7.15)进行回归分析,初步检验城市 ICT 用户规模对创新能力的影响,回归结果如表 7.2 所示。面板数据可分为个体固定效应和个体随机效应。根据面板 SAR 模型和 SDM 模型的 Hausman 检验,检验结果均在 1%的显著性水平下拒绝了个体随机效应的原假设,故在空间模型中选择个体固定效应。该结果也是半参数门限空间杜宾模型中选择个体固定效应的依据。

表 7.2　面板空间模型回归结果

变量	(1)SAR 模型	(2)SDM 模型	(3)半参数 SAR 模型	(4)半参数 SDM 模型
ict	0.096*** (0.029)	0.088*** (0.030)	见偏导数散点图	见偏导数散点图
gdp	0.202*** (0.043)	0.217*** (0.047)	0.075*** (0.020)	0.070*** (0.020)

续表

变量	(1)SAR 模型	(2)SDM 模型	(3)半参数 SAR 模型	(4)半参数 SDM 模型
gov_rd	0.056***	0.051***	0.125***	0.112***
	(0.014)	(0.014)	(0.017)	(0.017)
edu	0.116***	0.105***	0.466***	0.466***
	(0.032)	(0.033)	(0.026)	(0.027)
industry	0.128***	0.116***	0.004	0.144***
	(0.036)	(0.036)	(0.027)	(0.029)
ρ	0.683***	0.650***	0.292***	0.402***
	(0.024)	(0.027)	(0.035)	(0.038)
Wcontrol	否	是	否	是
固定效应	是	是	是	是
N	1 608	1 608	1 608	1 608
R^2	0.353	0.535	0.423	0.625

注：括号内是标准误，*** 表示在 1%的水平显著。

为了增强实证结果的稳健性，表 7.2 中第(1)列为未加入解释变量空间滞后的 SAR 模型的回归结果，结果显示城市 ICT 用户规模对创新能力的回归系数为 0.096，通过了 1%显著性检验，说明城市 ICT 用户规模与创新能力之间存在显著的正相关关系。第(2)列为加入了解释变量的空间滞后项后构建的空间杜宾模型的回归结果，城市 ICT 用户规模的回归系数仍然在 1%的显著性水平下为正。表 7.2 第(3)列将核心解释变量 ict 以非线性的形式加入模型，城市 ICT 对创新能力的影响将以偏导图的方式呈现，这里仅对比第(3)列、第(4)列半参数空间模型的参数部分回归结果和第(1)列、第(2)列线性空间模型对应的回归结果。表(2)参数部分的回归结果显示：①知识空间溢出是城市创新不可忽视的正向影响因素。因变量的空间滞后项系数在各模型中的回归结果都在 1%的显著性水平下为正，表明城市之间创新产出存在明显的空间相关性，并且邻近城市创新产出的空间溢出对本地创新活动具有正向促进作用。该结论已在众多应用空间模型的相关实证研究中得到了印证。②本地的人力和资金投入是城市创新增长的主要动力，但并未提高周边城市创新能力。本地人力和资金投入的表征变量在各模型中的回归系数都在 1%的显著水平下为正，表明城市经济增长、本地政府部门对科技研发的公共财政投入、知识人才储备、企业数量都直接提高了本地城市的创新能力。但是，第(2)列、第(4)列 SDM 模型和半参数 SDM 模型控制变量空间滞后项的系数估计结果显著为负数或不显著，显示本地人力和资金投入并未对周围城市创新增长产生正向溢出，甚至阻碍了周边城市创新能力的提升。这说明城市层面创新极化现象要比省份之间经济增长分异现象更严重。其原因可能在于城市间对创新资源的竞争关系，知识人才和研发资金大量涌入创新极城市导致周围城市创新资源匮乏、创新动力不足。如果发达城市的创新产出缺乏流向欠发达城市的空间溢出机制，欠发达城市的创新条件势必更加恶化。

通过在线性空间杜宾模型中引入半参数方法，将核心解释变量 ict 作为非参项，构建半参数空间杜宾模型进一步检验城市 ICT 用户规模与创新产出的真实曲线关系。半参数空间杜宾模型可以绘制非参项 $g(\cdot)$ 的偏导数图，直观反映 ict 与被解释变量的非线性关系。图 7.1 中，横坐标为城市 ICT 用户规模，纵坐标为城市 ICT 用户规模对创新能力的边际效应 $\partial\hat{g}(\cdot)/\partial ict_{it}$，即城市互联网用户增长 1% 提高城市创新产出的增量。从整体数值上看，绝大部分偏导数数值为正，再次印证了城市 ICT 用户规模对创新能力的促进作用。根据图 7.1 中的轨迹线，ict 取值在 2.8～6.0 之间时，城市 ICT 对创新能力的边际效应可大致归纳为在系数 0.10 附近的线性影响，不过在轨迹线的两端各自出现偏导数随 ict 增加而快速增加的情形。在轨迹线左端 ict 数值低于 2.8 的区域，偏导数数值较小但上升趋势很快。同时，在轨迹线右端 ict 数值高于 6.0 的区域，偏导数再次呈现快速上扬的态势，说明 ICT 提高创新能力的"边际效应递增"机制对发达城市表现出更强的适用性，当城市互联网用户规模突破 6.0 以后，规模效应更加显著。图 7.1 的轨迹线说明城市 ICT 用户规模对创新能力的提升作用具有"边际效应递增"的非线性机制。

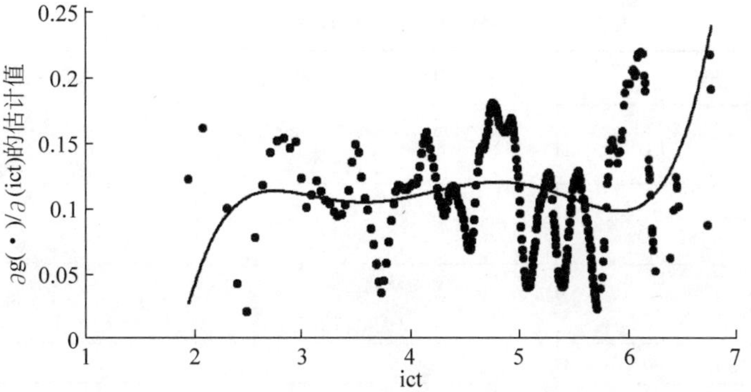

图 7.1　城市 ICT 用户规模对创新产出的偏导数图

根据偏导数图的分析，城市 ICT 用户规模对创新能力的影响可以分为三种情况：①在城市互联网用户规模较小的情形下，ICT 对创新能力的提升作用较低。随着互联网用户规模扩大，其对创新能力的提升作用快速增长。此情形对应于我国一部分欠发达城市由于互联网用户规模不足尚未充分发挥 ICT 的创新促进作用。②在城市互联网用户处于中等规模的情形下，ICT 对创新能力的提升作用得到更大的发挥，但提升作用随互联网用户规模变化表现出围绕固定值的波动趋势。产生波动可能的原因是，ICT 创新效应的发挥需要与城市创新资源形成互补。互联网用户中等规模的城市是我国城市体系的主体，城市间创新资源的差异引起了 ICT 创新效应的波动。③在城市互联网用户处于超大规模的情形下，ICT 对创新能力的提升作用明显高于互联网用户中小规模城市，并且随着这部分城市互联网用户规模扩大，ICT 创新效应得到更显著的提升。这说明最不发达城市互联网用户规模由于未达到梅特卡夫法则起作用的最低阈值，从而亟须形成 ICT 基础规模发掘创新潜力；同时，最发达城市很可能由于互联网用户集聚程度加强的超高边际效应对其他城市起到虹吸作用，吸引互联网用户进一步向发达城市集中。

在得到表 7.3 的回归结果前，需要检验门限效应的存在性。与一般门限模型不同的是，门限空间杜宾模型存在门限效应的解释变量是空间滞后项，具有内生性，不能直接使用门限模型的估计方法得到门限值，需要使用工具变量法处理内生性问题后，再对模型进行门限回归估计。表 7.3 报告了 TSDM 模型和 STSDM 模型的估计结果，空间滞后项显著通过了二机制检验，门限效应存在，且门限值为 4.248 5，即以城市宽带互联网用户数是否达到 70 万户作为划分机制的界限，大于 70 万户的样本划分为发达城市，小于 70 万户的样本划分为欠发达城市。如表 7.3 第(1)列所示，门限空间杜宾模型回归结果显示欠发达城市和发达城市空间自相关系数分别是 0.105 和 0.157，系数都在 1%的统计水平上显著。考虑到城市 ICT 用户规模对城市创新影响具有非线性，若忽略这种非线性可能使空间自相关系数的估计结果发生偏误，故列出半参数门限空间杜宾模型的回归结果以增强结果的稳健性。如表 7.3 第(2)列所示，将 ict 作为非参项后，欠发达城市和发达城市空间自相关系数分别是 0.104 和 0.130，系数在 1%的统计水平上显著。对比两种模型对空间自回归系数的估计结果发现，欠发达城市获得的空间知识溢出显著小于发达城市。

表 7.3 TSDM 模型和 STSDM 模型的回归结果

变　量		门限空间杜宾模型	半参数门限空间杜宾模型
ρ	ρ_1	0.105*** (0.012)	0.104*** (0.019)
	ρ_2	0.157*** (0.014)	0.130*** (0.023)
ict		0.341*** (0.037)	非线性
控制变量		是	是
城市固定效应		是	是
N		1 608	1 608
R^2		0.850	0.956

注：括号内是标准误，*** 表示在 1%的水平显著。

ICT 虽然能够克服地理距离对空间知识溢出的阻碍，有利于所有城市获取空间知识溢出，但互联网用户空间分布的非均衡性自身又构成了城市创新分异拉大的新因素。由于互联网用户在发达城市的高度集聚，空间知识溢出的非对称性反而表现为创新能力原本更强的发达城市获得比欠发达城市更大的空间知识溢出。

7.4 外嵌的半参数门限空间杜宾模型

7.4.1 模型简介

当模型(7.3)中各项系数均不为 0 时，模型实际上是外嵌的半参数门限空间杜宾模型，即外生变量具有门限效应，而被解释变量空间滞后项系数为常数。现实中，一些空间效应的非对称性可能来自外生解释变量的空间溢出，这类模型也具有很大的现实意义。借助外嵌的半参数门限空间杜宾模型，研究者能够揭示非对称空间效应通过何种渠道产生。

7.4.2　模型设定及估计方法

外嵌的半参数门限空间杜宾模型形式如模型(7.3)，此处不再赘述。仅以单门限形式为例进行说明，外嵌的半参数单门限面板空间滞后模型可表示为

$$y_{it}=\begin{cases}\alpha_i+\rho y_{it}^*+\varphi_{11}\boldsymbol{S}_{it}+\varphi_{21}\boldsymbol{S}_{it}^*+g(\boldsymbol{P}_{it})+u_{it}, & z_{it}\leqslant r\\ \alpha_i+\rho y_{it}^*+\varphi_{12}\boldsymbol{S}_{it}+\varphi_{22}\boldsymbol{S}_{it}^*+g(\boldsymbol{P}_{it})+u_{it}, & z_{it}>r\end{cases}$$

若 $Eg(P_{it})\neq 0$，则可将其归入 α_i，所以，设 $Eg(\boldsymbol{P}_{it})=0$。模型可改写为

$$y_{it}=\alpha_i+\boldsymbol{X}'_{it}(r)\boldsymbol{\Theta}+g(\boldsymbol{P}_{it})+u_{it}$$

不难发现，该模型与模型(7.5)形式几乎一样，只需将模型(7.5)中 $\boldsymbol{X}_{it}(r)$设定为

$\boldsymbol{X}_{it}(r)=(y_{it}^*,\boldsymbol{S}'_{it}\cdot I(z_{it}>r),\boldsymbol{S}'_{it}\cdot I(z_{it}\leqslant r),\boldsymbol{S}_{it}^{*'}\cdot I(z_{it}>r),\boldsymbol{S}_{it}^{*'}\cdot I(z_{it}\leqslant r))'$，

$\boldsymbol{\Theta}=(\rho,\varphi_{11},\varphi_{12},\varphi_{21},\varphi_{22})'$

因此，可采用与 7.2.2 节相同的估计方法对模型(7.3)进行估计。

7.4.3　案例二：市场潜能、政府财政竞争与区域收入差距

收入差距是全世界经济研究中的一个重要问题。党的二十大报告指出，“健全基本公共服务体系，提高公共服务水平，增强均衡性和可及性，扎实推进共同富裕”，但在当前中国高速增长及收入显著提高的背景下区域收入不合理问题仍尤为突出。据世界银行以及国家统计局测算，我国 2022 年的基尼系数约为 0.48。在如今新经济发展格局下，“需求收缩、供给冲击以及预期转弱”三重压力可能会进一步拉大区域间收入差距。因此，如何在迈向共同富裕的道路上有效缩小区域间收入差距无疑成为当前及中长期需要解决的重要问题。

国内外学者关于市场潜能、政府财政竞争对区域收入差距的影响研究趋于完善，但在研究框架的系统性与实证方法的稳健性方面仍有改进空间，从政府和市场两个维度来分析区域收入差距，有助于提供一个更加完整的分析框架。另外，尽管许多学者已探讨了市场潜能和政府竞争对区域收入差距的影响，但在计量模型的设定中，这些效应往往难以满足基本的假设条件。半参数门限空间滞后模型能够将市场和政府竞争纳入统一计量模型中，同时考虑门限效应和空间效应。

1. 理论机制分析

初步推断市场潜能主要通过三个路径影响区域收入差距：空间相关的基础作用、空间集聚的极化作用以及空间溢出的扩散作用。政府财政竞争对缩小区域收入差距的作用是一把“双刃剑”，政府财政竞争行为的适度与过度会从正向和负向两方面作用于区域收入差距。

1）市场潜能对区域收入差距的影响效应

(1) 空间关联效应的基础作用。该效应连接了不同空间内的市场需求，促使这些要素在不同地区间流动，并同时伴随货币资金、信息技术等在不同区域内进行交换。在此效应下，当一个地区的产品或劳务无法满足其需求，而周围地区的市场拥有这些商品或劳务

时，通过交通运输等可进行异地之间的交易，从而满足当地居民或市场的需求。一般而言，经济越发达的地区，其满足市场需求的能力越强，市场潜能越大，因为在经济发达的地区，人们的需求种类偏多，可刺激厂商的生产，从而带动本地以及周围地区市场产品种类增加。所以，市场潜能的关联作用使其在空间上具有相关性。

(2) 空间集聚效应的极化作用。根据新经济地理理论，价格机制会促使企业倾向于竞争较少的区位，从而推动产业成长。但随着竞争者的增加，市场上会形成集聚力与分散力两种相对立的力量，在其共同作用下人力资本、物质资本等要素会进行流动，在此过程中若集聚力大于分散力，则会促使所有资本、劳动力集中到一个或者几个固定区位中，对区域内经济产生空间上的极化作用，其结果表现为经济在空间上存在着不均衡。若分散力大于集聚力，则各要素会向各自地区流动，直至各地区达到均衡。市场潜能对区域经济的集聚力并非呈线性关系，通常只有当市场潜能达到某个特定区间内，才会对区域经济产生正向影响，但如果这个集聚力过度偏离特定区间内的值，则会对空间集聚起到阻碍作用，从而抑制极化作用的产生。

(3) 空间溢出效应的扩散作用。由于市场需求存在着空间上的相关性，市场潜能大的区域可以通过空间关联将需求向周边市场扩散，从而带动周围地区的经济发展。因此，加强不同区域间的联系可以扩大空间溢出的效果，从而缩小区域间收入差距。早期区域间的联系主要依赖铁路、公路等交通工具来促进贸易，进入互联网时代后，网络发展进一步扩大了空间溢出效应的影响，但实物产品的运输仍受到地理空间的约束，导致空间溢出效应因受地理距离或者邻接单元影响而呈现出衰减的特征。

2) 政府财政竞争对区域收入差距的影响效应

(1) 政府财政竞争对缩小区域收入差距的正向效应。新古典经济增长理论认为，资本、劳动和技术等生产要素对于区域经济起着至关重要的作用，但由于要素禀赋、政府政策和地理位置的差异，不发达地区的市场机制对这些要素的吸引力远小于发达地区。此外，当市场失灵时，政府将成为改变要素在区域间配置不均衡的重要手段。具体而言，不发达地区的政府会增加财政支出，通过吸引投资促进生产要素流入，从而推动经济发展，缩小与发达地区之间的差距。发达地区出于产业结构和要素规模报酬的考虑，则可能会进行产业转移，通过吸引高新技术产业转移出一些高耗能产业，从而在短期内缓解区域收入差距。

(2) 政府财政竞争对缩小区域收入差距的负向效应。政府财政竞争的决策往往基于短期偏好，过度的政府财政竞争虽然短期内会对区域经济发展有利，缩小区域收入差距，但长期内却会造成负向效应。过度的政府财政竞争会导致经济不发达地区偏离其比较优势，盲目"效仿"经济发达地区的产业结构，造成产业同构和趋同，使区域产品处于红海市场，同时失去自身优势。在财政支出方面，过度竞争会导致政府的短期偏好表现为过多地增加地方政府的生产性财政支出，甚至挤占保障性财政支出，造成本地人才培养经费、环境治理经费等方面出现不足，甚至可能引发地方债务风险问题，这种"恶性"政府财政竞争长期来看可能会不断加大与发达地区的收入差距。

2. 实证模型构建

设定半参数门限空间计量模型来考察市场潜能、政府财政竞争对于区域收入差距的影响：

$$\ln Y_{it} = \alpha_i + \rho \sum_{j=1}^{N} w_{ij} \ln Y_{jt} + (\ln MP_{it})' \varphi_0 I(MP_{it} \in A_k) +$$
$$\varphi_1 \sum_{j=1}^{N} w_{ij} \ln MP_{it} I(MP_{it} \in A_k) + (\ln X_{it})' \beta + G(Z_{it}) + \mu_{it} \quad (7.20)$$

式中，ρ 和 φ_1 为空间效应系数；μ_{it} 是均值为零、方差为 σ^2 且相互独立的随机变量；$\{A_k\}$ 构成 $(-\infty, +\infty)$ 上的一个分割，其含义是对所有的 $\bigcup_{k=1}^{K} A_k = (-\infty, +\infty)$，分割由门限变量 MP_{it} 指定。例如，$A_k = (\gamma_{k-1}, \gamma_k]$，$\gamma_k$ 称为门限值；$G(\cdot)$ 是未知函数；Z_{it} 为政府财政竞争的非参变量 GOV_{it}；该模型的被解释变量区域收入除了受个体行为 α_i 和解释变量的影响外，还会受被解释变量空间滞后项和解释变量空间滞后项的影响，而且回归模型中的相关关系表现为一部分为已知线性函数形式，另一部分为未知的、非参数函数形式。

3. 实证结果分析

空间相关性检验表明市场潜能和区域收入均具有空间相关性。为了使空间计量模型的选取更具科学性，利用 LM、LR 和 Wald 检验统计量给出判定标准，具体检验结果如表 7.4 所示。

表 7.4　LM、Wald、LR 检验结果

检验	LM-error	Robust LM-error	LM-lag	Robust LM-lag	LR-error	LR-lag	Wald-error	Wald-lag
统计值	28.755***	27.805***	13.450**	14.978**	51.808***	36.320**	79.155***	53.094***

注：**、*** 分别表示 5%、1%水平下的显著性。

首先，LM 检验中的 LM-error 统计值和 LM-lag 统计值均通过了显著性检验，表明空间滞后模型和空间误差模型均适用。其次，LR 统计值和 Wald 统计值在 5%的置信水平上仍具有显著性，表明空间杜宾模型拒绝了可以简化为空间滞后模型或空间误差模型的假设，因此选择空间杜宾模型。但是，面板数据空间杜宾模型可能存在固定效应和随机效应两种情形，为了准确对模型形式进行选择，分别构建了个体随机效应空间杜宾模型和个体固定效应空间杜宾模型，对个体效应下空间杜宾模型形式进行 Hausman 检验。检验统计量为 6.88，表明在 1%的显著性水平下拒绝了个体随机效应的原假设，因而空间杜宾模型的设定形式应该为个体固定效应。

进一步，为了验证市场潜能具有门限效应，构建了如表 7.5 第(3)列所示的个体固定效应门限空间杜宾模型。同时，为了验证政府财政竞争与区域收入间的非线性关系，表 7.5 第(4)列中引入了政府财政竞争非参项变量，从而构建半参数个体固定效应门限空间杜宾模型。针对表 7.5 中的四种模型，前三种模型参数估计主要采用极大使然法，半参数个体固定效应门限空间杜宾模型主要采用两阶段最小二乘法。

表 7.5　模型估计

变　　量	个体随机效应空间杜宾模型	个体固定效应空间杜宾模型	个体固定效应门限空间杜宾模型	半参数个体固定效应门限空间杜宾模型
ln *MP*	0.366*** (0.033)	0.353*** (0.032)	—	—
ln MP_1	—	—	0.114*** (0.024)	0.133*** (0.024)
ln MP_2	—	—	0.232*** (0.038)	0.171* (0.094)
ln MP_3	—	—	0.256*** (0.038)	0.204*** (0.072)
W×ln *MP*	0.047*** (0.018)	0.053** (0.027)	—	—
W×ln MP_1	—	—	−0.131 (0.127)	−0.151* (0.079)
W×ln MP_2	—	—	0.129*** (0.034)	0.246*** (0.028)
W×ln MP_3	—	—	0.246*** (0.030)	0.085*** (0.024)
W×ln *P*GDP	0.534*** (0.015)	0.540*** (0.014)	0.255*** (0.015)	0.141*** (0.016)
ln GOV	−0.054*** (0.015)	−0.031** (0.014)	0.016** (0.007)	—
门限值	—	—	Th_1=53.768 Th_2=451.141	Th_1=177.947 Th_2=489.430
样本量	3 962	3 962	3 962	3 962

注：*、**、*** 分别表示 10%、5%、1%水平下的显著性。

根据表 7.5 第(1)～(3)列的空间面板模型回归结果，区域收入的空间滞后项对区域收入的回归系数值超过 0.25，远大于人力资本、固定资本对区域收入的回归系数值，即相邻地区收入对于本地收入的贡献远超过了本地要素投入带来的贡献，这显然与经济理论相矛盾。因此，重点对表 7.5 第(4)列的半参数门限空间计量模型的估计结果进行分析。

半参数门限空间计量模型回归系数显示，当市场潜能空间滞后项被施加了门限变量的作用后，会导致市场潜能在不同区间内对区域收入的影响呈现异质性。总体来看，门限划分后的不同区间内，市场潜能对于区域收入的影响系数在 1%的水平上显著为正，表明市场潜能越强城市的人均收入水平越高。根据门限项的估计系数可以发现，在不同的市场潜能强度下，其影响因素呈现出非线性变化趋势：当市场潜能低于 177.947 时，市场潜能将样本划分在第一区间内，市场潜能每增长 1%，人均收入会增加 0.133 个百分点；当市场潜能超过第一门限值 177.947 时，它对人均收入的影响增强，此时市场潜能每增加

1%，人均收入将提高0.171个百分点；当市场潜能进一步增强、超过第二门限值489.43时，其对区域收入的正向影响继续增加。值得注意的是，当市场潜能超过第二门限值时，该区间内东部沿海城市数量显著多于中西部城市，这表明较高的市场潜能使得销售市场扩大，多元化经济收入使得人均收入不断增加。

从市场潜能的空间滞后项系数来看，空间滞后项ρ在10%的水平上通过显著性检验，表明市场潜能存在显著的空间溢出效应，这也验证了空间相关性检验中的结论。针对不同区间内市场潜能的空间滞后项系数，当市场潜能低于门限值177.947时，参数估计的系数为负，主要原因是受"虹吸效应"的影响，市场潜能较低城市对于相邻城市的收入确实存在抑制的可能性。随着市场潜能的增加，其空间滞后项的系数对于人均收入的正向影响也变得显著。一般来说，一个城市的市场潜能越大，就越能够吸引相关要素，从而在空间上形成经济集聚，这与空间集聚理论的观点是一致的。因此，市场潜能通过要素集聚对人均收入产生的作用是正向的，但对于多大市场潜能才能有效吸引要素流入，从模型估计得到的结果来看，当国内市场潜能大于177.947时，才会对周围城市的经济产生显著正向影响。当市场潜能大于489.43时，空间滞后项的系数对于人均收入的正向影响有所下降，这主要是因为较大的市场潜能会引致大量的要素流动，导致市场潜能较低的相邻城市出现要素流出现象。

综合上述对不同区制内市场潜能及其滞后项的参数估计结果，市场潜能对于区域收入具有显著正向作用，但地区间的市场化程度差距会加大区域间收入差距。不同区制下市场潜能的空间滞后项对于区域收入的影响差异较大，总体上呈现出倒U形的影响特征。主要原因是，市场潜能较低时，市场潜能的扩散作用小于极化作用，引致不同区域的市场化水平差异较大，而这会导致不同要素在区域内产生空间集聚，进而使市场潜能较高的地区吸引更多资本要素，产业上形成比较优势，进一步加剧区域间收入差距，这也印证了理论研究的结论。

偏导数散点图是半参数门限空间计量模型的重要估计结果，它能够直观、形象地刻画模型中非参数变量对被解释变量的非线性关系。根据模型估计结果绘制的偏导图如图7.2所示，其中横坐标表示政府财政竞争(GOV)，纵坐标表示区域收入差距(Y)的导数$\partial G(\cdot)/\partial(\mathrm{GOV})$，即政府财政竞争水平每增加1个单位所引起的区域收入的单位变动率，反之亦然。

从图7.2可以看出，当政府财政竞争程度小于4.71，也即预算内的地方政府财政支出占财政收入的比例约为111.05%时，政府财政竞争与区域收入的偏导数小于0，这意味着二者间存在负相关关系。这可能是因为，政府间并未展开积极竞争，此时财政支出的经济效应并不明显，相反增加了政府成本，在模型估计上表现为二者间具有负相关关系。之后，随着政府财政竞争强度的增加，二者之间的关系从负相关转为正相关。其主要原因是：一方面，政府财政竞争增强的表现是财政支出增加抑或是税收收入减少，降低企业压力，促进企业生产效率提高以及产品转型升级，从而提高居民收入水平；另一方面，在政府财政竞争较为积极的情况下，中央政府会通过公共产品、资源转移对经济欠发达地区进行扶持，从而间接提高居民收入水平，缩小区域间居民收入差距，最终二者间表现出正向

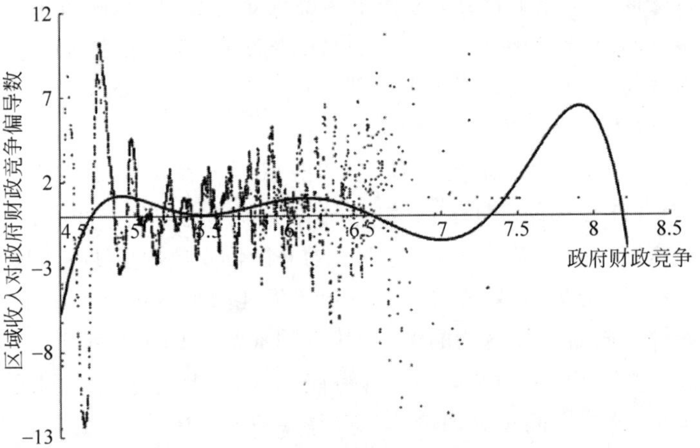

图 7.2 政府财政竞争对区域收入的偏导数

相关关系。但是，随着竞争强度的不断增加，当其竞争强度大于 6.57，即地方政府财政支出占比超过 713.37%时，二者关系又表现为负相关，且随着政府财政竞争的深化，二者间的负相关关系可能会持续。其主要原因是，各地区政府间通过降低税负、增加支出的手段进行竞争，结果可能会使欠发达地区的资源流入发达地区，从而使过度竞争逐步演变成恶性竞争，最终导致资源浪费、劳民伤财，进而抑制地区居民收入，区域间收入差距也将不断地扩大。

7.5 外嵌的半参数空间自回归模型

7.5.1 模型简介

模型(7.3)中，当外生解释变量空间滞后系数$\boldsymbol{\varphi}_{1m}$ 为 0 时，模型退化为外嵌的半参数空间自回归模型，即只存在被解释变量的线性空间效应，且部分外生解释变量存在门限效应。模型一般形式可写为

$$y_{it}=\alpha_i+\sum_{m=1}^{M}\boldsymbol{\varphi}_{0m}\boldsymbol{S}_{it}\cdot I(z_m\in[r_{m-1},r_m])+\rho y_{it}^{*}+g(\boldsymbol{P}_{it})+u_{it}$$

与外嵌的半参数门限空间杜宾模型相比，该模型不考虑解释变量的空间效应，模型复杂度和估计难度有所降低，但也能够解释很多仅存在被解释变量空间效应的现象。相比于线性的空间自回归模型，该模型依然保留了门限效应和非线性关系的设定。鉴于模型估计方法与外嵌的半参数门限空间杜宾模型相同，这里不再赘述。

7.5.2 案例三：人口老龄化背景下数字经济对产业结构升级的非线性影响

随着中国经济发展进入"新常态"，我国人口老龄化速度不断加快。随着人口老龄化的到来，老年人口在社会总人口中的比重不断增加，导致了老年消费需求的增加，推动了

银发产业的蓬勃发展。随着科学技术的不断发展，数字经济成为各经济领域的要素，也成为经济高质量发展的新引擎。不同于传统的工业与农业，数据作为数字经济关键的生产要素，具有可复制性和高利用率，推动各行业高速发展。2021 年发布的《中国数字经济发展白皮书》指出，2020 年我国数字经济的规模达到 39.2 万亿元，占 GDP 比重达 38.6%，表明数字经济成为推动产业结构升级的重要力量。经济进入新常态后，优化经济结构和转换发展动力成为经济发展的主要目标，而产业结构升级也成为该阶段的重要任务之一。因此，"十四五"期间以数字经济为抓手促进产业结构优化与合理应对人口老龄化成为必须面对的重要议题。基于此，分析老龄化背景下数字经济对产业结构优化的影响路径，对推动我国经济高质量发展具有重要的现实意义。

1. 研究假设提出

假定在一个经济体系中，只有老龄人口与劳动年龄人口，老龄人口不进行生产，只进行消费。故可以用老年人口与总人口的比例来表述人口的老龄化程度，即

$$\theta = \frac{N - L}{N} \tag{7.21}$$

式中，θ 为人口老龄化；N 为总人口；L 为总就业人口。

将就业人口分配到农业、工业和服务业中，分别表示为 L_a，L_i，L_s，则就业总量可表示为

$$L = (1-\theta)N = L_a + L_i + L_s \tag{7.22}$$

就供给而言，如式(7.22)所示，人口老龄化直接影响就业人口，使劳动力的供给减少。从需求方面分析，可将社会总需求分为农业需求、工业需求和服务业需求，分别表示为 Y_a^d，Y_i^d，Y_s^d，则总需求 Y^d 可表示为

$$Y^d = Y_a^d + Y_i^d + Y_s^d \tag{7.23}$$

经济发展到某一水平时，农业的需求收入弹性为 0，故假定人均农产品消费趋于稳定，不再增加。此时可以认为农业需求只与总人口数有关，与人口老龄化无关。基于以上假定，农业需求函数可表示为

$$Y_a^d = bN \tag{7.24}$$

式中，b 表示人均农产品需求量。此时，可将三部门模型简化为只包括工业和服务业的两部门模型。考虑到人口老龄化的影响，构造 C-D 效用函数如下：

$$\begin{aligned} &U(Y_i^d, Y_s^d) = (Y_i^d)^{\alpha}(Y_s^d + S)^{\beta} \\ &S = C_1 + C_2(\theta) \end{aligned} \tag{7.25}$$

式中，$0<\alpha<1$，$0<\beta<1$。S 为家庭服务需求量，$C_2(\theta)$ 为家庭老年服务需求，C_1 为家庭其他服务需求。$C_2(\theta)$ 与人口老龄化有关，随着人口老龄化程度的提高，老年人口需求从家庭需求逐步转为社会需求，家庭老年服务需求减少，进而使家庭服务需求减少，表示如下：

$$\frac{\mathrm{d}C_2(\theta)}{\mathrm{d}\theta} < 0, \quad \frac{\mathrm{d}S(\theta)}{\mathrm{d}\theta} < 0 \tag{7.26}$$

结合预算约束，构造出如下效用最大化方程：

$$\max U(Y_i^d, Y_s^d) = (Y_i^d)^{\alpha}[Y_s^d + S(\theta)]^{\beta} \tag{7.27}$$

$$\text{s.t. } Y^d = Y_a^d + Y_i^d + Y_s^d$$

$$Y_a^d = bN$$

由式(7.27)可得最优工业和服务业需求函数：

$$Y_i^d = \frac{\alpha Y^d - \alpha bN + \alpha S(\theta)}{\alpha + \beta} \tag{7.28}$$

$$Y_s^d = \frac{\beta Y^d - \beta bN - \alpha S(\theta)}{\alpha + \beta} \tag{7.29}$$

产业结构升级可用服务业与工业产出之比表示，即

$$\text{str} = \frac{Y_s^d}{Y_i^d} = \frac{\beta Y^d - \beta bN - \alpha S(\theta)}{\alpha Y^d - \alpha bN + \alpha S(\theta)} \tag{7.30}$$

为得到老龄化对产业结构升级的影响，将 str 对 θ 求偏导，可得

$$\frac{\partial \text{str}}{\partial \theta} = -\frac{\alpha + \beta}{\alpha} \times \frac{Y^d - bN}{[Y^d - bN + S(\theta)]^2} \times \frac{\mathrm{d}S(\theta)}{\mathrm{d}\theta} \tag{7.31}$$

由于$\frac{\mathrm{d}S(\theta)}{\mathrm{d}\theta}<0$，故$\frac{\partial \text{str}}{\partial \theta}>0$，因此，老龄化在需求侧对产业结构升级有促进作用。

从供给角度看，当经济达到一般均衡时，总需求与总供给相等，则总供给 Y^s 可以用生产函数表述为

$$Y^s = Y = F(K, LE) = AK^{\alpha}(LE)^{\beta} \tag{7.32}$$

式中，A 为技术进步水平；K 为资本；E 为劳动效率；L 为总就业人口；LE 为有效劳动量。$0<\alpha<1$，$0<\beta<1$，且 $\alpha+\beta=1$。考虑到老龄化，故生产函数可表示为

$$Y = AK^{\alpha}[(1-\theta)NE]^{\beta} \tag{7.33}$$

人均有效劳动产出 y 可表示为

$$y = \frac{Y}{NE} = Ak^{\alpha}(1-\theta)^{\beta} \tag{7.34}$$

为得到老龄化对产业结构升级的供给侧影响，将 y 对 θ 求偏导，可得

$$\frac{\partial y}{\partial \theta} = -Ak^{\alpha}\beta(1-\theta)^{\beta-1} \tag{7.35}$$

此时$\frac{\partial y}{\partial \theta}<0$，人口老龄化使人均有效劳动产出下降，进而在供给端抑制了产业结构升级。

由于人口老龄化受到供给侧和需求侧的共同作用，这将导致人口老龄化对产业结构升级的影响复杂，因此提出假设 1：人口老龄化对产业结构升级具有复杂的未知影响。

在大数据时代，数据成为重要资源和生产要素，故将数据资本作为数字经济的代理，在式(7.33)的基础上，考虑到数字经济的重要影响，则生产函数可表示为

$$Y = AK^{\alpha}[(1-\theta)NE]^{\beta}D^{\gamma} \tag{7.36}$$

式中，D 为数据资本。

根据地理学第一定律，相邻地区之间存在着相互联系，产业结构转型较好的地区在一定程度上与周边地区共享信息、资源和技术，从而促进了相邻地区的产业结构升级。考虑到产业结构升级的空间效应，则生产函数可表示为

$$Y=\varphi AK^{\alpha}[(1-\theta)NE]^{\beta}D^{\gamma}(\varphi>0) \tag{7.37}$$

式中，φ 为邻地产业结构升级对该地区的空间溢出影响，邻近地区的产业结构升级 Y^{*} 越高，其溢出效应 $\varphi(Y^{*})$ 就越强，即

$$\frac{\partial\varphi(Y^{*})}{\partial Y^{*}}>0 \tag{7.38}$$

此时，人均有效劳动产出可表示为

$$y=\frac{Y}{NE}=\varphi Ak^{\alpha}(1-\theta)^{\beta}d^{\gamma} \tag{7.39}$$

为得到空间溢出效应对产业结构升级的影响，此时将式 y 对 φ 求偏导，可得

$$\frac{\partial y}{\partial\varphi}=Ak^{\alpha}(1-\theta)^{\beta}d^{\gamma} \tag{7.40}$$

此时$\frac{\partial y}{\partial\varphi}>0$，因此可认为邻地的产业结构升级对本地区的产业结构升级具有促进作用，存在着正向空间溢出。因此提出假设2：邻地的产业结构升级对本地产业结构升级存在正向空间溢出。

为得到数字经济对产业结构升级的影响，此时将式 y 对 d 求偏导，可得

$$\frac{\partial y}{\partial d}=\varphi Ak^{\alpha}(1-\theta)^{\beta}\gamma d^{\gamma-1} \tag{7.41}$$

因此可认为数字经济促进产业结构升级。

为对比分析生产函数加入老龄化对数据资本与产业结构升级关系的影响，若生产函数中不含有老龄化，人均有效劳动产出可表示为

$$y=\frac{Y}{NE}=\varphi Ak^{\alpha}l^{\beta}d^{\gamma} \tag{7.42}$$

此时将 y 对 d 求偏导，可得

$$\frac{\partial y}{\partial d}=\varphi Ak^{\alpha}l^{\beta}\gamma d^{\gamma-1} \tag{7.43}$$

此时均有$\frac{\partial y}{\partial d}>0$，说明数字经济能够促进产业结构升级，但对比模型(7.41)与模型(7.43)，可以看出老龄化的加入改变了数字经济对产业结构升级的影响程度。老龄化程度不同时，数字经济产业的发展会对老龄化作出不同应对。也就是说，在老龄化率处于不同阶段时，数字经济对产业结构升级的影响会发生变化，因此提出假设3：数字经济对产业结构升级的促进效应具有以人口老龄化为门限变量的显著的门槛特征。

2. 半参数门限空间滞后模型的构建

随着互联网、人工智能等数字技术的深度应用，数字经济不断推动产业结构升级。但根据理论模型，数字经济可能存在以人口老龄化为门槛变量的门槛效应。为了在人口老

龄化非线性变化和产业结构升级空间效应的基础上更准确地表述人口老龄化、数字经济与产业结构升级之间的关系,需要进一步考察在老龄化不同的阶段数字经济对产业结构升级的具体影响。在空间滞后模型的基础上加入以人口老龄化为门槛变量的门槛效应,并对人口老龄化进行非参数处理,建立同时处理空间依赖性、模型不确定性和参数异质性的半参数门槛空间滞后模型(7.44):

$$\text{str}_{i,t}=\alpha_i+\gamma_1\text{dig}_{i,t}\times I(\text{old}_{i,t}\leqslant r)+\gamma_2\text{dig}_{i,t}\times I(\text{old}_{i,t}>r)+\rho W\text{str}_{i,t}+G(\text{old}_{i,t})+\beta X_{i,t}+\varepsilon_{i,t} \tag{7.44}$$

式中,i 表示地区;t 表示时期;str 为产业结构升级;dig 为数字经济发展水平;old 为人口老龄化程度;$G(\text{old}_{i,t})$为非参数部分;X 为一系列控制变量;α_i 为个体效应;$\varepsilon_{i,t}$ 为随机扰动项;r 是待估计的门槛值;$I(\cdot)$为示性函数。式(7.44)表示单门槛模型。

3. 实证结果分析

在不同老龄化水平下,数字经济对产业结构升级的影响效应不同,本书将选取人口老龄化为门槛变量对门槛效应进行检验。在采用 Bootstrap 自助法抽样 300 次后,发现人口老龄化仅显著通过单一门槛检验而未通过多门槛检验,因此设定单门槛回归模型。

人口老龄化对产业结构升级的影响复杂,传统线性模型无法准确刻画二者关系,为提高模型变量的准确性和运算效率,通过线性预测图和偏导图分析人口老龄化对产业结构升级的非线性影响,如图 7.3 所示。

从平均趋势线看,人口老龄化表现出单门槛特征,当老龄化水平较低时,老龄化抑制了产业结构升级,此时老龄服务需求和老龄产业的拉动作用并不明显,劳动力供给不足对产业结构升级产生了消极影响;在老龄化达到一定水平时,老龄化促进了产业结构升级,此时以服务业为主的老龄需求增加推动银发经济增长,促使了产业结构升级。最终人口老龄化与产业结构升级之间呈 U 形关系,进一步验证了假设 1。

同时,偏导图可以反映老龄化对产业结构升级的影响效率,图 7.3 中横坐标为人口老龄化,纵坐标为产业结构升级对人口老龄化的偏导数。该散点图总体上呈现 N 形,可以明显看出人口老龄化对产业结构升级的影响力度不同:①人口老龄化在区间(0.06,0.08]内时对产业结构升级具有负向影响,且负向影响随着人口老龄化的提高而逐渐减弱,此时人口红利消失引起劳动力数量和结构的恶化,导致生产力的降低,尽管需求效应推动第三产业发展,但收入水平的降低会倒逼产业结构恶化。②老龄化在(0.08,0.1]区间内时对产业结构的影响由恶化转为改善,且正向影响随着老龄化的提高而逐渐增强。这是因为老龄人口增长率逐年提高导致老龄服务型产业快速发展,推动产业结构升级。③老龄化在(0.1,0.14]内时促进产业结构升级,但这一正向影响随着老龄化的提高而逐渐减弱。此时居民消费成为产业结构转型的决定因素,虽然老龄化导致老年消费水平上升,但总体居民消费水平降低,使生产者增加老年消费品但减少总体消费品的产出,从而促进产业结构升级,但增速却不断放缓。④老龄化大于 0.14 时对产业结构有显著的促进作用,并且这一正向影响随着老龄化程度的提高而逐渐增强。老龄化使劳动力充足供给的现象逐步消失,但此时有利于产业结构转为资本和技术密集型,并促进服务业内部的技术革新,从而加速产业结构升级。

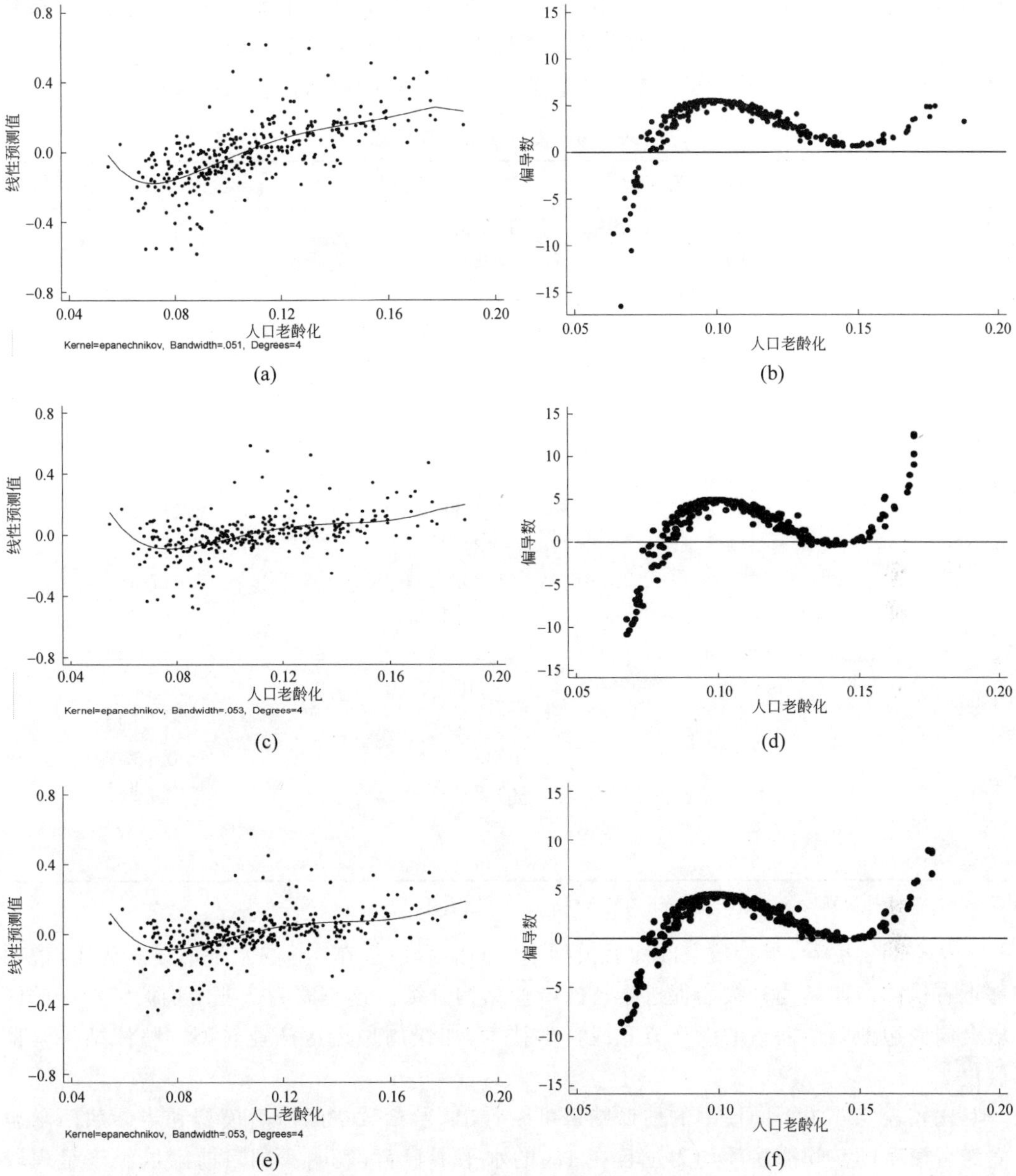

图 7.3　不同模型设定下人口老龄化对产业结构升级的线性预测图与偏导图

(a) 半参数固定效应模型的线性预测图；(b) 半参数固定效应模型的偏导图；(c) 半参数固定效应空间滞后模型的线性预测图；(d) 半参数固定效应空间滞后模型的偏导图；(e) 半参数固定效应门槛空间滞后模型的线性预测图；(f) 半参数固定效应门槛空间滞后模型的偏导图

选用半参数模型、半参数空间滞后模型和半参数门槛空间滞后模型进行分析，结果见表 7.6。根据理论分析，人口老龄化的需求侧效应与供给侧效应的联合影响不断变化，故本书将人口老龄化设为非参项，通过观察线性预测图与偏导图分析人口老龄化对产业结构升级的影响。根据半参数模型发现,数字经济的系数大小和控制变量的系数大小虽然与基准回归结果存在差异,但在方向和显著性上并未发生明显变化,这表明回归结果是稳健的。此外,人口老龄化的偏导数图可以直观反映其对产业结构升级影响过程。

表 7.6 模型回归结果比较

变　　量	半参数面板模型	半参数空间滞后模型	半参数门限空间滞后模型
dig	2.827*** (8.897)	1.982*** (5.233)	—
dig* (old≤0.102 0)			1.966*** (5.124)
dig* (old>0.102 0)			1.978*** (5.212)
old	—	—	—
lnpgdp	−0.872*** (−8.709)	−0.789*** (−7.887)	−0.787*** (−7.823)
finance	0.510*** (8.740)	0.434*** (7.208)	0.434*** (7.196)
mar	−0.037*** (−3.051)	−0.031** (−2.553)	−0.031** (−2.543)
labor	0.074*** (2.693)	0.070** (2.590)	0.069** (2.543)
ρ		0.354*** (3.891)	0.355*** (3.889)
N	330	330	330
R^2	0.545	0.568	0.569

注:**、*** 分别表示 5%、1%水平下的显著性。

从空间维度看,半参数空间滞后模型中空间滞后系数在 1%的水平下显著为正,说明邻近省份的产业结构升级会促进本省的产业结构升级。这是因为产业结构调整较好的区域会向周边地区传播新的生产方式或科学技术,加快周边地区产业转型。整体结果验证假设 2。

比较表 7.6 中不同模型的估计结果可以看出,半参数空间滞后模型和半参数门限空间滞后模型的空间滞后项均为正且在 1%的水平下显著,表明我国目前区域经济呈现较为明显的产业结构互促态势,形成了区域产业结构协同调整的发展格局,空间滞后项的系数与显著性水平均未出现显著变化也说明了空间效应在半参数门限空间模型中存在的正确性。此外观察数字经济对产业结构升级的非对称影响,由于半参数门限空间滞后模型中,老龄化小于等于 0.102 0 时数字经济系数为 1.966,老龄化大于 0.102 0 时,数字经济系数上升到 1.978,且均在 1%的水平下显著。这表明老龄化程度较低时,有效劳动供给减少使生产生活更依赖信息技术,消费降低抑制了投资研发投入,使数字经济促使产业转型的脚步放缓。随着老龄化程度的提高,企业提高了科技研发能力,老年服务业也借助较大银发产业市场得以发展,这为数字经济发展提供了保障,此时数字经济加速产业结构升级。综上,数字经济对产业结构升级的影响存在着以人口老龄化为门槛变量的门槛效应,假设 3 得到验证。

7.6　半参数门限动态空间杜宾模型

7.6.1　模型设定及估计方法

在二机制动态空间杜宾模型基础上进一步引入非参项,构建半参数二机制动态空间杜宾模型。非参项引入导致模型估计难度大大提升,在此给出一般形式的半参数二机制动态空间杜宾模型及其估计方法,模型一般形式设定为

$$y_{it}=\alpha y_{it-1}+\rho y_{it}^{*}+\lambda y_{i,t-1}^{*}+(\delta_1\boldsymbol{S}_{it}+\gamma_1\boldsymbol{S}_{it}^{*}+\boldsymbol{\varphi}_1\boldsymbol{S}_{i,t-1}^{*})D_{it}+(\delta_2\boldsymbol{S}_{it}+\gamma_2\boldsymbol{S}_{it}^{*}+\boldsymbol{\varphi}_2\boldsymbol{S}_{i,t-1}^{*})\bar{D}_{it}+g(\boldsymbol{P}_{it})+\mu_i+\varepsilon_{it} \tag{7.45}$$

式中,y_{it} 是被解释变量;$\boldsymbol{S}_{it}=(S_{1it},\cdots,S_{d_S it})'$ 为解释变量,将机制划分引入解释变量 $\boldsymbol{S}_{it}$、空间滞后项 $\boldsymbol{S}_{it}^{*}$ 和时空间滞后项 $\boldsymbol{S}_{i,t-1}^{*}$,非参变量使用更一般的 $\boldsymbol{P}_{it}$ 表示,$\boldsymbol{P}_{it}=(P_{1it},\cdots,P_{d_P it})'$。若 $g(P_{it})\neq 0$,则可将其归入固定效应项,所以,假设 $g(P_{it})=0$。模型(7.45)可改写为

$$y_{it}=\boldsymbol{X}_{it}'\boldsymbol{\Theta}+g(\boldsymbol{P}_{it})+\mu_i+\varepsilon_{it} \tag{7.46}$$

式中,$\boldsymbol{X}_{it}'\boldsymbol{\Theta}$ 是模型的参数估计部分,解释变量 $\boldsymbol{X}_{it}'=(y_{i,t-1},y_{it}^{*},y_{i,t-1}^{*},\boldsymbol{S}_{it}D_{it},\boldsymbol{S}_{it}^{*}D_{it},\boldsymbol{S}_{i,t-1}^{*}D_{it},\boldsymbol{S}_{it}\bar{D}_{it},\boldsymbol{S}_{it}^{*}\bar{D}_{it},\boldsymbol{S}_{i,t-1}^{*}\bar{D}_{it})$ 为内生变量,参数分量 $\boldsymbol{\Theta}=(\alpha,\rho,\lambda,\delta_1,\gamma_1,\varphi_1,\delta_2,\gamma_2,\varphi_2)'$,$\{S_{1t},P_{1t},y_{1t}\},\cdots,\{S_{Nt},P_{Nt},y_{Nt}\}$ 是在 $R^{d_S+d_P+1}$ 上取值的随机变量向量序列,解释变量 $\boldsymbol{X}_{it}$ 为内生变量,与误差项相关。

设 $H_{1t},\cdots,H_{Nt}$ 是在 R^{6d_S+3} 上与 y_{it}^{*} 相关的随机变量向量,且 $E(\boldsymbol{H}_{it}\mu_{it})=0$,$E(\boldsymbol{H}_{it}\mu_{it}\mid X_{it},P_{it})=0$,称 $\boldsymbol{H}_{it}$ 为工具变量向量。参考半参数动态空间杜宾模型的估计方法,参数分量$\boldsymbol{\Theta}$ 的工具变量估计为

$$\hat{\Theta}_{\mathrm{IV}}=\Big[\sum_{i=1}^{N}\sum_{t=1}^{T}\boldsymbol{H}_{\#it}(X_{it}-\hat{m}_1(\boldsymbol{P}_{it}))\Big]^{-1}\Big[\sum_{i=1}^{N}\sum_{t=1}^{T}\boldsymbol{H}_{\#it}(y_{it}-\hat{m}_2(\boldsymbol{P}_{it}))\Big] \tag{7.47}$$

式中,$\boldsymbol{H}_{\#it}=(H_{1it},\cdots,H_{6d_S+3,it})'$是工具变量向量;$\hat{m}_1(p)$和 $\hat{m}_2(p)$分别是 $m_1(p)=E(X_{it}\mid P_{it}=p)$和 $m_2(p)=E(y_{it}\mid P_{it}=p)$的局部线性估计。得到参数分量的工具变量估计后,非参数分量的工具变量估计为

$$\hat{g}_{\mathrm{IV}}(p)=\hat{m}_2(p)-\hat{m}_1(p)'\hat{\Theta}_{\mathrm{IV}} \tag{7.48}$$

得到参数部分和非参数部分的具体参数值后,基于修正的最小二乘思想,个体固定效应 μ_i 的估计表达式为

$$\hat{\mu}_i=\bar{y}_i-\bar{X}_i'\hat{\Theta}_{\mathrm{IV}} \tag{7.49}$$

式中,$\bar{y}_i=T^{-1}\sum_{t=1}^{T}y_{it}$;$X_i=T^{-1}\sum_{t=1}^{T}\boldsymbol{X}_{it}$。

7.6.2 案例四：城市群圈层结构下的协同创新与产业升级

党的二十大报告明确提出“建设现代化产业体系。坚持把发展经济的着力点放在实体经济上，推进新型工业化”。创新是第一动力，当前中国迫切需要通过创新驱动产业升级实现经济增长动力转换，在全球竞争中脱颖而出，引领新一轮产业变革。中国产业升级涉及人口最多、产业结构最完整，但呈现显著空间非均衡性，外围城市产业结构薄弱、城市内部创新主体协同能力不足，限制了协同创新对产业升级的驱动作用。伴随高铁基础设施建设，空间知识溢出成为产业升级催化剂(毛琦梁，2019)，外围城市与中心城市产业升级的非均衡性可以通过空间知识溢出来弥补。因此，有必要研究圈层结构下协同创新对产业升级的空间溢出效应。

很多研究发现技术创新(周璇和陶长琪，2021)和协同创新(孙大明和原毅军，2019)的空间溢出效应是地区产业升级重要驱动因素。然而，城市群由多中心异质城市组成中心城市和外围城市通常具有圈层结构，圈层结构下协同创新空间溢出是如何作用于邻近城市产业升级，现有研究并未给予过多关注。圈层结构特点在于中心城市和外围城市既具有密切联系，又存在显著发展差距。一方面，圈层结构中心城市和外围城市产业联系紧密，使产业升级和技术进步方向具有较高程度一致性，协同创新对产业升级空间效应可能会更加显著；另一方面，中心城市和外围城市协同创新和产业升级水平存在明显差距，可能阻碍了协同创新对邻近城市产业升级空间效应。目前尚无文献研究城市群圈层结构下协同创新对产业升级空间效应，那么，中心城市协同创新空间溢出是否会对外围城市产业升级产生积极影响呢？外围城市协同创新是否可能反作用于中心城市，为中心城市产业升级提供备选技术路径？如何有效利用城市群一体化发展机遇，制定针对性城市群创新发展战略推动城市群产业升级？

1. 研究假设提出

要素流动存在密切空间联系。中心城市和外围城市协同创新对产业升级的时空间效应可以归纳为以下方面。

第一，中心城市协同创新通过空间知识溢出提高外围城市创新能力，并为外围城市产业升级提供潜在技术机会窗口。圈层结构的中心城市获取创新信息、扩散先进技术和主导城市间创新合作的作用越大，就越有利于外围城市借助中心城市的创新资源优势摆脱本地资源禀赋不足、创新人才集聚规模偏小、缺乏明星研发人员等创新困境，从而提高外围城市创新能力。圈层结构的城市之间具有显著的知识共享效应，与其他城市相比，圈层结构的外围城市学习、模仿中心城市先进技术的效率高，通过学习、模仿机制获得来自中心城市的空间知识溢出，推动外围城市的产业升级。近年来，以高铁为代表的运输基础设施构建了一体化程度更高的城市关联格局，通过知识溢出和创新要素空间布局优化提升了非中心城市的创新能力(王雨飞等，2021)，为空间知识溢出提供了更加便利的地理条件。此外，地理邻近、文化邻近和技术邻近等多维度邻近的综合影响下，空间知识溢出对邻近地区的产业升级起到正向作用(毛琦梁，2019)，圈层结构下中心城市与外围城市具有紧密的多维度邻近关系，中心城市的协同创新成果容易与外围城市产业升级技术方向相匹配，使得其空间知识溢出对产业升级的作用更显著。基于此，提出研究假设。

研究假设 1：城市群圈层结构下，中心城市协同创新通过空间知识溢出途径在短期内推动外围城市产业升级。

第二，中心城市协同创新加速本地产业走向成熟，推动成熟产业向圈层结构中的外围城市转移，进而通过产业转移带动外围城市产业升级。根据产业升级的生命周期理论，处于不同生命周期的产业从不同类型的城市集聚中获益。中心城市的协同创新促进了本地的多样化知识溢出，新兴产业借助与外部创新主体的协同创新针对性地进行技术革新，从而更容易创造新产品和提高新产品的生产效率。当产业进入成熟期，生产效率低的主因由技术不成熟转变为生产规模偏小导致的规模不经济，此时中心城市多样化知识溢出重要性下降，拥挤成本相对提高，限制成熟产业扩大规模，外围城市专业化集聚带来的特定产业基础设施共享和专业化劳动力匹配更利于成熟产业扩大规模。引起“雁阵模式”争议的一大原因在于现实中欠发达国家和地区未能够承接发达国家和地区的产业迁移，那么，成熟产业迁出中心城市后，是否更倾向迁入圈层结构外围城市呢？本书认为，该问题答案是肯定的，理由如下。

(1) 历史惯性说。企业选址决策不可避免地会受到往期决策的影响，城市群圈层结构具有一定的历史积淀，中心城市对外围城市的辐射力长期以“圈”的形式扩散形成了产业迁移的历史惯性。客观上，中心城市产业向外围城市迁移的历史经验给当期选址决策提供了更多的信息参考，在没有出现明显变动因素的情形下，决策者也更倾向于“照旧”以使决策更具确定性。

(2) 多维度邻近说。Boschma(2005) 用多维度邻近更合理地解释了空间知识溢出，该理论也可用来揭示圈层结构下外围城市承接成熟产业迁入所具有的特殊优势。信息和交通基础设施改善促进时空压缩，减小了圈层结构城市间的地理距离，信息交流和要素流动难度降低，为产业转移创造了有利物理环境。除地理邻近外，圈层结构城市间其他维度邻近，诸如制度邻近、文化邻近、技术邻近等，给产业转移创造了便利。

(3) 政策导向说。地方政府在产业转移中扮演了重要角色(黄志基等，2022)，产业迁出地政府和产业迁入地政府对共同利益达成高度的认同是产业转移发生的基础。圈层结构的中心城市政府和外围城市政府之间互信度高，更容易在博弈中达成一致，并且城市常常同属于一个省级政府，上级地方政府更乐意产业在省内城市间梯度转移，从而带动全省的产业升级。考虑到协同创新促进本地产业成熟和产业转移具有时间滞后，提出研究假设。

研究假设 2：城市群圈层结构下，中心城市协同创新通过产业迁移对外围城市产业升级存在长期推动作用。

上述分析回避了中心城市产业升级过程中的有限理性问题，从而忽略了外围城市对中心城市产业升级的促进作用。更现实的假设是，中心城市和外围城市都不得不基于各自拥有的不完全知识尽力构造和强化产业升级路径。从中心城市的视角来看，中心城市在上一轮技术革命中构造了更优的产业升级路径，并在累积循环作用下积累知识元素多样化优势，使其在下一轮技术革命中有更大的机会创造产业升级路径。然而，有限理性问题告诉我们，即使是中心城市，其知识多样性和知识重组机会也是有限的，产业升级路径也很难达到最优。可见，中心城市和外围城市一样，需要从外部城市中获得更多知识元素和知识重组机会，使产业升级路径更接近最优。圈层结构的特殊性使外围城市与中心城市知识元素构成具有异质性；同时，两地产业之间还存在技术关联性。这种异质性和技术关联性使得外围城市与中心城市的认知距离不太远也不太近。太远的认知距离会增加知识吸收的难度，太近的认知距离则不利于新奇产生（Boschma，2005），因此，外围城市协同创新能够帮助中心城市在短期内获得产业升级所需的特定知识元素，也能在长期内不断通过重组知识元素创造产业升级的可能路径。基于此，提出研究假设。

研究假设 3a：产业升级的动态过程中，外围城市协同创新能够在短期内推动中心城市产业升级。

研究假设 3b：产业升级的动态过程中，外围城市协同创新在长期内依然能够推动中心城市产业升级。

2. 实证模型构建

协同创新对城市产业升级的影响具有空间性和动态性，即前期协同创新会促进当期本地城市和邻近城市的产业升级。城市产业升级自身是一个动态过程，前期产业升级对当期产业升级施加惯性影响。因此，仅考虑协同创新等驱动因素的当期影响不符合产业升级的实际情况，需要在实证模型中引入被解释变量、解释变量和空间滞后项的时间滞后作为被解释变量，构建动态空间杜宾模型作为基准模型：

$$\mathrm{Sop}_{it}=\alpha\mathrm{Sop}_{i,t-1}+\rho\mathrm{Sop}_{it}^{*}+\lambda\mathrm{Sop}_{i,t-1}^{*}+\gamma\mathrm{Coi}_{it}^{*}+\varphi\mathrm{Coi}_{i,t-1}^{*}+\boldsymbol{\delta}'\boldsymbol{X}_{it}+\boldsymbol{\eta}'\boldsymbol{X}_{i,t-1}+\mu_i+\varepsilon_{it} \tag{7.50}$$

式中，Sop_{it} 代表城市 i 第 t 年的产业升级水平；Coi_{it} 代表城市 i 第 t 年的协同创新水平，包括校企协同创新成果 Comp_{it} 和政府研发资金资助 Gov_{it} 两个子变量；$\boldsymbol{X}_{it}$ 代表控制变量向量；使用被解释变量和协同创新变量的空间滞后项 $\mathrm{Sop}_{it}^{*}=\sum_{j=1}^{N}W_{ij}\mathrm{Sop}_{jt}$ 和 $\mathrm{Coi}_{it}^{*}=\sum_{j=1}^{N}W_{ij}\mathrm{Coi}_{jt}$ 反映当期空间溢出对产业升级的影响，W_{ij} 为空间权重矩阵第 i 行第 j 列的元素；使用变量的时间滞后 $\mathrm{Sop}_{i,t-1}$ 和 $\boldsymbol{X}_{i,t-1}$ 衡量动态效应；使用空间滞后项的时间滞后 $\mathrm{Sop}_{i,t-1}^{*}=\sum_{j=1}^{N}W_{ij}\mathrm{Sop}_{j,t-1}$ 和 $\mathrm{Coi}_{i,t-1}^{*}=\sum_{j=1}^{N}W_{ij}\mathrm{Coi}_{j,t-1}$ 反映空间溢出对产业升级的动态效应；μ_i、ε_{it} 分别是个体固定效应和随机误差项。

考虑到空间溢出来自城市之间的经济互动，计算城市间经济联系紧密程度与施加引力城市对外辐射强度比值作为空间权重矩阵元素 W_{ij} 反映城市间经济互动的强弱。空间权重矩阵元素 W_{ij} 的计算公式为

$$W_{ij}=\frac{CP_{ij}}{C_i}$$

式中，CP_{ij} 表征施加引力城市 i 与接受引力城市 j 经济紧密联系程度；C_i 表征施加引力城市 i 对外施加引力总强度。CP_{ij} 计算公式为

$$CP_{ij}=\frac{Y_iY_j}{D_{ij}^2}$$

式中,Y_i 和 Y_j 表示城市 i 和城市 j 地区生产总值;Y_iY_j 表示两个城市地区生产总值的乘积;D_{ij} 表示城市之间实际交通距离。随着高铁的普及,高铁成为城际运输最主要方式,故使用从城市 i 到城市 j 高铁最短到达时间衡量实际交通距离。C_i 计算公式为

$$C_i=\frac{Y_i^2}{r_i^2}$$

式中,r_i 为城市 i 的城市半径,$r_i^2=S_i/\pi$,S_i 为城市 i 行政区划面积。

刻画“圈层”结构下城际关系难点在于区分中心城市与外围城市之间空间溢出,而经典动态空间杜宾模型仅考察了线性空间依赖关系。为验证理论假设,还需要区分城市群圈层结构下中心城市和外围城市产业升级受邻近城市协同创新影响的异质性。为此,在模型(7.50)协同创新空间滞后项后引入虚拟变量 D_{it} 和 $\bar{D}_{it}$,构建二机制动态空间杜宾模型如下:

$$\begin{aligned}\mathrm{Sop}_{it}=&\ \alpha\mathrm{Sop}_{i,t-1}+\rho\mathrm{Sop}_{it}^{*}+\lambda\mathrm{Sop}_{i,t-1}^{*}+\gamma_1D_{it}W\mathrm{Coi}_{it}+\gamma_2\bar{D}_{it}\mathrm{Coi}_{i,t-1}^{*}+\varphi_1D_{it}\mathrm{Coi}_{i,t-1}^{*}+\\&\ \varphi_2\bar{D}_{it}\mathrm{Coi}_{i,t-1}^{*}+\boldsymbol{\delta}'\boldsymbol{X}_{it}+\boldsymbol{\eta}'\boldsymbol{X}_{i,t-1}+\mu_i+\varepsilon_{it}\end{aligned}\tag{7.51}$$

式中,若城市 i 为中心城市,则 $D_{it}=1$;若城市 i 为外围城市,则 $D_{it}=0$,$\bar{D}_{it}=1-D_{it}$。虚拟变量 D_{it} 和 $\bar{D}_{it}$ 的引入使线性的动态空间杜宾模型转变为二机制动态空间杜宾模型,γ_1、φ_1 和 γ_2、φ_2 分别表示中心城市和外围城市产业升级对邻近城市协同创新空间溢出和时空间溢出反应系数。

协同创新具有多种创新主体,导致其对产业升级的作用比一般创新更为复杂,这可能使协同创新与产业升级之间呈现非线性关系,因此,在模型(7.51)的基础上引入协同创新变量作为非参变量,构建如下半参数二机制动态空间杜宾模型:

$$\begin{aligned}\mathrm{Sop}_{it}=&\ \alpha\mathrm{Sop}_{i,t-1}+\rho\mathrm{Sop}_{it}^{*}+\lambda\mathrm{Sop}_{i,t-1}^{*}+\gamma_1D_{it}W\mathrm{Coi}_{it}+\gamma_2\bar{D}_{it}\mathrm{Coi}_{i,t-1}^{*}+\varphi_1D_{it}\mathrm{Coi}_{i,t-1}^{*}+\varphi_2\bar{D}_{it}\\&\ \mathrm{Coi}_{i,t-1}^{*}+\boldsymbol{\delta}'\boldsymbol{X}_{it}+\boldsymbol{\eta}'\boldsymbol{X}_{i,t-1}+g(\mathrm{Coi}_{it})+\mu_i+\varepsilon_{it}\end{aligned}\tag{7.52}$$

式中,$g(\cdot)$为未知函数,通过引入非参项 $g(\mathrm{Coi}_{it})$,避免了预设协同创新与产业升级表现为线性关系可能引起的误差。模型(7.52)可通过偏导数图形式刻画协同创新与产业升级的非线性关系,并且在二者存在非线性关系情形下,参数部分可以得到更准确的估计。

中国正在实施的长三角一体化发展战略包括了苏、浙、沪、皖的 41 个地级及以上城市,其中,上海、南京、杭州、合肥等中心城市拥有众多国内一流大学和研究所,产业升级水平也居于全国前列。长三角城市群拥有大量与中心城市经济联系紧密的外围城市,区域内的上海都市圈、南京都市圈、合肥都市圈、杭州都市圈等都表现出显著圈层经济结构特征。长三角城市群是我国三大经济增长极之一,本研究对其他具有圈层结构城市群发展也具有借鉴意义。根据《中国城市统计年鉴》和国家知识产权局专利数据库检索数据,收集了 2009—2019 年长三角地级及以上城市面板数据。实证模型中变量说明如下。

(1) 被解释变量。城市产业升级水平是被解释变量。学界对产业升级的研究包含两方面的内容:一是产业结构升级,关注要素投入和产品产值在各产业间分布的变动;二

是价值链升级，关注产出水平与要素投入量之间比例的提高。产业结构比例变迁本身并无高级化的空间，只是指劳动力由低生产率产业流向高生产率产业，引起人均产值的提高。价值链升级以产业结构比例固定为前提，认为各产业处于交互供求的关联机制下，一个产业的扩张必须以其他关联产业同比例扩张为条件。然而，固化城市产业结构比例前提假设与现实存在很大分歧，尤其是中国发生的大规模产业区域转移现象引起了一大批城市产业结构比例变迁。衡量城市产业升级应包括产业结构比例变迁和要素-产出比例提高两部分内容：使用城市各产业的产值比重表征产业结构比例变迁，劳动生产率表征要素-产出比例提高，二者的乘积可表征城市产业升级的水平：

$$\mathrm{Sop}_{it} = \sum_{k=1}^{K} \frac{Y_{kit}}{Y_{it}} LP_{kit}$$

式中，Y_{kit} 表示产业 k 在城市 i 年份 t 的产值；Y_{it} 表示城市 i 年份 t 的地区总产值；LP_{kit} 表示产业 k 在城市 i 年份 t 的劳动生产率，使用产业 k 产值除以产业 k 的就业人数衡量。

(2) 核心解释变量。城市协同创新水平是核心解释变量。协同创新涉及企业、高校、政府等异质性创新主体，按合作对象协同创新可分为直接主体和间接主体的协同创新、直接主体之间的协同创新。协同创新合作形式表现为协同创新产出和协同创新投入两种形式(吴卫红等，2022)。协同创新产出主要指各方参与的共同创新成果，因此，使用协同创新成果近似标准城市协同创新水平。使用高校和企业合作申请发明专利数(CoP_{it})衡量直接主体之间的产学创新合作成果。相对于实用新型专利和外观设计专利，发明专利技术含量较高，更能代表协同创新的研发成果。数据来自国家知识产权局专利检索数据库，数据检索方式为将申请日设定为样本期内的某一年份，在申请人地址栏输入城市名，在专利申请人检索栏分别输入“大学”“学院”和“公司”“集团”“企业”“厂”的两两组合。

协同创新投入包括人员、资金等创新要素流动，国内高校和企业、政府之间的人员流动主要通过学生参与项目形式、学术创业的形式进行。由于高校学生在高校和企业、政府间流动是临时的，高校教师一般同时属于高校和企业，高校学生和教师的流动性较弱，人员流动对协同创新的影响偏低。考虑到政府资金资助与城市研发机构和企业数相关，仅以政府资金资助的数量不能准确衡量政府支持协同创新的强度，这里用政府资金资助除以研发机构和企业几何平均数来估算政府资金资助的协同创新，计算公式为

$$\mathrm{Gov}_{it} = \frac{\mathrm{Fund}_{it}}{\sqrt{N_{\mathrm{Uni},it} N_{\mathrm{com},it}}}$$

式中，Fund 为政府科学技术支出；N_{Uni} 和 N_{com} 分别为高等学校数和规模以上工业企业数，使用几何平均数可以避免 N_{Uni} 和 N_{com} 差距过大，导致高等学校被忽视。

(3) 控制变量。①信息化水平(pinter)采用每万人宽带互联网用户数表征；②外商投资水平(pfdi)采用外商直接投资占城市经济产值的比重表征；③基础设施水平(proad)采用城市道路人均面积表征。

3. 实证结果分析

考虑到协同创新的两个表征变量合作发明专利数量与政府对高校和企业研发资金投入可能存在相关关系，干扰最终估计结果，首先分别将两个变量及其时间滞后项、空间滞

后项、时空间滞后项代入线性动态空间杜宾模型,再将两个变量同时代入模型,对比实证结果,以增强稳健性。表 7.7 给出了三个线性动态空间杜宾模型的估计结果,通过表 7.7 可以发现以下结论。

表 7.7　线性动态空间杜宾模型的估计结果

变　量	线性动态空间模型 1	线性动态空间模型 2	线性动态空间模型 3
$Sop_{i,t-1}$	0.161***	0.112**	0.118**
	(0.039)	(0.052)	(0.047)
$WSop_{it}$	0.298***	0.234**	0.200**
	(0.084)	(0.118)	(0.086)
$WSop_{i,t-1}$	0.261***	0.162**	0.174**
	(0.080)	(0.085)	(0.072)
CoP_{it}	0.026		−0.008
	(0.060)		(0.059)
CoP_{it-1}	0.222***		0.273***
	(0.053)		(0.069)
$WCoP_{it}$	0.364**		0.337***
	(0.144)		(0.108)
$WCoP_{it-1}$	0.302***		0.292**
	(0.086)		(0.147)
Gov_{it}		−0.138	−0.365***
		(0.091)	(0.128)
Gov_{it-1}		0.369**	0.162**
		(0.163)	(0.080)
$WGov_{it}$		1.218***	0.862***
		(0.215)	(0.318)
$WGov_{it-1}$		−0.402**	−0.812***
		(0.177)	(0.297)
$pfdi_{it}$	0.100**	0.114*	0.096*
	(0.043)	(0.059)	(0.051)
$proad_{it}$	−0.058	−0.049	−0.069
	(0.039)	(0.047)	(0.055)
$pinter_{it}$	−0.214	−0.213	−0.207
	(0.206)	(0.206)	(0.194)
$pfdi_{it-1}$	0.059*	0.040	0.047*
	(0.031)	(0.031)	(0.028)
$proad_{it-1}$	0.047	0.069	0.057
	(0.066)	(0.062)	(0.067)
$pinter_{it-1}$	0.157	0.158	0.148
	(0.115)	(0.130)	(0.111)
个体固定效应	是	是	是
N	451	451	451

注:*、**、*** 分别表示 10%、5%、1%的显著性水平,括号内为标准误,表 7.8 同。

（1）被解释变量时间滞后项 $\mathrm{Sop}_{i,t-1}$ 的回归系数在三个线性动态空间杜宾模型中均显著为正，该结果说明城市产业升级过程在时间维度上具有累积循环作用，往期产业升级对当期产业升级具有积极影响。历史上，圈层结构的中心城市始终占据产业升级的“头雁”位置，部分原因就在于产业升级的累积循环过程使前期取得产业升级成功的中心城市更容易在当期延续产业升级的惯性。被解释变量时间滞后项 $W\mathrm{Sop}_{it}$ 和时空间滞后项 $W\mathrm{Sop}_{i,t-1}$ 的回归系数均显著为正，说明长三角城市群产业升级具有显著空间相关性，某一城市产业升级水平会受到其他城市当期和往期产业升级水平的影响。城市之间密切的经济联系是圈层结构的主要特征，因此，圈层结构下分析协同创新与产业升级空间关系具有一定合理性。

（2）产学创新合作专利 CoP_{it} 的回归系数在模型 1 和模型 3 中均不显著，但变量时间滞后项 CoP_{it-1} 回归系数显著为正，说明协同创新专利成果转化为产业升级动力需要时间。相比之下，空间滞后项 $W\mathrm{CoP}_{it}$ 的回归系数显著为正，说明协同创新专利成果在当期就能够促进邻近城市的产业升级。这一现象的原因在于圈层结构城市间紧密的联系给创新成果空间溢出提供了高效的扩散渠道，因此，外部城市从协同创新成果对本地产业升级起到了“他山之石，可以攻玉”的效果。相近的实证研究中，孙大明和原毅军（2019）使用企业协同创新资本存量作为核心解释变量，构建静态空间杜宾模型的实证结果也显示省际层面协同创新变量空间滞后项回归系数显著为正，可与该结果相互印证。进一步引入时空间滞后项 $W\mathrm{CoP}_{it-1}$ 后，其回归系数依然显著为正，说明外部城市协同创新的产业升级效应存在时间上的延续性。

（3）政府资助协同创新变量 Gov_{it} 在模型 2 和模型 3 中回归系数为负，而其时间滞后项 Gov_{it-1} 回归系数却显著为正。造成政府资助当期值回归系数为负的原因可能来自其对金融机构资助协同创新的挤出作用。金融机构资助更倾向于见效快的协同创新项目，政府资助更倾向于创意好的协同创新，对协同创新过程更有耐心，因此，短期内政府资助协同创新反而不利于产业升级。然而，滞后一期回归系数显著为正的结果表明，经过一段时间的磨合后，高校和企业能够有效地利用政府资助资源进行联合研发，获得更具突破性的协同创新成果，形成对产业升级的推动力。值得注意的是，空间滞后项 $W\mathrm{Gov}_{it}$ 的回归系数显著为正的同时，时空间滞后项 $W\mathrm{Gov}_{it-1}$ 的回归系数显著为负，其主要原因可能是长期作用下政府资助会对周围城市产生虹吸效应，促使周围城市的协同创新资源向中心城市集聚。后文二机制动态空间杜宾模型中心城市和外围城市时空间滞后项回归系数的正负差异也说明了中心城市政府资助对外围城市虹吸效应的存在。

（4）其他控制变量中，外商投资及其时间滞后项与产业升级表现出正相关关系。信息和交通基础设施当期值回归系数为负，时间滞后项与产业升级表现出正相关关系，这可能是由于当期基础设施建设占用了部分用于产业升级的资金，导致建设初期不利于产业升级，其对产业升级的正向作用需要经过一段时间的累积后才能逐渐发挥。

为了描述圈层结构下中心城市和外围城市产业升级从邻近城市协同创新获得空间溢出的异质性，进一步把线性动态空间杜宾模型扩展为二机制动态空间杜宾模型。将协同创新的两个表征变量分别代入式(7.49)进行估计，表 7.8 汇报了二机制动态空间杜宾模型的部分估计结果，模型 4 使用产学合作专利衡量协同创新，模型 5 使用政府资助衡量协同创新。理论假设重点关注协同创新对产业升级空间溢出效应的动态性和异质性，故表 7.8 只列出了核心解释变量空间滞后项和时空间滞后项在不同机制内的回归系数，D_{it} 代表中心城市，$\overline{D}_{it}$ 代表外围城市。

表 7.8　二机制动态空间杜宾模型的部分估计结果

变　量	二机制动态空间杜宾模型 4	变　量	二机制动态空间杜宾模型 5
$D_{it}W\mathrm{CoP}_{it}$	0.523^{***} (0.166)	$D_{it}W\mathrm{Gov}_{it}$	1.660^{***} (0.472)
$\overline{D}_{it}W\mathrm{CoP}_{it}$	0.314^{*} (0.226)	$\overline{D}_{it}W\mathrm{Gov}_{it}$	1.060^{***} (0.213)
$D_{it}W\mathrm{CoP}_{it-1}$	0.431^{*} (0.226)	$D_{it}W\mathrm{Gov}_{it-1}$	0.602^{**} (0.246)
$\overline{D}_{it}W\mathrm{CoP}_{it-1}$	0.142^{**} (0.058)	$\overline{D}_{it}W\mathrm{Gov}_{it-1}$	-0.335^{**} (0.168)
控制变量	是	控制变量	是
N	451	N	451

模型 4 和模型 5 中，对于产学创新合作专利衡量的协同创新，中心城市和外围城市空间滞后项的回归系数分别为 0.523 和 0.314，回归结果显著为正；对于政府资助衡量的协同创新，中心城市和外围城市空间滞后项的回归系数分别为 1.660 和 1.060，回归结果在 1%的水平下显著为正。由此可见，中心城市和外围城市都能够从邻近城市协同创新成果中获得产业升级的正向空间溢出，促进城市的产业升级。该结果符合假设 1，中心城市协同创新能够通过空间知识溢出促进外围城市当期的产业升级。同时，外围城市能够对中心城市当期的产业升级产生正向影响，说明假设 3a 关于外围城市协同创新在短期内能够促进中心城市产业升级的判断符合现实。无论是产学合作专利还是政府资助，中心城市的回归系数明显高于外围城市的回归系数，表明中心城市产业升级反而更为敏锐地察觉到邻近城市协同创新的成果，更容易从中获取产业升级的驱动力。圈层结构中心城市长期保持产业升级的"头雁"地位不仅来源于累积循环效应，中心城市更容易从外部创新中获取空间溢出，也是导致圈层结构城市产业升级水平始终存在差距的重要原因之一。

观察表 7.8 中协同创新的时空间滞后项回归系数发现，对于中心城市产学创新合作专利和政府资助衡量的协同创新，其在模型 4 和模型 5 中的时空间滞后项回归系数分别为 0.431 和 0.602，显著为正。该结果说明，外围城市的协同创新对中心城市产业升级具有长期促进作用，符合研究假设 3b 的判断。对于外围城市，产学创新合作专利变量的时空间滞后项回归系数为 0.142，在 5%的水平下显著为正，说明中心城市的协同创新成果能够长期推动外围城市的产业升级，该结果符合研究假设 2 的判断。然而，政府资助变量的时空间滞后项回归系数为 −0.335，并且回归结果具有 5%水平的显著性，不符合研究假设 2 的判断。造成这一结果的原因很可能来自中心城市的政府资助对外围城市产生了虹吸效应，导致外围城市创新资源不断向中心城市集聚，进而不利于外围城市的产业升级。前文线性动态空间杜宾模型的回归结果也显示政府资助时空间滞后项回归系数为负,原因也在于此。

使用线性动态空间杜宾模型和二机制动态空间杜宾模型时发现,本地城市产学创新合作专利当期值 CoP_{it} 对产业升级的回归系数均不显著,其原因可能在于创新成果转换为产业升级驱动力需要过程和时间。为了验证该解释是否可靠,将当期产学创新合作专利变量 CoP_{it} 作为非参项变量,构建半参数二机制动态空间杜宾模型。图 7.4 报告了协同创新对产业升级的偏导数随协同创新的变化情况,横轴为城市产学合作专利当期值,纵轴表示产学合作专利当期值对本地产业升级影响的大小。偏导数整体趋势呈现非常明显的非线性特征,当期协同创新成果越大,其对本地产业升级的边际驱动作用反而越小。对此,协同创新取得大量发明专利授权意味着产业需要足够大的吸收效率才能快速将新技术转换为新产品和新生产流程,否则就会出现图 7.4 中协同创新成果丰富,而对当期产业升级边际驱动作用减小的情况。产业对创新成果吸收效率不足以快速将新技术转换升级动力时,需要延长对创新成果的吸收时间,也就是说,协同创新成果越丰富,其对产业升级的促进作用就具有越明显的时间滞后。

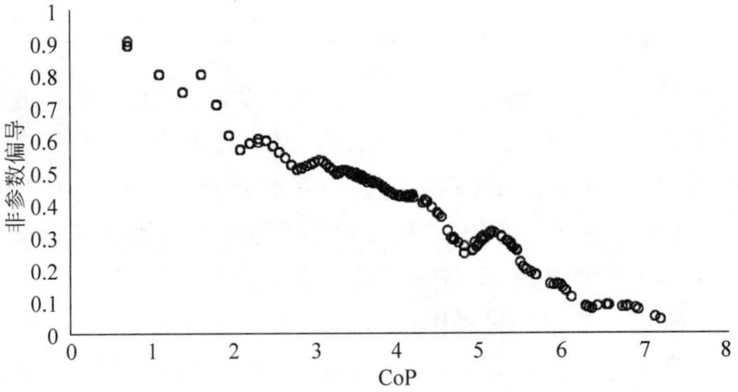

图 7.4　产业升级对城市当期协同创新合作专利的偏导数图

一般认为,中心城市的本地协同创新优势维持了中心城市对外围城市的产业升级优势。然而,将图 7.4 当期协同创新回归系数与协同创新空间滞后项回归系数对比得到了相反的观点。圈层结构中,中心城市相比于外围城市拥有更高的协同创新水平,但对图 7.4 偏导图显示本地高水平的协同创新在当期对产业升级的驱动作用是很低的,这说明至少在当期中心城市产业升级的主要驱动力不是来自本地的协同创新。根据协同创新空间滞后项在中心城市机制下的回归系数,给中心城市产业升级提供更大驱动力的反而是中心城市从邻近城市协同创新中获得的空间溢出。对比协同创新及其空间滞后对当期产业升级的影响发现,圈层结构中心城市之所以对外围城市保持产业升级优势,协同创新的空间溢出很可能起到了比中心城市自身协同创新优势更重要的作用。这一发现的关键意义在于,考察城市产业升级分异的形成原因时,不仅要考虑产业升级的推动因素在各个城市之间的空间分布,更要考虑城市获得空间溢出的异质性。

7.7　半参数门限空间向量自回归模型

7.7.1　模型设定

单方程模型无法完全反映各个变量之间的相互作用关系，因此，有必要建立多方程对空间效应和门限效应进行研究。结合面板数据半参数空间向量自回归(PSSVAR)模型与门限向量自回归模型，构建二机制面板数据半参数门限空间向量自回归(2R-TPSSVAR)模型如下：

$$\boldsymbol{Y}_{it}=\boldsymbol{\alpha}_i+\left(\sum_{j=1}^{p_i}\delta_{1,i,j}\boldsymbol{Y}_{i,t-j}\right)I(z_{i,t}\leqslant r)+\left(\sum_{j=1}^{p_i}\delta_{2,i,j}\boldsymbol{Y}_{i,t-j}\right)I(z_{i,t}>r)+\rho\boldsymbol{Y}_{it}^*+g(P_{it})+u_{it} \tag{7.53}$$

模型(7.53)为一个二机制的面板数据半参数时变门限空间向量自回归模型，$\boldsymbol{Y}_{it}$ 由 $K\times1$ 维内生变量向量组成，$\boldsymbol{Y}_{it}=(y_{1it},y_{2it},\cdots,y_{Kit})'$，$\boldsymbol{Y}_{it}^*=(y_{1it}^*,y_{2it}^*,\cdots,y_{Kit}^*)'$为 $\boldsymbol{Y}_{it}$ 的空间滞后向量，$\boldsymbol{\alpha}_i$ 是常数向量，$z_{i,t}$ 为门限变量，P_{it} 为非参项解释变量，p_i 为第 i 个空间个体的时间滞后阶数(假设滞后阶数 p_i 对所有的变量和机制都是一样的)，可利用 AIC 确定。设 Y_{kit} 是第 k 个内生变量，模型(7.53)中第 k 个内生变量的方程为

$$y_{kit}=\alpha_{ki}+\left(\sum_{j=1}^{p_i}\delta_{k,1,i,j}y_{i,t-j}\right)I(z_{i,t}\leqslant r)+\left(\sum_{j=1}^{p_i}\delta_{k,2,i,j}y_{i,t-j}\right)I(z_{i,t}>r)+\boldsymbol{\rho}_k\boldsymbol{y}_{it}^*+g_k(P_{it})+u_{kit} \tag{7.54}$$

7.7.2　模型估计方法

相比于单方程模型，将半参数空间向量自回归模型与门限向量自回归模型结合具有更大的估计难度。对模型(7.54)，已经预设了机制数为 2(只存在 1 个门限值 r)，假设门限变量 $z_{i,t}$ 已知，若门限值 r 已知，该模型就可以在不同机制内通过半参数空间向量自回归模型估计方法得出估计值。但一般情形下，门限值 r 是未知的，需对门限值进行估计。基于 TAR 模型的三步法估计思想和 TVAR 模型的估计方法(见第 6 章)，采用格点搜索法估计门限值，对模型(7.54)进行估计，具体如下。

步骤 1：对某一可能门限值 r，模型(7.54)参数项及非参项的估计方法如下。

将模型(7.54)方程两边取条件数学期望，得到：

$$g_k(P_{it})=E\left(y_{kit}-\left(\alpha_{ki}+\left(\sum_{j=1}^{p_i}\delta_{k,1,i,j}y_{i,t-j}\right)I(z_{i,t}\leqslant r)+\left(\sum_{j=1}^{p_i}\delta_{k,2,i,j}y_{i,t-j}\right)I(z_{i,t}>r)+\boldsymbol{\rho}_k\boldsymbol{y}_{it}^*\right)\middle|P_{it}\right) \tag{7.55}$$

记 $E(y_{kit}\mid P_{it})$的局部线性估计为 $\breve{y}_{kit}$，其他变量条件数学期望的局部线性估计的记

号类似，记$\boldsymbol{\delta}$为所有δ元素构成的向量。假设参数α_{ki}、$\delta_{k,1,i,j}$、$\delta_{k,2,i,j}$、$\boldsymbol{\rho}_k$已知，$g_k(\cdot)$的初步估计为

$$\check{g}_k(P_{it};\alpha_{ki},\boldsymbol{\delta},\boldsymbol{\rho}_k,r)=\check{y}_{kit}-\Big(\alpha_{ki}+\Big(\sum_{j=1}^{p_i}\delta_{k,1,i,j}\check{y}_{i,t-j}\Big)I(z_{i,t}\leqslant r)+\Big(\sum_{j=1}^{p_i}\delta_{k,2,i,j}\check{y}_{i,t-j}\Big)I(z_{i,t}>r)+\boldsymbol{\rho}_k\check{\boldsymbol{y}}_{it}^{*}\Big) \tag{7.56}$$

将$g_k(\cdot)$的初步估计代入模型(7.52)，移项得到如下参数模型：

$$y_{kit}-\check{y}_{kit}=\Big(\sum_{j=1}^{p_i}\delta_{k,1,i,j}(y_{i,t-j}-\check{y}_{i,t-j})\Big)I(z_{i,t}\leqslant r)+\Big(\sum_{j=1}^{p_i}\delta_{k,2,i,j}(y_{i,t-j}-\check{y}_{i,t-j})\Big)I(z_{i,t}>r)+\boldsymbol{\rho}_k(\boldsymbol{y}_{it}^{*}-\check{\boldsymbol{y}}_{it}^{*})+v_{kit} \tag{7.57}$$

利用广义矩估计方法获得参数$\delta_{k,1,i,j}$、$\delta_{k,2,i,j}$、$\boldsymbol{\rho}_k$的估计$\hat{\delta}_{k,1,i,j}(r)$、$\hat{\delta}_{k,2,i,j}(r)$、$\hat{\boldsymbol{\rho}}_k(r)$。将参数估计代入模型(7.54)，然后方程两边对$t$求平均，就可以得到$\alpha_{ki}$的估计$\hat{\alpha}_{ki}(r)$。之后，获得$g_k(\cdot)$的估计：

$$\hat{g}_k(P_{it};r)=\check{g}_k(P_{it};\hat{\alpha}_{ki},\hat{\boldsymbol{\delta}},\hat{\boldsymbol{\rho}}_k,r) \tag{7.58}$$

然后，获得模型(7.54)随机误差项u_{kit}的估计$\hat{u}_{kit}(r)$，记$\hat{\boldsymbol{u}}_{it}(r)=(\hat{u}_{1it}(r),\hat{u}_{2it}(r),\cdots,\hat{u}_{Kit}(r))'$，$\hat{\boldsymbol{u}}_i(r)=(\hat{u}_{i1}(r)',\hat{u}_{i2}(r)',\cdots,\hat{u}_{iT}(r)')'$，$\hat{\boldsymbol{u}}(r)=(\hat{u}_1(r)',\hat{u}_2(r)',\cdots,\hat{u}_n(r)')'$。此时，最优门限值为使残差平方和达最小：

$$\hat{r}=\arg\min_r\ \hat{\boldsymbol{u}}(r)'\hat{\boldsymbol{u}}(r) \tag{7.59}$$

步骤2：对模型(7.53)，我们设定了只有一个门限值的情况，故直接选择使方差协方差矩阵的行列式值最小的门限值。若设定存在多个门限值，也可以采用类似的估计方法对模型进行估计。

利用模型(7.53)的估计可以获得在各个机制下脉冲响应函数估计，在各个机制下，利用Cholesky分解技术对u_{it}进行线性变换，转换为正交化新息v_{it}，这样$\mathrm{cov}(v_{kit},v_{ljt})=0$，$i\neq j$或$i=j$，$k\neq l$。继而获得正交化的脉冲响应函数$\dfrac{\partial Y_{l,j,t+q}}{\partial v_{kit}}$，它反映第$t$期来自第$i$个地区的第$k$个内生变量"新息"的一个标准化误差冲击对第$t+q$期第$j$个地区第$l$个内生变量的影响，可用$\Phi$中的元素表示。因为Cholesky分解既依赖于每个地区内生变量的顺序，也依赖于地区的排序，所以，在实际应用中内生变量可采用经典的处理方法进行排序。地区可依据每个地区的生产总值来排序。在实际应用中，为了避免区域排序和变量排序的主观性，也可以采用广义脉冲响应函数的方法。

模型(7.53)已经预设了机制数为2，更普遍的情况下，除了对二机制门限效应的显著性进行检验，还需要进一步检验三机制、四机制的门限效应是否显著才能证明使用二机制模型在统计意义上的合理性。从模型(7.53)开始，该模型为最简单的二机制模型，检验门限效应的原假设H_0：$\delta_{1,i,j}=\delta_{2,i,j}$，此时模型(7.53)的时间滞后项不存在门限效应。检验原假设H_0：$\delta_{1,i,j}=\delta_{2,i,j}$的似然比统计量为

$$L_{1,2}(\hat{r})=(nT-k_2)(\log|\boldsymbol{\Sigma}_1|-\log|\boldsymbol{\Sigma}_2(\hat{r})|) \tag{7.60}$$

式中，$\boldsymbol{\Sigma}_1=\sum_{i=1}^{n}\sum_{t=1}^{T}\hat{u}'_{(1)it}\hat{u}_{(1)it}/(nT-k_1)$ 和$\boldsymbol{\Sigma}_2(\hat{r})=\sum_{i=1}^{n}\sum_{t=1}^{T}\hat{u}'_{(2)it}(\hat{r})\hat{u}_{(2)it}(\hat{r})/(nT-k_2)$，$\hat{u}_{(1)it}$ 和$\hat{u}_{(2)it}(\hat{r})$ 分别为半参数空间向量自回归模型和二机制面板数据半参数门限空间向量自回归模型的残差向量。k_1 和 k_2 为面板数据半参数空间向量自回归模型和二机制门限面板数据半参数空间向量自回归模型中每个回归方程需估计的参数个数。由于似然比统计量 $L_{1,2}(\hat{r})$的渐近分布不是标准分布，可使用自举法来检验门限效应，此方法是基于异方差下一致估计来获得门限变量的渐近分布，并通过渐近分布进而确定 $L_{1,2}(\hat{r})$的 P 值。若拒绝原假设，则可认为存在门限效应，但仍不能判断机制数是否为 2，理论上机制数可以任意大，因此需构造一系列似然比统计量判定三机制面板数据半参数门限空间向量自回归(3R-TSSVAR)模型、四机制门限面板数据半参数空间向量自回归(4R-TSSVAR)模型等是否合理。一般门限向量自回归模型在经济研究中最多出现四机制，极少出现更多机制，故只检验至 4R-TSSVAR 模型是否合理，更多机制数的模型检验方法与此类似。为判定 3R-TSSVAR 模型是否合理，作出原假设 H_0 为 $\delta_{1,i,j}=\delta_{2,i,j}=\delta_{3,i,j}$，此时 3R-TSSVAR 模型的时间滞后项不存在门限效应。检验该假设的似然比统计量为

$$L_{1,3}(\hat{r}_2)=(nK-k_3)(\log|\boldsymbol{\Sigma}_1|-\log|\boldsymbol{\Sigma}_3(\hat{r}_2)|) \tag{7.61}$$

式中，$\boldsymbol{\Sigma}_3(\hat{r}_2)=\sum_{i=1}^{n}\sum_{t=1}^{T}\hat{u}'_{(3)it}(\hat{r}_2)\hat{u}_{(3)it}(\hat{r}_2)/(nK-k_3)$，$\hat{u}_{(3)it}(\hat{r}_2)$ 是 3R-TSSVAR 模型的残差向量，k_3 为 3R-TSSVAR 模型中每个回归方程需估计的参数个数。统计量 $L_{1,3}(\hat{r}_2)$的 P 值估计与统计量$L_{1,2}(\hat{r}_1)$的 P 值估计方法相同。同理，可检验 4R-TSSVAR 模型门限效应。

参考文献

[1] ACEMOGLU D, SCOTT A. Asymmetries in the cyclical behaviour of UK labour markets[J]. The economic journal, 1994, 104(427): 1303-1323.

[2] AFONSO A, BAXA J, SLAVIK M. Fiscal developments and financial stress: a threshold VAR analysis[J]. Empirical economics, 2018, 54(2): 395-423.

[3] AGHION P, HOWITT P W. Endogenous growth theory[M]. Cambridge: MIT Press, 1998.

[4] ANDREOU E, GHYSELS E, KOURTELLOS A. Should macroeconomic forecasters use daily financial data and how? [J]. Journal of business & economic statistics, 2013, 31(2): 240-251.

[5] ANSELIN L. Thirty years of spatial econometrics[J]. Papers in regional science, 2010, 89(1): 3-26.

[6] AUERBACH A J, GORODNICHENKO Y. Measuring the output responses to fiscal policy[J]. American economic journal: economic policy, 2012, 4(2): 1-27.

[7] BAI J, PERRON P. Computation and analysis of multiple structural change models[J]. Journal of applied econometrics, 2003, 18(1): 1-22.

[8] BALKE N S, FOMBY T B. Threshold cointegration[J]. International economic review, 1997, 38(3): 627-645.

[9] BAUR D G, DIMPFL T, JUNG R C. Stock return autocorrelations revisited: a quantile regression approach[J]. Journal of empirical finance, 2012, 19(2): 254-265.

[10] BENTOLILA S, BERTOLA G. Firing costs and labour demand: how bad is eurosclerosis? [J]. The review of economic studies, 1990, 57(3): 381-402.

[11] BERNDT E R, HALL B, HALL R. Estimation and inference in nonlinear structural models[J]. Annals of economic and social measurement, 1974, 3: 653-665.

[12] BIMONTE S, STABILE A. Land consumption and income in Italy: a case of inverted EKC[J]. Ecological economics, 2017, 131: 36-43.

[13] BLANCHARD O, PEROTTI R. An empirical characterization of the dynamic effects of changes in government spending and taxes on output[J]. The quarterly journal of economics, 2002, 117(4): 1329-1368.

[14] BOLLERSLEV T, CHOU R Y, KRONER K F. ARCH modeling in finance: a review of the theory and empirical evidence[J]. Journal of econometrics, 1992, 52(1-2): 5-59.

[15] BOLLERSLEV T. Generalized autoregressive conditional heteroskedasticity [J]. Journal of econometrics, 1986, 31(3): 307-327.

[16] BOSCHMA R. Proximity and innovation: a critical assessment[J]. Regional studies, 2005, 39(1): 61-74.

[17] BRUNNERMEIER M K, OEHMKE M. Chapter 18-bubbles, financial crises, and systemic risk [M]//CONSTANTINIDES G M, HARRIS M, STULZ R M. Handbook of the economics of finance. Amsterdam: Elsevier, 2013: 1221-1288.

[18] BURGESS S M. Asymmetric employment cycles in Britain: evidence and an explanation[J]. The economic journal, 1992, 102(411): 279-290.

[19] CAI Y, STANDER J. Quantile self-exciting threshold autoregressive time series models [J]. Journal of time series analysis, 2008, 29(1): 186-202.

[20] CAMPBELL E P. Bayesian selection of threshold autoregressive models[J]. Journal of time series analysis,2004,25(4): 467-482.

[21] CANER M. A note on least absolute deviation estimation of a threshold model[J]. Econometric theory,2002,18(3): 800-814.

[22] CAYLA J,MAIZI N,MARCHAND C. The role of income in energy consumption behaviour: evidence from French households data[J]. Energy policy,2011,39(12): 7874-7883.

[23] CHAN K S. Consistency and limiting distribution of the least squares estimator of a threshold autoregressive model[J]. The annals of statistics,1993,21(1): 520-533.

[24] CHAN K S,TSAY R S. Limiting properties of the least squares estimator of a continuous threshold autoregressive model[J]. Biometrika,1998,85(2): 413-426.

[25] CHAN K S,TONG H. On likelihood ratio tests for threshold autoregression[J]. Journal of the Royal Statistical Society: Series B (Methodological),1990,52(3): 469-476.

[26] CHARLES E. Can the Markov switching model forecast exchange rates? [J]. Journal of international economics,1994,36(1-2): 151-165.

[27] CHIANG T C,DOONG S. Empirical analysis of stock returns and volatility: evidence from seven Asian stock markets based on TAR-GARCH model[J]. Review of quantitative finance and accounting,2001,17(3): 301-318.

[28] CHEN C,YE A. Threshold effect of the internet on regional innovation in China[J]. Sustainability,2021,13(19): 10797.

[29] DAVIES R B. Hypothesis testing when a nuisance parameter is present only under the alternatives [J]. Biometrika,1987,74(1): 33-43.

[30] DAVIES R B,HARTE D S. Tests for hurst effect[J]. Biometrika,1987,74(1): 95-101.

[31] DE GRAUWE P,JI Y. Self-fulfilling crises in the eurozone: an empirical test[J]. Journal of international money and finance,2013,34: 15-36.

[32] DENG Y. Estimation for the spatial autoregressive threshold model[J]. Economics letters,2018, 171: 172-175.

[33] DIAMOND P A. Aggregate demand management in search equilibrium[J]. Journal of political economy,1982,90(4): 881-894.

[34] DINDA S. Environmental Kuznets curve hypothesis: a survey[J]. Ecological economics,2004,49 (4): 431-455.

[35] DOLADO J J, GARCÍA-SERRANO C, JIMENO J F. Drawing lessons from the boom of temporary jobs in Spain[J]. Economic journal,2002,112(480): F270-F295.

[36] ANDREWS D W K. Tests for parameter instability and structural change with unknown change point: a corrigendum[J]. Econometrica,2003,71(1): 395-397.

[37] DRUKKER D M,EGGER P,PRUCHA I R. On two-step estimation of a spatial autoregressive model with autoregressive disturbances and endogenous regressors[J]. Econometric reviews, 2013,32(5-6): 686-733.

[38] BOX G E P,JENKINS G M. Box and Jenkins: time series analysis,forecasting and control[M]// MILLS T C. A very British affair. London: Palgrave Macmillan,2013: 161-215.

[39] HANSEN B E. Inference in TAR models[J]. Studies in nonlinear dynamics and econometrics, 1997,2(1):1-16.

[40] ELHORST J P,FRERET S. Evidence of political yardstick competition in france using a two-regime spatial Durbin model with fixed effects[J]. Journal of regional science, 2009, 49 (5):

931-951.

[41] ENDERS W, GRANGER C W J. Unit-root tests and asymmetric adjustment with an example using the term structure of interest rates[J]. Journal of business & economic statistics, 1998, 16(3): 304-311.

[42] ENGEL C. Can the Markov switching model forecast exchange rates? [J]. Journal of international economics, 1994, 36(1): 151-165.

[43] ENGLE R F. Autoregressive conditional heteroskedasticity with estimates of the variance for U. K. inflation[J]. Econometrica, 1982, 50(4): 987-1008.

[44] ENGLE R F, NG V K. Measuring and testing the impact of news on volatility[J]. The journal of finance, 1993, 48(5): 1749-1778.

[45] FAMA E F. Efficient capital markets: a review of theory and empirical work[J]. The journal of finance, 1970, 25(2): 383-417.

[46] FAZZARI S, MORLEY J, PANOVSKA I. State-dependent effects of fiscal policy[J]. Studies in nonlinear dynamics and econometrics, 2014, 19(3): 285-315.

[47] FORONI C, MARCELLINO M, SCHUMACHER C. Unrestricted mixed data sampling (MIDAS): MIDAS regressions with unrestricted lag polynomials[J]. Journal of the Royal Statistical Society: Series A (Statistics in society), 2015, 178(1): 57-82.

[48] FOSTEN J, MORLEY B, TAYLOR T. Dynamic misspecification in the environmental Kuznets curve: evidence from CO_2 and SO_2 emissions in the United Kingdom[J]. Ecological economics, 2012, 76: 25-33.

[49] FRENCH K R, SCHWERT G W, STAMBAUGH R F. Expected stock returns and volatility[J]. Journal of financial economics, 1987, 19(1): 3-29.

[50] GALVAO JR A F, MONTES-ROJAS G, OLMO J. Threshold quantile autoregressive models[J]. Journal of time series analysis, 2011, 32(3): 253-267.

[51] GARZON A J, HIERRO L A. Asymmetries in the transmission of oil price shocks to inflation in the eurozone[J]. Economic modelling, 2021, 105: 105665.

[52] GEMAN S, GEMAN D. Stochastic relaxation, Gibbs distributions, and the Bayesian restoration of images[J]. IEEE transactions on pattern analysis and machine intelligence, 1984, PAMI-6(6): 721-741.

[53] GEWEKE J, TERUI N. Bayesian threshold autoregressive models for nonlinear time series[J]. Journal of time series analysis, 1993, 14(5): 441-454.

[54] GLOSTEN L R, JAGANNATHAN R, RUNKLE D E. On the relation between the expected value and the volatility of the nominal excess return on stocks[J]. The journal of finance, 1993, 48(5): 1779-1801.

[55] GONZALEZ A, TERASVIRTA T, DIJK D V. Panel smooth transition regression models[R]. Quantitative Finance Research Centre, 2005.

[56] GRANGER C W J, TERASVIRTA T. Modelling nonlinear economic relationships[M]. Oxford: Oxford University Press, 1993.

[57] GRENANDER U. Tutorial in pattern theory[M]. Oxford: Oxford University Press, 1983.

[58] GROSSMAN G M, KRUEGER A B. Environmental impacts of a North American Free Trade Agreement[J]. CEPR discussion papers, 1992, 8(2): 223-250.

[59] GUO J, QU X. Fixed effects spatial panel data models with time-varying spatial dependence[J]. Economics letters, 2020, 196: 109531.

[60] HAARIO H, SAKSMAN E, TAMMINEN J. An adaptive metropolis algorithm[J]. Bernoulli, 2001,7(2): 223-242.

[61] HAMAKER E L. Using information criteria to determine the number of regimes in threshold autoregressive models[J]. Journal of mathematical psychology, 2009,53(6): 518-529.

[62] HAMILTON J D. A new approach to the economic analysis of nonstationary time series and the business cycle[J]. Econometrica, 1989(2): 357-384.

[63] HANSEN B E. Inference when a nuisance parameter is not identified under the null hypothesis [J]. Econometrica, 1996,64(2): 413-430.

[64] HANSEN B E. Sample splitting and threshold estimation [J]. Econometrica, 2000, 68 (3): 575-603.

[65] HANSEN B E. Threshold autoregression in economics[J]. Statistics and its interface, 2011,4(2): 123-127.

[66] HANSEN B E. Threshold effects in non-dynamic panels: estimation, testing, and inference[J]. Journal of econometrics, 1999,93(2): 345-368.

[67] HANSEN B E. Regression kink with an unknown threshold[J]. Journal of business & economic statistics, 2017,35(2): 228-240.

[68] HEINDL P, SCHUESSLER R. Dynamic properties of energy affordability measures[J]. Energy policy, 2015,86: 123-132.

[69] HORN R A, JOHNSON C R. Matrix analysis [M]. Cambridge: Cambridge University Press, 1987.

[70] MA J Q, GUO J J, LIU X J. Water quality evaluation model based on principal component analysis and information entropy: application in Jinshui River[J]. Journal of resources and ecology, 2010,1 (3): 249-252.

[71] JONES G, RAMCHAND D. Education and human capital development in the Giants of Asia[J]. Asian-Pacific economic literature, 2013,27(1): 40-61.

[72] JU H, SU L, XU P. Pricing for goodwill: a threshold quantile regression approach[D]. Shanghai: Shanghai University of Finance and Economics, 2012.

[73] JUSÉLIUS K, ORDÓÑEZ J. Wage, price and unemployment dynamics in the Spanish transition to EMU membership[R]. Economics Discussion Papers, 2008.

[74] KAPETANIOS G, SHIN Y. Unit root tests in three-regime setar models[J]. The econometrics journal, 2006,9(2): 252-278.

[75] KELEJIAN H H, PRUCHA I R. A generalized spatial two-stage least squares procedure for estimating a spatial autoregressive model with autoregressive disturbances[J]. The journal of real estate finance and economics, 1998,17(1): 99-121.

[76] KOENKER R, BASSETT G. Regression quantiles[J]. Econometrica, 1978,41(1): 33-50.

[77] KOENKER R, XIAO Z. Quantile autoregression [J]. Journal of the American Statistical Association, 2006,101(475): 980-990.

[78] KOOP G, PESARAN M H, POTTER S M. Impulse response analysis in nonlinear multivariate models[J]. Journal of econometrics, 1996,74(1): 119-147.

[79] KWIATKOWSKI D, PHILLIPS P C B, SCHMIDT P. Testing the null hypothesis of stationarity against the alternative of a unit root: how sure are we that economic time series have a unit root? [J]. Journal of econometrics, 1992,54(1-3): 159-178.

[80] LESAGE J, PACE R K. Introduction to spatial econometrics[M]. New York: Chapman and Hall/

CRC,2009.

[81] LAYARD R,NICKELL S,JACKMAN R. Unemployment: macroeconomic performance and the labour market[M]. Oxford: Oxford University Press,1991.

[82] LEE J,STRAZICICH M. Minimum lagrange multiplier unit root test with two structural breaks [J]. Review of economics and statistics,2003,85(4): 1082-1089.

[83] LESAGE J P,CHIH Y. Interpreting heterogeneous coefficient spatial autoregressive panel models [J]. Economics letters,2016,142: 1-5.

[84] LEWELLEN J. Momentum and autocorrelation in stock returns[J]. Review of financial studies, 2002,15(2): 533-563.

[85] LINDBECK A, SNOWER D J. Cooperation, harassment, and involuntary unemployment: an insider-outsider approach[J]. CERP discussion papers,1987,78(1): 167-188.

[86] LÓPEZ-VILLAVICENCIO A,POURROY M. Inflation target and (a)symmetries in the oil price pass-through to inflation[J]. Energy economics,2019,80: 860-875.

[87] LUUKKONEN R, SAIKKONEN P, TERÄSVIRTA T. Testing linearity against smooth transition autoregressive models[J]. Biometrika,1988,75(3): 491-499.

[88] MARK N C,SUL D. Cointegration vector estimation by panel dols and long-run money demand [J]. Oxford bulletin of economics and statistics,2003,65(5): 655-680.

[89] MASSIMO F,JAVIER O. Multiple equilibria in Spanish unemployment[J]. Structural change and economic dynamics,2011,22(1): 71-80.

[90] MEIER H,REHDANZ K. Determinants of residential space heating expenditures in Great Britain [J]. Energy economics,2010,32(5): 949-959.

[91] MITTNIK S,SEMMLER W. The real consequences of financial stress[J]. Journal of economic dynamics & control,2013,37(8): 1479-1499.

[92] MELTZER A H,RICAHRD S F. A rational theory of the size of government[J]. Journal of political economy,1981,89(5): 914-927.

[93] MERTON R C. On estimating the expected return on the market: an exploratory investigation [J]. Journal of financial economics,1980,8(4): 323-361.

[94] MOTEGI K,CAI X, HAMORI S, et al. Moving average threshold heterogeneous autoregressive (MAT-HAR) models[J]. Journal of forecasting,2020,39(7): 1035-1042.

[95] NARAYAN P K. The behaviour of US stock prices: evidence from a threshold autoregressive model[J]. Mathematics and computers in simulation,2006,71(2): 103-108.

[96] NEWELL R G,PIZER W A. Carbon mitigation costs for the commercial building sector: discrete-continuous choice analysis of multifuel energy demand[J]. Resource and energy economics,2008, 30(4): 527-539.

[97] NG S,PERRON P. Lag length selection and the construction of unit root tests with good size and power[J]. Econometrica,2001,69(6): 1519-1554.

[98] OBZHERIN Y E, PESCHANSKY A I, SKATKOV A V. Semi-Markov model of a renewal process with switching[J]. Journal of mathematical sciences,1994,72(5): 3316-3319.

[99] OSIŃSKA M,KUFEL T,BŁAŻEJOWSKI M, et al. Modeling mechanism of economic growth using threshold autoregression models[J]. Empirical economics,2020,58(3): 1381-1430.

[100] PEEL D A,SPEIGHT A E H. The nonlinear time series properties of unemployment rates: some further evidence[J]. Applied economics,1998,30(2): 287.

[101] PESARAN H H,SHIN Y. Generalized impulse response analysis in linear multivariate models

[J]. Economics letters,1998,58(1): 17-29.
[102] PHILLIPS P C B,PERRON P. Testing for a unit root in time series regression[J]. Biometrika, 1988,75(2): 335-346.
[103] POLEMIS M L,STENGOS T. Electricity sector performance: a panel threshold analysis[J]. Energy journal,2017,38(3): 141-158.
[104] POTTER S M. A nonlinear approach to US GNP[J]. Journal of applied econometrics,1995,10(2): 109-125.
[105] PU S,YU H. Threshold autoregression models for forecasting El Nino events [J]. Acta oceanologica sinica,1990,9(1): 61.
[106] QUINTERO N Y,COHEN I M. The nexus between CO_2 emissions and genetically modified crops: a perspective from order theory[J]. Environmental modeling & assessment,2019,24(6): 641-658.
[107] REHDANZ K. Determinants of residential space heating expenditures in Germany[J]. Energy economics,2007,29(2): 167-182.
[108] REINHART C M,ROGOFF K S. Growth in a time of debt[J]. The American economic review, 2010,100(2): 573-578.
[109] RICH A,SALMON C. What matters in residential energy consumption? Evidence from France [J]. International journal of global energy issues,2017,40(1): 79-116.
[110] ROBERTS G O,ROSENTHAL J S. Examples of adaptive MCMC[J]. Journal of computational and graphical statistics,2009,18(2): 349-367.
[111] ROMERO-ÁVILA D,USABIAGA C. On the persistence of Spanish unemployment rates[J]. Empirical economics,2008,35(1): 77-99.
[112] SABKHA S,PERETTI C D, HMAIED D. Nonlinearities in the oil fluctuation effects on the sovereign credit risk: a self-exciting threshold autoregression approach [R]. Working Papers,2018.
[113] SALISU A A,GUPTA R, OGBONNA A E. A moving average heterogeneous autoregressive model for forecasting the realized volatility of the US stock market: evidence from over a century of data[J]. International journal of finance & economics,2022,27(1): 384-400.
[114] SKALIN J,TERÄSVIRTA T. Modeling asymmetries and moving equilibria in unemployment rates[J]. Macroeconomic dynamics,2002,6(2): 202-241.
[115] SOLLIS R. A simple unit root test against asymmetric STAR nonlinearity with an application to real exchange rates in Nordic countries[J]. Economic modelling,2008,26(1): 118-125.
[116] SONG N,SIU T K,CHING W K,et al. Asset allocation under threshold autoregressive models [J]. Applied stochastic models in business and industry,2012,28(1): 60-72.
[117] STEIN J L. The diversity of debt crises in Europe[R]. CESifo Group Munich,2011.
[118] SU L. Semiparametric GMM estimation of spatial autoregressive models [J]. Journal of econometrics,2012,167(2): 543-560.
[119] TAYLOR J B. Low inflation, pass-through, and the pricing power of firms [J]. European economic review,2000,44(7): 1389-1408.
[120] TAYLOR L,PROAÑO C R, DE CARVALHO L, et al. Fiscal deficits, economic growth and government debt in the USA[J]. Cambridge journal of economics,2012,36(1): 189-204.
[121] TERÄSVIRTA T. Specification, estimation, and evaluation of smooth transition autoregressive models[J]. Publications of the American Statistical Association,1994,89(425): 208-218.

[122] TIAO G C,TSAY R S. Some advances in nonlinear and adaptive modeling in time-series[J]. Journal of forecasting,1994,13(2):109-131.

[123] TONG H. On a threshold model[M]//CHEN C H. Pattern recognition and signal processing. Amsterdam:Sijthoff and Noordhoff,1978.

[124] TONG H. Threshold models in non-linear time series analysis[M]. New York:Springer-Verlag,1983.

[125] TSAY R S. Testing and modeling threshold autoregressive processes[J]. Journal of the American Statistical Association,1989,84(405):231-240.

[126] TSAY R S. Testing and modeling multivariate threshold models[J]. Journal of the American Statistical Association,1998,93(443):1188-1202.

[127] VERONESI P. Stock market overreaction to bad news in good times:a rational expectations equilibrium model[J]. The review of financial studies,1999,12(5):975-1007.

[128] WANG X,ZHANG X, YE A. Dynamic spatial Durbin threshold with two-way fixed effects:model,method,and test[J]. Applied economics letters,2024,31(13):1166-1171.

[129] YUAN J,XU Y,HU Z,et al. Peak energy consumption and CO_2 emissions in China[J]. Energy policy,2014,68:508-523.

[130] ZAKOIAN J M. Threshold heteroskedastic models [J]. Journal of economic dynamics and control,1994,18(5):931-955.

[131] ZHU Y,HAN X,CHEN Y. Bayesian estimation and model selection of threshold spatial Durbin model[J]. Economics letters,2020,188:108956.

[132] ZUO H,AI D. Environment,energy and sustainable economic growth[J]. Procedia engineering,2011,21:513-519.

[133] 曾令华,彭益,陈双.我国股票市场周期性破灭型泡沫检验——基于门限自回归模型[J].湖南大学学报(社会科学版),2010(4):54-57.

[134] 陈开军,杨倜龙,李鋆.上市公司信息披露对公司股价影响的实证研究——以环境信息披露为例[J].金融监管研究,2020(5):48-65.

[135] 陈丛波.信息通信技术进步对城市经济增长质量分异影响的研究[D].福州:福州大学,2022.

[136] 陈丛波,叶阿忠.信息通信技术发展水平与城市群内部的创新空间分布[J].科技管理研究,2021,41(22):67-73.

[137] 陈丛波,叶阿忠,陈娟.信息通信技术对城市创新产出的影响[J].经济地理,2022,42(10):92-99,168.

[138] 陈丛波,叶阿忠,林壮.城市群圈层结构下的协同创新与产业升级[J].科技进步与对策,2023,40(11):92-100.

[139] 单豪杰.中国资本存量K的再估算:1952—2006年[J].数量经济技术经济研究,2008(10):17-31.

[140] 丁梦璐.长三角地区产业集聚对环境污染影响的研究[D].福州:福州大学,2022.

[141] 杜慧滨,李娜,王洋洋,等.我国区域碳排放绩效差异及其影响因素分析——基于空间经济学视角[J].天津大学学报(社会科学版),2013,15(5):411-416.

[142] 杜明军.区域一体化进程中的"虹吸效应"分析[J].河南工业大学学报(社会科学版),2012(3):38-41.

[143] 方丽婷,李坤明.空间滞后分位数回归模型的贝叶斯估计[J].数量经济技术经济研究,2019(9):102-116.

[144] 方丽婷,钱争鸣.非参数空间滞后模型的贝叶斯估计[J].数量经济技术经济研究,2013(4):

72-84.
[145] 高秋明,胡聪慧,燕翔.中国A股市场动量效应的特征和形成机理研究[J].财经研究,2014,40(2):97-107.
[146] 龚梦琪,刘海云.中国双向FDI协调发展、产业结构演进与环境污染[J].国际贸易问题,2020(2):110-124.
[147] 郭国强.空间计量模型的理论和应用研究[D].武汉:华中科技大学,2013.
[148] 郭美华.股市波动率研究——基于HAR模型[J].大众投资指南,2017(2):80-82.
[149] 范凯钧.数字经济对城市资源错配的影响研究[D].福州:福州大学,2024.
[150] 黄安仲.中国股票市场规模效应TAR检验[J].技术经济,2007(10):89-92.
[151] 黄菁.环境污染、人力资本与内生经济增长:一个简单的模型[J].南方经济,2009(4):3-11.
[152] 黄茂兴,李军军.技术选择、产业结构升级与经济增长[J].经济研究,2009(7):143-151.
[153] 黄孝平.人民币汇率预期对短期跨境资金流动的非对称影响——基于门限自回归模型(TAR)的实证分析[J].征信,2018(10):65-70.
[154] 黄志基,朱晟君,石涛.工业用地出让、技术关联与产业进入动态[J].经济地理,2022(5):144-155.
[155] 蒋明皓,张元茂.采用门限自回归模型预测环境空气质量[J].上海环境科学,2001(8):375-377.
[156] 金菊良,丁晶,魏一鸣.基于遗传算法的门限自回归模型在海温预测中的应用[J].海洋环境科学,1999,18(3):1-6.
[157] 靳晓婷,张晓峒,栾惠德.汇改后人民币汇率波动的非线性特征研究——基于门限自回归TAR模型[J].财经研究,2008(9):48-57.
[158] 况明,刘耀彬,熊欢欢.空间面板平滑转移门槛模型的设定与估计[J].数量经济技术经济研究,2020(3):146-163.
[159] 梁文明,叶阿忠.市场潜能、政府财政竞争与区域收入差距[J].山西财经大学学报,2023,45(10):47-61.
[160] 李博.中国地区技术创新能力与人均碳排放水平——基于省级面板数据的空间计量实证分析[J].软科学,2013(1):26-30.
[161] 李婧,谭清美,白俊红.中国区域创新生产的空间计量分析——基于静态与动态空间面板模型的实证研究[J].管理世界,2010(7):43-55.
[162] 李坤明,陈建宝.非参数空间误差模型的截面最小二乘估计[J].数理统计与管理,2020(5):824-837.
[163] 李莉莉.国际技术溢出对中国制造业全球价值链升级的影响研究[D].福州:福州大学,2023.
[164] 林壮.数字经济推动产业结构升级的实证研究[D].福州:福州大学,2024.
[165] 刘飞宇,赵爱清.外商直接投资对城市环境污染的效应检验——基于我国285个城市面板数据的实证研究[J].国际贸易问题,2016(5):130-141.
[166] 刘启华,樊飞,戈海军,等.技术科学发展与产业结构变迁相关性统计研究[J].科学学研究,2005,23(2):160-168.
[167] 刘维奇,王景乐.门限自回归模型中门限和延时的小波识别[J].山西大学学报(自然科学版),2009(4):521-527.
[168] 马倩丽,侯鑫.空间计量经济学在城乡规划领域的研究综述[C]//面向高质量发展的空间治理——2020中国城市规划年会论文集,2021.
[169] 毛琦梁.时空压缩下的空间知识溢出与产业升级[J].科学学研究,2019(3):422-435.
[170] 潘诗瑜.数字经济对区域生态效率的影响研究[D].福州:福州大学,2023.
[171] 彭水军,包群.环境污染、内生增长与经济可持续发展[J].数量经济技术经济研究,2006(9):

114-126.
[172] 彭伟.我国上市商业银行股票日收益风险价值研究——基于 AR、HAR 和 MIDAS 模型的分析[J].金融监管研究,2013(3):89-103.
[173] 钱娟,李新春.有偏技术进步对环境污染的空间溢出效应——基于环境规制的调节作用[J].中国人口·资源与环境,2023(12):109-119.
[174] 饶萍,吴青.融资结构、研发投入对产业结构升级的影响——基于社会融资规模视角[J].管理现代化,2017(6):25-27.
[175] 饶育蕾,彭叠峰,贾文静.交叉持股是否导致收益的可预测性?——基于有限注意的视角[J].系统工程理论与实践,2013,33(7):1753-1761.
[176] 任蓉,翟宛东,李轩.数字普惠金融对居民消费的异质性影响研究[J].价格理论与实践,2022(2):152-155.
[177] 邵帅,李欣,曹建华.中国的城市化推进与雾霾治理[J].经济研究,2019(2):148-165.
[178] 申萌,李凯杰,曲如晓.技术进步、经济增长与二氧化碳排放:理论和经验研究[J].世界经济,2012(7):83-100.
[179] 沈小波.资源环境约束下的经济增长与政策选择——基于新古典增长模型的理论分析[J].中国经济问题,2010(5):10-17.
[180] 沈银芳,严鑫.沪深 300 指数波动率和 VaR 预测研究——基于投资者情绪的 HAR-RV GAS 模型[J].浙江大学学报(理学版),2022(1):66-75.
[181] 孙大明,原毅军.空间外溢视角下的协同创新与区域产业升级[J].统计研究,2019(10):100-114.
[182] 陶长琪,徐茉.时变系数广义空间滞后模型的贝叶斯估计[J].统计研究,2020(11):116-128.
[183] 汪彩玲.地区外贸依存度的内涵及测算方法探讨[J].统计与决策,2017(3):17-20.
[184] 王海涛,谭宗颖.科研投入与产业结构的影响关系研究——以中国和美国为例[J].科技管理研究,2014(24):33-36.
[185] 王慧艳,李新运,徐银良,等.科技创新与产业升级互动关系研究——基于双向贡献率的测算[J].统计与信息论坛,2019,34(11):75-81.
[186] 王伟龙,纪建悦.研发投入、风险投资对产业结构升级的影响研究——基于中国 2008—2017 年省级面板数据的中介效应分析[J].宏观经济研究,2019(8):71-80.
[187] 王宣惠.数字技术对我国劳动力供求结构变动及其配置效率的作用机制研究[D].福州:福州大学,2024.
[188] 王雨飞,倪鹏飞,赵佳涵,等.交通距离、通勤频率与企业创新——高铁开通后与中心城市空间关联视角[J].财贸经济,2021(12):150-165.
[189] 王钊,王良虎.R&D 投入、产业结构升级与碳排放关系研究[J].工业技术经济,2019(5):62-70.
[190] 魏翔,孙迪庆.可持续发展与中国新增长模型研究[J].当代财经,2007(9):20-24.
[191] 吴继贵,叶阿忠.资本积累、经济增长和能源碳排放的空间冲击效应——基于 SSpVAR 模型的研究[J].科学学与科学技术管理,2016(5):24-33.
[192] 吴俊培,张昊泽.共同富裕目标下民生性财政支出对城乡居民收入差距的影响——基于教育和社保就业财政支出的分析[J].当代财经,2024(1):32-45.
[193] 吴卫红,冯兴奎,张爱美,等.跨区域协同创新系统绩效测度与优化研究[J].科研管理,2022(7):29-36.
[194] 吴武清,李东,潘松,等.三阶段均值回复、TAR 及其应用[J].系统工程理论与实践,2013(4):901-909.
[195] 吴燕.空间计量经济学模型及其应用[D].武汉:华中科技大学,2017.
[196] 徐曼.数字经济对我国省域碳排放的影响研究[D].福州:福州大学,2024.

[197] 肖志学.产业结构多样化对城市经济韧性的影响研究[D].福州：福州大学,2023.

[198] 许启发,蒋翠侠.分位数局部调整模型及应用[J].数量经济技术经济研究,2011(8)：115-133.

[199] 许正松,孔凡斌.经济发展水平、产业结构与环境污染——基于江西省的实证分析[J].当代财经,2014(8)：15-20.

[200] 颜婧媛.研发投入、技术进步对产业结构升级的影响研究[D].长沙：湖南大学,2017.

[201] 颜琼,陈绍珍.国外空间计量经济学最新进展综述[J].经济研究导刊,2015(19)：7-9.

[202] 杨艳军,安丽娟.基于 HAR 模型的上证 50ETF 波动率指数特征及应用研究[J].金融发展研究,2017(7)：47-52.

[203] 姚小剑,扈文秀.国际原油现货价格泡沫实证检验——基于门限自回归模型分析[J].价格理论与实践,2013(12)：75-76.

[204] 叶阿忠,李子奈.非参数计量经济联立模型的局部线性工具变量估计[J].清华大学学报(自然科学版),2002(6)：714-717.

[205] 叶阿忠,吴继贵,陈生明.空间计量经济学[M].厦门：厦门大学出版社,2015.

[206] 叶阿忠,吴相波.计量经济学(数字教材版)[M].北京：中国人民大学出版社,2021.

[207] 叶阿忠,吴相波,陈丛波,等.高级计量经济学[M].厦门：厦门大学出版社,2020.

[208] 叶阿忠,吴相波,郑万吉,等.向量自回归模型及其应用[M].北京：经济科学出版社,2017.

[209] 叶阿忠,王宜惠.高房价对高技能人才流动与聚集的影响研究[J].东南学术,2022(3)：139-147.

[210] 叶阿忠,徐曼.人口老龄化背景下数字经济对产业结构升级的影响研究——基于半参数门槛空间滞后模型[J].工业技术经济,2023,42(9)：34-46.

[211] 叶阿忠,张锡书,朱松平,等.应用空间计量经济学:软件操作和建模实例[M].北京：清华大学出版社,2020.

[212] 叶阿忠,郑航.FDI、经济发展水平对环境污染的非线性效应研究——基于中国省际面板数据的门限空间计量分析[J].工业技术经济,2020,39(8)：148-153.

[213] 叶娟惠,叶阿忠.商贸流通业集聚对碳排放的影响——基于面板门槛模型分析[J].商业经济研究,2023(7)：5-9.

[214] 于晓蕾.基于 HAR 模型对中国股票市场已实现波动率的研究[D].长春：吉林大学,2009.

[215] 张锡书.金融科技对企业技术创新的影响研究[D].福州：福州大学,2024.

[216] 张源野,叶阿忠.数字经济对贸易出口的空间溢出与非线性效应——基于半参数门限空间模型的实证分析[J].福州大学学报(哲学社会科学版),2023,37(6)：20-35,170.

[217] 张源野,叶阿忠,李田田.国际原油价格对中国通货膨胀的非线性冲击[J].价格月刊,2024(2)：38-48.

[218] 赵雲泰,黄贤金,钟太洋,等.1999—2007 年中国能源消费碳排放强度空间演变特征[J].环境科学,2011(11)：3145-3152.

[219] 钟秋海,黎新华,张志方.一类非线性模型建模方法及其在铁路客流量预报上的应用[J].控制理论与应用,1985(1)：103-111.

[220] 钟秋海.门限自回归模型建模方法的改进[J].北京理工大学学报,1989(1)：137-142.

[221] 周德才,朱志亮,贾青.中国多机制门限金融状况指数编制及应用[J].数量经济技术经济研究,2018(1)：111-130.

[222] 周叔莲,王伟光.科技创新与产业结构优化升级[J].管理世界,2001(5)：70-78.

[223] 周璇,陶长琪.技术融合式创新对产业结构高度化的驱动效应研究——基于垂直式知识溢出视角[J].管理评论,2021(7)：130-142.

[224] 朱永彬,王铮,庞丽,等.基于经济模拟的中国能源消费与碳排放高峰预测[J].地理学报,2009(8)：935-944.

教师服务

感谢您选用清华大学出版社的教材！为了更好地服务教学，我们为授课教师提供本书的教学辅助资源，以及本学科重点教材信息。请您扫码获取。

教辅获取

本书教辅资源，授课教师扫码获取

106404

样书赠送

经济学类重点教材，教师扫码获取样书

清华大学出版社

E-mail: tupfuwu@163.com

电话：010-83470332 / 83470142

地址：北京市海淀区双清路学研大厦 B 座 509

网址：https://www.tup.com.cn/

传真：8610-83470107

邮编：100084